Implementierung von Manufacturing Execution Systems basierend auf Industrie-4.0-Reifegradmodellen

Implementation of Manufacturing Execution Systems based on Industry 4.0 Maturity Models

Von der Fakultät für Maschinenwesen
der Rheinisch-Westfälischen Technischen Hochschule Aachen
zur Erlangung des akademischen Grades eines
Doktors der Ingenieurwissenschaften
genehmigte Dissertation

vorgelegt von

Markus Franz Peter Fischer

Berichter/in:

Univ.-Prof. Dr.-Ing. Dipl.-Wirt. Ing. Günther Schuh
apl. Prof. Dr.-Ing. Volker Stich

Tag der mündlichen Prüfung: 11. Januar 2022

SCHRIFTENREIHE RATIONALISIERUNG

Markus Fischer

Implementierung von Manufacturing Execution Systems basierend auf Industrie-4.0-Reifegradmodellen

Herausgeber:
Prof. Dr.-Ing. Dipl.-Wirt. Ing. G. Schuh

Band ´82

fir an der RWTH Aachen

Bibliografische Information der Deutschen Nationalbibliothek
Die Deutsche Nationalbibliothek verzeichnet diese Publikation in der Deutschen Nationalbibliografie; detaillierte bibliografische Daten sind im Internet über https://portal.dnb.de abrufbar.

Markus Fischer:

Implementierung von Manufacturing Execution Systems basierend auf Industrie-4.0-Reifegradmodellen

1. Auflage, 2022

Gedruckt auf holz- und säurefreiem Papier, 100% chlorfrei gebleicht.

Apprimus Verlag, Aachen, 2022
Wissenschaftsverlag des Instituts für Industriekommunikation und Fachmedien an der RWTH Aachen
Steinbachstr. 25, 52074 Aachen
Internet: www.apprimus-verlag.de, E-Mail: info@apprimus-verlag.de

Druck: CPI Druckdienstleistungen GmbH, Ferdinand-Jühlke-Straße 7 I 99095 Erfurt

ISBN 978-3-98555-048-7

D 82 (Diss. RWTH Aachen University, 2022)

Danksagung

Die vorliegende Dissertationsschrift entstand im Laufe meiner Tätigkeit als wissenschaftlicher Mitarbeiter am Forschungsinstitut für Rationalisierung e. V. (FIR) an der Rheinisch-Westfälischen Technischen Hochschule (RWTH Aachen University) in Aachen.

Mein Dank für die Möglichkeit der Promotion gilt meinem Doktorvater Herrn Univ.-Prof. Dr.-Ing. Dipl. Wirt.-Ing. Günther Schuh sowie dem Korreferenten Prof. Dr.-Ing. Volker Stich. Darüber hinaus danke ich Herrn Univ.-Prof. Dr.-Ing. Klaus Radermacher für die Übernahme des Prüfungsvorsitzes sowie Herrn Prof. Dr. rer. nat. Carlo Holly für die Übernahme des Beisitzes in der Prüfungskommission.

Zudem möchte ich mich bei allen Kolleginnen und Kollegen, insbesondere in meinem Bereich Produktionsmanagement, für die herausragende Gemeinschaft, die unermüdliche, gegenseitige Unterstützung und die besonders freundschaftliche Zusammenarbeit bedanken. Durch das besondere Teamgefühl am Institut konnte ich mich persönlich sowie fachlich weiterentwickeln – eine Zeit , an die ich mich immer gerne erinnern werden. Besonders danken möchte ich Dr. Philipp Wetzchewald, Dr. Andreas Külschbach, Svenja Scholz und Tobias Schröer, die mich ermutigt haben, das Promotionsvorhaben anzugehen und mir während des Entstehungsprozesses stets mit Rat und Tat zur Seite standen.

Darüber hinaus möchte ich mich ganz herzlich bei meinen Kolleg:innen und Freund:innen Katharina Berwing, Dr. Moritz Schröter, Felix Steinlein, Dr. Themo Voswinckl, Jokim Janßen und Dino Hardjosuwito bedanken für die Unterstützung auf unterschiedlicher Weise während der gesamten Erstellungsphase meiner Dissertation.

Ebenfalls möchte ich mich bei meinen Freunden außerhalb des FIR für die konstante, freunschafltiche Unterstützung und willkommene Zerstreuung während der zeitintensiven Promotion bedanken.

Mein größter und innigster Dank gilt meiner Familie. Euer immerwährender Rückhalt und die liebevolle Unterstützung ermöglichten mir erst, diesen besonderen Weg einzuschlagen und zu Ende zu gehen.

Aachen, 11. Januar 2022 Markus Franz Peter Fischer

Zusammenfassung

Mit dem Fokus produzierender Unternehmen auf der digitalen Transformation stellen Manufacturing-Execution-Systeme marktreife, modulare Softwarelösungen zur Befähigung der Transformation dar. MES können in Industrie-4.0-Initiativen im Gestaltungsfeld der Informationstechnologie zur horizontalen und vertikalen Integration der wertschöpfenden und unterstützenden Prozesse in der Produktion eingesetzt werden. Für Unternehmen, insbesondere für kleine und mittlere Unternehmen, entstehen hohe interne und externe Kosten bei der Implementierung von MES-Lösungen.

Der modulare Aufbau der ME-Systeme ermöglicht die sukzessive, also die zeitlich und örtlich versetzte, Einführung der Systeme in den Unternehmen. Zur erfolgreichen Umsetzung der sukzessiven Implementierung ist die Planung der Implementierungsschritte entscheidend. Hierbei müssen sowohl die zu implementierenden MES-Funktionsmodule als auch die Implementierungsorte, also Unternehmensfunktionen sowie möglicherweise Standorte, festgelegt werden. Unternehmen stehen jedoch vor der Herausforderung, die Implementierung so zu gestalten, dass die Reihenfolge der sukzessiv einzuführenden Funktionsmodule einen möglichst großen Nutzen bei der unternehmensspezifischen Ausgangssituation erzielt. Die Gestaltung der Implementierung wird sowohl aufgrund nicht ausreichend beschriebener Wirkungszusammenhänge zwischen den Funktionen eines ME-Systems und deren Einfluss auf den Nutzen von Unternehmen im Allgemeinen und in Bezug zu Industrie 4.0 als auch aufgrund fehlender praktisch anwendbarer Vorgehen erschwert.

Ziel der vorliegenden Dissertationsschrift ist daher die Entwicklung eines Vorgehens zur Bestimmung der Implementierungsreihenfolge von Manufacturing-Execution-Systemen unter Berücksichtigung des Industrie-4.0-Reifegrades des Unternehmens. Hierzu werden sowohl der Implementierungskontext der Produktion als auch der Aufbau und die Funktionen von ME-Systemen umfassend beschrieben. Anschließend wird ein Reifegradmodell aufgebaut, welches die Unterstützung von ME-Systemen bei der Durchführung von Aufgaben und Prozessen im Bereich der Produktion in Bezug zum Industrie-4.0-Reifegrad eines Unternehmens misst. Reifegradmodelle stellen in diesem Kontext ein geeignetes Werkzeug dar, das Implementierungsprojekt der ME-Systeme im Kontext von Industrie-4.0-Initiativen zu bewerten. Die Teilmodelle sowie das Reifegradmodell bilden die Grundlage zur Entwicklung eines anwendbaren Vorgehens, welches Unternehmen bei der Gestaltung der reifegradbasierten Implementierung von Manufacturing-Execution-Systemen unterstützt.

Mit dieser Arbeit erhalten Unternehmen ein konkretes Vorgehen, um ihren eigenen Stand in Bezug zur Digitalisierung sowie das Potenzial einer MES-Implementierung in den Unternehmensfunktionen der Produktion zu bewerten. Damit können Unternehmen anschließend anhand eines Industrie-4.0-Reifegradmodells die Implementierung einer MES-Lösung gestalten.

Summary

With the focus of manufacturing companies on digital transformation, Manufacturing Execution Systems represent market-ready, modular software solutions for manufacturing companies. MES are part of Industrie 4.0 initiatives for the horizontal and vertical integration of value-adding and supporting processes in production and can be located in the strategy area of information technology. For companies, especially for small and medium-sized enterprises, high internal and external costs arise with the implementation of MES solutions.

The modular structure of ME systems enables the successive - temporally and locally staggered - introduction of the systems into the companies. The planning of the implementation steps is decisive for the successful realization of the successive implementation. The MES function modules, that have to be implemented, and the implementation locations, i.e. company functions and possibly sites, must be defined. However, companies face the challenge of designing the implementation of the MES in such a way that the sequence of the function modules to be successively implemented achieves the greatest possible benefit based on the company-specific situation. The design of the implementation is not sufficiently described due of the interdependencies between the functions of an ME system and their influence on the benefit of companies in general and in relation to Industry 4.0. Furthermore, there is a lack of practically applicable methods.

The aim of this thesis is to develop a method for determining the implementation sequence of Manufacturing Execution Systems, taking into account the Industrie 4.0 maturity level of a company. For this purpose, both the implementation context of production and the structure and functions of ME systems are described in detail. A maturity model is then built that measures the support of ME systems in the execution of tasks and processes in the area of production in relation to the Industrie 4.0 maturity level of a company. In this context, maturity models are a suitable tool for evaluating the implementation project of ME systems in the context of Industrie 4.0 initiatives. The sub models and the maturity model form the basis for developing an applicable method that supports companies in designing the maturity-based implementation of manufacturing execution systems.

This work provides companies with a concrete method for evaluating their own status with regard to digitization and the potential of an MES implementation in the corporate functions of production. This enables companies to subsequently design the implementation of an MES solution on the basis of an Industrie 4.0 maturity model.

Inhaltsverzeichnis

Abbildungsverzeichnis

Tabellenverzeichnis

Abkürzungsverzeichnis

ANP	Analytischer Netzwerkprozess
APS	Advanced Planning and Scheduling
ATP	Available-to-Promise
APQP	Advanced Product Quality Planning
BDE	Betriebsdatenerfassung
CAD	Computer Aided Design
CAE	Computer Aided Engineering
CAID	Computer Aided Industrial Design
CAM	Computer Aided Manufacturing
CA(P)P	Computer Aided (Process) Planning
CAQ	Computer Aided Quality Assurance
CAx	Computer Aided everything
CCMI	Capability-Maturity-Model-Integration
CRM	Customer-Relationship-Management
CTP	Capable-to-Promise
DNC	Direct Numerical Control
DREAMY	Digital Readiness Assessment Maturity Model
E-BOM	Engineering Bill of Material (dt. Konstruktionsstücklisten)
ERP	Enterprise-Resource-Planning
FMEA	Fehlermöglichkeits- und Einflussanalyse
IEC	International Electrotechnical Commission
IEEE	Institute of Electrical and Electronics Engineers
IoP	Internet of Production
IPS	Instandhaltungsplanungssysteme
ISA	International Society of Automation
ISO	International Organization of Standardization
M-BOM	Manufacturing Bill of Material (deusch: Fertigungsstücklisten)
MDE	Maschinendatenerfassung

MES	Manufacturing-Execution-System
MESA	Manufacturing Enterprise Association
MOM	Manufacturing-Operations-Management
MOM/CMM	Manufacturing Operations Management Capability Maturity Model
NC	Numerical Control
OEE	Overall-Equipment-Effectiveness
PLM	Product-Lifecycle-Management
PPS	Produktionsplanung und -steuerung
RAMI 4.0	Referenzarchitekturmodell Industrie 4.0
ROI	Return on Investment
SCM	Supply-Chain-Management
SIMMI	System Integration Maturity Model Industry 4.0
SOAMM	Service-Oriented Architecture Maturity Model
SPC	Statistische Prozessregelung (engl. Statistical Process Control)
VDMA	Verband Deutscher Maschinen- und Anlagenbau e. V.
WMS	Warehouse-Management-System
VDI	Verband Deutscher Ingenieure e. V.
ZVEI	Zentralverband der Elektrotechnik- und Elektronikindustrie

1 Einleitung

1.1 Ausgangssituation und Problemstellung

Unternehmen, unabhängig von ihrer Größe, stehen schon seit Jahren vor der Herausforderung, den hohen und stetig steigenden Anforderungen ihrer Kundenmärkte gerecht zu werden. Kunden fordern immer häufiger individuelle und auch nachhaltige Produkte mit kurzen Lieferzeiten bei einer hohen Qualität. Die externen Anforderungen werden unternehmensintern zu Herausforderungen insbesondere in der Entwicklung und Produktion, da die Kundenanforderungen zu einer steigenden Variantenzahl mit kurzen Entwicklungszyklen führen. Diese müssen bei einer gleichzeitigen Steigerung der Leistungsfähigkeit und Flexibilität der Produktionsprozesse realisiert werden. (s. SODER 2017, S. 3; SCHMITZ 2018, S. 1; HÖLLTHALER ET AL. 2018, S. 148) Durch die steigende Individualisierung sinken die Größen der Aufträge und Lose in der Fertigung, sodass die Komplexität der Planung und Steuerung der Fertigung und Montage ansteigt. (s. KUNATH U. WINKLER 2019, S. 269)

Nach der Zielversion der „Industrie 4.0" ist die Digitalisierung des Unternehmens ein geeigneter Befähiger zur Bewältigung der externen und internen Herausforderungen Der Begriff „Industrie 4.0" wurde im Jahr 2011 als Bezeichnung für die Vernetzung der analogen mit der digitalen Welt durch Informations- und Kommunikationstechnologien eingeführt. (s. SCHUH ET AL. 2017a, S. 10) Dabei steht „die Organisation und Steuerung der gesamten Wertschöpfungskette über den Lebenszyklus" (PLATTFORM INDUSTRIE 4.0 (HRSG.) 2015, S. 8) im Fokus. Die Basis für die Organisation und Steuerung stellen dabei echtzeitnah verfügbare Informationen aus der gesamten Wertschöpfungskette dar. Daneben wird die Fähigkeit zur Verarbeitung der Informationen mit dem Ziel der Gestaltung der Wertschöpfung als Grundlage gesehen. Ziel ist die Bewältigung der Dynamik der Märkte durch echtzeitfähige, selbst organisierende und lernende Unternehmen in Wertschöpfungsnetzwerke nach unternehmensspezifischen Zielkriterien. (s. PLATTFORM INDUSTRIE 4.0 (HRSG.) 2015, S. 8; SCHUH ET AL. 2017a, S. 12; HARLAND 2019, S. 3)

Zur Erreichung des Zielzustandes des selbst organisierenden, wandlungsfähigen und lernenden Unternehmens bedarf es nach SCHMITZ UND WETZCHEWALD einer Anpassung der heutigen Entscheidungsprozesse, welche vornehmlich auf Erfahrungswissen beruhen und ohne Einbindung externer und interner Anspruchsgruppen gestaltet sind. Ein Grund für lange Entscheidungsprozesse und häufige Schleifen in diesen ist die schlechte Verfügbarkeit von Informationen, welche erst im Laufe der Durchführung gesucht und bewertet werden müssen. Dadurch entstehende Latenzen führen zu Produktivitätsverlusten und einer Erhöhung der Kosten. (s. SCHMITZ 2018, S. 1; WETZCHEWALD 2020, S. 1–2)

In der Wissenschaft existieren verschiedene Referenzmodelle zur Umsetzung der Zielvision von Industrie 4.0. Der Bundesverband Informationswirtschaft,

Telekommunikation und neue Medien (Bitkom), der Verband Deutscher Maschinen- und Anlagenbau (VDMA) und der Zentralverband Elektrotechnik- und Elektronikindustrie (ZVEI) haben sich in der Plattform Industrie 4.0 zusammengeschlossen und haben das Referenzarchitekturmodell Industrie 4.0 (kurz: RAMI 4.0) zur Beschreibung einer Architektur für ein digital vernetztes Unternehmen entwickelt. Hierzu wurde ein schichtenbasiertes Modell entwickelt, welches den Lebenszyklus sowie den Wertschöpfungsprozess verschiedener Objekte abdeckt. Die abgedeckten Objekte sind in Hierarchieebenen strukturiert (s. Abbildung 1-1). (s. HANKEL U. REXROTH 2015, S. 1)

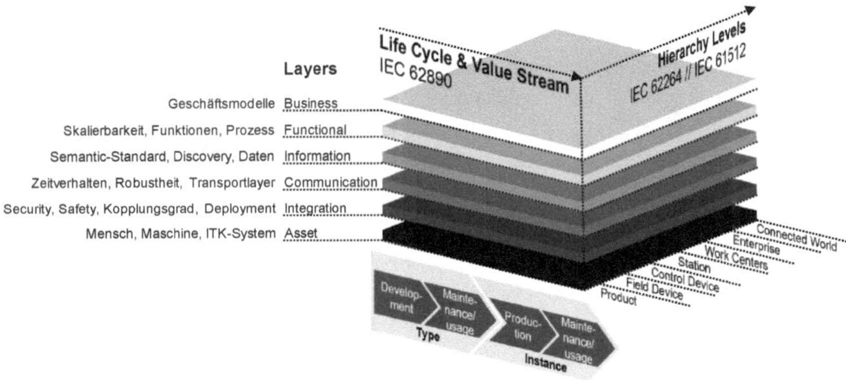

Abbildung 1-1: Referenzmodell RAMI 4.0 (eigene Darstellung i. A. a. DORST U. SCHWANDT 2017, S. 20)

Neben dem RAMI 4.0 existiert auch das Referenzmodell des Internet of Production (kurz: IoP), welches im Rahmen der interdisziplinaren deutschen Exzellenzinitiative in Aachen entwickelt und ausgestaltet wird. Das IoP stellt eine Referenzarchitektur (s. Abbildung 1-2) zur Gestaltung einer domänengreifenden Kollaboration entlang des Produktlebenszyklus dar, welche durch die semantische Verknüpfung domänenspezifischer Daten Unternehmen zu besserer Kollaboration und agilen Entscheidungsprozessen verhilft. (s. GLEIM ET AL. 2020, S. 3243)

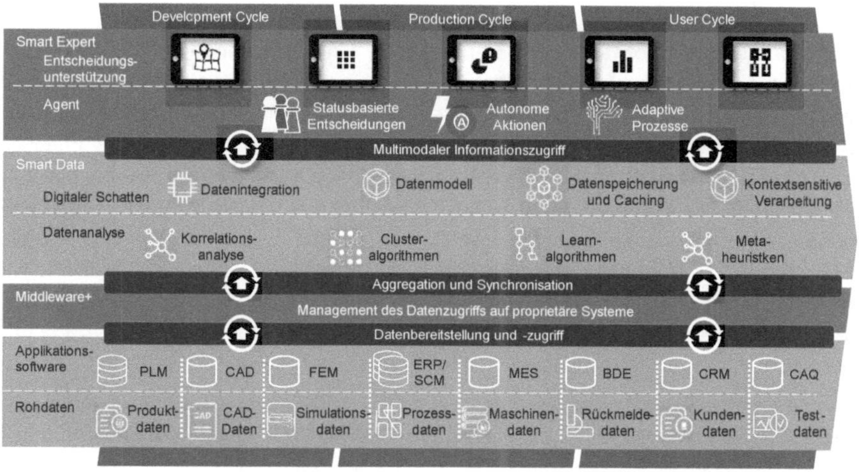

Abbildung 1-2: Referenzarchitektur des Internet of Production (eigene Darstellung i. A. a. SCHUH ET AL. 2017b, S. 121)

Die in Abbildung 1-2 dargestellte Referenzarchitektur des IoP strukturiert die Infrastruktur für ein lernendes Unternehmen horizontal entlang der drei Fokusbereiche *Development Cycle*, *Production Cycle* und *User Cycle*. Vertikal ist das IoP in Schichten der Applikationssoftware, der Middleware+, Smart Data und digitaler Smart Experts strukturiert. In der untersten Schicht der Software werden Informationssysteme beschrieben, welche domänenspezifische Daten für die übergeordneten Schichten bereitstellen. Durch die Middleware+ werden die Daten unterschiedlicher Systeme für system- und domänenübergreifende Analysen gefiltert und verknüpft. Dieser Vorgang ist heute ohne große Aufwände für die Schaffung von Schnittstellen und die Verknüpfung der Daten nicht möglich. Die Daten werden der übergeordneten Smart-Data-Schicht bereitgestellt, in der ein digitaler Schatten als echtzeitfähiges Abbild des Betrachtungsbereiches durch die verknüpften Daten aufgebaut wird. Mit verschiedenen Verfahren der Datenanalyse und -auswertung werden Informationen für die digitalen Assistenzsysteme der übergeordneten Ebene erhoben. Die Informationen können in nutzerzentrierten Entscheidungsunterstützungsapplikationen menschlichen Anwendenden oder digitalen Agenten bereitgestellt werden. Beide Anspruchsgruppen leiten auf Basis der bereitgestellten Informationen der Smart-Data-Schicht Entscheidungen ab. (s. PENNEKAMP ET AL. 2019, S. 36; SCHUH ET AL. 2020b, S. 469; BRAUNER ET AL. 2020, S. 4)

Für Unternehmen stellt die Umsetzung beider Referenzmodelle eine Herausforderung dar, da diese bisher noch nicht in ihrem vollen Umfang in der Praxis implementiert wurden, sondern bisher nur einzelne Usecases vorgestellt und im Rahmen von Forschungs- oder Pilotprojekten realisiert wurden (vgl. HANKEL U. REXROTH 2015; PENNEKAMP ET AL. 2019; GLEIM ET AL. 2020). Um Unternehmen ganzheitlich digital zu transformieren, reicht eine Betrachtung rein (informations-)technologischer Aspekte der Unternehmensprozesse – wie in den Referenzmodellen angedeutet – nicht aus. Zur Umsetzung echtzeitfähiger, selbststeuernder und -lernender Unternehmen bedarf es auch einer Anpassung der Ressourcen, der Unternehmensorganisation und der Kultur an sich wandelnde Prozesse. Ressourcen umfassen dabei Mitarbeiter und ihre Qualifizierung, Maschinen und Anlagen sowie deren Ausstattung mit Sensorik und Technologie. Die Unternehmensorganisation enthält sowohl die strategische Anpassung, die Arbeitsbedingungen und -regelungen, welche vom Unternehmen vorgegeben werden. Die Unternehmenskultur beinhaltet Aspekte der Mitarbeiterführung sowie den Umgang von Mitarbeitern untereinander. Hierzu zählt man den Wissensaustausch, die abteilungs- und prozessübergreifende Zusammenarbeit sowie das Innovationsverständnis. (s. CAROLIS ET AL. 2017a, S. 32; SCHUH ET AL. 2020a, S. 23)

Zur Unterstützung der Vision von Industrie 4.0 in der Dimension der Informationstechnologie stellen Manufacturing-Execution-Systeme (kurz: MES) ein mögliches Informationssystem dar. Mit integrierten Funktionen der echtzeitnahen Datenerfassung, -verarbeitung sowie der nutzerzentrierten Informationsbereitstellung unterstützt es bei der Realisierung der Ziele des Internet of Production und von Industrie 4.0 im Production-Cycle schon heute. Insbesondere für Unternehmen mit begrenztem Budget stellen die marktreifen und schon praxiserprobten Lösungen auf dem MES-Markt eine gute, praktikable und risikoarme Möglichkeit zur Befähigung von Industrie 4.0 dar. (s. JURCZAK 2019; WETZCHEWALD 2020, S. 164; 2020, S. 179; KLETTI U. DEISENROTH 2019, S. 20; OBERMAIER U. KIRSCH 2017, S. 192; ENGSTLER 2009, S. 46) Mit der alleinigen Installation und Implementierung des MES würden Unternehmen jedoch nicht Industrie 4.0 umsetzen. Hierzu müssen vor, mit oder spätestens nach der Implementierung auch die weiteren Dimensionen zur erfolgreichen digitalen Transformation umgesetzt werden. Dies bedeutet Anpassungen an den Arbeitsabläufen und Qualifikationen der Mitarbeiter*innen, der Organisationsstruktur und -kultur sowie weitere technologische Anpassungen an Anlagen, Maschinen und Schnittstellen zu Informationssystemen. (s. SCHOLTEN 2009, S. 84–85; KLETTI U. SCHUMACHER 2014, S. 32; WIENDAHL U. KLUTH 2017, S. 5; VDI-RICHTLINIE 5600-2, S. 5–6)

Unternehmen, die sich für die Einführung eines MES entschieden haben, stehen mit der Einführung vor verschiedenen Herausforderungen. Einerseits bieten ME-Systeme einen großen Funktionsumfang, der so ausgewählt werden muss, dass dieser sich in die bestehende IT-Systemlandschaft integriert und bestehende Systeme um Funktionen erweitert, welche dem Unternehmen einen Nutzen stiften. (s. WETZCHEWALD U. LÜTKEHOFF 2017, S. 1–2; KLETTI 2007, S. 99) Auf der anderen Seite ist das Wissen über den Nutzen der Systeme bezogen auf die eingeführten Funktionen kaum bekannt (s. LIEBRECHT ET AL. 2017, S. 224). Dem bekannten, aber schwer messbaren Nutzen für Unternehmen stehen hohe interne und externe Aufwände einer Implementierung entgegen (s. MEHLER-BICHER ET AL. 2019, S. 119–120). Zur besseren Stückelung und Verteilung der mit der Implementierung verbundenen Kosten besteht bei MES durch den modularen Aufbau die Möglichkeit der sukzessiven Implementierung. Dies bedeutet, dass Funktionsmodule einer MES-Lösung nacheinander und zeitlich versetzt im Unternehmen eingeführt werden können. (s. FISCHER ET AL. 2019, S. 298)

Die sukzessive Implementierung zeichnet sich durch die schrittweise Einführung eines Informationssystems aus, bei der funktional abgegrenzte Teile des Systems im Unternehmen eingeführt werden. Gegenüber der Einführung des gesamten Systems im gesamten Einführungsbereich bietet das schrittweise Vorgehen den Vorteil des sukzessiven Lernens aus Erfahrungen sowohl bei den im betroffenen Bereich eingebundenen Mitarbeiter*innen als auch bei der Projektorganisation des Einführungsteams. Durch die sukzessive Einführung von MES-Funktionsmodulen werden weniger Fachabteilungen eingebunden, der Betreuungsaufwand für die Projektorganisation sinkt und geschulte und erfahrene Mitarbeiter*innen können Kolleg*innen in anderen Bereichen später mit Erfahrungen zur Seite stehen. Mit steigender Anzahl an Implementierungsschritten steigen die Zahl temporärer Schnittstellen und deren Betreuungsaufwand. (s. HANSMANN ET AL. 2012, S. 280–281; SCHMIDT U. BÄR 2014, S. 113–114; DANIEL 2001, S. 151)

Der sukzessiven Implementierung steht die Einführung des Gesamtsystems in den gesamten Betrachtungsbereich, meist im gesamten Unternehmen, gegenüber. Dieser Ansatz wird auch als Big-Bang-Strategie bezeichnet. Verringerten Reibungsverlusten und einem schnellen realisierbaren Nutzen stehen größere Risiken bei der Implementierung entgegen. Die Risiken bestehen in der Beherrschung der Wechselwirkungen zwischen den von der Einführung betroffenen Fachbereichen und Prozessen untereinander sowie zwischen diesen und dem einzuführenden System. Zudem besteht bei diesem Vorgehen keine Erprobungsphase mit einem tatsächlichen Live-Betrieb, sodass der Projektorganisation kein Erfahrungswissen zur Verfügung steht. Die genannten Risiken stellen die Projektorganisation vor die Aufgabe eines straffen und anspruchsvollen Projektmanagements zum Handling der Risiken. (s. HANSMANN ET AL. 2012, S. 280–281; SCHMIDT U. BÄR 2014, S. 113) In Abbildung 1-3 sind sowohl der Aufwands- als auch der Nutzenverlauf der oben beschriebenen Implementierungsstrategien beschrieben. Dabei stellen diese Strategien Extremformen dar, bei denen durch die Gestaltung der Implementierungsstrategie Mischformen entstehen können (s. Kap. 2.3.1).

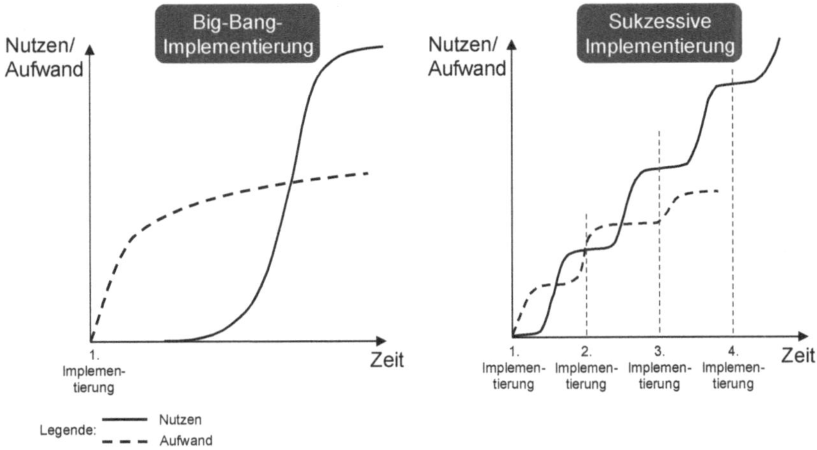

Abbildung 1-3: Aufwand-Nutzenverläufe verschiedener Implementierungsstrategien (eigene Darstellung i. A. a. BORNHÄUSER 2009, S. 168)

Für Unternehmen, welche wenig Erfahrung mit der Einführung von IT-Systemen haben, bietet sich aufgrund des sukzessiven Lernens und der verringerten Projektrisiken im Vergleich zur Big-Bang-Einführung die sukzessive Einführung von Manufacturing-Execution-Systemen an (s. DANIEL 2001, S. 151; FISCHER ET AL. 2019, S. 298). Für die sukzessive Implementierung ist die Planung der Implementierungsschritte erfolgsentscheidend. Dabei müssen sowohl die zu implementierenden Inhalte (MES-Funktionsmodule) als auch die Implementierungsorte (Unternehmensfunktionen) festgelegt werden. (s. REIß 1993, S. 554; DANIEL 2001, S. 7) Hierbei stehen Unternehmen jedoch vor der Aufgabe, festzulegen, welche Bereiche im Unternehmen am stärksten von den ersten Implementierungsschritten, bezogen auf den Nutzen, profitieren. Aktuell stehen Unternehmen hier vor der Herausforderung, den Nutzen sowie das Potenzial in Abhängigkeit der Ausgangssituation unternehmensspezifisch zu bestimmen. (s. KESTEN ET AL. 2006, S. 5; HÄNSCH 2015, S. 945; PALLER 2017) Dabei stellt die genaue Bewertung der Ausgangssituation eines Unternehmens im Kontext der Implementierung ein zentrales Element zur Aussprache von Handlungsempfehlungen dar (s. DANIEL 2001, S. 7). Zur Ableitung einer idealen Reihenfolge von einführbaren MES-Funktionsmodulen bedarf es einer Möglichkeit der Bestimmung der unternehmensspezifischen Ausgangssituation in Bezug zu den von der Einführung betroffenen Unternehmensfunktionen im Produktionssystem.

Für die Bestimmung und Bewertung des individuellen Entwicklungsstandes von Unternehmen in Bezug zu Industrie 4.0 haben sich Industrie-4.0-Reifegradmodelle als geeignetes Werkzeug herausgestellt (s. MITTAL ET AL. 2018; FELCH ET AL. 2019). Reifegradmodelle unterstützen Unternehmen in der Ausarbeitung und Umsetzung von strategischen Initiativen durch die Möglichkeit der Standortermittlung sowie durch das Aufzeigen von Entwicklungspfaden. (s. VDI-RICHTLINIE 4000-1, S. 8; SCHUMACHER ET AL.

2016, S. 165; CAROLIS ET AL. 2017a, S. 27; SCHMITZ 2018, S. 24). Die Umsetzung von Industrie 4.0 stellt für Unternehmen eine strategische Initiative mit einem zeitlichen Horizont von mehreren Jahren dar. Auch AHLEMANN ET AL. sehen für die Begleitung der strategischen Initiativen Reifegradmodelle als strategisches Werkzeug, da durch die kontinuierliche Anwendung der Standortbestimmung und Ableitung von Handlungsalternativen die Planung, Steuerung und Umsetzung unterstützt werden kann. (s. AHLEMANN ET AL. 2005, S. 42–43; BECKER ET AL. 2009b, S. 213; MARX 2011, S. 47–48)

Aufgrund ihres funktionalen Umfangs und der Befähigung von Unternehmen in der Industrie-4.0-Gestaltungsdimension der Informationssysteme stellt die Implementierung von ME-Systemen häufig ein strategisches Projekt im Rahmen der digitalen Transformation von Unternehmen dar. (s. WETZCHEWALD U. LÜTKEHOFF 2017, S. 3; WIENDAHL U. KLUTH 2017, S. 2–5; WIENDAHL ET AL. 2019, S. 48–50) Der zeitliche Horizont einer MES-Implementierung umfasst dabei sechs bis zwölf Monate (s. VDI-RICHTLINIE 5600-2, S. 5–6). Für die Einordnung des MES-Implementierungsprojektes in die strategische Initiative zur digitalen Transformation können Industrie-4.0-Reifegradmodelle genutzt werden.

1.2 Zielsetzung

Aus der beschriebenen Ausgangssituation und praktischen Problemstellung ergibt sich der Bedarf zur Unterstützung der sukzessiven Implementierung von Manufacturing-Execution-Systemen. Da ME-Systeme von Unternehmen, wie oben beschrieben, mit dem Ziel der digitalen Befähigung des Produktionssystems eingeführt werden, soll ein Reifegradmodell als Werkzeug zur Bewertung der aktuellen Ausgangssituation und des Nutzenpotenzials genutzt werden. Reifegradmodelle eignen sich durch die Möglichkeit der Standortbestimmung sowie des Aufzeigens eines Entwicklungspfades zur Unterstützung bei der Zielerreichung dieses Dissertationsvorhabens.

Ziel der vorliegenden Dissertationsschrift ist die Entwicklung eines Vorgehensmodells zur reifegradbasierten, sukzessiven Implementierung von Manufacturing-Execution-Systemen. Dieses soll eine praxistaugliche Unterstützungshilfe für Unternehmen bieten, welche ein MES zur Steigerung der digitalen Reife in der Produktion und den angrenzenden Bereichen einführen wollen. Hierbei steht die frühzeitige Ausschöpfung des Nutzens des MES durch eine sukzessive Implementierung im Vordergrund. Zielgruppe der Ergebnisse sind Verantwortliche aus produzierenden Unternehmen, die mit der Implementierung eines MES im Unternehmen betraut sind.

Auf Basis der identifizierten Problemstellung und der daraus resultierenden Zielstellung der vorliegenden Dissertationsschrift ergibt sich die übergeordnete Forschungsfrage:

Wie kann eine effiziente Reihenfolge für die sukzessive Implementierung eines Manufacturing-Execution-Systems bestimmt werden?

Um die übergeordnete Forschungsfrage zu beantworten, werden in der Dissertationsschrift folgende Unterforschungsfragen beantwortet:

- Anhand welcher Kennzahlen kann der Nutzen eines MES für das Unternehmen gemessen werden?
- Wie lassen sich Module eines MES hinsichtlich ihrer Aufgaben und Funktionen beschreiben und klassifizieren?
- Welche Zusammenhänge bestehen zwischen den Funktionen eines MES, den Reifegradstufen eines Industrie-4.0-Reifegradmodells und den Unternehmenszielen?
- Wie lässt sich der Nutzen einer MES-Funktion herleiten?
- Wie lässt sich eine Methodik zur Bestimmung der Implementierungsreihenfolge von MES-Funktionsklassen gestalten?

Zur wissenschaftlich akkuraten Beantwortung der vorgestellten Forschungsfragen bedarf es einer geeigneten Forschungskonzeption, welche im folgenden Kapitel zusammen mit dem Aufbau der Dissertationsschrift vorgestellt wird.

1.3 Wissenschaftstheoretische Einordnung und Aufbau der Arbeit

In der vorliegenden Dissertationsschrift werden der Zielstellung und den vorgestellten Forschungsfragen entsprechend sowohl betriebswirtschaftliche und ingenieurwissenschaftliche Aspekten als auch Themen der Wirtschaftsinformatik bearbeitet. Aufgrund der Überschneidungen der verschiedenen Wissenschaftsdisziplinen ist eine wissenschaftstheoretische Einordnung der Dissertationsschrift notwendig. Die genannten Themenbereiche zählen zu den Objektwissenschaften, welche sich von der Metawissenschaft dadurch abgrenzen, dass sie sich mit einem Untersuchungsobjekt außerhalb der Wissenschaftstheorie befassen. (s. ZELEWSKI 2008, S. 4) Die Wissenschaftstheorie unterscheidet im Bereich der Objektwissenschaften zwischen den Formal-, Struktur- und Realwissenschaften. (s. ZELEWSKI 2008, S. 3; ULRICH U. HILL 1976a, S. 305) Formalwissenschaften befassen sich mit der Untersuchung formaler Objekte, welche durch wissenschaftliche Sprachsysteme definiert werden. Die Realwissenschaften hingegen befassen sich mit realen Objekten außerhalb der Sprachsysteme, also mit der „Beschreibung, Erklärung und Gestaltung empirisch [...] wahrnehmbarer Wirklichkeitsausschnitte" (ULRICH U. HILL 1976a, S. 305). Die Strukturwissenschaften untersuchen die Struktur sowohl formaler als auch realer wissenschaftlicher Objekte. (ULRICH U. HILL 1976a, S. 305) Realwissenschaften unterliegen abweichend von den Formalwissenschaften dem Zwang, neben der logischen auch die faktische Wahrheit nachzuweisen (s. ULRICH U. HILL 1976a, S. 306). Die drei genannten Wissenschaftsbereiche lassen sich den Realwissenschaften zuordnen, welche in reine und angewandte Wissenschaften unterschieden werden können.

Reine Wissenschaften befassen sich mit der reinen Gewinnung neuer Erkenntnisse und können als Grundlagenwissenschaften umschrieben werden. Ausgangspunkt von Grundlagenwissenschaften ist ein theoretisches Problem. Das Ziel der

Grundlagenwissenschaften liegt in der Bildung und Verifikation von Theorien und Hypothesen, welche später durch die empirische Überprüfung an der Realität verifiziert werden. (s. RAFFÉE 1974, S. 15; ULRICH U. HILL 1976a, S. 305) Ihnen stehen die angewandten Wissenschaften gegenüber, welche die Lösung eines realen Problems mit konkretem Praxisbezug anstreben (s. RAFFÉE 1974, S. 15; ULRICH U. HILL 1976a, S. 305; ULRICH 1981, S. 5–6). Zur Überprüfung der faktischen Wahrheit im Bereich der angewandten Wissenschaft reicht es nicht, die Gültigkeit der Hypothesen und Theorien durch empirische Beobachtungen in der Realität zu überprüfen. Die entworfenen Lösungsartefakte der angewandten Wissenschaften, bspw. Gestaltungsmodelle, müssen auf die Anwendbarkeit sowie den potenziellen Nutzen in der Praxis untersucht werden. (s. ULRICH 1981, S. 7) Nach der Zielstellung (s. Kap. 1.2) wird in der vorliegenden Dissertationsschrift das Ziel verfolgt, Entscheider bei der reifegradbasierten Implementierung von Manufacturing-Execution-Systemen zu unterstützen. Aufgrund der dieser Zielstellung immanenten Gestaltungs- und Entscheidungsunterstützung sowie des in Kapitel 1.1 dargelegten Praxisbezugs kann das vorliegende Dissertationsvorhaben den angewandten Wissenschaften zugeordnet werden. (s. ULRICH U. HILL 1976a, S. 305)

ULRICH U. HILL entwerfen für die angewandten Wissenschaften (im Speziellen für die Betriebswirtschaftslehre) einen Forschungsprozess zur Entwicklung und empirischen Überprüfung von Wissensartefakten. (s. ULRICH U. HILL 1976b, S. 347–350) Der Forschungsprozess umfasst terminologisch-deskriptive, empirisch-induktive und analytisch-deduktive Forschungsaktivitäten. (s. ULRICH U. HILL 1976b, S. 347) Die terminologisch-deskriptiven umfassen die deskriptiven Tätigkeiten für die Schaffung eines Begriffssystems zur Beschreibung des Forschungsobjektes. Die empirisch-induktiven Aktivitäten beinhalten die Untersuchung beobachtbarer Wirklichkeitsausschnitte und deren Zusammenhänge. Anschließend werden aus den einzelnen Beobachtungen Hypothesen durch die Generalisierung abgeleitet. Die analytisch-deduktiven Aktivitäten umfassen logische oder tautologische Schritte zur deduktiven Konstruktion von Modellen und deren Analyse ohne weitere Schritte der Induktion. (s. ULRICH U. HILL 1976b, S. 347)

Der Forschungsprozess umfasst nach ULRICH U. HILL zwölf Aktivitäten, die den drei vorher beschriebenen Aktivitätstypen zugeordnet werden können. Die ersten fünf Aktivitäten umfassen die Definition und Operationalisierung von Begriffen, die deskriptive Studie, Isolierung relevanter Dimension und die Typenbildung und können der terminologisch-deskriptiven Aufgabenstellung zugeordnet werden. Die Schritte dienen der Schaffung des gemeinsamen Begriffsverständnisses und zur Ableitung von Typen zur Beschreibung empirisch erfasster Aspekte der Wirklichkeit. (s. ULRICH U. HILL 1976b, S. 348) Die Aufgaben der Erkundung von Korrelationen zwischen Variablen und Hypothesenformulierung werden der empirisch-induktiven Aufgabenstellung zugeordnet und dienen der Ableitung von Beziehungen zwischen den Variablen. Hierbei können Mittel-Ziel-Beziehungen und Ursache-Wirkungszusammenhänge aufgedeckt werden. Im Mittelpunkt stehen die Erklärungen der Beziehungen und Korrelationen. (s. ULRICH

u. Hill 1976b, S. 348) Die drei sich anschließenden Aufgaben der Modellkonstruktion, der Ableitung von Prognosen und der Ableitung von situationsspezifischen Handlungsempfehlungen werden von Ulrich u. Hill den analytisch-deduktiven Tätigkeiten zugeordnet. Ziel ist die Konstruktion eines Modells des realen Systems zur Entscheidungsunterstützung. Mit diesem Modell lassen sich durch die anschließende Analyse Prognosen für Entscheidungssituationen ableiten. Hierdurch können Handlungsempfehlungen abgeleitet werden. (s. Ulrich u. Hill 1976b, S. 348–349) Der Forschungsprozess schließt mit empirischen Realisierungsversuchen und der vorläufigen Annahme des Modells als Theorie. Die Realisierungsversuche dienen der hinreichenden Verifikation der Forschungsergebnisse durch die empirische Anwendung und Beobachtung der Realität. (s. Ulrich u. Hill 1976b, S. 349)

Im Forschungsprozess stellen die induktive Ableitung von Aussagen aus der Beobachtung von Einzelfällen und die anschließende Verifikation eine elementare Herausforderung dar. Die Ableitung von generellen Aussagen aus Einzelbeobachtungen wird aufgrund der selektiven Wahrnehmung sowie deren interessengebundener Interpretation als Problematik der Induktion kritisiert. Eine Verifikation der Induktion anhand empirischer Untersuchungen lehnt Popper mit dem *Kritischen Rationalismus* ab. Er postuliert, dass die empirische Induktion als Verfahren des Forschungsprozesses zulässig ist, wenn akzeptiert wird, dass die Falsifikation, also die Widerlegung der Hypothesen und Theorien als Einzelbeobachtungen, als zulässiges Verfahren gilt. (s. Ulrich u. Hill 1976b, S. 349) Hypothesen, welche nach diesen Forschungsverfahren aufgestellt werden, gelten so lange als vorläufig richtig, bis sie intersubjektiv falsifiziert werden. (s. Ulrich u. Hill 1976b, S. 346) Damit kann das Vorgehen von Ulrich u. Hill als valides Vorgehen für den vorliegenden realwissenschaftlichen Forschungsansatz herangezogen werden. (s. Ulrich u. Hill 1976b, S. 346)

Die vorliegende Dissertationsschrift folgt daher dem oben beschriebenen Forschungsansatz. Abbildung 1-4 gibt einen Überblick über den Forschungsprozess und den Aufbau der Arbeit.

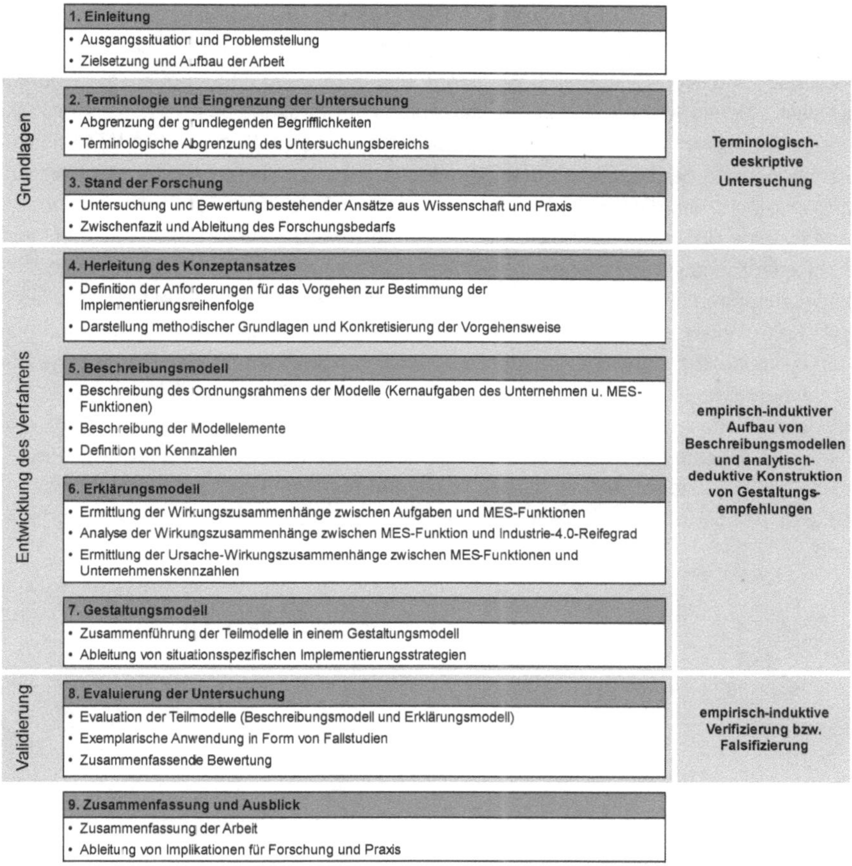

Abbildung 1-4: Aufbau der Dissertationsschrift (eigene Darstellung)

Ausgangspunkt der vorliegenden Dissertationsschrift bilden die in **Kapitel 1** dargestellte Ausgangssituation und Problemstellung und die daraus abgeleitete Zielsetzung sowie Forschungsfragen. Die Beschreibung der für den Forschungsprozess notwendigen Begriffe sowie die Eingrenzung und Konkretisierung des Untersuchungsbereiches werden in **Kapitel 2** vorgenommen. In **Kapitel 3** werden relevante, aktuelle Ansätze des Stands der Forschung in den Bereichen der Industrie-4.0-Reifegradmodelle, der Nutzenbestimmung von Informationssystemen sowie der Gestaltung von Implementierungen vorgestellt und analysiert. Damit wird die konkrete, wissenschaftliche Forschungslücke in Bezug zur praktischen Problemstellung und Zielsetzung aufgezeigt. Das zweite und dritte Kapitel umfassen terminologisch-deskriptive Forschungsaktivitäten. Auf Basis der identifizierten Forschungslücke werden in **Kapitel 4** die inhaltlichen und formalen Anforderungen sowie das methodische Vorgehen zur Modellbildung vorgestellt und erläutert. **Kapitel 5** dient der Beschreibung und dem Aufbau des kombinierten Ordnungsrahmens für das Erklärungsmodell. Hierzu werden sowohl die Kernaufgaben produzierender Unternehmen als auch die Funktionen von Manufacturing-Execution-Systemen beschrieben und in Klassen und Modulen zusammengefasst. Ebenso werden relevante Kennzahlen zur Erfassung des Nutzens in Produktionsunternehmen dargestellt. Darauf aufbauend werden in **Kapitel 6** die Wirkungszusammenhänge der beschriebenen Teilmodelle erläutert. Hierzu werden die Kernaufgaben identifiziert, die durch ME-Systeme unterstützt werden. Diese werden anschließend in eine Reifegrad-Kennwert-Matrix überführt, welche zur Messung des Industrie-4.0-Reifegrades herangezogen werden kann. Abschließend werden die Ursache-Wirkungszusammenhänge zwischen den Funktionen des MES, den Kernaufgaben und den Kennzahlen erläutert. Der Kern des **Kapitels 7** umfasst die Zusammenführung der Teilmodelle zu einem anwendbaren Modell zur Bestimmung der Reihenfolge der Implementierung von Funktionen eines Manufacturing-Execution-Systems. Die Teilmodelle und das entwickelte Gestaltungsmodelle werden in **Kapitel 8** anhand von empirischen Erhebungen, Experteninterviews und einer Fallstudie validiert. Die Ergebnisse der Dissertationsschrift werden in **Kapitel 9** zusammengefasst und kritisch reflektiert. Abschließend wird ein Ausblick für nachfolgende Forschungsaktivitäten gegeben.

2 Terminologie und Eingrenzung der Untersuchung

In den vorliegenden Unterkapiteln wird zunächst die relevante Terminologie für die Dissertationsschrift festgelegt. Das erste Unterkapitel dient dazu, produzierende Unternehmen sowie deren Aufgabenbereiche anhand des von MEISSNER entworfenen Modells zu beschreiben. Daran schließen sich die Definition von Informationssystemen sowie die Einordnung von Manufacturing-Execution-Systemen in die Landschaft der Informationssysteme in der Produktion an (s. Kap. 2.2). Im dritten Unterkapitel wird der Lebenszyklus von Informationssystemen mit der Abgrenzung der Implementierung von den restlichen Phasen vorgestellt. Der Begriff *Reifegradmodell* wird vierten Unterkapitel definiert. Im Anschluss an die Definition und Vorstellung der Termini erfolgt die Eingrenzung des Untersuchungsbereiches, der für die weiteren Ausarbeitungsschritte relevant ist (s. Kap. 2.5).

2.1 Produzierende Unternehmen

Als produzierende Unternehmen werden jene Unternehmen bezeichnet, deren Geschäftsbetrieb auf die Produktion und den Absatz eigenständig hergestellter Güter ausgerichtet ist. GUTENBERG definiert die Produktion als die Leistungserstellung von Gütern unter Einbezug der elementaren Faktoren *Arbeitsleistung*, *Betriebsmittel* und *Werkstoff* (s. GUTENBERG 1983, S. 3). Die Produktion kann als Transformationsprozess von Inputfaktoren wie Betriebsmitteln, Werkstoffen und Arbeitsleistung zur Erstellung von Outputfaktoren beschrieben werden (s. SCHÖNERT U. SCHIEMENZ 2005, S. 89; WEBER ET AL. 2018, S. 11). Nach GAUSEMEIER U. PLASS lässt sich die Produktion in die Energietechnik, die Verfahrenstechnik und die Fertigungstechnik unterteilen, wobei die vorliegende Dissertationsschrift die Fertigungsindustrie fokussiert, welche sich durch die Herstellung von diskreten Gütern auszeichnet (s. GAUSEMEIER U. PLASS 2014, S. 16).

Für die Zielsetzung dieser Arbeit ist es notwendig, die Prozesse und Informationsflüsse eines produzierenden Unternehmens zu beschreiben und im weiteren Verlauf der Arbeit zu analysieren (s. Kapitel 5.1). Dazu wird auf das Modell (s. Abbildung 2-1) von MEISSNER zurückgegriffen (s. MEISSNER 2018, S. 62). Dieses setzt sich aus dem Unternehmensmodell von WESTKÄMPER U. WARNECKE sowie dem Modell der Produktion von GAUSEMEIER U. PLASS zusammen (s. WESTKÄMPER U. WARNECKE 2010, S. 3; GAUSEMEIER U. PLASS 2014, S. 17). Das Modell unterteilt das Unternehmen entlang des Materialflusses im Bereich der Produktherstellung in *Beschaffung*, *Produktion* und *Vertrieb* (s. WESTKÄMPER U. WARNECKE 2010, S. 2). Jeder Bereich wird jeweils durch ein eigenes Subsystem dargestellt. Zusätzlich zu den Bereichen existieren das Unternehmensmanagement sowie das Controlling. Das Unternehmensmanagement formuliert die wesentlichen Vorgaben und Strategien für die drei Bereiche. Der Informationsfluss ist bilateral gestaltet. So werden die Unternehmensziele vom Management an die Bereiche kommuniziert und die einzelnen Systeme melden die Ergebnisse zurück ans

Management. Das Rechnungswesen und Controlling überwachen und fassen die Ergebnisse der drei Bereiche zusammen. (s. WESTKÄMPER U. WARNECKE 2010, S. 3)

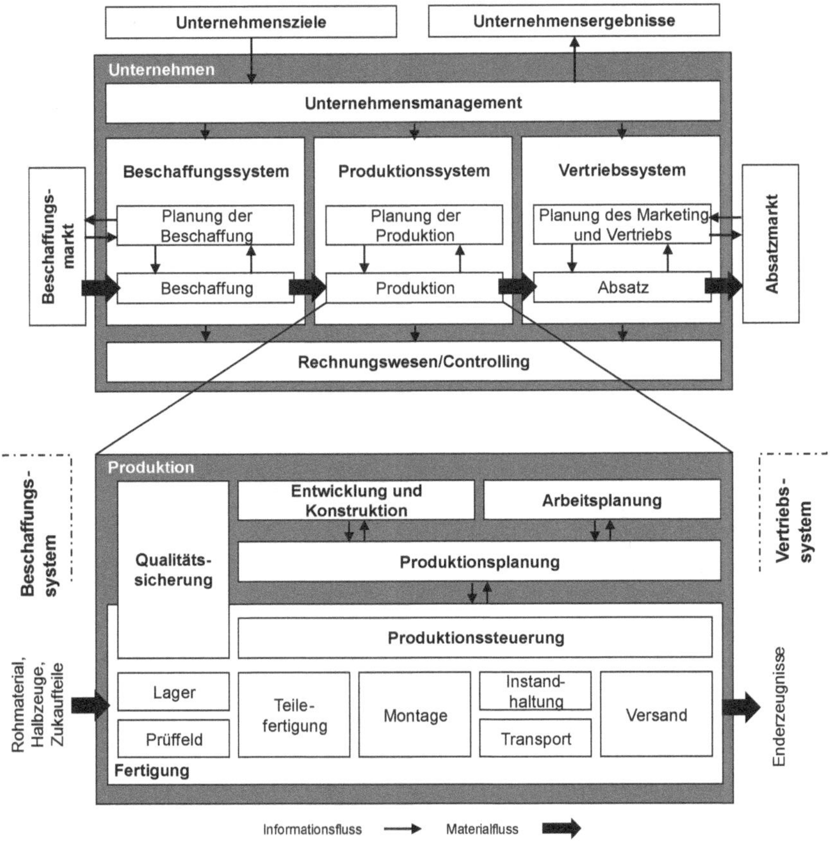

Abbildung 2-1: Funktionale Struktur eines produzierenden Unternehmens (eigene Darstellung i. A. a. MEISSNER 2018, S. 62)

Der Bereich *Beschaffung* stellt die Bereitstellung von Werkstoffen, Betriebsmitteln sowie Energie sicher. Er interagiert mit dem Beschaffungsmarkt und plant die Beschaffung eigenständig. (s. WESTKÄMPER U. WARNECKE 2010, S. 3) Der Bereich *Vertrieb* umfasst die Auslieferung der Produkte an die Kunden, den Kundenservice sowie das Marketing und interagiert mit dem Absatzmarkt (s. WESTKÄMPER U. WARNECKE 2010, S. 4).

Die Produktion übernimmt die Aufgabe der Umwandlung von Inputfaktoren in Outputfaktoren (s. WESTKÄMPER U. WARNECKE 2010, S. 2 f.). Die Aufteilung des Bereiches *Produktion* erfolgt in die Planung der Produktion sowie in die Produktion selbst. Die Planung der Produktion hat „die rechtzeitige Bereitstellung aller für die Produktion erforderlichen Einrichtungen“ (WESTKÄMPER U. WARNECKE 2010, S. 3) zur Aufgabe.

Dieser Bereich wird auch der Arbeitssystemplanung der Arbeitsvorbereitung zugeordnet (s. EVERSHEIM 2002, S. 11–12). Der Bereich der Produktion wird zwar auch von WESTKÄMPER U. WARNECKE in ihrem Modell weiter spezifiziert, jedoch beinhaltet das Modell von GAUSEMEIER U. PLASS neben einer detaillierteren Prozessdarstellung des Teilbereiches *Fertigung* auch die Darstellung der Informationsflüsse (s. WESTKÄMPER U. WARNECKE 2010, S. 3; GAUSEMEIER U. PLASS 2014, S. 17). Daher werden im Folgenden die Unternehmensfunktionen gemäß dem Modell von GAUSEMEIER U. PLASS kurz erläutert.

Beginnend mit der **Entwicklung und Konstruktion** werden das Produkt und die Funktionen konkretisiert. Die Entwicklung beginnt mit der Übersetzung der Kundenbedürfnisse in technische und wirtschaftliche Anforderungen, welche im Pflichtenheft dokumentiert werden (s. WESTKÄMPER U. WARNECKE 2010, S. 2). Die Entwicklung und Konstruktion durchlaufen einen iterativen Prozess, der von der Präzision der Problemstellung über die Konzeption und den Entwurf bis hin zur Gestaltung mehrmals durchlaufen wird. (s. WIENDAHL 2014, S. 117–118) Ergebnisse des Entwicklungs- und Konstruktionsprozesses werden in analogen oder digitalen Bauteil- und Produktzeichnungen sowie Stücklisten festgehalten (s. GAUSEMEIER U. PLASS 2014, S. 16).

Die Arbeitsvorbereitung umfasst sämtliche Maßnahmen zur Vorbereitung und Steuerung der Produktion von Erzeugnissen. Dabei unterteilt sie sich in die einmal auftretenden Aufgaben der **Arbeitsplanung** und in die wiederkehrenden Aufgaben der Arbeitssteuerung (s. ARNDT 2017, S. 1736). Die Arbeitsplanung umfasst alle Aufgaben zur Sicherstellung der wirtschaftlichen Herstellung von Produkten sowie die wirtschaftliche Gestaltung der Produktion und Montage (s. EVERSHEIM 2002, S. 6–7). Die Arbeitssteuerung umfasst die Aufgaben der Auftragsabwicklung, welche im Unternehmensmodell der Produktionsplanung und der Produktionssteuerung zugeordnet werden (s. GAUSEMEIER U. PLASS 2014, S. 16).

Die Auftragsabwicklung bildet den Rahmen der **Produktionsplanung und -steuerung**, welche die Planung, Steuerung und Überwachung der Aufträge entlang der gesamten Wertschöpfung umfasst (s. SCHUH U. STICH 2012, S. 11; MEISSNER 2018, S. 10). Die Produktionsplanung und -steuerung (kurz PPS) umfasst nach SCHUH U. STICH die „termin-, kapazitäts- und mengenbezogene Planung und Steuerung der Fertigungs- und Montageprozesse" (SCHUH U. STICH 2012, S. 29). Die Produktionsplanung umfasst die gestalterischen und planerischen Aufgaben zur Festlegung des Inhaltes der Einzelprozesse in der Fertigung und Montage. Die Produktionssteuerung überwacht und steuert den Ablauf der Fertigungs- und Montagetätigkeiten. (s. KURBEL 2016, S. 17–18) Die Produktionssteuerung ist für die Erreichung der logistischen Ziele unter Berücksichtigung der von der Produktionsplanung ausgearbeiteten Vorgaben verantwortlich (s. SCHUH U. STICH 2012, S. 29). Die Kernaufgaben der Produktionsplanung und -steuerung umfassen nach dem Aachener PPS-Modell die Produktionsprogrammplanung, Produktionsbedarfsplanung, die Fremdbezugsplanung und -steuerung sowie die Eigenfertigungsplanung und -steuerung. Daneben werden im Aachener PPS-Modell auch die Netzwerkaufgaben sowie die Querschnittsaufgaben und die

Datenverwaltung den Aufgaben der PPS zugeordnet. (s. SCHUH U. STICH 2012, S. 29–32; LÖDDING 2016, S. 107–120)

In der **Fertigung** werden die Werkstoffe und Halbzeuge so bearbeitet, dass sie den Anforderungen der Geometrie sowie den Werkstückeigenschaften (z. B. Oberflächenbeschaffenheit) entsprechen (s. WESTKÄMPER U. WARNECKE 2010, S. 4). Die Fertigung umfasst die in der DIN 8580 festgehaltenen technischen Fertigungsverfahren zur Transformation der Einsatzmaterialien zur Herstellung von Zwischenerzeugnissen (s. DIN 8580, S. 6–8). Die Zwischenerzeugnisse werden anschließend in der **Montage** zu industriellen Gütern zusammengesetzt. Die Montage umfasst die Tätigkeiten des Fügens von geometrisch bestimmten Teilen zu komplexeren Produkten (s. LOTTER U. WIENDAHL 2012, S. 1).

Die **Qualitätssicherung** ist Bestandteil des unternehmerischen Qualitätsmanagements. Ziel ist die Unterstützung des Produktentstehungsprozesses (s. SCHMITT U. PFEIFER 2015, S. 132). Die Qualitätssicherung umfasst die Schritte der Qualitätsplanung, Qualitätsprüfung (Prüffeld) und Qualitätslenkung (s. GAUSEMEIER U. PLASS 2014, S. 17). Die Qualitätsplanung definiert die Qualitätsziele für Produkte und Prozesse zur Erfüllung der Kundenanforderungen (s. WIENDAHL 2014, S. 359). In den Qualitätsprüfungen werden die von der Planung identifizierten Qualitätsmerkmale hinsichtlich der Qualitätsziele überprüft. Erst durch die Überprüfung kann die Einhaltung der Qualitätsziele gewährleistet werden, sodass die Kundenanforderungen an das Produkt erfüllt werden. (s. WIENDAHL 2014, S. 364) Die Qualitätsprüfung kann während der oder im Anschluss an die Produktion erfolgen. Die Qualitätslenkung umfasst alle vorbeugenden, überwachenden und korrigierenden Maßnahmen zur Erfüllung der Qualitätsziele (s. WIENDAHL 2014, S. 363).

Die **Instandhaltung** besteht aus allen technischen und administrativen Maßnahmen, die notwendig sind, um die Funktionsfähigkeit der Betriebsmittel während der Nutzung sicherzustellen (s. WERBIŃSKA-WOJCIECHOWSKA 2019, S. 2). Die Maßnahmen der Instandhaltung können grundsätzlich in Wartung, Inspektion, Verbesserung und Instandsetzung unterschieden werden (s. DIN 31051, S. 12). Die Art der Instandhaltung kann anhand der drei Typen der Verbesserung, der präventiven und der korrektiven Instandhaltung zugeschrieben werden (s. DIN EN 13306, S. 62). Die präventive Instandhaltung lässt sich in die vorausbestimmte Instandhaltung und die zustandsorientierte Instandhaltung unterteilen (s. DIN EN 13306, 35 ff.). Die korrektive Instandhaltung wird ergriffen, sobald ein Fehler an Betriebsmitteln aufgetreten ist. Diese Tätigkeiten lassen sich aufgrund des spontanen Auftretens der Fehler kaum planen (s. WERBIŃSKA-WOJCIECHOWSKA 2019, S. 6). Die Instandhaltung versucht, bei niedrigen Instandhaltungskosten die Anlagenverfügbarkeit und die Leistung der Betriebsmittel zu maximieren (s. PAWELLEK 2016, S. 5; WERBIŃSKA-WOJCIECHOWSKA 2019, S. 9–10).

Die **Produktionslogistik** umfasst alle Logistikprozesse zwischen dem Beschaffungs- und dem Absatzlager und fungiert damit als Bindeglied zwischen Beschaffungs- und Distributionslogistik (s. PFOHL 2018, S. 201). Ihre Aufgaben schließen die Planung,

Steuerung sowie Überwachung der Produktion sowie die innerbetrieblichen Lager-, Kommissionier-, Transport- und Umschlagsprozesse ein (s. SCHUH ET AL. 2013, S. 14; TEMPELMEIER 2018, S. 1). Sie stellt damit die Ver- und Entsorgung der Produktion mit den benötigten Materialien sicher, optimiert Transportwege und -mittel und die einzelnen Lagerstufen (s. SCHUH ET AL. 2013, S. 14; MUCHNA ET AL. 2018, S. 7). Die Produktionslogistik umfasst somit die Funktionen des Lagers, des Transportes und des Versands (s. Abbildung 2-1). Die von der Logistik betrachteten Objekte umfassen Sachgüter, Personen sowie Informationen. Ähnlich wie in anderen Werken wird in dieser Arbeit der Fokus auf die Sachgüterlogistik gelegt. (s. SCHUH ET AL. 2013, S. 8; TEMPELMEIER 2018, S. 2)

2.2 Informationssysteme in produzierenden Unternehmen

Informationssysteme oder auch Informations- und Kommunikationssysteme sind soziotechnische Systeme, welche aus maschinellen und menschlichen Komponenten bestehen und mit den Systemnutzer*innen über den Austausch von Informationen interagieren (s. LEHNER ET AL. 2008, S. 43–44; KRCMAR 2015, S. 21; ALPAR ET AL. 2019, S. 4). Durch ihre Struktur werden Informationssysteme auch als MAT-Systeme bezeichnet, da sie die Kernelemente *Mensch*, *Aufgabe* und *Technik* beinhalten (s. LEHNER ET AL. 2008, S. 43–44; HEINRICH ET AL. 2011, S. 252). Nach SCHÖNSLEBEN lassen sich neun unabhängige Aufgaben von Informationssystemen unterscheiden. Die Aufgaben umfassen die Informationszielbestimmung, -identifikation, -akquisition, -verarbeitung, -speicherung, -verbesserung, -bewertung, -nutzung und Informationsübermittlung bzw. -präsentation (s. SCHÖNSLEBEN 2001, S. 25–27).

Informationssysteme unterstützen die Arbeit der Nutzer*innen durch die aufgaben- und nutzerzentrierte Erfassung und Bereitstellung der Informationen (s. ABTS U. MÜLDER 2017, S. 15). Damit tragen sie zur Entscheidungsfindung sowie zur Koordination und Kontrolle von Geschäftsprozessen sowie „deren Automatisierung, Integration und Virtualisierung" (KRCMAR 2015, S. 22) bei. Der Einsatz von Informationssystemen geschieht unter wirtschaftlichen Gesichtspunkten (s. KRCMAR 2015, S. 22).

Als weitere Merkmale von Informationssystemen sind ihre Offenheit, Dynamik und Komplexität zu nennen. Diese Eigenschaften drücken sich über die Anzahl der in Interaktion stehenden Elemente und Teilsysteme aus. Sowohl die Interaktionen mit der Umwelt (Offenheit), die für zeitliche Veränderungen an den Elementen und Teilsystemen führen (Dynamik), als auch die Beziehungen und Interaktionen der Teilsysteme untereinander zeichnen Informationssysteme als komplexe Systeme aus. (s. KRCMAR 2015, S. 23)

Der Aufbau von Informationssystemen wird durch ihre Architektur vorgegeben. Die Systemarchitektur legt dabei fest, wie durch logische Systembausteine ihre Beziehung untereinander sowie deren Schnittstellen die Funktionalität sichergestellt werden soll. Dabei bilden die Anforderungen an das System die Grundlage der Architektur; jedoch legt die Architektur nicht fest, wie die Anforderungen umzusetzen sind.

(s. HASSELBRING 2006, S. 48; VOGEL 2009, S. 27–28) Die Gestaltung der Architektur hat erheblichen Einfluss auf die Eigenschaften des resultierenden Systems hinsichtlich Performanz, Änderbarkeit, Kosten und auch der Implementierbarkeit (s. HASSELBRING 2006, S. 48; VOGEL 2009, S. 128). Für die Gestaltung von Systemarchitekturen existieren verschiedene Prinzipien, welche als Handlungsleitfänden bei der Konzeption dienen (vgl. VOGEL 2009). Ein für die Dissertationsschrift relevantes Prinzip stellt das Modularitätsprinzip dar, da ME-Systeme als modulare Softwaresysteme beschrieben sind (s. KLETTI 2007, S. 227; ZVEI - ZENTRALVERBAND ELEKTROTECHNIK- UND ELEKTRONIKINDUSTRIE E. V. 2010, S. 42; KLETTI U. DEISENROTH 2019, S. 32).

Das Modularitätsprinzip fordert, dass die Systembausteine als leicht austauschbare, in sich abgeschlossene Operationen strukturiert werden (s. VOGEL 2009, S. 145). Ein Modul beschreibt somit eine Systemeinheit, welche eine bestimmte Anzahl an Aufgaben erfüllt, um das gesamte System zu realisieren. Durch eine aufgabenorientierte Gestaltung von Modulen werden einfache und stabile Beziehungen untereinander ermöglicht, welche den Austausch von Informationen untereinander über Modulschnittstellen realisieren. Mit der Definition der Module und deren Schnittstellen lassen sich diese dann einzeln entwickeln, testen und einführen. (s. HENNINGER U. SHORE J. E. 1987, S. 63–64)

Informationssysteme lassen sich nach ihren Strukturelementen (MAT) typisieren (s. HEINRICH ET AL. 2011, S. 252). Bei der Unterscheidung anhand des Strukturelementes *Mensch* wird anhand der Benutzergruppen differenziert (s. HEINRICH ET AL. 2011, S. 252). Eng verwandt mit der Typisierung der Benutzer*innen ist die Differenzierung anhand der Phasen des Informationsverarbeitungsprozesses (s. HEINRICH ET AL. 2011, S. 257–258). Eine Unterscheidung anhand des Strukturelementes *Technik* differenziert anhand der Technikinfrastruktur, beispielsweise der Ein- und Ausgabetechnik oder der Verarbeitungstechnik (s. HEINRICH ET AL. 2011, S. 256). Die Typisierung von Informationssystemen kann am Strukturelement der *Aufgabe* anhand der Aufgabenreichweite, -phase, -typ und Betriebstyp durchgeführt werden (s. HEINRICH ET AL. 2011, S. 252). In der Praxis wird häufig eine Typisierung anhand der Strukturelemente *Mensch* und *Aufgabe* vorgenommen (s. HEINRICH ET AL. 2011, S. 256).

In produzierenden Unternehmen können durch verschiedene Informationssysteme die inner- und überbetrieblichen Geschäftsprozesse unterstützt werden (s. SCHUH 2008, S. 22). Da sich für verschiedene Unternehmensfunktionen und Aufgaben verschiedene IT-Systeme etabliert haben, werden diese in den folgenden Unterkapiteln abgegrenzt. Zur groben Strukturierung der Informationssysteme und zur Vereinfachung ihrer Integration in produzierenden Unternehmen wurde in der DIN EN 62264 ein Hierarchiemodell entworfen, welches das Unternehmen in verschiedene Leitebenen unterteilt. Den Ebenen werden Unternehmensaufgaben zugeordnet und entsprechend den zugeordneten Aufgaben können auch Informationssysteme den Ebenen zugeordnet werden. Hiermit lassen sich die Informationsflüsse innerhalb und zwischen den Ebenen strukturieren, um die Integration der Informationssysteme im Unternehmen zu verbessern. (s. DIN EN 62264-1, S. 8)

Die DIN EN 62264 Blatt 1 bildet die Ausgangsbasis für verschiedene Hierarchiemodelle, z. B. auch für die Automatisierungspyramide (s. Abbildung 2-5), und wird daher nun kurz beschrieben: Das Modell umfasst fünf Ebenen, welche in Abbildung 2-2 dargestellt sind Die unterste Ebene (Ebene 0) umfasst die physischen Produktionsprozesse. Die darüber liegende Ebene 1 beschreibt die Aktivitäten zur Erfassung und Anpassung der physischen Prozesse. Die zweite Ebene umfasst die Überwachung, Führung sowie Steuerung der Produktionsprozesse, welche automatisiert mittels speicherprogrammierbarer Steuerungen erfolgen kann. Die dritte Ebene befasst sich mit der Koordination der Produktionsprozesse zur Herstellung der benötigten Produkte. Die oberste Ebene 4 umfasst die Geschäftsprozesse zur Führung des produzierenden Unternehmens. Bezogen auf den Produktionsprozess umfasst diese Ebene die Beschaffung der Eingangsmaterialien, die übergeordnete, grobe Planung der Produktion sowie die Distribution und den Absatz der hergestellten Güter. (s. DIN EN 62264-1, S. 16–19)

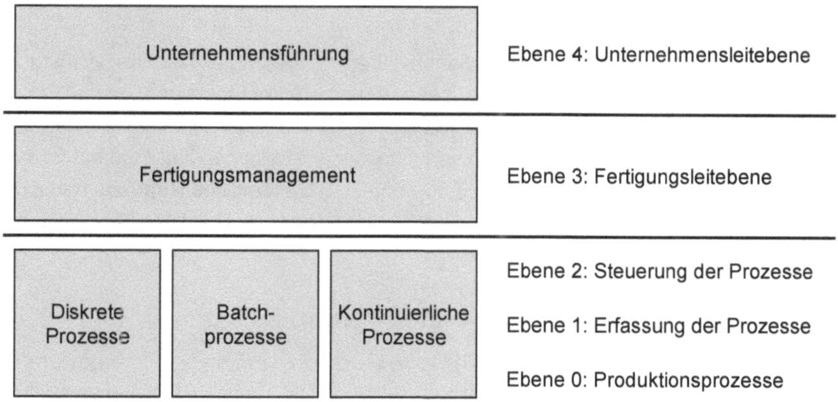

Abbildung 2-2: Hierarchiemodell der DIN EN 62264-1 (eigene Darstellung i. A. a. DIN EN 62264-1, S. 17)

Ebene 0 bis 2 werden der VDI-Richtlinie 5600-1 folgend als Fertigungsebene, die Ebene 3 als Fertigungsleitebene und Ebene 4 als Unternehmensleitebene bezeichnet. (s. VDI-RICHTLINIE 5600-1, S. 6) Zur Abgrenzung der relevanten Informationssysteme im funktionalen Unternehmensbereich der Produktion und der Einordnung in die Ebenen des Hierarchiemodells dienen die folgenden Unterkapitel.

2.2.1 Enterprise-Resource-Planning-System

Enterprise-Resource-Planning-Systeme (kurz ERP-Systeme) bilden „das informationstechnische Rückgrat" (BACH ET AL. 2019, S. 15) eines produzierenden Unternehmens, da sie alle relevanten Unternehmensaktivitäten und -prozesse abbilden. Der Begriff des Enterprise-Resource-Plannings, welcher sich im Deutschen mit *Planung* *der Unternehmensressourcen* übersetzen lässt, deckt nicht das gesamte Spektrum des Konzeptes ERP ab. Nicht nur die Planung, sondern auch die Steuerung und die Organisation der Unternehmensressourcen sind elementare Bestandteile der ERP-Systeme. Unter dem abstrakten Begriff der Unternehmensressourcen versteht man sowohl Input- und Outputmaterial als auch Maschinen, Mitarbeiter*innen oder Finanzen. (s. OSTERHAGE 2014, S. 3)

Dabei unterstützen ERP-Systeme die gesamte Auftragsabwicklung von der Kundenanfrage über die Fertigung sowie den Versand bis zum nachträglichen Service der verkauften Produkte. Es werden nicht nur die Kernprozesse und -aufgaben unterstützt, sondern auch übergreifende Aufgaben wie das Projektmanagement, die Material- und Lagerwirtschaft sowie das Management verteilter Organisationsstrukturen produzierender Unternehmen. (s. BACH ET AL. 2019, S. 36) Dabei sind ERP-Systeme modular aufgebaut; ihre Funktionalitäten lassen sich in Module wie das Finanz-, Rechnungs- und Personalwesen, die Produktionsplanung und -steuerung, den Einkauf, die Logistik, die Forschung und Entwicklung sowie den Vertrieb unterteilen (s. WANNENWETSCH 2014, S. 458; BACH ET AL. 2019, S. 37).

ERP-Systeme werden der Unternehmensleitebene zugeordnet. Bei der Bearbeitung der Aufträge werden alle Aufträge des Unternehmens betrachtet, wobei das ERP-System die Art und den Umfang der Aufträge bestimmt und definiert, in welchem Zeitraum sie produziert werden. Wie bei den zu verwaltenden Ressourcen steht die kaufmännische Sicht im Fokus. (s. VDI-RICHTLINIE 5600-1, S. 6) Der zeitliche Rahmen, den ERP-Systeme betrachten, umfasst Monate, Wochen und Tage. (s. DIN EN 62264-1, S. 16–19)

2.2.2 Advanced-Planning-and-Scheduling-System

Advanced-Planning-and-Scheduling-Systeme (kurz APS-Systeme) sind modulare Erweiterungen der ERP-Systeme (s. WANNENWETSCH 2014, S. 489–490). Sie versuchen, die Schwachstelle der hierarchisch-sukzessiven Planung der ERP-Systeme, welche von unbegrenzter Ressourcenkapazität ausgeht, durch eine simultane und synchronisierte Planung von Materialien und Kapazitäten unter Beachtung der Termine zu verbessern. (s. SCHUH ET AL. 2014b, S. 152; HAUSLADEN 2016, S. 120; SOUSA ET AL. 2014, S. 1038). Dazu nutzen sie engpassorientierte Modellierungs-, Optimierungs- und Simulationsfunktionen und -methoden zur Auftragsplanung, Ressourcenplanung und Reihenfolgeplanung (s. KURBEL 2013, S. 258; HAUSLADEN 2016, S. 120).

APS-Systeme unterstützen sowohl bei der strategischen und taktischen als auch bei der operativen Planung im Unternehmen (s. HAUSLADEN 2016, S. 120). Die Aufgaben von APS-Systemen können anhand der Supply-Chain-Planning-Matrix (s. Abbildung 2-3) strukturiert werden (s. KURBEL 2013, S. 258). Die langfristig ausgerichtete, strategische Planung umfasst die Aufgabe der Netzwerkplanung. Der mittelfristige, taktische Bereich umfasst die Masterplanung, also die Programm- und Bedarfsplanung auf Netzwerkebene, sowie die Bedarfs-, Beschaffungs-, Produktions- und

Distributionsplanung auf Unternehmensebene. Zu den operativen Aufgaben mit kurzfristigem Zeithorizont zählen die kurzfristige Material- und Produktionssteuerung, die Transportplanung sowie die Durchführung von Verfügbarkeitsprüfungen. (s. KURBEL 2013, S. 259; SOUSA ET AL. 2014, S. 1040; MEYR ET AL. 2015, S. 100) Durch die unterschiedlichen zeitlichen Horizonte können APS-Systeme je nach unterstützter Planungsaufgabe der Unternehmensleit- sowie Fertigungsleitebene zugeordnet werden.

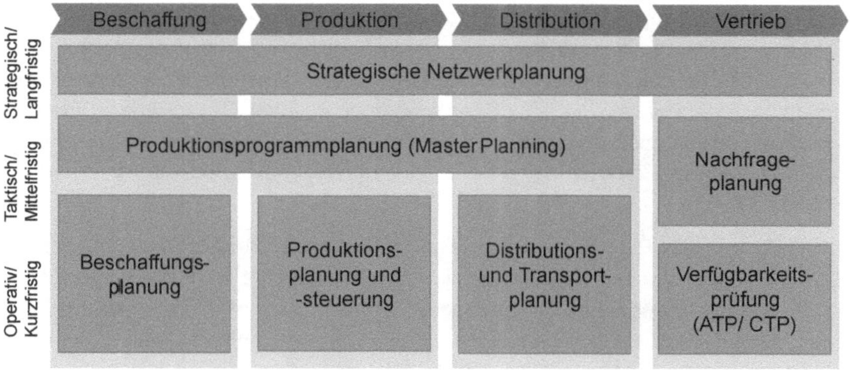

Abbildung 2-3: Supply-Chain-Planning-Matrix (eigene Darstellung i. A. a. MEYR ET AL. 2015, S. 100)

APS-Systeme sind nicht als Ersatz bestehender Planungsmodule von Informationssystemen konzipiert, sondern ergänzen diese. Elementar ist daher die gezielte Integration mit ERP- und ME-Systemen. ERP-Systeme stellen den APS-Systemen die benötigten Daten zur Berechnung und Optimierung von Produktionsplänen bereit. APS-Systeme übertragen die Ergebnisse der Planung wieder an die Informationssysteme zur Realisierung und Steuerung der Pläne. (s. SOUSA ET AL. 2014, S. 1039; MAUERGAUZ 2016, S. 21)

2.2.3 Warehouse-Management-System

Das Warehouse-Management-System (kurz WMS) dient der „Führung und Optimierung von innerbetrieblichen Lagersystemen" (HOMPEL U. SCHMIDT 2010, S. 9). WMS können als losgelöste Informationssysteme oder als Modul eines ERP-Systems im Unternehmen implementiert sein (s. RICHARDS 2018, S. 327). Die Aufgaben eines WMS umfassen die Lagerverwaltung, die Unterstützung bei der Lagerreorganisation und die Verwaltung der Fördermittel. Zusätzlich sind Leitsysteme Bestandteil des WMS, welche die Disposition und Steuerung der Fördermittel realisieren. Zusätzlich ermöglichen sie die Datenerfassung, -verarbeitung und -visualisierung in der Lager- und Distributionsumgebung. (s. HOMPEL U. SCHMIDT 2010, S. 54–64) Durch die Aufgaben eines WMS und den Bezug zu den Unternehmensressourcen ist eine Schnittstelle zur Warenwirtschaft eines ERP-Systems essenziell (s. HOMPEL U. SCHMIDT 2010, S. 10). WMS lassen sich tendenziell der Fertigungsleitebene zuordnen, da sich der Großteil der unterstützten Aufgaben der Ebene 3 des Hierarchiemodells (s. Abbildung 2-2) zuordnen lässt.

2.2.4 Product-Lifecycle-Management-System

Product-Lifecycle-Management (kurz PLM) ist ein Organisationsansatz, welcher die ganzheitliche Organisation und Steuerung des gesamten Produktlebenszyklus von der Idee über die Produktion bis hin zur Entsorgung fokussiert (s. STARK 2016, S. 2). PLM-Systeme sind Informationssysteme, welche die Organisation und Verwaltung der Produktdaten im Produktlebenszyklus sowie die Entwicklungsprozesse im Unternehmen unterstützen (s. KURBEL 2013, S. 216; SCHMIDT ET AL. 2014, S. 285–286). Daten, die verwaltet werden können, umfassen Konstruktionszeichnungen, Stücklisten und Arbeitspläne sowie Prozessparameter für die Herstellung (s. SCHMIDT ET AL. 2014, S. 286).

Die Aufgaben der PLM-Systeme umfassen neben dem Produktdatenmanagement, Dokumentenmanagement, der Versionierung und Freigabe auch die Unterstützung von Freigabe-, Change- und Entwicklungsprozessen. Letztere werden meist durch ein integriertes Workflow-, Nutzer- und Projektmanagementfunktionen unterstützt. (s. KURBEL 2013, S. 217–218) Zusätzlich können PLM-Systeme um Funktionen zur Unterstützung des Anforderungsmanagements, der Produktkonfiguration und des Instandhaltungsmanagements ergänzt werden (s. KURBEL 2013, S. 219).

Zur Umsetzung des PLM-Managementansatzes werden die verschiedenen Systeme in der Entwicklung und Konstruktion, also die CAx-Systeme, und das ERP-System mit dem PLM-System integriert. Die Schnittstellen ermöglichen den Datenaustausch und verhindern eine mehrfache Datenhaltung in verschiedenen Systemen. (s. KURBEL 2013, S. 217–218) Das PLM-System ist nicht zwingend als eine spezifische Software zu sehen, sondern eher als eine ganzheitliche IT-Lösung, die Daten aus verschiedenen Systemen über den Lebenszyklus des Produktes integriert. (s. SCHMIDT ET AL. 2014, S. 286)

CAx steht für *Computer Aided Everything* und bezeichnet eine Vielzahl von Informationssystemen mit rechnerunterstützten Methoden und Werkzeugen in der Produktentstehung. Das x ist als Platzhalter für viele Akronyme gedacht. (s. VAJNA ET AL. 2018, S. 1) Einen Überblick über die „CAx-Landschaft“ gibt die Abbildung 2-4, die die Informationssysteme in den Produktentstehungsprozess einordnet, sowie Tabelle 2-1, welche die Bedeutung der Akronyme sowie die Aufgaben der für die Arbeit relevanten CAx-Systeme zusammenfasst. (s. STARK 2016, S. 194–206; VAJNA ET AL. 2018, S. 15–16)

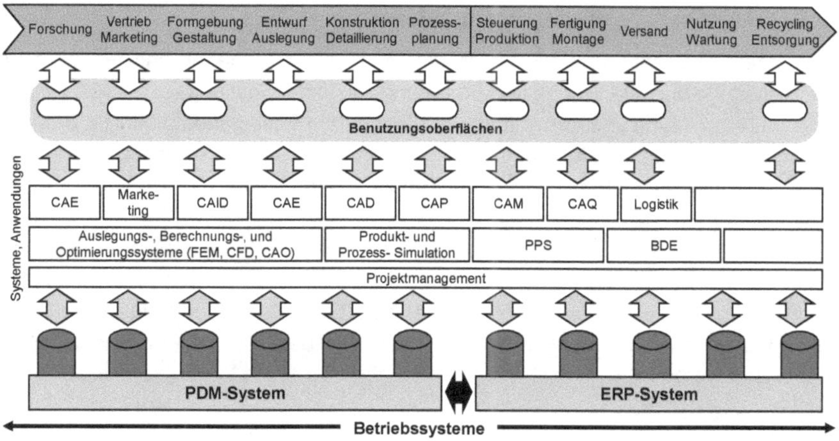

Abbildung 2-4: CAx-Landschaft (eigene Darstellung i. A. a. VAJNA ET AL. 2018, S. 15)

Die Bedeutung der Akronyme sowie die Aufgaben der für die Arbeit relevanten CAx-Systeme sind in der folgenden Tabelle dargestellt:

Tabelle 2-1: Übersicht der Akronyme sowie Aufgaben von CAx-Systemen

CAE	*Computer Aided Engineering*: Berechnung und Simulation zur Entwicklung von Bauteilen
CAID	*Computer Aided Industrial Design*: Unterstützung der schnellen Erstellung von Produkt- und Komponentenentwürfen als 3D-Darstelllung, welche zur Kommunikation des Designs mit der Konstruktion und Entwicklung sowie dem Marketing dienen
CAD	*Computer Aided Design*: Grafische Unterstützung der technischen Konstruktion von Bauteilen und Produkten sowohl in 2D- als auch 3D-Visualisierungen
CA(P)P	*Computer Aided (Process) Planning*: Unterstützung der Arbeitsplanerstellung für Fertigungs-, Montage- und Prüfprozesse
CAM	*Computer Aided Manufacturing*: Unterstützung und Simulation der Fertigungsprozesse auf Maschinenebene zur Überprüfung der Produktherstellbarkeit sowie der Ableitung von NC-Programmen
CAQ	*Computer Aided Quality Assurance*: Unterstützung der Aufgaben der Qualitätsplanung und -sicherung

2.2.5 Instandhaltungsmanagement-System

Instandhaltungsmanagement-Systeme unterstützen die Aufgaben und Prozesse der Instandhaltung bei der Planung und Steuerung von Instandhaltungsaufträgen, der Aufnahme, Verarbeitung und Verwaltung der Stamm- und Bewegungsdaten von Betriebsmitteln sowie der Beschaffung und Lagerung von Ersatzteilen. Zusätzlich unterstützen sie bei der Leistungsüberwachung der Betriebsmittel sowie dem Personalmanagement. (s. Cohen et al. 2020, S. 208) Moderne Instandhaltungsmanagement-Systeme haben sich aus den IPS (Instandhaltungs-Planungs-Systemen) entwickelt (s. Cohen et al. 2020, S. 216). Diese Systeme fokussierten die Unterstützung der Instandhaltungsauftragsabwicklung (s. VDI-Richtlinie 2898, S. 3). Durch den Aufgabenfokus der Instandhaltungsmanagement-Systeme können sie ebenfalls der Fertigungsleitebene zugeordnet werden.

2.2.6 Manufacturing-Execution-System

Manufacturing-Execution-Systeme sind als Reaktion der gestiegenen kundenseitigen Dynamik der 90er und 2000er Jahre entstanden, um die benötigte Flexibilität in der Unterstützung der Produktionsprozesse abzubilden. Bisherige Systeme der Produktionsplanung und -steuerung stellten sich mit dem eher planerisch-administrativen Fokus als zu starr heraus. (s. Kurbel u. Endres 2005, S. 263–264; Louis 2009, S. 1–2) Mit der Entwicklung der ME-Systeme konnten Schwachstellen bisheriger Systeme behoben werden und die operative Planung und Steuerung wurden verbessert. Dabei agieren die ME-Systeme als Integrationsschnittstelle zwischen dem Shopfloor und der Unternehmensleitebene, indem sie die planerischen Leitplanken des ERP-Systems und die aktuellen und echtzeitnahen Informationen der Produktion integrieren und verarbeiten. (s. Meier 2013, S. 30–31)

ME-Systeme lassen sich in Anlehnung an die verschiedenen Normen (s. unten) zwischen den ERP-Systemen der Unternehmensleitebene und der physischen Produktion einordnen. ERP-Systeme übernehmen die Grobplanung mit Planungshorizonten im Bereich von Wochen und Tagen, wohingegen diese in der Feinplanung durch ME-Systeme verfeinert wird. ME-Systeme planen und steuern die Produktion bis auf Stunden- oder Minutenebenen und überwachen die Produktion durch echtzeitnahe Erfassung und Verarbeitung der Material- und Informationsflüsse. (s. VDI-Richtlinie 5600-1, S. 6)

Hierzu wurde die Maschinen- und Betriebsdatenerfassung (kurz BDE/MDE), welche alle Tätigkeiten zur Erfassung von Maschinen, Betriebs- und Produktionsdaten am Entstehungsort umfasst, in die ME-Systeme integriert. Teilweise können noch Systeme, welche nur zur Erfassung von Betriebs- und Maschinendaten genutzt werden, erworben und integriert werden, jedoch sind sie meist Teil einer MES-Lösung. (s. Schmidt et al. 2014, S. 287; Gausemeier u. Plass 2014, S. 388) Mit der Integration von aktuellen Produktionsdaten ist es ME-Systemen im Gegensatz zu den ERP-Systemen möglich, die tatsächliche Ressourcenverfügbarkeit und aktuelle

Produktionssituation bei der Planung der Produktionsabläufe zu berücksichtigen. Durch die Rückmeldung aus der Produktion werden ME-Systeme befähigt, auch kurzfristige Plananpassungen durchführen zu können. Dies führt zu einer verbesserten Planung und Steuerung der Produktionsaufträge und -ressourcen. (s. LOUIS 2009, S. 19–20; KURBEL 2013, S. 189; MEIER 2013, S. 30–31; KLETTI 2015, S. 23–24)

Nachdem der Begriff *Manufacturing-Execution-System* etabliert wurde, nahm die Bezeichnung von Teilkomponenten bzw. Modulen als MES durch Systemanbieter stark zu. Dies führte zu uneinheitlichen Begriffsverwendungen, woraufhin verschiedene Normungsaktivitäten unternommen werden. (s. KLETTI U. DEISENROTH 2019, S. 3) Im Folgenden werden die relevanten Definitionen von Manufacturing-Execution-Systemen vorgestellt und abschließend der Begriff für die Dissertationsschrift definiert.

Die *International Society of Automation* (kurz ISA) hat in der Norm ISA-95 fünf Teile zur Integration der Unternehmens- und Betriebsleitebene herausgebraucht (s. ISA 95-3, S. 13). Das MES wird von der ISA als *Manufacturing Operations Management* (kurz MOM) bezeichnet. Der Ausdruck wurde von der ISA geprägt und ist im amerikanischen Raum weit verbreitet. Er kann und wird synonym für Systeme mit den gleichen Funktionalitäten eines MES verwendet. Die Aufgaben eines MES nach der ISA-95 besteht unter anderem in der Koordination der Betriebsmittel und des Personals zur Herstellung von Halb- oder Fertigzeugen. Zusätzlich zählen die Verwaltung, Koordination und Steuerung der Informationen innerhalb des Produktionsprozesses zu den Aufgaben eines ME-Systems. Die zu verarbeitenden Informationen umfassen die Zeitpläne, Verwendungen, Fähigkeiten, Definitionen, Historien und Status der Maschinen, des Materials und des Personals innerhalb des Produktionsunternehmens. (s. ISA 95-3, S. 21–22) Die ISA-95 Blatt 3 teilt die Aufgaben des MES in die vier Bereiche *Production Operations Management* (Produktionsmanagement), *Maintenance Operations Management* (Instandhaltungsmanagement), *Quality Operations Management* (Qualitätsmanagement) und *Inventory Operations Management* (Bestandsmanagement) ein (s. ISA 95-3, S. 21).

Von der *International Electrotechnical Commission* wurde die Norm IEC 62264 herausgegeben, welche aus fünf Teilen besteht (DIN EN 62264-1). Die Norm basiert auf der ISA-95 und weist keine für diese Dissertationsschrift relevanten Unterschiede zu dieser auf. In Deutschland ist die Norm auch unter der DIN EN 62264 veröffentlicht. (s. DIN EN 62264-1)

Die *Manufacturing Enterprise Association* (kurz MESA) definiert das MES als ein System, welches den Produktionsprozess unterstützt und verbessert, indem Arbeitsanweisungen erstellt und verwaltet werden, die Ausführung des Prozesses überwacht wird, Informationen und Daten über den gesamten Produktionsprozess aufgenommen und analysiert werden. (MESA INTERNATIONAL 1997)

Die Daten werden in Echtzeit ermittelt und verarbeitet. Anschließend werden diese an relevante Unternehmenseinheiten beziehungsweise die Mitarbeiter*innen weitergeleitet, für welche sie einen Nutzen bringen. Auf diese Weise sollen die Störungen und die nicht-wertschöpfenden Prozesse im Unternehmen erkannt und eliminiert werden, sodass eine Optimierung der Produktion erreicht wird, welche sich sowohl in den Kosten als auch in der Qualität widerspiegelt. (s. MESA INTERNATIONAL 2000)

Der Verein Deutscher Ingenieure e. V. (kurz VDI) definiert in seiner siebenteiligen VDI-Richtlinie 5600 das MES als Informationssystem zur Unterstützung der Geschäftsprozesse zur „Organisation und Durchführung des Produktionsprozesses" (VDI-RICHTLINIE 5600-1, S. 4). Dazu bietet es Unterstützung bei den folgenden drei elementaren Aufgabenbereiche der *Organisation und Unterstützung der Aktivitäten in den Geschäftsprozessen*, dem *Informationsaustausch mit den benachbarten Informationssystemen* sowie der *„Realisierung des Wirkungskreislaufes [...] aller Aktionen zur Durchführung des Produktionsprozesses"* (VDI-RICHTLINIE 5600-1, S. 4). (s. Abbildung 2-5)

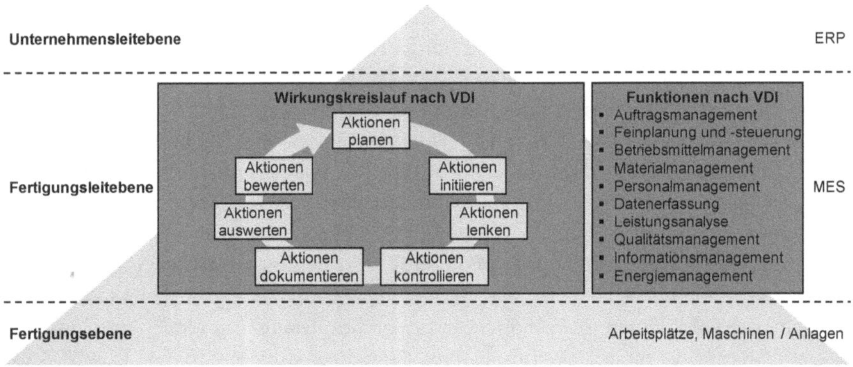

Abbildung 2-5: Wirkungskreislauf und Funktionen eines MES (eigene Darstellung i. A. a. VDI-RICHTLINIE 5600-1, S. 4–5)

Die VDI 5600 ordnet ähnlich wie die MESA das MES zwischen der Unternehmensleitebene (ERP-System) und den Produktionsprozessen der Fertigungsebene (Ebene 0 bis 2 der DIN EN 62264) ein. Das MES stellt das funktionale und informationelle Bindeglied zwischen beiden Ebenen durch die Verteilung von Informationen dar. (s. VDI-RICHTLINIE 5600-1, S. 7)

Die VDI-Richtlinie 5600 beschreibt in Blatt 1 das MES als modulares Informationssystem und definiert folgende zehn Aufgabenmodule, welche in Kapitel 5.3 detailliert beschrieben werden (s. VDI-RICHTLINIE 5600-1, 5):

- Auftragsmanagement
- Feinplanung und -steuerung
- Betriebsmittelmanagement
- Materialmanagement
- Personalmanagement
- Datenerfassung
- Leistungsanalyse

- Qualitätsmanagement
- Informationsmanagement
- Energiemanagement

Blatt 1 der VDI-Richtlinie beschreibt die Aufgaben des MES sowie die Bedeutung der MES-Aufgabenmodule für die Unternehmensprozesse (VDI-RICHTLINIE 5600-1). Die Kostenstrukturen von MES werden zusammen mit dem Nutzen in Blatt 2 beschrieben (VDI-RICHTLINIE 5600-2). In Blatt 3 wird die Strukturierung der Datenelemente wiedergegeben sowie logische Schnittstellen zur Maschinen- und Anlagensteuerung werden entworfen (VDI-RICHTLINIE 5600-3). Blatt 4 liefert ein Bewertungsschema zur Bestimmung der Eignung eines MES für die Unterstützung von Produktionssystemen (VDI-RICHTLINIE 5600-4). Blatt 5 beschreibt weitere Optimierungsansätze durch das MES, während Blatt 6 die Vorteile des MES in Bezug auf das Energiemanagement erweitert (VDI-RICHTLINIE 5600-5; VDI-RICHTLINIE 5600-6). Blatt 7 beschreibt die Realisierung von Industrie-4.0-Ansätzen durch das MES (VDI-RICHTLINIE 5600-7).

Der Zentralverband Elektrotechnik und Elektronikindustrie (ZVEI) orientiert sich bei der Definition des MES ebenfalls an der DIN EN 62264 und der VDI 5600. Er nutzt den Begriff MES für alle erhältlichen Lösungen und Systeme in der dritten Ebene der DIN EN 62264 zur Steuerung der betrieblichen Produktion. (s. ZVEI - ZENTRALVERBAND ELEKTROTECHNIK- UND ELEKTRONIKINDUSTRIE E. V. 2010, S. 8)

KURBEL definiert das MES als Informationssystem, welches bestehende Systeme um die Feinplanung, die Steuerung und Überwachung der Fertigung ergänzt. Kernfunktionen des MES sind die Feinplanung der Fertigungsabläufe, die Steuerung und Überwachung von Fertigungsaufträgen und -ressourcen, das Instandhaltungs- und Qualitätsmanagement sowie das Dokumentenmanagement. Wesentlich dafür sind die Erfassung und Verarbeitung von in der Produktion entstehenden Daten sowie deren Integration in die vorher genannten Aufgaben. (s. KURBEL 2016, S. 346–347) Durch die vielfältigen Aufgaben bestehen Schnittstellen zu ERP-, SCM-, CRM-, CAx-Systemen sowie zu den Maschinensteuerungen der Produktionsmaschinen (s. KURBEL 2016, S. 348).

KLETTI U. DEISENROTH sehen das MES als „Werkzeug“ (KLETTI U. DEISENROTH 2019, S. 2), um verschiedene, anspruchsvolle Aufgaben in der Produktion zu unterstützen. Dabei unterstützen MES als „zentrale Datendrehscheibe“ (KLETTI U. DEISENROTH 2019, S. 2) zur Verteilung der digitalen Informationen die produktionsnahen Bereiche. (s. KLETTI U. DEISENROTH 2019, S. 2) Durch die modulare Struktur von ME-Systemen lassen sich diese anwendungs- und bedarfsorientiert in einem Produktionsunternehmen einführen. Weitere Funktionsmodule eines MES lassen sich zu späteren, beliebigen Zeitpunkten ergänzen. (s. KLETTI U. DEISENROTH 2019, S. 4–5)

SCHMIDT ET AL. definieren das MES als ein Standardsoftwaresystem, bestehend aus diversen Hard- und Softwarekomponenten zur Unterstützung von Logistik- und Produktionsprozessen durch die Verarbeitung von fertigungsnahen Daten. (s. SCHMIDT ET AL. 2014, S. 286) Dabei fokussieren MES den Produktionsdurchführungsprozess „von der Einsteuerung [...] bis hin zur Fertigstellung des Fertigungsauftrages" (SCHMIDT ET AL. 2014, S. 286). Auch SCHMIDT ET AL. sehen das MES in der Rolle als Bindeglied zwischen der übergeordneten Auftragsbearbeitung in ERP-Systemen und der untergeordneten Ressourcen- und Ausführungsebene (s. SCHMIDT ET AL. 2014, S. 286).

WETZCHEWALD stellt vier Kernaspekte in Anlehnung an SCHMIDT ET AL. als wesentliche Merkmale des MES heraus. Ein Ziel des MES in Produktionsunternehmen stellt das „*Management des Produktionsprozesses* durch [die] Planung, Steuerung und Überwachung der Fertigungsaufträge und -ressourcen" (WETZCHEWALD 2020, S. 26) dar. Dies geschieht durch den *Informationsaustausch* mit verschiedenen Informationssystemen im betrieblichen Produktionsumfeld, wobei ME-Systeme das *Bindeglied* zwischen der Unternehmensleit- und der Produktionsebene darstellen. Dies erreicht das MES durch die *echtzeitnahe Aufnahme und Verarbeitung von Produktionsdaten*, welche den aktuellen Status der Ressourcen und Produktion widerspiegeln. (s. WETZCHEWALD 2020, S. 26–27)

Für diese Dissertationsschrift wird das Manufacturing-Execution-System in Anlehnung an SCHMIDT ET AL. und die VDI-RICHTLINIE 5600-1 wie folgt definiert:

Manufacturing-Execution-Systeme dienen der (Fein-)Planung, Steuerung und Überwachung der Prozesse zur Durchführung der Produktionsprozesse. ME-Systeme zeichnen sich durch einen modularen Aufbau aus, welcher die echtzeitnahe Erfassung und Verarbeitung von Daten der Fertigungsaufträge und -ressourcen realisiert und so eine verbesserte Produktionsdurchführung ermöglicht. Dazu fungieren MES als horizontales und vertikales Bindeglied und erfassen, verarbeiten und tauschen Informationen vor, während und nach der Produktion mit den über- und untergeordneten Unternehmensebenen aus. Dabei bestehen Überschneidungen zu Funktionen aus anderen Informationssystemen, welche durch ein MES übernommen werden können.

In Abbildung 2-6 werden die vorgestellten Informationssysteme dargestellt und ihren Unternehmensfunktionen in der Fertigungsleitebene zugeordnet. Diese Systeme weisen funktionale Überschneidungen mit einem vollumfänglichen MES auf, welches sich nach der VDI-Richtlinie ebenfalls in die Fertigungsleitebene einordnen lässt. Eine ausführliche Beschreibung der Funktionen eines MES erfolgt in Kapitel 5.3.

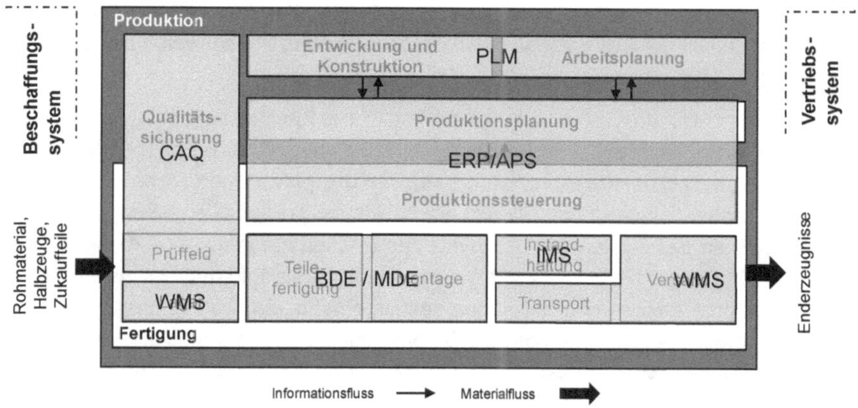

Abbildung 2-6: Übersicht über mögliche Schnittstellen und Überschneidungen eines MES mit Informationssystemen in der Produktion (eigene Darstellung)

Im Bereich der Produktionsplanung und -steuerung sowie des Auftragsmanagements bestehen Überschneidungen mit ERP-Systemen und APS-Lösungen. Im Bereich der Datenerfassung und Aggregation bestehen Überschneidungen mit den dafür dezidierten Betriebsdaten- und Maschinendatenerfassungssystemen. Im Bereich der Bestandsverwaltung sowie des Transportmanagements bestehen funktionale Überschneidungen mit Warehouse-Managementsystemen. In den Bereichen der Qualitätssicherung überschneiden sich die Funktionen der CAQ-Systeme mit denen des MES. Im Bereich der innerbetrieblichen Instandhaltung der Fertigungsressourcen bestehen funktionale Überschneidungen des MES mit den Instandhaltungsmanagementsystemen.

2.3 Lebenszyklus von Informationssystemen

Der Begriff des Lebenszyklus beschreibt die Evolution eines Systems, Produktes, Projektes oder von etwas Menschengeschaffenem von der Konzeption bis zur Abschaffung. Für die Lebenszyklen verschiedener Objekte existieren unterschiedliche Modelle als Referenz für ein gemeinsames Verständnis und eine gemeinsame Kommunikation. (s. ISO/IEC/IEEE 15288, S. 14) Für das Lebenszyklusmanagement von Informationssystemen und -software existieren unterschiedliche Modelle, die den Lebenszyklus in Phasen und Aktivitäten unterteilen (s. ISO/IEC/IEEE 15288, S. 14). Im Folgenden werden die zwei für die Arbeit relevanten Modelle vorgestellt, um in Unterkapitel 2.3.1 die verschiedenen Phasen von der Implementierung begrifflich abzugrenzen.

Das Modell nach **HEINRICH ET AL.** beschreibt das Lebenszyklusmodell von Informationssystemen in vier Phasen. Nach HEINRICH ET AL. werden die Phasen *Systemeinführung (Einführungsphase), Zunehmende Systemnutzung (Wachstumsphase), Stagnierende Systemnutzung (Sättigungsphase)* und *Abnehmende Systemnutzung (Rückgangsphase)* unterschieden. Die Phasen orientieren sich an der Nutzerinteraktion mit den Systemen. (s. HEINRICH ET AL. 2014, S. 295–296) Der Beginn des Lebenszyklus ist die Installation der Systeme, wobei die davorliegenden Phasen wie die Entwicklung der Systeme vernachlässigt werden.

Aufbauend auf Überlegungen von HEINRICH ET AL. hat **KRCMAR** sein Lebenszyklus-Management-Modell aufgebaut (s. Abbildung 2-7). Dieses umfasst 6 Phasen und ergänzt das Modell nach HEINRICH ET AL. um die Phasen der Entwicklung sowie die Abschaffung des Informationssystems. Ebenso wie bei HEINRICH ET AL. werden der Nutzen sowie die Kosten des Systems in den einzelnen Phasen dargestellt. (s. KRCMAR 2015, S. 228–229) Dieses Modell fokussiert ausschließlich das Informationssystem selbst, nicht jedoch die Phasen und Aktivitäten des Unternehmens, welche das System einsetzen möchte. Die Aktivitäten um die Bereitstellung eines Informationssystems werden zwar beschreiben, sind jedoch nicht im Modell verankert. Zu den Phasen gehören nach KRCMAR das Anforderungsmanagement zur Erhebung und Strukturierung der Anforderungen an die einzuführenden und nutzenden Informationssysteme sowie die Auswahl und Beschaffung der Systeme, falls diese nicht durch das Unternehmen entwickelt werden. (s. KRCMAR 2015, S. 209–216) Im Fall der Beschaffung müsste im unten dargestellten Modell die Entwicklungsphase durch die Phasen der Anforderungserhebung sowie die Phase der Auswahl und Beschaffung ersetzt werden. Daran schließt sich die Implementierung wie im unten gezeigten Modell an.

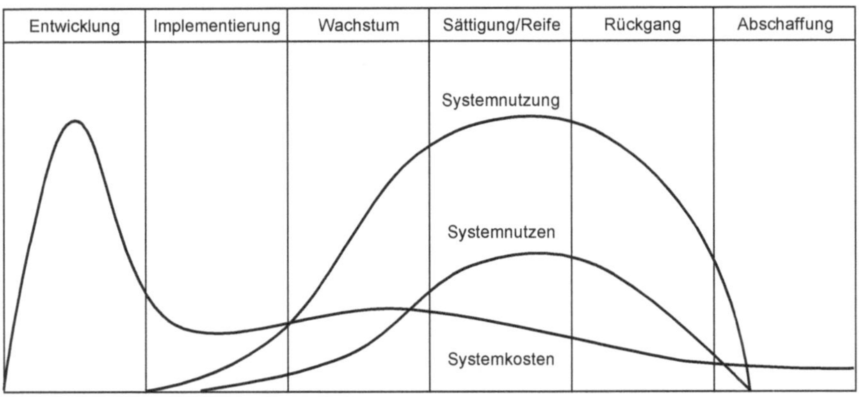

Abbildung 2-7: Lebenszyklusmodell für Informationssysteme nach KRCMAR, basierend auf HEINRICH ET AL. (eigene Darstellung i. A. a. KRCMAR 2015, S. 225; HEINRICH ET AL. 2014, S. 295–296)

Neben KRCMAR hat die *International Organization of Standardization* (kurz ISO) zusammen mit der *International Electrotechnical Commission* (kurz IEC) und dem *Institute of Electrical and Electronics Engineers* (kurz IEEE) zwei Normen zum Lebenszyklusmanagement erarbeitet. Die ISO/IEC/IEEE 12207 beruht auf der ISO/IEC/IEEE 15288 und beschreibt die Prozesse und Aktivitäten im Rahmen des Lebenszyklus von Informationssystemen und -software. Die Phasen umfassen die Erkundung, Entwicklung, Erhaltung und die Stilllegung der Software. (s. ISO/IEC/IEEE 12207, S. 17) Die

Prozesse werden in vier von den Phasen abweichenden Klassen gruppiert. Die Klasse der *„Agreement Processes“* (ISO/IEC/IEEE 12207, S. 21) umfasst die Aktivitäten der Auswahl und Beschaffung sowie der Distribution der Software. Die zweite Klasse umfasst die Aktivitäten der organisatorischen und projektfördernden Prozesse, welche die strategischen Entscheidungen zur Ressourcenverteilung und Organisationsgestaltung zur Umsetzung von Softwareprojekten unterstützen. Die Klasse der technischen Managementprozesse umfasst die Tätigkeiten zur Planung, Steuerung und Unterstützung der technischen Prozesse (vierte Klasse). Diese Tätigkeiten sind für alle technischen Prozesse einzeln auszuführen. Die technischen Prozesse umfassen die Tätigkeiten der einzelnen Lebenszyklusphasen und stellen sicher, dass die Bedarfe und Anforderungen an das Informationssystem umgesetzt werden. (s. ISO/IEC/IEEE 12207, S. 22)

Für die vorliegende Dissertationsschrift wird das Lebenszyklusmodell von KRCMAR herangezogen, da es den Lebenszyklus von Informationssystemen umfassend beschreibt. Im Gegensatz zur ISO/IEC/IEEE 12207 sind die Phasen stärker differenziert. Die Prozessschritte der ISO/IEC/IEEE 12207 weisen für die Einordnung dieser Dissertationsschrift eine zu technische und entwicklungsfokussierte Sichtweise auf den Lebenszyklus aus. Für die Einordnung der Implementierung in den Lebenszyklus eines Informationssystems werden im Folgenden die einzelnen Phasen nach KRCMAR näher erläutert.

Die Phase der **Entwicklung** umfasst die Ideenfindung und -konkretisierung des Informationssystems sowie die Realisierung des Systems. Sobald die Idee konkretisiert wurde, wird die Verwirklichung geplant. Meist wird die Planung im Laufe der Realisierung angepasst oder erneuert. Während der Realisierung dienen die Projektpläne der Fortschritts- und Kostenkontrolle sowie zur Risikoabschätzung. Für die Entwicklung von Informationssystemen haben sich verschiedene Vorgehensmodelle und Vorgehensweisen etabliert. Vorgehensmodelle lassen sich anhand des Vorgehensablaufes in sequenzielle oder iterative Vorgehen unterteilen. Während sequenzielle Vorgehen ein Zurückspringen in vorherige Phasen nicht vorsehen, ist dies bei iterativen Vorgehen elementarer Bestandteil. Neben der Ablaufgestaltung ist die Formalisierung ein weiteres Unterscheidungskriterium, welches Vorgehen als schwach oder stark formalisiert unterscheidet. (s. KRCMAR 2015, S. 230–232)

Die **Implementierungsphase** beinhaltet nach BALZERT U. LIGGESMEYER die Installation des Informationssystems, die Schulung der Anwender*innen sowie die Inbetriebnahme (s. BALZERT U. LIGGESMEYER 2011, S. 526). Dabei umfasst die Implementierung sowohl technische als auch organisatorische Dimensionen. Anhand dieser Dimensionen lassen sich Strategien zur Einführung von Informationssystemen ableiten (s. Kapitel 2.3.1). Die Implementierungsphase ist abgeschlossen, wenn das Informationssystem in den operativen Betrieb übergeht. Diese Phase sichert somit ab, dass das extern beschaffte oder intern entwickelte System operativ genutzt wird und somit einen Nutzen für die Anwender*innen und das Unternehmen stiftet. (s. KRCMAR 2015, S. 269–275)

Die Phasen des **Wachstums,** der **Sättigung** und des **Rückgangs** umfassen den operativen Betrieb des Informationssystems. Die Phasen des operativen Betriebs sind gekennzeichnet von der steigenden, der stagnierenden sowie der sinkenden Nutzung des Informationssystems durch die Anwender*innen. Neben der technischen Nutzung des Systems zeichnet die fortlaufende Wartung des Informationssystems die drei Phasen aus. Die Wartung fokussiert die Anpassung des Systems an sich ändernde Systemanforderungen und eine sich ändernde Systemumgebung, da das Informationssystem meist eine lange Zeit – im Vergleich zu den vorherigen Phasen – eingesetzt wird. (s. KRCMAR 2015, S. 228–229; S. 275–277) Die Wartung wird in die vorbeugende, korrigierende, verbessernde sowie adaptive Wartung unterschieden (s. ISO/IEC/IEEE 14764, S. 2–3). Falls es sich um beschaffte Standardsoftware handelt, übernimmt der Hersteller bzw. der Lieferant einen Teil der Wartungsaufgaben sowie die Bereitstellung von neuen Versionen oder Releases zur Korrektur und Verbesserung des Informationssystems (s. KRCMAR 2015, S. 275–277).

Das Ende des Lebenszyklus eines Informationssystems wird durch die **Abschaffung** und Stilllegung des Systems beschrieben. Ziel der Abschaffung ist es, die Dienste sowie die Wartung und Unterstützung des Informationssystems zu beenden. Meist wird das Informationssystem modernisiert oder durch ein neues System ersetzt. Hierbei ist die Planung des Abschaffungszeitpunktes ein wichtiger Schritt und setzt die Antizipation der restlichen Lebensdauer voraus. Die Bestimmung der Ablösung spielt in der zeitlichen Dimension der Implementierungsstrategie eine wichtige Rolle (s. Kapitel 2.3.1). (s. KRCMAR 2015, S. 277–278)

2.3.1 Implementierung von Informationssystemen

Im Folgenden wird die Entwicklung des Begriffs *Implementierung* dargelegt. In der Literatur und der Praxis werden die Begriffe *Einführung* und *Implementierung* synonym verwendet. Im Rahmen dieser Dissertationsschrift wird der Begriff *Implementierung* verwendet.

REIß beschreibt die Implementierung als Umsetzung und Einführung der Konzeptions- und Entwicklungsphase (s. REIß 1993, S. 551). REIß unterteilt die Implementierung in eine technische und eine organisatorische Implementierung. Die technische Implementierung hat die Aufgabe, neue Informationssysteme in die vorhandene Informationssystemumgebung zu integrieren, wohingegen mit der organisatorischen Implementierung Konzepte und Ansätze in die Organisation integriert werden sollen. (s. REIß 1997, S. 92) Entscheidend für Implementierungen seien Managementkompetenzen zur Schaffung von Akzeptanz innerhalb der Organisation, da eine Implementierung im Kontext des Change-Managements im Unternehmen zu sehen sei (s. REIß 1997, S. 107).

DANIEL definiert die Implementierung ausgehend von der etymologischen Definition des Wortes *Implementierung* als „Verwirklichung von Lösungen" (DANIEL 2001, S. 15), bei denen das einzuführende Objekt (Implementierungsobjekt) in den vorhandenen

Kontext einzupassen ist. Die Herausforderung der Implementierung ist, dass das Implementierungsobjekt von dem Zielkontext akzeptiert wird. (s. DANIEL 2001, S. 15–16) DANIEL bewertet in seiner Dissertationsschrift zwei Implementierungsverständnisse: Das phasenbezogene Verständnis der Implementierung geht von einer Trennung des Planungsprozesses und des Implementierungsprozesses aus. (s. DANIEL 2001, S. 16–17) Da dieses Vorgehen in der praktischen Anwendung an seine Grenzen stößt, ist das tätigkeitsbezogene Implementierungsverständnis zu bevorzugen. Die Implementierung umfasst alle Tätigkeiten, die eine erfolgreiche Implementierung des Objektes in den Zielkontext ermöglichen. (s. DANIEL 2001, S. 16–17)

Implementierungsstrategien beschreiben nach DANIEL einen Orientierungsrahmen für „die [...] Umsetzungs- und Durchsetzungsmaßnahmen“ (DANIEL 2001, S. 115). Für die Gestaltung von Implementierungsstrategien hat DANIEL vier Implementierungsstrategiedimensionen in einer Morphologie abgebildet (s. DANIEL 2001, S. 116). In Abbildung 2-8 ist der morphologische Kasten nach DANIEL dargestellt. Die Verhaltensdimension beschreibt den Implementierungsstil, wobei keine korrekten Stile als extensionalen Merkmale festgehalten werden. Diese Dimension beschreibt, wie stark die von der Implementierung Betroffenen in die Ausgestaltung und Entwicklung des Implementierungsobjektes und in die Ausgestaltung der Sachdimensionen eingebunden werden. Nach DANIEL ist der Implementierungsstil im Spannungsfeld zwischen einem direktiven und einem partizipativen Stil einzuordnen. (s. DANIEL 2001, S. 116–117)

<table>
<tr><th colspan="3">Implementierungsstrategie-Dimensionen</th><th colspan="4">Gestaltungsoptionen</th></tr>
<tr><td colspan="2">Verhaltens-dimension</td><td>Wie implementieren (Verhaltensstil)?</td><td colspan="4">direktiv ⟷ partizipativ</td></tr>
<tr><td rowspan="5">Sachdimensionen</td><td rowspan="2">Objekt-dimension</td><td>Wieviel einführen?</td><td colspan="2">Gesamtobjekt</td><td colspan="2">stufenweise Einführung von Objektmodulen</td></tr>
<tr><td>Welche Objektperfektion einführen?</td><td colspan="2">Ideallösung</td><td colspan="2">Näherungslösung mit Nachbesserungsoption</td></tr>
<tr><td rowspan="2">Kontext-dimension</td><td>Wo einführen?</td><td colspan="2">Gesamtkontext</td><td colspan="2">sukzessive Einführung in Kontextbereichen</td></tr>
<tr><td>Mit welchem Kontextübergang einführen?</td><td>gekoppelt</td><td>überlappend</td><td>parallel</td><td>entkoppelt</td></tr>
<tr><td>Zeit-dimension</td><td>Wann einführen?</td><td colspan="2">Orientierung an einführungsrelevantem Reifegrad</td><td colspan="2">Orientierung an „günstigen Gelegenheiten“</td></tr>
</table>

Abbildung 2-8: Morphologischer Kasten zur Gestaltung von Implementierungsstrategie (eigene Darstellung i. A. a. DANIEL 2001, S. 116)

Die Sachdimensionen der Implementierungsstrategie lassen sich in die Objekt-, Kontext-, Zeitdimensionen unterteilen. Die Objektdimension definiert den Umfang und den Reifegrad des Implementierungsobjektes. Bei dem Umgang wird zwischen dem

Gesamtobjekt oder einer stufenweisen Einführung von Objektmodulen unterschieden. Objektmodule stellen eigenständig funktionierende Bestandteile des Implementierungsobjektes dar. Der Reifegrad des Implementierungsobjektes unterscheidet zwischen einer Ideallösung und einer Näherungslösung, welche Nachbesserungsbedarf hat. Diesen Nachbesserungsbedarf gilt es in nachgelagerten Schritten zu decken. (s. DANIEL 2001, S. 117–118)

Die Kontextdimension definiert den kontextseitigen Einführungsort sowie die Ausgestaltung des Kontextübergangs. In der Teildimension zur Festlegung des Einführungskontextes kann zwischen der simultanen Implementierung im Gesamtkontext und der sukzessiven Implementierung in Kontextteilbereichen unterschieden werden. Bei der Festlegung des Kontextübergangs können eine gekoppelte, überlappende, parallele oder entkoppelte Einführung differenziert werden. (s. DANIEL 2001, S. 118)

Die Zeitdimension legt den Zeitpunkt der Implementierung fest. Der Zeitpunkt kann in Abhängigkeit des Reifegrades des Implementierungsobjektes oder abhängig von äußeren Umständen eingeführt werden. Äußere Umstände können als günstige Gelegenheiten definiert werden, die sich für das Einführungsprojekt ergeben. (s. DANIEL 2001, S. 118)

ENGSTLER unterscheidet in Anlehnung an GROCHLA bei der Implementierung von Informationssystemen zwischen der systemtechnischen und organisatorischen Implementierung. Erstere beschreibt die Programmerstellung, den Dateiaufbau und anschließende Tests des Systems. Die organisatorische Implementierung fokussiert die Einführung des Informationssystems in die gesamte Informationssystemlandschaft des Unternehmens. (s. ENGSTLER 2009, S. 19) Für ENGSTLER sind drei Aspekte bei der organisatorischen Implementierung von Informationssystemen relevant.: Der erste Aspekt ist das Verständnis über die Wirkungszusammenhänge zwischen dem Informationssystem und der Organisation als Implementierungskontext, welche in Episoden der gegenseitigen Beeinflussung in der Implementierung relevant werden. Eine losgelöste Betrachtung beider Systeme bei der Implementierung ist daher nicht möglich. (s. ENGSTLER 2009, S. 26)

Der zweite Aspekt umfasst das Verständnis über die Phasen und Tätigkeiten des Implementierungsprozesses. Die Tätigkeiten können den Phasen der Initialisierung, der Gestaltung, der Implementierung sowie der Evaluation zugeordnet werden. ENGSTLER vertritt jedoch wie DANIEL die Ansicht, dass eine strikte Phasentrennung des Implementierungsprozesses nicht sinnvoll ist, da Wirkungszusammenhänge und Rückkopplungen zwischen den Phasen vernachlässigt würden (s. ENGSTLER 2009, S. 26).

Der dritte Aspekt der organisatorischen Implementierung umfasst die Kompetenzen für die Einführung. Da die Implementierung Teil des Veränderungsmanagements sei, bedarf es nach ENGSTLER des Einsatzes von Methoden, Instrumenten und Techniken der Implementierung, die die Implementierungskompetenz darstellen. Die Implementierungskompetenz sei eine strategische Ressource. Zu den Elementen zum Aufbau der Kompetenz zählen u. a. Vorgehensmodelle, empirische Befragungen, erfahrungsbasierte Regeln und Erfolgsfaktorstudien. (s. ENGSTLER 2009, S. 27)

Für die vorliegende Dissertationsschrift erfolgt die Definition von *Implementierung* in Anlehnung an DANIEL und ENGSTLER (s. oben).

Die Implementierung beschreibt die Einführung eines neuen Objektes (Implementierungsobjektes) in den Implementierungskontext. Die Implementierung umfasst alle Tätigkeiten zur Einführung des Objektes in den Zielkontext, sodass alle Tätigkeiten der Phasen der Konzeption, Planung und Ausführung der Implementierung dazugehören. Bei Implementierungen von Informationssystemen (Implementierungsobjekt) in die Unternehmensorganisation (Implementierungskontext) kann zwischen der systemtechnischen und organisatorischen Implementierung unterschieden werden. Die Implementierung stellt die technische Nutzung der Informationssysteme sicher.

2.4 Reifegradmodelle

Der Reifegrad bewertet den Status und die Durchführung von Unternehmensfähigkeiten auf Basis definierter Merkmalsausprägungen (s. COOKE-DAVIES 2007, S. 1247). Als Fähigkeit eines Unternehmens können nach WENDLER Prozesse und Aufgaben verstanden werden (s. WENDLER 2014b, S. 24). Fähigkeiten eines Unternehmens beschreiben das Potenzial eines Prozesses, Ergebnisse mit einem erwarteten Umfang zu liefern (s. COOKE-DAVIES 2007, S. 1246). Der Reifegrad misst die Reife der Fähigkeit (s. BARSCH 2019, S. 16). Hierbei ist die Reife als Zustand der Vollständigkeit, Perfektion oder Abgeschlossenheit definiert. (s. WENDLER 2014a, S. 33). Der Reifegrad ist durch Merkmale des Betrachtungsobjektes festgelegt. Zur Erreichung des Reifegrades werden Ausprägungen definiert, welche für die Erreichung des entsprechenden Reifegrades erfüllt sein müssen. (s. BECKER ET AL. 2009a, S. 249) Reifegradmodellen liegt die State-of-Groth-Theorie zugrunde. Diese besagt, dass eine distinkte Anzahl an Reifegradstufen vorliegt, welche einen Entwicklungspfad hin zu einem abgeschlossenen Zustand beschreibt. Ebenso besagt die Theorie, dass der Ablauf des Betrachtungsobjektes in den Entwicklungsstufen vorbestimmt und vorhersagbar ist. Dabei durchläuft das Gestaltungsobjekt eine Entwicklung von der niedrigsten Reifegradstufe zur höchsten Reifegradstufe. Die Reifegradstufen stellen eine normalisierte Ordinalskala zur Bewertung des Betrachtungsobjektes dar. (s. MARX 2011, S. 47) Um umfassend ein Gestaltungsobjekt zu bewerten, wird es in mehreren Gestaltungsebene und -dimensionen unterteilt (s. BARSCH 2019, S. 18).

Reifegradmodelle setzen sich aus den zwei Begriffen des Reifegrads und des Modells zusammen. Modelle dienen der Vereinfachung realer oder künstlicher Objekte und können zu deren Abbildung oder Gestaltung verwendet werden. (s. Kap. 4.2.1). Reifegradmodelle bewerten das Betrachtungsobjekt anhand wesentlicher Eigenschaften, welche zur Erreichung des idealen Zustands benötigt werden. (s. WENDLER 2014a, S. 33) Neben dieser Definition existieren verschiedene Definitionen von Reifegradmodellen, welche diese anhand der Funktionsweise oder ihres Nutzens beschreiben (s.

WENDLER 2014a, S. 33). AHLEMANN ET AL. definieren Referenzmodelle als Modell zur Beurteilung von Kompetenzen anhand des Erfüllungsgrades definierter qualitativer Anforderungen (s. AHLEMANN ET AL. 2005, S. 15). Nach MANGIAPANE U. BÜCHLER bewerten Reifegradmodelle die Reife von Prozessen oder einer Organisation anhand von Reifegradstufen. Die Steigerung einer Reifegradstufe geht mit der Verbesserung der Güte des Betrachtungsobjektes einher. (s. MANGIAPANE U. BÜCHLER 2015, S. 13–14)

In anderen Definitionen liegt der Fokus eher auf dem Nutzen der Reifegradmodelle. So stellt ein Reifegradmodell nach BECKER ET AL. eine Folge von Entwicklungsstufen zur Ableitung der Verbesserungsmaßnahmen für das Betrachtungsobjekt dar (s. BECKER ET AL. 2009a, S. 249–250). COOKE-DAVIES definiert Reifegradmodelle als Ordinalskala zur Messung der Reife einer Organisation, die die Priorisierung von Verbesserungsmaßnahmen unterstützt (s. COOKE-DAVIES 2007, S. 1237). Nach GALLI stellen Reifegradmodelle ein strukturiertes Rahmenwerk zur Integration von Wissen und Best Practices dar, welches einem Unternehmen hilft, kontinuierlich Prozesse im Unternehmen zu verbessern (s. GALLI 2018, S. 23–24). Auch CHRISTIANSEN U. GAUSEMEIER definieren Reifegradmodelle über das Ziel der Verbesserung des Organisation. Sie fokussieren jedoch die schrittweise Leistungssteigerung durch die Leistungsmessung und systematische Leistungssteigerung der Geschäftsprozesse mithilfe des Reifegradmodells. Neben der Messung von quantitativen Prozessmerkmalen erlauben die Modelle eine Messung qualitativer Merkmale, welche eine möglichst objektive Bewertung des Betrachtungsobjektes erlaubt. (s. CHRISTIANSEN U. GAUSEMEIER 2010, S. 344) PÖPPELBUSS ET AL. klassifizieren die Ziele verschiedener Reifegradmodelle in drei Kategorien. So verfolgt jedes Reifegradmodell das Ziel der Leistungsbewertung, indem die aktuelle Situation des Betrachtungsobjektes ermittelt wird. Zusätzlich können die Reifegradmodelle der Leistungssteigerung und dem Leistungsvergleich dienen. Durch den Aufbau von Reifegradmodellen können Entwicklungspotenziale und Zielzustände aufgezeigt werden, sodass die anwendenden Personen oder Organisationen eine Strategie zur Leistungssteigerung ableiten können. (s. PÖPPELBUSS ET AL. 2011, S. 506) Bestimmte Reifegradmodelle erlauben durch die Anwendung einen unternehmensinternen oder -externen Vergleich. Die Anwendung des Reifegradmodells muss so standardisiert sein, dass ein Benchmarking ermöglicht wird. (s. BARSCH 2019, S. 14)

Als Definition für ein Reifegradmodell wird für diese Dissertationsschrift die Definition von BECKER ET AL. verwendet:

„Ein Reifegradmodell umfasst eine Folge von Reifegraden für eine Klasse von Objekten und beschreibt dadurch einen antizipierten, gewünschten oder typischen Entwicklungspfad dieser Objekte in aufeinander folgenden, diskreten Rangstufen, beginnend in einem Anfangsstadium bis hin zur vollkommenen Reife. Das Fortschreiten auf diesem Entwicklungspfad bedeutet eine stete Steigerung der Leistungsfähigkeit bzw. Güte des betrachteten Objekts, wobei das Reifegradmodell als Skala zur Beurteilung dient." (WENDLER 2014a, S. 35; nach: BECKER ET AL. 2009b, S. 1)

2.5 Eingrenzung des Untersuchungsbereiches

Für die vorliegende Dissertationsschrift wird aufbauend auf den vorherigen Definitionen der Untersuchungsraum auf die wesentlichen Aspekte eingegrenzt. Dabei geht mit der Konkretisierung des Untersuchungsraumes in der wissenschaftlichen Forschung einher, dass bestimmte Phänomene und Bereiche zugunsten einer hinreichend detaillierten Betrachtung anderer Phänomene vernachlässigt werden. (s. MALONE U. CROWSTON 1994, S. 100) Basierend auf der Zielstellung der Dissertationsschrift und vor dem Hintergrund der beschriebenen Termini des zweiten Kapitels wird mithilfe der morphologischen Darstellung (s. Abbildung 2-9) der Untersuchungsbereich eingegrenzt. Hierbei werden neben dem Anwendungskontext der Dissertationsschrift auch der Implementierungskontext sowie das Implementierungsobjekt eingegrenzt.

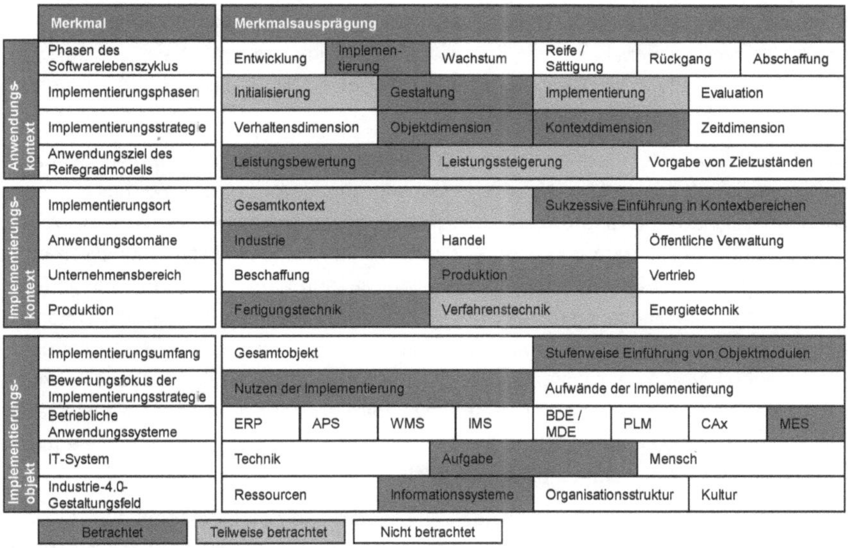

Abbildung 2-9: Eingrenzung des Untersuchungs- und Betrachtungsraumes (eigene Darstellung)

Der Anwendungskontext des zu entwickelnden Vorgehens zur reifegradbasierten Implementierung von Manufacturing-Execution-Systemen sind Einführungsprojekte in produzierenden Unternehmen (s. Kap. 1.1). Die Implementierung betrieblicher IT-Systeme lässt sich anhand des Softwarelebenszyklusmodells nach KRCMAR in die Implementierungsphase einordnen. (s. KRCMAR 2015, S. 228–229) Aufgrund der geplanten schrittweisen Einführung der ME-Systeme und der damit verbundenen Nutzung von Funktionen während der Laufzeit des Implementierungsprojektes hat die Dissertation auch Einfluss auf die Wachstumsphase und auf die vorgelagerte Phase der Entwicklung oder der Auswahl eines Systems. Diese stellen in der Dissertationsschrift aber keine relevanten Betrachtungsbereiche dar. Die Implementierung umfasst verschiedene Tätigkeiten, die sich den Phasen der *Initialisierung*, *Gestaltung*, *Implementierung* und *Evaluation* zuordnen lassen (s. ENGSTLER 2009, S. 26). Die Dissertationsschrift fokussiert mit dem zu entwickelnden Vorgehen vornehmlich die Unterstützung der gestalterischen, strategischen Tätigkeiten der Implementierung, da sie bei der Entwicklung und Festlegung der Implementierungsstrategie unterstützt. Der Strukturierung DANIELS folgend werden die Objektdimension sowie die Kontextdimension spezifiziert. Die Zeitdimension unterscheidet den Zeitpunkt der Implementierung, welcher sich an einer günstigen Gelegenheit oder am Entwicklungsstand des Implementierungsobjektes ausrichten kann. Der Arbeitshypothese der Dissertationsschrift folgend wird jedoch die Einführung anhand des Digitalisierungsreifegrads des Unternehmens strukturiert. Dies hat auch Einfluss auf die zeitliche Ausgestaltung, da die zeitliche Reihenfolge der zu implementierenden Funktionen bestimmt wird. Im Rahmen des zu entwickelnden Vorgehens wird der Zeitpunkt der Implementierung entsprechend der Unterscheidung von DANIEL jedoch nicht bestimmt; daher wird diese Dimension nicht explizit betrachtet. Bei der Ausgestaltung der Verhaltensdimension unterstützt das Dissertationsvorgehen nicht. (s. DANIEL 2001, S. 116–117)

Das zu entwickelnde Vorgehen wird aufgrund der beschriebenen Ausgangssituation auf einem Reifegradmodell basieren. Daher kann zur Eingrenzung des Untersuchungsbereiches eine Eingrenzung der Zielstellung vorgenommen werden, welche mit dem Einsatz des Reifegradmodells verfolgt wird. Das Ziel des Dissertationsvorhabens ist die Nutzung des Reifegrads zur objektiven Messung der Leistungsfähigkeit eines Unternehmens im Hinblick auf die Digitalisierung und Industrie 4.0 der wertschöpfenden Prozesse. Daher wird im Rahmen der Dissertationsschrift ein Reifegradmodell zur Leistungsbewertung der relevanten Bereiche des Implementierungskontextes genutzt. Es werden auch Teilaspekte der Leistungssteigerung betrachtet. Zwar werden durch das Reifegradmodell auch Zielzustände vorgegeben, aber im Sinne der Zielentwicklung wird das Unternehmen nicht unterstützt. (s. BARSCH 2019, S. 17)

Der Implementierungskontext wird nach DANIEL anhand des Ortes spezifiziert. Fokus der Dissertationsschrift ist die sukzessive Implementierung des MES (des Implementierungsobjektes). Dies zieht aufgrund des modularen Aufbaus anhand der Funktionen (s. Kap. 5.2) meist auch im betrieblichen Implementierungskontext (Unternehmensfunktionen) eine Spezifizierung nach sich. Dennoch wäre auch eine sukzessive Einführung im Gesamtkontext aller Unternehmensfunktionen möglich. Die Zielgruppe des Dissertationsvorhabens bestimmt auch den Implementierungskontext. Durch die Funktionen des MES und damit durch die unterstützten Aufgaben und Prozesse der Unternehmen (s. Kap. 5.1 und 6.1) liegt die angesprochene Zielgruppe im Rahmen der produzierenden Industrie.

WESTKÄMPFER U. WARNECKE unterscheiden in ihrem Modell produzierender Unternehmen die drei Unternehmensbereiche der Beschaffung, der Produktion und des Vertriebs (s. WESTKÄMPER U. WARNECKE 2010, S. 2). Das ME-System hat einen innerbetrieblichen, primär auf die Produktion ausgerichteten Fokus, wodurch der

Untersuchungsbereich auf die Produktion eingegrenzt wird. Im Bereich der Produktion kann anhand der herzustellenden Güter unterschieden werden. Nach GAUSEMEISER U. PLASS wird in Fertigungstechnik, Verfahrenstechnik und Energietechnik unterschieden (s. GAUSEMEIER U. PLASS 2014, S. 16). Der Fokus vieler ME-Systeme liegt auf der diskreten Fertigung von Stückgut und nur teilweise auf der kontinuierlichen Fertigung der Verfahrenstechnik. Die Energietechnik wird im Rahmen dieser Dissertationsschrift nicht betrachtet.

Das Implementierungsobjekt wird nach DANIEL unter anderem anhand des Umfangs bewertet. Ausgehend von der Problembeschreibung wird in der Dissertationsschrift das Informationssystem der Manufacturing-Execution-Systeme betrachtet. Aufgrund des modularen Aufbaus eignen sich diese für die sukzessive, modulare Einführung, wodurch der Umfang auf die stufenweise Einführung von Objektmodulen eingegrenzt wird. Wie in der Ausgangssituation beschrieben besteht für die Unternehmen die Herausforderung, den Nutzen der Implementierung für den Implementierungskontext zu bestimmen. Zur Lösung dieses Problems fokussiert die Dissertationsschrift die Unterstützung der Unternehmen bei der Bewertung des Nutzens der Implementierung. Die internen und externen Aufwände für die Implementierung können mithilfe der VDI-Richtlinie 5600-2 durch die Unternehmen abgeschätzt werden.

Informationssysteme können nach KRCMAR anhand der Dimensionen *Mensch*, *Aufgabe* und *Technik* unterschieden werden. Der Fokus dieser Dissertationsschrift liegt auf der Betrachtung der Aufgaben der Informationssysteme. Anhand der Aufgaben wurden die relevanten Informationssysteme im Bereich der Produktion vorgestellt und voneinander abgegrenzt. Im Folgenden stehen die von einem MES unterstützten Aufgaben im Unternehmen im Fokus. Weder die technischen noch die menschlichen Komponenten des Informationssystems MES werden hier näher betrachtet. An dieser Stelle wird noch einmal darauf hingewiesen, dass Informationssysteme ohne die Betrachtung des technischen Aufbaus und der technischen Integration in das Unternehmen sowie die menschliche Interaktion keinen Nutzen stiften können. Ebenso ermöglicht eine Nutzung des ME-Systems ohne Anpassung von Prozessen, kulturellen und organisatorischen Rahmenbedingungen keine ganzheitliche Befähigung in Bezug zur Industrie 4.0. In Anlehnung an den *acatech Industrie 4.0 Maturity Index* müssen bei der digitalen Transformation neben der informationstechnischen Gestaltungsdimension auch die Gestaltungsfelder der Ressourcen, insbesondere der Menschen, der Unternehmenskultur und -organisation betrachtet werden. (s. SCHUH ET AL. 2020a, S. 23)

3 Stand der Erkenntnisse

Ausgehend von der im ersten Kapitel beschriebenen Zielstellung der vorliegenden Dissertationsschrift, werden in diesem Kapitel relevante wissenschaftliche Ansätze und Beiträge zum „Stand der Erkenntnisse" zusammengetragen. Das in Kapitel 1.2 vorgestellte Ziel des Dissertationsvorhabens ist die Entwicklung eines Vorgehens zur Bestimmung der Implementierungsreihenfolge für die reifegradbasierte Implementierung von Manufacturing-Execution-Systemen.

Die Lösungshypothese der Arbeit beruht auf der Annahme, dass die zur Ableitung der Implementierungsreihenfolge notwendige Bewertung des Nutzens von ME-Systemen und ihrer Funktionsmodule über Industrie-4.0-Reifegradmodelle abgebildet werden kann. Hierzu müssen Reifegradmodelle zur Bewertung des Standes der Digitalisierung und Industrie 4.0 in Unternehmen identifiziert und hinsichtlich der Zielstellung bewertet werden. Ebenfalls werden Methoden zur Strukturierung und Bewertung von Nutzeneffekten durch die Implementierung von Informationssystemen und Ansätze zur Gestaltung der Implementierung identifiziert und analysiert.

Angesichts der Zielstellung und Lösungshypothese werden in Kapitel 3.1 Ansätze und Beiträge zu **Reifegradmodellen** zur Messung des unternehmensspezifischen Entwicklungsstandes **im Kontext Industrie 4.0** strukturiert und bewertet. Anschließend werden in Kapitel 3.2 Ansätze und Beiträge zur **Bewertung des Nutzens von Informationssystemen** untersucht, um Methoden zur Identifikation und Bewertung von Nutzeneffekten zu strukturieren. In Kapitel 3.3 werden **Ansätze zur Implementierung von Informationssystemen** betrachtet. Der Fokus liegt nicht ausschließlich auf ME-Systemen, um geeignete Ansätze und Vorgehen bei der Implementierung von weiteren Informationssystemen nicht auszuschließen.

Aus der Strukturierung und Bewertung der bestehenden Literatur werden relevante, wissenschaftliche Erkenntnisse für die Dissertationsschrift identifiziert und im Rahmen einer kritischen Würdigung zusammengefasst. Ebenfalls wird in diesem Schritt der resultierende Forschungsbedarf für das reifegradbasierte Vorgehen zur Implementierung von ME-Systemen aufgedeckt. (s. Kap. 3.4)

3.1 Ansätze und Beiträge zu Industrie-4.0-Reifegradmodellen

Für die Messung des Fortschrittes der Digitalisierung und Industrie 4.0 in (produzierenden) Unternehmen wurden verschiedene Reifegradmodelle entwickelt. Hierzu existieren auch schon verschiedene, zusammenfassende Literaturstudien, welche unterschiedliche Industrie-4.0-Reifegradmodelle vergleichen und bewerten (vgl. SCHMITZ 2018; BASL 2018; MITTAL ET AL. 2018; FELCH ET AL. 2019). Einen Auszug der relevanten Reifegradmodelle zur Messung des Entwicklungsstandes von Industrie 4.0 werden im Folgenden vorgestellt und hinsichtlich der Eignung für die Zielerreichung der Dissertationsschrift bewertet. Abschließend wird ein Modell als Ausgangsbasis für die Weiterentwicklung ausgewählt.

Basierend auf dem *Capability Maturity Model Integration* (kurz CMMI) und dem *Service-Oriented Architecture Maturity Model* (kurz SOAMM) für die Betrachtung der IT-Landschaft haben LEYH ET AL. das ***System Integration Maturity Model Industry 4.0*** (kurz **SIMMI 4.0**) entwickelt. Das SIMMI 4.0 umfasst vier Dimensionen, welche die identifizierten Anforderungen von Industrie 4.0 berücksichtigen. Zur Messung des Reifegrades werden fünf Reifegradstufen genutzt. Mit Erfüllung der dritten Reifegradstufe, der Mitte des Reifegradmodells, ist die Umsetzung der *Intelligenten Fabrik* abgeschlossen. Die darauffolgenden Stufen beschreiben die Umsetzung von Industrie 4.0 in digitalisierten Wertschöpfungsnetzwerken. (s. LEYH ET AL. 2016, S. 988–991)

SIMMI 4.0 bietet als Reifegradmodell die Möglichkeit, die Informationssysteme eines Unternehmens im Kontext von Industrie 4.0 zu bewerten. Der Fokus ist sehr allgemein und betrachtet das gesamte Unternehmen. Eine Spezifizierung auf einzelne Prozesse, insbes. mit Fokus auf der Produktion, wird nicht geboten. Ebenso ist der Fokus der vierten und fünften Reifegradstufe hinsichtlich digitalisierter Wertschöpfungsnetzwerke zu umfassend für den in der Dissertationsschrift gewählten Untersuchungsbereich (s. Kap. 2.4).

SCHUMACHER ET AL. entwickeln eigenständig nach der der Methode von BECKER ET AL. ihr ***Industry 4.0 Maturity Model***. Das Modell umfasst neun Dimensionen zur Bewertung des Entwicklungsstandes mit insgesamt 62 Reifegradobjekten, welche auf die neun Dimensionen verteilt sind. Anhand der Reifegradobjekte wird der Reifegrad des Unternehmens in fünf Stufen gemessen, wobei die erste Stufe die Abwesenheit oder Nichtnutzung der Reifegradobjekte umfasst. Die fünfte Stufe beschreibt die Anwendung der Reifegradobjekte dem Stand der Technik entsprechend. Das Modell ist als leicht verständliches Selbstbewertungsmodell ausgelegt und anhand von Fallstudien validiert. (s. SCHUMACHER ET AL. 2016, S. 163–166)

Das von SCHUMACHER ET AL. entwickelte *Industry 4.0 Maturity Model* bietet ein umfassendes Werkzeug zur Selbsteinschätzung. Jedoch ist das Modell zur Wahrung einer breiten Anwendbarkeit sehr allgemein gehalten. Ebenfalls fehlt eine Spezifizierung auf einzelne Unternehmensprozesse produzierender Unternehmen oder ein beschriebenes Vorgehen zur Spezifizierung.

CAROLIS ET AL. entwickeln in Anlehnung an das CMMI das ***Digital Readiness Assessment Maturity Model*** (kurz **DREAMY**). Die fünf Reifegradstufen des Modells sind vom CMMI abgeleitet. Das Modell strukturiert die Industrie-4.0-Reife des Unternehmens in die Prozess-. Überwachungs- und Kontroll-, die Technologie- und Organisationsdimension. Der Anwendungsbereich des Reifegradmodells fokussiert die Prozessbereiche Konstruktion & Entwicklung, Produktionsplanung und -steuerung, Qualitätsmanagement, Instandhaltungsmanagement und Logistikmanagement. (s. CAROLIS ET AL. 2017b, S. 13–19)

Das von CAROLIS ET AL. entwickelte Modell bietet die Möglichkeit der Prozessbewertung relevanter Prozesse produzierender Unternehmen. Dies liefert relevante Erkenntnisse für die Strukturierung relevanter Reifegradindikatoren der vorliegenden

Dissertationsschrift. Leider fehlt dem Modell DREAMY die Erläuterung der Wirkungsbeziehungen zwischen den Reifegradstufen und den eingesetzten Informationssystemen.

BRANDL beschreibt in dem MESA-Whitepaper das *MESA* ***MOM Capability Maturity Model*** (kurz **MOM/CMM**). Das Reifegradmodell nutzt die fünf Reifegradstufen des CMMIs. Der Betrachtungsbereich umfasst die vier Grundbereiche des MOM-Modells und zusätzliche Unterstützungsaktivitäten. In diesen Betrachtungsbereichen werden u. a. die Aspekte *Rollen und Verantwortlichkeiten*, *Technologie*, *Kennzahlen*, *Vorgaben und Prozesse* sowie *Qualifikation* betrachtet. (s. BRANDL 2016, S. 3–12)

Mit dem ***MESA MOM/CMM*** bietet Brandl ein Reifegradmodell mit dem Fokus auf den Unternehmensprozessen, welche durch das MES unterstützt werden. Das Reifegradmodell beschreibt hierbei nur die Anwendung des CMMI in den Bereichen des MES entsprechend der ISA-95-Norm. Das Modell bewertet hierbei, inwieweit das Unternehmen ein MES im Sinne des CMMI nutzt. Ein Bezug zur Befähigung, bezogen auf Industrie 4.0 durch die Nutzung eines ME-Systems, fehlt. Hierdurch lassen sich keine Gestaltungsempfehlungen für die Implementierungsstrategie ableiten.

Die acatech hat 2017 den ***Industrie 4.0 Maturity Index*** veröffentlich, welcher 2020 aktualisiert wurde. Das Reifegradmodell der acatech umfasst sechs nutzenorientierte Reifegradstufen, die den Weg von der Schaffung der Grundvoraussetzungen für Industrie 4.0 bis zur vollständigen Umsetzung derselben beschreiben. Das Reifegradmodell umfasst vier Gestaltungsfelder, mit jeweils zwei handlungsleitenden Prinzipien. Für jedes handlungsleitende Prinzip sind Fähigkeiten produzierender Unternehmen identifiziert, welche bei der Anwendung des *acatech Industrie 4.0 Maturity Index* bewertet werden. Im Rahmen der Anwendung werden fünf Funktionsbereiche produzierender Unternehmen untersucht. (s. SCHUH ET AL. 2020a, S. 17–22)

Der *acatech Industrie 4.0 Maturity Index* bietet die Möglichkeit, die Digitalisierung von Unternehmen umfassend zu bewerten. Das Modell ist allgemein gehalten und bietet in der veröffentlichten Form nicht die Möglichkeit, einzelne Prozesse anhand vorgegebener Beschreibungen einzelner Reifegradstufen zu bewerten. Auf Basis des Modells sind jedoch weitere, veröffentlichte wissenschaftliche Beiträge erarbeitet worden, welche die Anwendung des Modells im Bereich von Informationssystemen ermöglichen.

SCHMITZ entwickelt in seiner Dissertation aufbauend auf dem ***acatech Industrie 4.0 Maturity Index*** ein Reifegradmodell zur Bewertung des Informationsmanagements produzierender Unternehmen. Aufbauend auf Beschreibungen des Zielsystems produzierender Unternehmen und der Beschreibung der Aufgaben des Informationsmanagements werden die Wirkungszusammenhänge zwischen den Zielen und den Aufgaben erläutert. Anschließend erläutert SCHMITZ die Gestaltung der Reifegradstufen und erläutert die Anwendung des Reifegradmodells für die Bewertung des Informationsmanagements. (s. SCHMITZ 2018)

SCHMITZ schildert in seiner Dissertationsschrift die Möglichkeit der Anwendung des acatech-Reifegradmodells im Bereich der Informationssysteme im Rahmen des Informationsmanagements auf. Für sein Dissertationsvorhaben liefert SCHMITZ somit relevante Erkenntnisse in der Anpassung des Reifegradmodells. Im Rahmen der Aufstellung der Reifegrad-Kennwert-Matrix findet seine entwickelte Morphologie Anwendung.

Zusammenfassend lässt sich festhalten, dass verschiedene Reifegradmodelle für die Adaption und Anwendung geeignet sind. Die vorgestellten Ansätze enthalten wichtige Lösungsansätze und -elemente zum Vorgehen und zur Anpassung von (bestehenden) Reifegradmodellen. Insbesondere durch die Weiterentwicklung des acatech-Reifegradmodells durch SCHMITZ mit dem Fokus auf dem Informationsmanagement eignet sich dieses Modell als Ausgangsbasis der vorliegenden Dissertationsschrift. Konkrete Empfehlungen zur Gestaltung und Anwendung von Reifegradmodellen im Kontext der IT-Systemimplementierung macht keines der vorliegenden Modelle.

3.2 Ansätze und Beiträge zur Bewertung des Nutzens von Informationssystemen

Im Rahmen dieses Unterkapitels werden die wissenschaftlichen Ansätze und Beiträge zur Bewertung des Nutzens von IT-Systemen oder deren Einführung beschrieben. Meist wird im Rahmen der Auswahl und der Einführung der unternehmensspezifische, mit der Einführung und Nutzung des Systems verbundene Nutzen bestimmt. Dies dient meist zur Absicherung der strategischen und operativen Entscheidungen im Rahmen der Implementierung von IT-Systemen. Die im Folgenden beschriebenen Ansätze fokussieren verschiedene IT-Systeme und können in verschiedenen Phasen des IT-Lebenszyklus Anwendung finden. Ziel des Unterkapitels ist es, relevante Methoden sowie Vorgehen zu identifizieren, welche für die Ableitung der Implementierungsstrategie eingesetzt werden können.

Einer Bewertung der vorgestellten Ansätze werden unterschiedliche Kriterien zugrunde gelegt, welche die Anforderungen an ein ganzheitliches Vorgehen zur Lösung der vorliegenden Problemstellung abbilden. Das erste Kriterium umfasst die vollständige, allgemeine Beschreibung und Strukturierung der Funktionen eines MES. Hieran schließt sich die Anforderung an, die Unterstützung eines MES in allen relevanten Funktionsbereichen des Unternehmens zu identifizieren. Um den Einsatz des MES in den Unternehmensfunktionen hinsichtlich des unternehmensspezifischen Reifegrads zu bewerten, müssen die Wirkungszusammenhänge zwischen den MES-Funktionen und der Erreichung von Industrie-4.0-Reifegraden erläutert werden. Weiterhin ist zu bewerten, welche Funktionen eines MES-Systems die Ziele eines Unternehmens mittels der Unterstützung bestimmter Unternehmensfunktionen durch die Implementierung des Informationssystems beeinflussen. Abschließend ist die Frage zu klären, wie die entsprechenden Lösungselemente in einem praktikablen Vorgehen zur Bestimmung der Implementierungsreihenfolge überführt werden können.

OBERMAIER U. KIRSCH untersuchen die Wirtschaftlichkeit der MES-Implementierung empirisch anhand einer Fallstudie. Vor und nach der Implementierung werden auf Basis drei aufgestellter Hypothesen Kennzahlen erhoben. Diese werden verglichen, um so die Nutzeneffekte einer MES-Implementierung aufzuzeigen. Die Hypothesen fokussieren Auswirkungen in der Fertigung anhand der Reduktion nicht-wertschöpfender Tätigkeiten sowie verringerter Rüstaufwände und Bestände an Werkzeugen in der Fertigung. OBERMAIER U. KIRSCH können durch die Ex-post-Bewertung aufzeigen, dass bei dem in der Fallstudie betrachteten Unternehmen die Verbesserungen durch die Implementierung des MES eingetreten sind. (s. OBERMAIER U. KIRSCH 2017, S. 191–217)

OBERMAIER U. KIRSCH liefern im Rahmen der empirischen Untersuchung Anhaltspunkte für wenige ausgewählte Nutzenaspekte der Einführung eines MES. Dabei werden nur ausgewählte MES-Funktionen sowie spezielle, betroffene Unternehmensfunktionen betrachtet. Eine Betrachtung der Wirkungsbeziehung zwischen dem Nutzen der Implementierung und den eingeführten MES-Funktionsmodulen erfolgt nicht. Das vorgeschlagene Vorgehen eignet sich nicht zur Bestimmung einer Implementierungsstrategie und -reihenfolge, da die Bewertung im Anschluss an die Implementierung des MES erfolgt.

OBERMAIER ET AL. entwickeln ein Vorgehen zur Abschätzung von Wirtschaftlichkeitspotenzialen von Industrie-4.0-Investitionen, wobei der Fokus hier auf MES als Basistechnologie von Industrie 4.0 liegt. Die entwickelte Methodik umfasst fünf Schritte von der Aufnahme des Ist-Prozesses über die Anforderungsspezifikation, die Modellierung des Soll-Prozesses, die Identifikation von Wirtschaftlichkeitspotenzialen und die quantitative und qualitative Bewertung der Wirtschaftlichkeitspotenziale. Die Abschätzung der Wirtschaftlichkeitspotenziale geschieht ex ante und rollenspezifisch, sodass die Auswirkungen für und von bestimmten Rollen in der Fertigung und in fertigungsnahen Bereichen ermittelt werden sollen. Hierzu werden die Ursache-Wirkungsbeziehungen durch die drei Segmente *Ursache und inhaltliche Erläuterung*, *quantitative Wirkung* und *qualitative Wirkung* beschrieben. (s. OBERMAIER ET AL. 2015, S. 485–492)

Das von OBERMAIER ET AL. entwickelte Vorgehen liefert wichtigen Input für die Dissertationsschrift. Das Vorgehen lässt eine Ex-ante-Abschätzung des Nutzens zu, jedoch stellen die Soll-Prozess-Modellierung sowie die Abschätzung von quantitativen Größen eine Herausforderung für die Anwender dar. Ebenso lässt sich durch eine fehlende Strukturierung in MES-Funktionalitäten und -Modulen die Ableitung der Implementierungsreihenfolge nur schwer realisieren.

KLETTI verwendet zur Bestimmung der Wirtschaftlichkeit einer MES-Einführung einen Return-on-Investment-Ansatz (kurz ROI). Bei diesem Ansatz wird das Verhältnis zwischen Gewinn und investiertem Kapital bestimmt. Die Ermittlung des Nutzens geschieht durch die Unterteilung der Nutzeneffekte in einfache und schwer quantifizierbare Nutzeneffekte. Für die Berechnung des ROIs werden die schwer quantifizierbaren Nutzeneffekte (bspw. Transparenz, Reaktionsfähigkeit) von KLETTI vernachlässigt. Für die Ermittlung der einfach monetär bewertbaren Nutzeneffekte nennt KLETTI

Berechnungsbeispiele, die die Ermittlung der Einsparungen vereinfachen sollen. Der bewertete Nutzen wird den Kosten gegenübergestellt. Die Kosten werden in einmalige und laufende Kosten unterteilt. (s. KLETTI 2015, S. 259–267)

Im Rahmen dieses Ansatzes werden von KLETTI nur quantifizierbare Nutzeneffekte bewertet, welche jedoch nicht explizit zur digitalen Transformation in Bezug gesetzt werden. Eine Berücksichtigung des aktuellen Entwicklungsstands des Unternehmens kann mit dem Vorgehen nicht anwenderfreundlich abgebildet werden. Des Weiteren werden die identifizierten Nutzeneffekte nicht einzelnen MES-Funktonen oder Funktionsmodulen zugeordnet, wodurch eine Ableitung der Implementierungsreihenfolge nur schwer ermöglicht wird. Für die Dissertationsschrift liefert die Beschreibung der Nutzeneffekte erste relevante Anknüpfungspunkte.

Im zweiten Blatt der VDI-Richtlinie 5600 werden durch den Verein Deutscher Ingenieure die Auswirkungen und Einflüsse bei der Einführung und dem Betrieb von MES sowie die Wirtschaftlichkeit der MES beleuchtet. Es wird eine Kostenstruktur für die Vorbereitung, Einführung und den Betrieb von MES aufgestellt, welche die Kosten in einmalige und laufende Kosten unterteilt. Der Nutzen von MES wird in monetär quantifizierbar und monetär nicht-quantifizierbar unterteilt. Für beide Nutzenklassen werden Beispiele genannt. Für die Erhebung des quantifizierbaren Nutzens werden das Benchmarking, der „Was-wäre-wenn-Vergleich" und die Schätzung der Nutzenpotenziale als Ex-ante-Herangehensweisen genannt. (s. VDI-RICHTLINIE 5600-2)

Im Rahmen der VDI 5600-2 werden zwar quantifizierbare und nicht-quantifizierbare Nutzeneffekte umfassend berücksichtigt. Jedoch fokussiert die Herangehensweise zur Bestimmung nur den quantifizierbaren Nutzen. Eine ausführliche für die anwendenden Personen aufbereitete Herangehensweise, welche die betroffenen Unternehmensbereiche der Produktion sowie den aktuellen Entwicklungsstand in Bezug zu Industrie 4.0 berücksichtigt, wird nicht geboten. Ebenso fehlt eine Berücksichtigung der Wirkungsbeziehungen der Funktionsmodule und der Nutzeneffekte, wodurch Ableitungen auf die Implementierungsstrategie nicht möglich sind.

HÄNSCH entwickelt eine dreischrittige Methode zur umfänglichen, ökonomischen Ex-ante-Bewertung auch schwer quantifizierbarer Nutzeneffekte. Der erste Schritt umfasst die Identifikation der Wirkungsbereiche des einzuführenden IT-Systems sowie die schwer quantifizierbaren (intangiblen) Nutzeneffekte in den Wirkungsbereichen. Anschließend wird eine Wirkungsanalyse durchgeführt, um die intangiblen Nutzeneffekte *Kosten*, *Erlöse* oder *Risiken* zuzuordnen. Dabei werden die Nutzeneffekte schrittweise in messbare bzw. leichter quantifizierbare Effekte überführt. Für die Wirkungsanalyse eigenen sich nach HÄNSCH Methoden wie das *Activity Based Costing* oder *System Dynamics*. Der letzte Schritt der entwickelten Methode umfasst die Quantifizierung der intangiblen Nutzen. (s. HÄNSCH 2015, S. 945–957)

HÄNSCH liefert mit der allgemeinen Methode einen wichtigen Input für diese Dissertationsschrift. Die Abbildung von schwer quantifizierbaren Nutzen über die Berücksichtigung von Wirkungsketten liefert Anhaltspunkte für die Ausgestaltung der Methodik.

Jedoch liefert die Arbeit von HÄNSCH keinen inhaltlichen Input in Bezug zum MES, den betroffenen Unternehmensbereichen sowie einem Vorgehen zur Bestimmung der reifegradbasierten Implementierung unter Berücksichtigung des Industrie-4.0-Reifegrads.

DÜRR entwickelt in seiner Dissertationsschrift ein Modell zur Bewertung der Effizienz der IT-Unterstützung im Auftragsabwicklungsprozess von produzierenden KMU. Das entwickelte Modell lehnt sich an der Balanced Scorecard sowie dem Performance-Measurement an. Im ersten Schritt hat DÜRR ein IT-Performance-Measurement-System aufgebaut, welches die Erhöhung der IT-Effizienz in die Erhöhung des IT-Nutzens sowie die Reduzierung der IT-Kosten unterteilt. Im nächsten Schritt wurden die Wechselwirkungen der IT-Kennzahlen untereinander und die Wechselwirkungen mit Kennzahlen und Effekten des Auftragsabwicklungsprozesses untersucht. Anschließend entwickelt DÜRR ein Vorgehen zur Bewertung der Effizienz der IT-Unterstützung auf Basis des IT-Performance-Measurement-Systems und der untersuchten Wechselwirkungen. Elementarer Bestandteil des Vorgehensmodells ist die Ermittlung der IT-Effizienz durch standardisierte Datenerhebungstechniken. (s. DÜRR 2013, S. 1–171)

DÜRR betrachtet in seiner Dissertationsschrift den Auftragsabwicklungsprozess, jedoch liegt der Fokus kaum auf der Produktion. Das Vorgehen zur Analyse der Wirkungszusammenhänge liefert relevante Anknüpfungspunkte für die Ausgestaltung der Methodik dieser Dissertationsschrift. Darüber hinaus bietet seine Arbeit keine inhaltlichen Anknüpfungspunkte für die Beschreibung der MES-Funktionen, der betroffenen Unternehmensbereiche sowie einer reifegradbasierten Vorgehensweise.

SCHRÖDER U. KESTEN entwickeln ein Vorgehensmodell zur Ex-ante-Nutzenbewertung von IT-Investitionen. Das entwickelte Vorgehensmodell basiert auf der Analyse von Wirkungsketten, welche auf Nutzencluster einzahlen. Durch die mehrfache Anwendung der Wirkungskettenanalyse wurden die drei Nutzenkategorien *Arbeitszeiteinsparung*, *bessere Entscheidungsgrundlage* sowie *schnellere Reaktionsmöglichkeit* identifiziert. Für die Nutzenkategorien werden monetäre Bewertungsverfahren beschrieben, um darauf aufbauend eine Investitionsrechnung unter Berücksichtigung von Unsicherheiten zu entwickeln. (s. SCHRÖDER U. KESTEN 2006, S. 63–68)

SCHRÖDER U. KESTEN liefert einen Ansatz zur monetären Bewertung von IT-Investitionen sowie der Berücksichtigung von Unsicherheiten, die mit den Investitionen verbunden sind. Der Aufbau von Wirkungsketten ähnelt dem Vorgehen von HÄNSCH. Das Vorgehen fokussiert keine ME-Systeme und liefert keine Ansätze zur Ableitung der Implementierungsstrategien und -reihenfolgen unter Berücksichtigung des aktuellen Industrie-4.0-Reifegrads.

WENDLER U. LEUPOLD entwickeln eine Methodik zur Auswahl geeigneter IT-Projekte zur Zusammenstellung eines IT-Projektportfolios unter Berücksichtigung der IT- und Geschäftsstrategie. Hierbei wird der Ansatz des Business-IT-Alignments genutzt. Das Verfahren leitet unter Berücksichtigung der Strategie die Ziele ab und evaluiert in der Wertanalyse den Beitrag der Projekte zu den Zielen. Ebenso werden die Kosten der

Projekte bewertet. Anschließend werden verschiedene Portfolios zusammengestellt, welche einen Mindestgrad an Wertbeitrag erhalten und ein definiertes Portfoliobudget nicht überschreiten. (s. WENDLER U. LEUPOLD 2011, S. 94–103)

WENDLER U. LEUPOLD liefern Anhaltspunkte zur Berücksichtigung von IT-Projekten in Bezug auf den Wertbeitrag der Unternehmensziele. Der Fokus liegt auf allgemeinen IT-Projekten und nicht auf IT-System-Implementierungen im Speziellen, wodurch keine Wirkungszusammenhänge zur Implementierungsstrategie hergestellt werden können. Durch die allgemeine Betrachtung von IT-Projekten leistet die Arbeit keinen Beitrag zur Klärung offener, MES-bezogener Fragestellungen.

SCHULZE entwirft in seiner Dissertationsschrift ein Vorgehensmodell zur IT-Nutzenbewertung im Supply-Chain-Management. Das Vorgehensmodell umfasst vier Phasen zur Handhabung der Komplexität der Investitionsentscheidung im Supply-Chain-Management. Die erste Phase umfasst die Analyse der Wertschöpfungsprozesse in der Supply-Chain anhand der Prozesse des Supply-Chain-Operations-Reference-Modells. Diese Prozesse werden um die IT- und die Organisationssicht ergänzt. Die zweite Phase umfasst die Aufstellung der Nutzenkategorie und der Bewertungswerkzeuge für die verschiedenen Kategorien. Die Auswahl orientiert sich daran, ob die Kategorie mehr quantitative oder qualitative Nutzeneffekte enthält. In der dritten Phase des Vorgehensmodells werden die Auswirkungen der Kosten sowie Nutzen der IT-Investition bewertet. In Phase vier werden die Implikationen für die Umsetzung und den laufenden Betrieb bewertet. (s. SCHULZE 2009, S. 1–299)

Mit seiner Dissertationsschrift liefert SCHULZE erste Ansatzpunkte hinsichtlich des methodischen Vorgehens sowie der Identifikation und Bewertung von Nutzeneffekten. Der Fokus liegt jedoch nicht auf der Produktion oder den Bereichen, welche durch ein ME-System abgedeckt werden, wodurch die Arbeit keinen fachlichen Input für die vorliegende Dissertationsschrift liefert. Ebenso fehlen Vorgehensschritte zur Ableitung der Implementierungsstrategie.

In der Dissertationsschrift von ROESGEN werden Nutzenpotenziale von SCM-Systemen (Supply-Chain-Management-Systemen) identifiziert und untersucht. Dazu werden in einem ersten Schritt die Funktionen von SCM-Systemen untersucht, um anschließend Nutzenpotenziale zu identifizieren und zu kategorisieren. Anschließend werden die kategorisierten Nutzenpotenziale auf Abhängigkeiten und Wechselwirkungen mittels Wirkungskettenanalyse untersucht. Darauf aufbauend werden die Auswirkungen der Nutzenpotenziale der SCM-Systeme auf Ober- und Zwischenziele des Unternehmens mittels der Wirkungskettenanalyse beschrieben. (s. ROESGEN 2007, S. 1–135)

Der Fokus von ROESGENS Dissertation liegt zwar auf SCM-Systemen, jedoch liefert die Analyse anhand von Wirkungsketten und der Kategorisierung von Nutzeneffekten methodische Anknüpfungspunkte zur vorliegenden Dissertationsschrift. Fachlicher Input in Bezug zu ME-Systemen sowie deren reifegradbasieren Implementierung wird nicht bereitgestellt.

DUTTA untersucht in seiner Arbeit die Quantifizierung schwer quantifizierbarer Nutzeneffekte. Er untersucht den intangiblen Nutzeneffekt *Kundenzufriedenheit* durch die Verbesserung einer Kundendienst-Webseite bei einem Mobilfunkanbieter. Zur Quantifizierung werden System-Dynamics-Modelle simuliert. Dazu werden in einem ersten Schritt Kausalitätskreisdiagramme erarbeitet, welche anschließend hinsichtlich der Nutzeneffekte und der Sensitivität untersucht werden. Durch die Simulation kausaler Zusammenhänge konnten schwer quantifizierbare Nutzeneffekte bewertet werden. (s. DUTTA 2004, S. 387–397)

Der wissenschaftliche Beitrag von DUTTA betrifft die Bewertung schwer oder nichtquantifizierbarer Nutzeneffekte mittels System-Dynamics. Dabei wird in diesem Beitrag nicht nur der qualitative Ansatz, sondern mittels Simulation der Wirkungsbeziehungen der Kausalitätskreisdiagramme der quantitative Ansatz verfolgt. Der Ansatz von DUTTA fokussiert keine produzierenden Unternehmen und es fehlt eine Anwendung der Ergebnisse im Kontext der IT-Implementierung.

Die Bewertung des Nutzens von Informationssystemen wurde von verschiedenen Autorinnen und Autoren auf sehr unterschiedliche Weisen angegangen. Hierbei wurden Ansätze mit und ohne Bezug zu ME-Systemen betrachtet. Bei Ansätzen mit Bezug zu ME-Systemen fällt auf, dass diese entweder nur partiell das ME-System betrachten oder die Wirkungsbeziehungen zwischen MES-Funktion und betroffenen Unternehmensaufgaben nicht ausführlich darlegen. Bei der Beschreibung der Nutzeneffekte erfolgt jedoch keine Zuordnung zwischen Funktionen und Funktionsmodulen des MES und daraus resultierenden Nutzeneffekten, wodurch eine Ableitung auf die Implementierung durch Anwender*innen erschwert wird. Für die Bewertung von Nutzeneffekten konnten auch Ansätze ohne Bezug zu ME-Systemen identifiziert und analysiert werden, welche die Identifikation von Wirkungsbeziehungen zwischen IT-Funktionen und Unternehmenszielen und -nutzen ermöglichen. Ein Vorgehen zur Ableitung der Implementierungsstrategie und -reihenfolge wird in keinem Ansatz berücksichtigt und stellt damit noch ein großes Hindernis für die anwendenden Unternehmen dar.

3.3 Ansätze und Beiträge zur Implementierung von Informationssystemen

Mit der Zielstellung zur Ableitung einer Strategie für die sukzessive Implementierung eines MES, basierend auf dem Industrie-4.0-Reifegrad des Unternehmens, müssen Ansätze und Beiträge zur Implementierung von Informationssystemen identifiziert und bewertet werden. Hierbei werden Vorgehens- und Gestaltungsansätze hinsichtlich der Eignung für die vorliegende Dissertationsschrift bewertet. Neben einigen allgemeinen Ansätzen zur Gestaltung der Implementierung konnten vor allem systemspezifische Ansätze und Lösungselemente hinsichtlich ihrer Eignung identifiziert und überprüft werden.

DANIEL entwickelt in seiner Dissertationsschrift Gestaltungsrichtlinien zur Verankerung des Implementierungsmanagements in Unternehmen. Dazu werden fördernde und hemmende Faktoren bei Implementierungen analysiert und beschrieben. Anschließend werden die Zusammenhänge der Implementierungsdimensionen für die Gestaltung der Implementierungsstrategie und der Implementierungsmaßnahmen erläutert. DANIEL schließt mit der personellen und strukturellen Verankerung der Implementierungsaufgaben im Unternehmen die Darlegung der Gestaltungsrichtlinien ab. (s. DANIEL 2001)

Zudem betrachtet DANIEL das Implementierungsmanagement in Unternehmen unabhängig von dem Implementierungsobjekt. Dies führt dazu, dass er Implementierungsstrategien und daraus resultierende Gestaltungsrichtlinie sehr allgemein beleuchtet. Diese bilden die Basis für verschiedene Ansätze und Konkretisierungen von Vorgehen und Gestaltungsrichtlinien, welche sich bei der Implementierung von betrieblichen Informationssystemen wiederfinden.

ENGSTLER spezifiziert in seiner Dissertationsschrift ein Implementierungsverfahren für die organisatorische Implementierung von Informationssystemen an Bankarbeitsplätzen. Das Implementierungsverfahren deckt den gesamten Lebenszyklus des Informationssystems ab und vereint in einem multiperspektivischen Ansatz Vorgehensmodelle zur Systementwicklung und Organisationsveränderung sowie Methoden und Heuristiken des Projektmanagements. Zur Anwendung des Verfahrens entwickelt ENGSTLER einen Leitfaden für die praktische Anwendung. (s. ENGSTLER 2009)

Während DANIEL Implementierungen unabhängig vom Implementierungsobjekt und -kontext betrachtet, entwickelt ENGSTLER studienbasiert eine Vorgehensweise für die organisatorische Implementierung von Informationssystemen. Der Fokus liegt hier jedoch im Bereich der Finanzwirtschaft. Ein Übertrag auf produzierende Unternehmen kann nicht einfach vorgenommen werden.

NAGPAL ET AL. untersuchen in ihrer Arbeit allgemeine sowie herstellerspezifische Implementierungsvorgehen für ERP-Systeme. Bei der Gestaltung eines allgemeinen Vorgehens identifizieren sie Merkmale zum Aufbau einer eigenen Implementierungsstrategie. Die relevanten Merkmale sind der physische Umfang, der Umfang an Prozessanpassungen (Business-Process-Reengineering), der technische Umfang an Anpassung, die modulbezogene Implementierungsreihenfolge sowie der Einsatz von Ressourcen. Anschließend werden herstellerspezifische Vorgehen untereinander und mit den allgemeinen Merkmalen verglichen. Ebenso wird dargestellt, in welchem Umfang die herstellerspezifischen Vorgehen agile Ansätze integrieren. (s. NAGPAL ET AL. 2015)

Mit ihrer Arbeit liefern NAGPAL ET AL. weitere Merkmale zur Strukturierung von Implementierungsstrategie im Umfeld von Informationssystemen. Sie können weder ein allgemeines noch ein herstellerspezifisches Vorgehen zur Bestimmung der Implementierungsreihenfolge empfehlen.

LOUIS entwickelt in seiner Dissertationsschrift ein vier Schritte umfassendes Vorgehen zur Auswahl eines Manufacturing-Execution-Systems in Anlehnung an das generische

Vorgehensmodell von GROCHLA. In Phase eins wird das Produktionssystem des Unternehmens charakterisiert, um die Anforderungen an das MES in Phase zwei abzuleiten. Die dritte Phase dient der Identifikation und Bewertung der aktuellen IT-Unterstützung im Betrachtungsbereich. Die letzte Phase umfasst die Ableitung der Entscheidung zur Auswahl eines MES und die Gestaltung des MES-Einsatzes. (s. LOUIS 2009)

LOUIS liefert mit seinem Vorgehensmodell wichtige Erkenntnisse zur Charakterisierung des Einsatzbereiches von MES. Der Fokus der Arbeit liegt auf der Ableitung der Anforderungen an das MES. Die Bewertung der aktuellen IT-Unterstützung wird durch LOUIS nicht stark systematisiert, sondern soll anhand von Selbstaufschreibungen oder Befragungen von Mitarbeiter*innen vorgenommen werden. Die Entscheidung bezüglich der Einführung eines MES soll anschließend anhand einer Nutzwert- und Sensitivitätsanalyse vorbereitet werden. Die für diese Dissertationsschrift relevanten Aspekte der Bewertung der aktuellen IT-Unterstützung sind stark durch die subjektiven Erfahrungen der Anwendenden geprägt und werden nicht durch ein Reifegradmodell unterstützt. Darüber hinaus unterstützt das Vorgehen von LOUIS zwar bei der Auswahl der relevanten Funktionen eines MES, gibt dem Anwender aber keine Hinweise zur Gestaltung der Implementierung.

REUTHER U. CHATTOPADHYAY untersuchen in einer Studie kritische Erfolgsfaktoren für die Auswahl und Einführung von ERP-Systemen bei kleinen und mittleren Unternehmen. Neben den kritischen Erfolgsfaktoren für die Auswahl konnten auch die realisierten Nutzeneffekte sowie das Implementierungsvorgehen identifiziert werden. Der größte Anteil an Nutzeneffekten konnte im Bereich funktionaler sowie geschäftlicher Verbesserungen realisiert werden. (s. REUTHER U. CHATTOPADHYAY 2004)

REUTHER U. CHATTOPADHYAY liefern relevante Anknüpfungspunkte für die Strukturierung des Nutzens von Informationssystemen. Der Fokus liegt hierbei jedoch auf einer höheren Detaillierungsebene, sodass mit dem dargestellten Vorgehen keine Ableitungen für die Implementierungsstrategie und -reihenfolge von IT-Systemen hergestellt werden können. Der Beitrag stellt die Relevanz der nutzenbasierten Bewertung der Auswahl und Einführung von IT-Systemen heraus.

STEFANOU stellt in seiner Publikation einen Handlungsrahmen zur Ex-ante-Evaluation von ERP-Implementierungen vor. Das vierphasige Vorgehen dient zur Abschätzung des Nutzens, der Risiken sowie der Kosten für die ERP-Implementierung. Die erste Phase umfasst die Klärung und Festlegung der Unternehmensvision in Bezug auf die ERP-Einführung. Die zweite Phase dient dem Vergleich der Unternehmensbedarfe und -anforderungen mit den vorhandenen Fähigkeiten und Beschränkungen. Auf Basis des Vergleiches wird die kriterienbasierte Auswahl des ERP-Systems durchgeführt. Die dritte Phase betrachtet die Bewertung der Implementierung hinsichtlich Kosten sowie der Implementierungsstrategie und des Implementierungspartners. Die Bewertung der Kosten, Risiken und des Nutzens in der Betriebsphase des ERP-Systems werden in der vierten Phase bewertet. (s. STEFANOU 2001)

Der Ansatz von STEFANOU liefert relevante Erkenntnisse zum Aufbau einer Grobmethodik zur Auswahl und Implementierung von IT-Systemen. Jedoch wird in der dritten Phase die Herleitung der Implementierungsstrategie nicht detailliert betrachtet, wodurch keine weiteren Anknüpfungspunkte für die vorliegende Dissertationsschrift bestehen.

HALLIKAINEN ET AL. präsentieren ein Vorgehen zur Bewertung der Implementierungsreihenfolge für ERP-Module basierend auf dem analytischen Netzwerkprozess (kurz ANP). Hierzu erstellen die Autoren ein Entscheidungsnetz für den Auswahlprozess eines ERP-Systems bei einem internationalen, produzierenden Unternehmen. In ihrem Entscheidungsnetz werden neben den Kosten und Risiken die relevanten Geschäftsfeldanforderungen (*Key Business Requirements*) sowie alternative ERP-Module und Umweltfaktoren der Implementierung betrachtet. Die Bewertung der unterschiedlichen Einflussgrößen wurde durch die Autoren vorgenommen, welche den Auswahl- und Implementierungsprozess begleitet haben. Mittels einer Software zur Durchführung des ANPs wurde der Fragebogen generiert und ausgewertet. Als Ergebnis erhielten sie eine vorgeschlagene Sequenz. (s. HALLIKAINEN ET AL. 2006)

Der Ansatz von HALLIKAINEN ET AL. bietet eine gute Möglichkeit zur Ermittlung der Implementierungsreihenfolge von IT-System-Modulen. Ebenso können Abhängigkeiten innerhalb der Module untereinander berücksichtigt werden. Bei diesem Ansatz werden die Vorteile der Module nicht auf Basis einer allgemeinen Bewertungsmethode berücksichtigt, sondern auf Basis persönlicher Einschätzungen der Anwender. Ein Nachteil dieses Vorgehens ist, dass systemunerfahrene Anwender keine methodische Unterstützung bei der Bewertung erhalten.

KLETTI beschreibt vier Schritte zur zielorientierten Auswahl von MES-Modulen. Der erste Schritt umfasst die Definition der verfolgten Ziele. Hierzu werden acht mögliche Zielgrößen für Unternehmen definiert. Im zweiten Schritt werden Maßnahmen für jede Zielgröße abgeleitet. Für jede entwickelte Maßnahme werden die MES-Module und -Funktionen genannt, die die Umsetzung der Maßnahmen durch die Implementierung eines MES unterstützen. Im vierten Schritt werden die Module des MES durch den paarweisen Vergleich bestimmt. Hierbei schlägt KLETTI den paarweisen Vergleich der Zielgrößen untereinander sowie den paarweisen Vergleich der MES-Module vor. (s. KLETTI 2007, S. 99–174)

KLETTI liefert mit seinen Veröffentlichungen wichtige Anhaltspunkte und Input zur Strukturierung von ME-Systemen sowie zur Strukturierung der Auswahl und Einführung derselben. Die Beschreibung der Module und ihrer Funktionen bezieht sich jedoch auf das ME-System der Firma MDPV; ebenso werden Abhängigkeiten der Module zur Unterstützung von Unternehmensaufgaben nicht umfassend betrachtet. Bei der Bewertung des Nutzens werden Wirkungsbeziehungen von Funktionen und Zielgrößen nicht trennscharf aufgearbeitet. Daneben wird keine allgemeingültige Methodik zur Herleitung der Implementierungsreihenfolge basierend auf dem aktuellen Entwicklungsstand des Unternehmens bereitgestellt.

WIENDAHL ET AL. untersuchen im Marktspiegel MES den Anbietermarkt und geben in diesem Zug auch Hinweise zur Auswahl und Implementierung von MES. Jedoch fokussieren sowohl die Auswahl als auch die Implementierung eher die durchzuführenden Phasen und weniger die Implementierungsstrategie. (s. WIENDAHL ET AL. 2019, S. 76–96) WIENDAHL ET AL. nutzen Wirkungsketten zur Bestimmung der Nutzeneffekte eines MES. (s. WIENDAHL ET AL. 2019, S. 42–43)

Im Rahmen des Marktspiegels MES betrachten WIENDAHL ET AL. die Implementierung von MES als phasenbasiertes Vorgehen. Kein Fokus liegt auf der Ableitung einer Implementierungsreihenfolge. Dafür beschreiben sie Nutzeneffekte für Aufgaben des Unternehmens über Wirkungsketten.

WIENDAHL U. SCHÜBEL stellen die Formkurve sowie das Hochlaufrad als Werkzeuge zur systematischen Implementierung von MES- und ERP-Lösungen vor. Die Formkurve beschreibt die Motivationskurve, den Kompetenznutzen sowie den operativen Nutzen über Projektphasen des Einführungsprojektes. Das Hochlaufrad dient als Werkzeug zur Strukturierung der Implementierung und betrachtet die vier Aspekte *Organisation*, *Software*, *Daten* und *Kompetenz*. (s. WIENDAHL U. SCHÜBEL 2020, S. 26–30)

Der Ansatz von WIENDAHL U. SCHÜBEL liefert Erkenntnisse zur Beschreibung der Implementierungsphasen in Einführungsprojekte. Ebenso werden relevante Anforderungen an die Methodik sowie Vorgehensweise bei der Einführung von MES-Lösungen beschrieben. Darüber hinaus wird jedoch kein Input zur Gestaltung der Implementierung des MES in Abhängigkeit des unternehmensspezifischen Reifegrads gegeben.

In seiner Dissertationsschrift untersucht WETZCHEWALD die wechselseitige Integration von Produktionsplanungs- und -steuerungssystemen zur Steigerung der Regelbarkeit des Produktionssystems. Das entwickelte Gestaltungsmodell unterstützt Unternehmen bei der Bewertung des Einsatzes von ERP und MES vor dem Hintergrund der Regelbarkeit und des Industrie-4.0-Reifegrades. Aufbauend auf dem Viable-System-Model werden die Regelbarkeit der IT-Systeme sowie der Einfluss auf die Zielgrößen des Unternehmens untersucht. Dazu nutzt WETZCHEWALD den *acatech Industrie-4.0-Maturity-Index*. In seiner PPS-Systemmatrix beschreibt er die Auswirkungen der MES-Module auf die Aufgaben des ERP-Systems. Weiterhin zeigt er auf, welcher Reifegrad im Industrie-4.0-Maturity-Index durch die kombinierte Nutzung von ERP-Systemen und MES erreicht werden kann.

Die Dissertationsschrift von WETZCHEWALD liefert sowohl methodischen als auch fachlich wichtigen Input und Erkenntnisse für die vorliegende Dissertationsschrift. Im Rahmen seiner Dissertationsschrift liegt der Fokus bei produzierenden Unternehmen jedoch allein auf der Produktionsplanung und -steuerung sowie der Schnittstelle zu ERP-Systemen. Aufgabenbereiche des Unternehmens wie Qualitätsmanagement oder Instandhaltung werden nicht betrachtet. WETZCHEWALD bietet für Unternehmen die Möglichkeit, die relevanten MES-Funktionsmodule für eine bessere Regelbarkeit der PPS zu identifizieren. Das Gestaltungsmodell unterstützt jedoch nicht in der Ableitung einer Implementierungsreihenfolge der MES-Module. Die vorliegende Dissertationsschrift erweitert den Betrachtungsbereich und schließt mit einem Vorgehen zur Ableitung einer Implementierungsreihenfolge an die Arbeit von WETZCHEWALD an.

Die ersten vorgestellten Arbeiten zu Implementierungen von DANIEL und ENGSTLER zeigen allgemeingültige und detaillierte Vorgehen zu organisatorischen Implementierungen. ENGSTLER hat fallbasiert die Einführung eines IT-Systems in der Bankenbranche untersucht. Die weiteren vorgestellten Arbeiten liefern verschiedene Ansätze und Lösungselemente für die vorliegende Zielstellung. Nur wenige Ansätze stellen konkrete Vorgehensweisen zur Ableitung der Reihenfolge für die sukzessive Implementierung von Informationssystemen bereit. Zudem fehlt diesen Ansätzen entweder eine wirkungsbasierte Verknüpfung von Nutzeneffekten und unterstützten Aufgaben des einzuführenden ME-Systems oder eine methodische Vorgehensweise, um unerfahrene Anwender*innen zu unterstützen.

3.4 Kritische Würdigung des Stands der Erkenntnisse

Die Analyse der vorgestellten Beiträge und Ansätze des Standes der Erkenntnisse liefert wichtige Ansätze und erste Lösungselemente für die vorliegende Zielstellung der Dissertationsschrift. Trotz der vielen Arbeiten im Bereich der Nutzenbewertung und Implementierungsvorbereitung von Informationssystemen fehlt es aktuell an einem einheitlichen (reifegradbasierten) Vorgehen zur Bestimmung einer Implementierungsreihenfolge für die sukzessive Implementierung von ME-Systemen. Hierbei mangelt es an einem Vorgehen, welches die gesamten, unterstützten Unternehmensfunktionen beschreibt und die Wechselwirkung zwischen Aufgaben und den Funktionen eines MES transparent erläutert, um die Einflüsse der Funktionen auf die Ziele und Kennzahlen zur Messung des Nutzens eines Unternehmens transparent darzustellen. Das ganzheitliche Vorgehen muss auch für MES-unerfahrene anwendende Personen ein praktikables Vorgehen bieten, welches basierend auf dem unternehmensspezifischen Industrie-4.0-Reifegrad die Ableitung der Implementierungsreihenfolge ermöglicht.

Die Untersuchung der Reifegradmodelle zeigt, dass aufgrund der Vorarbeiten von SCHUH ET AL. und SCHMITZ der *acatech Industrie 4.0 Maturity Index* als ein geeignetes Reifegradmodell für die Weiterentwicklung in der vorliegende Dissertationsschrift genutzt werden kann.

Die untersuchten Ansätze zur Nutzenbewertung von Informationssystemen liefern erste Erkenntnisse und Methoden für die Analyse von Wirkungsbeziehungen zur Erläuterung der Nutzeneffekte. Auffällig ist, dass in den vorgestellten Ansätzen mit Bezug zu ME-Systemen keine Untersuchung der Nutzeneffekte von Funktionsmodulen zu Zielen oder Kennzahlen vorgenommen wurde. Hierbei wurden nur vereinzelt quantitative Abschätzungen, jedoch keine umfassenden qualitative Abschätzungen vorgenommen, wie die Funktionen eines MES die Kennzahlen und Ziele eines Unternehmens in Bezug zur Unternehmenseffizienz oder Digitalisierung beeinflussen. Dies verhindert die einfache Übernahme bisherige Arbeiten zum Aufbau eines Vorgehens.

Im Bereich der Implementierungsvorgehen finden sich Ansätze, welche die Bedeutung der Implementierungsstrategie für die Implementierung von Informationssystemen hervorheben. Daneben finden sich auch Ansätze, welche bei der Implementierung von ME-Systemen wichtige Lösungselemente vorstellen. Auf den Vorarbeiten von WETZCHEWALD können Lösungselemente dieser Dissertationsschrift aufgebaut werden. Daneben finden sich auch erste Ansätze zur Ableitung der Implementierungsstrategie sowie -reihenfolge für die sukzessive Implementierung eines Informationssystems. Hierbei basiert das Vorgehen jedoch auf einer subjektiven Abschätzung von den am Projekt beteiligten Personen, welches eine objektive Bewertung erschwert.

In Tabelle 3-1 ist die Erfüllung der Anforderungen der beschriebenen Ansätze aus den Kapitel 3.2 und 3.3 dargestellt. Für eine umfassende, vergleichende Bewertung der Reifegradmodelle wird auf die entsprechende Literatur verwiesen. (vgl. MITTAL ET AL. 2018; BASL 2018; FELCH ET AL. 2019)

Tabelle 3-1: Erfüllung der Kriterien (eigene Darstellung)

		Strukturierung der MES-Funktionen	Betrachtung der Unterstützung von MES/IT in den Funktionen des Unternehmens	Berücksichtigung der Wirkungsbeziehung zw. Reifegrad und MES-/IT-Funktionen	Berücksichtigung der Unternehmensziele in Bezug auf Industrie 4.0	Reifegradbasiertes Vorgehen zur Gestaltung der Implementierungsstrategie
Ansätze zur Nutzenbewertung	OBERMAIER U. KIRSCH	○	○	○	◑	○
	OBERMAIER ET AL.	○	◔	◔	◕	○
	KLETTI (ROI-Ansatz)	◕	◔	◔	◑	○
	VDI 5600	●	◑	○	◑	◔
	HÄNSCH	○	○	○	◕	◑
	DÜRR	○	○	○	◑	◔
	SCHRÖDER U. KESTEN	○	◔	◔	◔	○
	WENDLER U. LEUPOLD	○	○	○	◔	◔
	SCHULZE	○	○	○	◔	◔
	ROESGEN	○	◔	○	◔	◔
	DUTTA	○	○	◑	◔	○
Ansätze zum Implementierungsvorgehen	DANIEL	○	○	○	○	◕
	ENGSTLER	○	◑	◔	◔	◕
	NAGPAL ET AL.	○	◑	◔	◔	◑
	LOUIS	●	●	◔	◑	◑
	REUTHER U. CHATTOPADHYAY	○	◑	○	◑	◔
	STEFANOU	○	◑	○	○	◑
	HALLIKAIEN ET AL.	○	◑	○	◑	◕
	KLETTI	●	◕	◔	●	◕
	WIENDAHL ET AL.	●	◔	◔	◕	◔
	WIENDAHL U. SCHÜBEL	○	○	○	◕	◑
	WETZCHEWALD	●	◑	◕	●	◔

○ Nicht erfüllt ◔ Kaum erfüllt ◑ Teilweise erfüllt ◕ Überwiegend erfüllt ● Erfüllt

4 Herleitung des Konzeptansatzes

Für die Erstellung einer wissenschaftlichen sowie fundierten und systematischen Lösung für die eingangs beschriebene Problemstellung ist eine belastbare, intersubjektive und nachvollziehbare Herangehensweise notwendig (s. NACHREINER 1997, S. 88). Die Herleitung der in der Dissertationsschrift verwendeten Konzeptansätze liefert die benötigte Transparenz für die Nachvollziehbarkeit der Herangehensweise. Nach der Eingrenzung des Untersuchungsbereiches (s. Kap. 2.5) und der Identifikation des Forschungsbedarfes im Rahmen der Bewertung des Standes der Erkenntnisse (s. Kap. 3.4) werden im Folgenden die formalen und inhaltlichen Anforderungen an die Lösung aufgestellt (s. Kap. 4.1). In Kapitel 4.2 werden anschließend die methodischen Grundlagen für die Gestaltung der wissenschaftlichen Herangehensweise zur Entwicklung eines reifegradbasierten Vorgehens zur Bestimmung der Implementierungsreihenfolge für die sukzessive Implementierung von ME-Systemen beschrieben. Im letzten Unterkapitel werden die beschriebenen Grundlagen zu einem systematisch-wissenschaftlich fundierten Vorgehen zur Lösung der in Kapitel 1.1 dargelegten Problemstellung zusammengeführt.

4.1 Anforderungen an das zu entwickelnde Vorgehen zur Bestimmung der Implementierungsreihenfolge

Aus Kapitel 1.2 leitet sich die Zielstellung der Dissertationsschrift ab, ein Vorgehen für die reifegradbasierte Bestimmung der Implementierungsreihenfolge für die sukzessive Implementierung von Manufacturing-Excecution-Systemen zu gestalten. Um die Erreichung der Zielsetzung zu gewährleisten, müssen zunächst einmal die Anforderungen an das Vorgehen definiert werden. Die Anforderungen werden in inhaltliche und formale Anforderungen unterschieden.

Zunächst werden die inhaltlichen Anforderungen dargelegt, welche sich aus der logischen Konsequenz der beschriebenen Problemstellung (s. Kap. 1.1) und aus dem abgeleiteten Forschungsbedarf (s. Kap. 3.4) ergeben. Im Folgenden sind die inhaltlichen Anforderungen an das zu entwickelnde Vorgehen zur Bestimmung der Implementierungsreihenfolge aufgeführt:

- Abbildung der relevanten Funktionen und Aufgaben produzierender Unternehmen im Betrachtungsbereich der Produktion
- Beschreibung der Struktur und Funktionen sowie der Informationsflüsse eines Manufacturing-Execution-Systems
- Untersuchung der Zusammenhänge zwischen den Aufgaben eines produzierenden Unternehmens sowie den Funktionen eines Manufacturing-Execution-Systems
- Untersuchung der Zusammenhänge zwischen Funktionen eines Manufacturing-Execution-Systems und den Zielgrößen eines Unternehmens

- Ableitung eines Vorgehens zur Bestimmung der Implementierungsreihenfolge für die Implementierung eines Manufacturing-Execution-Systems

Neben den inhaltlichen Anforderungen müssen auch formale Anforderungen an die wissenschaftliche Konzeption im Prozess der anwendungsorientierten Forschung erfüllt sein. Die Anforderungen beziehen sich auf die Beschreibung und Detaillierung von Sachverhalten und können mit den drei Gütekriterien *Reliabilität*, *Utilität* und *Validität* zusammengefasst werden. (s. FRIEDRICHS 1990, S. 100–102; FASTABEND 1997, S. 21–22; NACHREINER 1997, S. 88; ROESGEN 2007, S. 53)

Die Reliabilität ist ein Maß für die Verlässlichkeit eines wissenschaftlichen Modells. Sie besagt, dass unter gleichen Rahmenbedingungen bei der Durchführung bzw. Umsetzung des Modells die gleichen Ergebnisse erzielt werden. (s. FRIEDRICHS 1990, S. 102) Daraus leitet sich für die wissenschaftliche Herangehensweise die Forderung nach einem systematischen und planmäßigen Vorgehen ab, welches die Anwendung des erarbeiteten und erforschten Konzeptes sicherstellt. Dazu müssen die Ergebnisse in nachvollziehbarer und reproduzierbarer Form vorliegen. (s. SCHMIDT 2008, S. 44)

Die Utilität beschreibt das Maß für die Nützlichkeit, die Nachvollziehbarkeit, die Anwendbarkeit sowie die Zweckorientierung des zu erarbeiteten Vorgehens. (s. ROESGEN 2007, S. 53) Nach GRÜNEWALD können hier die Subkriterien *Praktikabilität*, *Reproduzierbarkeit* und *Effizienz* herangezogen werden (s. GRÜNEWALD 1992, S. 35–36). Die Praktikabilität umfasst die Anwendbarkeit sowie die Verständlichkeit des zu entwickelnden Vorgehens sowie die Nachvollziehbarkeit der Ergebnisse der Anwendung. Die Anforderung kann durch die detaillierte Erläuterung der einzelnen Vorgehensschritte und Modellbestandteile sowie die Erläuterung des Gesamtzusammenhangs erfüllt werden. Die Reproduzierbarkeit bezieht sich bei GRÜNEWALD nicht auf die Reliabilität oder Validität, sondern auf die Zusammenhänge des Modells, welche die Ergebnisse ergeben. Für den Anwender müssen die Aussagen des Modells nachvollziehbar und damit reproduzierbar sein. Diese Anforderung kann durch die Angabe von Zwischenergebnissen bei der Modellerstellung sowie bei der Vorgehensanwendung erreicht werden. Die Anforderung der Effizienz beschreibt, dass die Aufwände, bezogen auf die Aussagefähigkeit des Modells, in der Anwendung des Vorgehens vertretbar sind. (s. GRÜNEWALD 1992, S. 35–36)

Das Gütekriterium der Validität misst die Gültigkeit des erarbeiteten Lösungskonzeptes für die betrachtete Problemstellung. Die Validität sichert die Übertragbarkeit auf verschiedene Realsysteme sowie die intersubjektive Nachvollziehbarkeit (s. FASTABEND 1997, S. 21; NACHREINER 1997, S. 88). Im Falle der vorliegenden Dissertationsschrift kann die Validität dadurch erreicht werden, dass das Modell bei produzierenden Unternehmen mit diskreter Fertigung zu verlässlichen und nützlichen Ergebnissen führt.

Im Rahmen der anwendungsorientierten Forschung ist es aufgrund stark unterschiedlicher Rahmenbedingungen bei Anwendungsfällen schwer möglich, die Reliabilität nachzuvollziehen. Eine Überprüfung der Reliabilität kann nur in Zusammenhang mit der Validität und Utilität zusammen erfolgen. Hierzu können die drei Gütekriterien durch eine häufige Anwendung nachgewiesen werden.

Ergänzend zu den inhaltlichen und formalen Anforderungen werden folgende Annahmen hinsichtlich der Implementierung von Manufacturing-Execution-Systemen unter Berücksichtigung von Industrie-4.0-Reifegraden vorausgesetzt:

- Das zu entwickelnde Vorgehen wird von produzierenden Unternehmen der diskreten Fertigung und Montage genutzt. Die Nutzung von Unternehmen anderer Fertigungsarten wird nicht angenommen, wodurch eine Übertragbarkeit des Vorgehens auf diese Fertigungsarten nicht garantiert werden kann. Die Möglichkeit der Übertragbarkeit und einer Nutzung wird jedoch nicht explizit ausgeschlossen.
- Die Effektivität der Betriebs-, Support- sowie Produktionsprozesse innerhalb eines Unternehmens wird vorausgesetzt. Zur Sicherstellung der geforderten Effektivität werden Reorganisationsmaßnahmen angeraten.
- Die aufbauorganisatorischen Strukturen, die betrieblichen Funktionsbereiche sowie die Prozesse produzierender Unternehmen im Bereich der Produktion (s. Kapitel 2.1) existieren bereits.
- Die für die Anwendung des Modells benötigten Daten und Informationen liegen dem Unternehmen entsprechend dem geforderten Detaillierungsgrad vor.

4.2 Methodische Grundlagen

Basierend auf den im vorherigen Kapitel beschriebenen inhaltlichen und formalen Anforderungen an das zu entwickelnde Modell werden im Nachfolgenden bestehende und anerkannte methodische Grundlagen für die Vorgehensweise zur Erarbeitung der (Teil-)Modelle beschrieben. Diese werden anschließend in Kapitel 4.3 zur konkreten Herangehensweise für die Problemlösung synthetisiert.

4.2.1 Systemtheorie

Die Systemtheorie ist Teil der Systemwissenschaft, welche als „interdisziplinäre Wissenschaft vom zweckrationalen Handeln“ (ZANGEMEISTER 2014, S. 22) die Aufgabe hat, Erkenntnisse zu gewinnen und Methoden zu entwickeln. Unter Verwendung der Erkenntnisse und Methoden können Empfehlungen für Aktionen und Handlungen abgeleitet werden. Dazu werden sowohl die systematische Informationsgewinnung als auch -verarbeitung vorausgesetzt. (s. ZANGEMEISTER 2014, S. 18; PATZAK 1982, S. 8–9) Die Systemwissenschaft hat ihren Ursprung in verschiedenen Disziplinen und lässt sich somit auch nicht einer Disziplin zuordnen.

In der Systemtheorie werden reale und imaginäre Systeme mit dem Ziel analysiert, allgemeingültige Erkenntnisse über die Systeme zu erlangen, zu strukturieren und zu kategorisieren, ohne mit dem System selbst interagieren zu müssen. Ebenso kann die Entwicklung neuer Systeme Teil der Systemtheorie sein. (s. BEITZ 1994, S. 129; HILL

ET AL. 1994, S. 20) Untersuchungsbereich der Systemtheorie sind die Struktur und Funktion von Systemen sowie deren Beziehung, die Beziehung der Teilsysteme und Systemelemente. Die Systemtheorie stellt die grundlegende Terminologie, Klassifikationen sowie Funktionen und Methoden zur Verfügung mit dem Ziel, das Systemverhalten anhand verschiedener Modelle zu erläutern. (s. PATZAK 1982, S. 8–9; BEITZ 1994, S. 130)

Ein System beschreibt eine definierte Gesamtheit von Elementen, welche in Beziehung zueinander stehen. Jedes Element hat Eigenschaften und Funktionen. (s. PATZAK 1982, S. 19; HILL ET AL. 1994, S. 21; TRIER ET AL. 2007, S. 60; ZANGEMEISTER 2014, S. 15; HABERFELLNER ET AL. 2018, S. 28) PATZAK erweitert den Systembegriff in anwendungsorientierten Wissenschaften, denen diese Dissertationsschrift zuzuordnen ist (s. Kap. 1.3), durch die Zweckorientierung eines Systems. Die Systemelemente stehen zur Erreichung von Zielen in Beziehung zueinander. (s. PATZAK 1982, S. 19)

Eigenschaften eines Elements beschreiben die Elemente, wohingegen Funktionen eines Systemelements die Relation der Eigenschaften untereinander beschreiben. So stehen Input und Output eines Systemelements über die Funktion im Zusammenhang zueinander. (s. TRIER ET AL. 2007, S. 60). Liegen nun Relationen zwischen Eigenschaften zweier Elemente vor, wird dies als Beziehung zwischen Elementen gedeutet. Dabei können diese Beziehung sowohl Wirkungs- als auch Ordnungsbeziehungen von Elementen darstellen. (s. TRIER ET AL. 2007, S. 61) Bei Wirkungsbeziehungen steht der Output eines Systemelementes mit dem Input mindestens eines weiteren Elements in Zusammenhang. Die Ordnung beschreibt nur die Relation der Systemelemente untereinander. Systemelemente ohne Ordnungsbeziehung können nicht Teil des Systems sein und befinden sich somit außerhalb der Systemgrenzen. (s. TRIER ET AL. 2007, S. 61) Die Systemgrenze definiert sich über die Intensität der Beziehungen, wobei die Intensität der Beziehungen innerhalb der Systemgrenzen größer sein muss als jene Beziehungen mit externen Elemente (s. HILL ET AL. 1994, S. 21; TRIER ET AL. 2007, S. 61–62; HABERFELLNER ET AL. 2018, S. 29). Die Systemgrenzen können jedoch in Abhängigkeit des Betrachtungspunktes sowie der betrachteten Beziehungen unterschiedlich ausgeprägt sein (s. HABERFELLNER ET AL. 2018, S. 29).

Über eine weitere Strukturierung anhand der internen Beziehungsintensität von Systemelementen lassen sich Subsysteme identifizieren. Somit lassen sich Systeme in Subsysteme gliedern, innerhalb derer wieder Subsysteme identifiziert werden können. Lassen diese sich nicht mehr in Subsysteme gliedern, spricht man von (System-)Elementen. Die Strukturierung des Systems über die Subsysteme hin zu den Elementen bildet die Systemhierarchie, welche jedoch von dem jeweiligen Betrachtungspunkt abhängig ist. (s. HILL ET AL. 1994, S. 21; HABERFELLNER ET AL. 2018, S. 30) In Abbildung 4-1 sind die Begrifflichkeiten zur Beschreibung von Systemen in einer Darstellung zusammenfassend visualisiert.

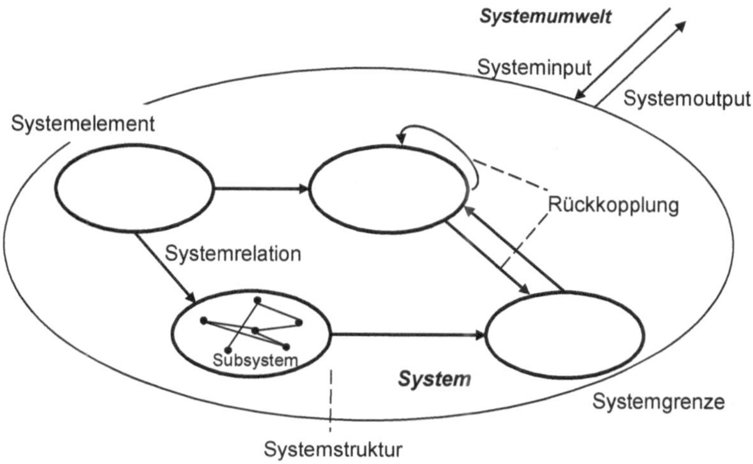

Abbildung 4-1: Allgemeine Darstellung eines Systems sowie der relevanten Elemente (eigene Darstellung i. A. a. HILL ET AL. 1994, S. 22; TRIER ET AL. 2007, S. 70)

Systeme können u. a. durch die Eigenschaften der Offenheit und Dynamik charakterisiert werden. (s. HILL ET AL. 1994, S. 22–23) Dabei beschreibt die Offenheit die Interaktion der Systeme mit ihrer Umwelt. Geschlossene Systeme weisen keine Interaktion zur Umwelt oder zu anderen Systemen auf. Diese theoretische Überlegung tritt in der Praxis nicht in der Konsequenz auf, weshalb die meisten Systeme als offen zu bezeichnen sind und in Interaktion mit ihrer Umwelt stehen. (s. PATZAK 1982, S. 20; TRIER ET AL. 2007, S. 64; LEHNER ET AL. 2008, S. 27) Die Eigenschaft der Dynamik beschreibt das zeitabhängige Verhalten von Systemen. Bei statischen Systemen bleiben die Attribute über den Zeitverlauf gleich, wohingegen sich bei dynamischen Systemen die Attribute ändern. (s. LEHNER ET AL. 2008, S. 27)

Die Systemtheorie umfasst auch das systemorientierte Denken, Strukturieren und Vorgehen. (s. PATZAK 1982, S. 4–5) Das systemorientierte Denken fokussiert die formale und objekt-unabhängige Abstraktion beliebiger Problemstellungen. (s. PATZAK 1982, S. 4) Die Strukturierung der Problemstellung durch Formalisieren und Kategorisieren der Zusammenhänge ermöglicht die Zerteilung eines Gesamtproblems in Teilproblemstellungen. Dies ermöglicht die Arbeit mit komplexen Modellen zur Abbildung des Betrachtungs- und Gestaltungsbereiches des betrachteten Systems. (s. PATZAK 1982, S. 4–5) Das systemorientierte Vorgehen erfordert den Austausch von Wissen über verschiedene am Problemlösungsprozess beteiligte Disziplinen hinweg. Der Wissensaustausch ist zwingend in den Prozess zu integrieren und muss durch ein systemorientiertes Vorgehen fachlich, zeitlich und in Abhängigkeit der Kompetenzen strukturiert sein. Das Vorgehen umfasst Pläne für die Vorgehenslogik, die verwendeten Methoden sowie die benötigten und gewonnenen Informationen. (s. PATZAK 1982, S. 5)

Ein solches Vorgehen des systemorientierten Denkens wurde von HABERFELLNER ET AL. als Systems-Engineering entworfen, welches anhand von vier Prinzipien gestaltet ist. Mit der Kombination und Anwendung der vier Prinzipien, welche im Folgenden vorgestellt werden, wird die Abbildung, Strukturierung und Lösung auch komplexer Systeme und Probleme ermöglicht. (s. HABERFELLNER ET AL. 2018, S. 53–54)

Das erste Prinzip des Vorgehensmodells beschreibt die Handlungsstrukturierung „**Vom Groben zum Detail**". Das Prinzip hilft bei der Strukturierung des Betrachtungsfeldes und der schrittweisen Konkretisierung des Problems von groben Fragestellungen hin zu Detailfragen. Hierbei findet die systemhierarchische Strukturierung Anwendung. (s. HABERFELLNER ET AL. 2018, S. 54–57) Da für viele Aufgaben und Problemstellungen verschiedene Lösungen existieren, beschreibt das zweite Vorgehensprinzip der **Variantenbildung**, dass man bei der Lösungssuche mehrere Lösungsvarianten in Betracht ziehen muss. Auf den verschiedenen Detaillierungsstufen der Problemlösung gilt es, mehrere Alternativen zu entwerfen, zu analysieren und zu bewerten, um die erfolgsversprechende Variante hinsichtlich der Wirkung und möglicher Risiken auszuwählen. Auf der nächsten Detaillierungsstufe werden dann weitere Lösungsvarianten entworfen und bewertet. (s. HABERFELLNER ET AL. 2018, S. 57–60) Das dritte Prinzip beschreibt die **Gliederung des Vorgehens in Phasen** zum Aufbau einer Makrologik. Dies dient zur Strukturierung des Vorgehens in händelbare Phasen mit definierten Übergängen und Kontrollpunkten zur Strukturierung des Vorgehens. Der Prozess wird zur groben Strukturierung des Vorgehens in Planungs-, Entscheidungs- und Realisierungsschritte unterteilt. Die Phasen beginnen mit dem Anstoß zur *Lösungssuche* in die *Systementwicklung*. Dort werden von groben Lösungsskizzen schrittweise Detailpläne entworfen. Diese werden in der Phase der *Systemumsetzung* über den *Systembau* und die *Systemtests* zu einem implementierbaren System realisiert. Die *Systemumsetzung* mündet in die Einführung, welche gesondert betrachtet werden muss. (s. HABERFELLNER ET AL. 2018, S. 61–69) Das vierte Prinzip beschreibt den **Problemlösungszyklus**, welcher als Mikrologik an konkreten Problemen im Grobvorgehen wiederholt angewendet werden kann, um jegliche auftretende Probleme zu lösen. Der Zyklus strukturiert das Vorgehen in die drei Teilschritte der *Zielsuche und -konkretisierung*, der *Lösungssuche* und der *Auswahl*. (s. HABERFELLNER ET AL. 2018, S. 70–81)

Für die vorliegende Dissertationsschrift eignen sich die Systemtheorie und das Systems-Engineering als konstruktivistische Vorgehensweisen zur Lösung der Forschungsfragen. Dabei ist der Betrachtungs- sowie Gestaltungsbereich des Gesamtsystems produzierender Unternehmens mithilfe der Systemtheorie zu analysieren und der analysierte Realzustand des Systems in Modellen abzubilden. Ebenso müssen die Funktionen des Informationssystems entsprechend realen Ausprägungen abstrahiert und in ein verallgemeinertes Strukturmodell überführt werden. (s. TRIER ET AL. 2007, S. 71) Die Vorgehensprinzipien des Systems-Engineering finden bei der Erstellung der Modelle Anwendung. Das Vorgehensprinzip „**Vom Groben zum Detail**" findet im deduktiven Ansatz zur Bildung der Modelle in der Dissertationsschrift Anwendung. Das Prinzip der **Phasengliederung** sowie der **Problemlösungszyklus** finden Anwendung in der Gestaltung der reifegradbasierten Implementierung von Manufacturing-Execution-Systemen. Insbesondere der **Problemlösungszyklus** wird als Rahmenwerk für ein systematisches Vorgehen verwendet, dass die produzierenden Unternehmen befähigt, die Implementierungsreihenfolge für die Einführung des MES zu konkretisieren.

4.2.2 Modellbildung

Zur Veranschaulichung und Analyse von Systemen eignet sich deren Abbildung in Modellen. Modelle sind als Abstraktionen und Vereinfachungen realer oder künstlicher Originale, u. a. Systeme, zu verstehen. (s. MORON 1998, S. 48; TRIER ET AL. 2007, S. 71; HABERFELLNER ET AL. 2018, S. 35; VDI-RICHTLINIE 3633, S. 19) Hierzu werden Vereinfachungen hinsichtlich der Systemelemente, Beziehungen und Variablen sowie Einschränkungen des Gültigkeitsbereiches vorgenommen (s. HILL ET AL. 1994, S. 47–48). Dabei weisen Modelle neben der Abbildung der Realität auch eine Vorbildfunktion für die Realität auf (s. STACHOWIAK 2013, S. 129). Damit Modelle in der Systemtheorie eine Abbild- oder Vorbildfunktion erfüllen können, müssen sie die folgenden drei Merkmale aufweisen:

Abbildungsmerkmal: Modelle repräsentieren natürliche oder künstliche Originale, welche Systeme sein können. Die Modelle können Attribute des Originals abbilden. (s. STACHOWIAK 2013, S. 131–132)

Verkürzungsmerkmal: Modelle bilden nicht alle Attribute des Originals ab, sondern nur die für den Modellerschaffer oder Modellbenutzer relevant erscheinenden Attribute. (s. STACHOWIAK 2013, S. 132)

Pragmatisches Merkmal: Modelle erfüllen dann das pragmatische Merkmal, wenn sie über ihre Abbildung hinaus auch berücksichtigen, wer der Modellbenutzer sein wird sowie in welchem Zeitintervall und wozu das Modell genutzt wird. (s. STACHOWIAK 2013, S. 132–133)

Aus dem pragmatischen Merkmal leitet sich ab, dass Modelle für einen bestimmten Zweck gebildet werden. Daher lassen sich verschiedene Modelltypen anhand ihres Zwecks unterscheiden. Im Folgenden werden die für diese Dissertationsschrift relevanten Modelltypen beschrieben:

Beschreibungsmodelle erfassen die Wirklichkeit des Originals mit dem Ziel der Darstellung und Kommunikation des Zustandes. Dabei gehen sie über die reine Erfassung hinaus und stellen die Struktur sowie Zusammenhänge von Elementen dar. Sie unterstützen damit die Abgrenzung des beschriebenen Systems. Beschreibungsmodelle werden vor allem dann eingesetzt, wenn die Originale schwer fassbar sind. Bekannte Beispiele von Beschreibungsmodellen sind Organisationsstrukturen, Prozessmodelle oder Landkarten. (s. MORON 1998, S. 48; TRIER ET AL. 2007, S. 75; LEHNER ET AL. 2008, S. 30–31) *Erklärungsmodelle* setzen Beschreibungsmodelle voraus und verknüpfen diese. Dabei enthalten sie Hypothesen über die Zustände eines Originals in der Vergangenheit und/oder Gegenwart oder Prognosen über die zukünftigen Zustände.

Zudem können sie Hypothesen über Eigenschaften und Ausprägungen der Originale enthalten, wenn diese nicht erfassbar sind. Somit kommen sie auch dann zum Einsatz, wenn nicht alle relevanten Eigenschaften oder Beziehungen eines Systems erfasst werden können. (s. TRIER ET AL. 2007, S. 75; LEHNER ET AL. 2008, S. 31) *Gestaltungs- und Entscheidungsmodelle* unterstützen bei der Ableitung von Prognosen und der Auswahl von Alternativen. Sie erleichtern darüber hinaus auch bei der zielorientierten Konfiguration geeigneter Handlungsalternativen. (s. MORON 1998, S. 48; LEHNER ET AL. 2008, S. 31–32)

Nach BECKER können Anforderungen an die Modellqualität anhand der Grundsätze ordnungsgemäßer Modellierung abgeleitet werden. Der Grundsatz der **Richtigkeit** fordert, dass das Modell des Originals in den wesentlichen Zügen dem abgebildeten Original entspricht. Hierbei geht es sowohl um die semantische als auch syntaktische Richtigkeit des Modells (s. BECKER 1998, S. 53). Der Grundsatz der **Relevanz** fordert, dass die relevanten Elemente des Originals im Modell abgebildet sind. Der beabsichtigte Modellierungszweck beeinflusst die Relevanz der abgebildeten Elemente. (s. BECKER 1998, S. 53–54) Der Grundsatz der **Wirtschaftlichkeit** beschreibt, dass die Detaillierung der Modelle einem Aufwand-Nutzen-Verhältnis genügen müssen (s. BECKER 1998, S. 54). Der Grundsatz der **Klarheit** fordert, dass die erstellten Modelle klar und leicht verständlich sein sollen. Dies kann durch nutzergerechte Modellierungstechniken und -sprachen erreicht werden. (s. BECKER 1998, S. 54–55) Der Grundsatz der **Vergleichbarkeit** fordert, dass unterschiedliche Modelle, welche für denselben Zweck erzeugt wurden, inhaltlich gegenübergestellt werden können (s. BECKER 1998, S. 55–56). Der Grundsatz des **systematischen Aufbaus** fordert, dass unterschiedliche Modelle desselben Originals über die verschiedenen Sichten konsistent sind (s. BECKER 1998, S. 56).

Im Rahmen dieser Dissertationsschrift werden nach dem von STACHOWIAK beschriebenen Modellverständnis Beschreibungs-, Erklärungs- und Gestaltungsmodelle erstellt. Sie dienen neben der Abbildung und Untersuchung der Mittel-Ziel-Beziehung auch der Gestaltung der Realität im Kontext der Zielsetzung. Bei der Erstellung und Beschreibung der Modelle werden die Grundsätze der ordnungsgemäßen Modellierung nach BECKER berücksichtigt.

4.2.3 Methodische Entwicklung von Reifegradmodellen

Für die Entwicklung von Reifegradmodellen existieren verschiedene Referenzmodelle. Referenzmodelle unterstützen bei der Konstruktion von (Anwendungs-)Modellen (s. HARS 1994, S. 15). Jene verfolgen den Zweck, die Entwicklung von spezifischen (Anwendungs-)Modellen zu beschleunigen (s. METTLER 2010, S. 35). Damit unterstützen sie die Anforderung an die Wirtschaftlichkeit entsprechender Grundsätze ordnungsmäßiger Modellierung (s. BECKER ET AL. 2012, S. 34–35).

Für die Entwicklung von Reifegradmodellen werden im Folgenden Referenzmodelle von BRUIN ET AL., BECKER ET AL. und das Vorgehen von AKKASOGLU vorgestellt.

Das Vorgehensmodell von BRUIN ET AL. umfasst sechs Phasen zur Entwicklung von Reifegradmodellen (s. Abbildung 4-2). Die erste Phase umfasst die Festlegung des Betrachtungsraumes und die Adressaten des zu entwickelten Modells. Die zweite Phase umfasst die Konzeption der Grundstruktur des Reifegradmodells. In dieser werden die Bewertungsstrategie, die Anwendungsmethodik und die Befragten festgelegt. Zudem werden hier Bewertungsobjekte und -momente definiert. Ebenso werden die Reifegradstufen entworfen. (s. BRUIN ET AL. 2005, S. 2–5) In der dritten Phase wird das Reifegradmodell ausgestaltet. Dabei werden die Bewertungsmerkmale und Reifegradindikatoren definiert. Im Anschluss an die Ausgestaltung des Reifegradmodells erfolgt der Test. Dabei werden sowohl die Konstruktion des Modells als auch die Ergebnisse hinsichtlich der Validität, der Verlässlichkeit und der Generalisierbarkeit getestet. Im Anschluss an die Evaluation wird das Modell in die Anwendung überführt, um Nutzen daraus zu ziehen. Die letzte Phase umfasst die kontinuierliche Pflege und Wartung des Modells. Hierbei kann das Nutzerfeedback umgesetzt werden, um die Relevanz des Modells zu garantieren. (s. BRUIN ET AL. 2005, S. 5–9)

Abbildung 4-2: Vorgehensmodell zur Entwicklung von Reifegradmodellen nach BRUIN ET AL. (eigene Darstellung i. A. a. BRUIN ET AL. 2005, S. 2)

Das Vorgehensmodell von BECKER ET AL. umfasst acht Teilschritte für die Entwicklung von Reifegradmodellen (s. Abbildung 4-3). Das Modell beginnt mit der Definition des zu lösenden Problems. Hierbei werden die adressierten Bereiche, Teildisziplinen und Personengruppen des Reifegradmodells spezifiziert und der Bedarf für das Reifegradmodell nachgewiesen. Im zweiten Schritt erfolgt ein Vergleich bestehender Reifegradmodelle. Dies umfasst auch die Bewertung der Eignung zur Lösung des Problems oder die Übertragbarkeit auf den Problembereich. Nach einer umfassenden Prüfung der bestehenden Modelle wird die Entwicklungsstrategie festgelegt. Dies kann die Neuentwicklung, die Weiterentwicklung bestehender und die Kombination mehrerer Reifegradmodelle umfassen. Ebenso ist die Übertragung von Strukturen und Inhalten bestehender Reifegradmodelle auf neue Anwendungsbereiche eine der vier Basisstrategien für die Entwicklung von Reifegradmodellen. Nach der Festlegung der Entwicklungsstrategie beginnt der zentrale Schritt der iterativen Reifegradmodellentwicklung. Hierbei werden die Unterschritte *Festlegung des Gestaltungsbereiches*, *Wahl des Vorgehens*, *Gestaltung des Modellbereichs* und *Prüfung des Ergebnisses* mehrfach durchlaufen. Der Abstraktionsgrad wird bei jedem Durchlauf verringert, wodurch das Modell iterativ spezifiziert wird. BECKER ET AL. weisen darauf hin, dass für jede Abstraktionsstufe die zu verwendende Methodik zu bestimmen ist. Nach Abschluss der Reifegradmodellentwicklung werden der Transfer und die Evaluation der Ergebnisse konzipiert. Ziel des Teilschrittes ist es, die Ergebnisse adressatengerecht zu kommunizieren und diese gegebenenfalls in der Evaluation einzubinden. Im Anschluss an die Konzeption werden im nächsten Schritt die Transfermittel implementiert. Anschließend wird die Evaluation durchgeführt. Anhand zuvor definierter Ziele wird der Nutzen zur Problemlösung (Schritt 1) gemessen. Anhand der Evaluationsergebnisse kann das Reifegradmodell oder die Transfermittel angepasst werden. Ebenso können negative Ergebnisse das Verwerfen des Reifegradmodells nach sich ziehen. Eine kontinuierliche Evaluation des Reifegradmodells sichert die Gültigkeit des Modells nach BECKER ET AL. ab. (s. BECKER ET AL. 2009a, S. 254–256)

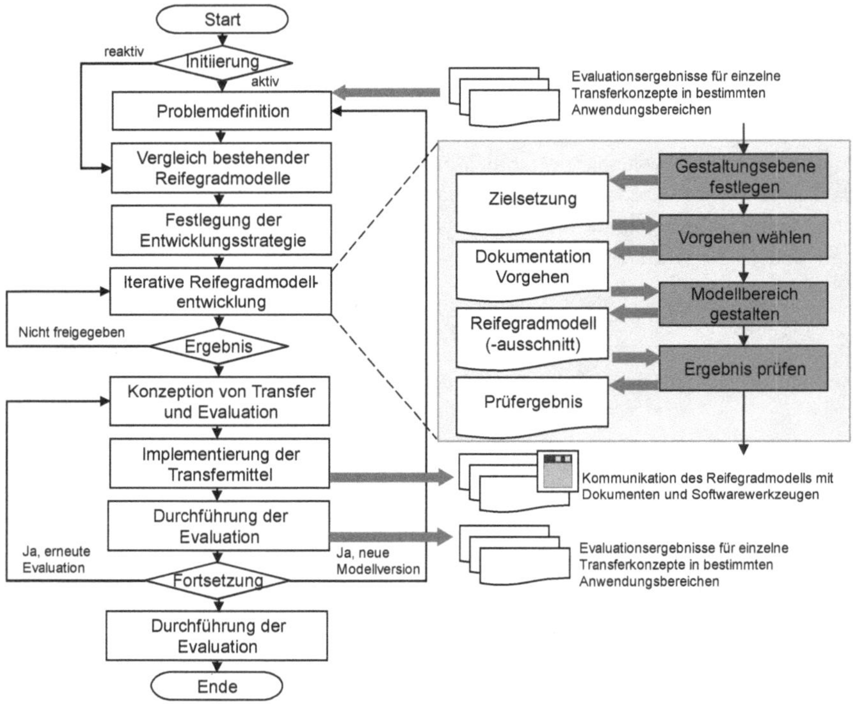

Abbildung 4-3: Vorgehensmodell zur Entwicklung von Reifegradmodellen nach BECKER ET AL. (eigene Darstellung i. A. a. BECKER ET AL. 2009a, S. 254)

Das Vorgehensmodell nach AKKASOGLU umfasst die drei Phasen Vorbereitung, Konstruktion und Anwendung des Reifegradmodells (s. Abbildung 4-4). Die vorbereitenden Schritte zur Konstruktion umfassen die Feststellung des Bedarfs für ein Reifegradmodell, die Spezifikation von Anforderungen an dieses und die Recherche bestehender Reifegradmodelle. Die Feststellung des Bedarfes umfasst die Analyse des Problems und die Untersuchung, ob Reifegradmodelle geeignete Lösungsvehikel sind. Mit der Recherche bestehender Reifegradmodelle können Synergien bei der Erstellung geschaffen werden. (s. AKKASOGLU 2013, S. 51–53)

Die Phase der Konstruktion umfasst vier Schritte. Der erste Schritt umfasst die Eingrenzung des Betrachtungssystems in einem kombinierten Referenzmodell zur

Erfassung reifegradrelevanter Indikatoren. Die reifegradrelevanten Indikatoren sollen zur Messung des Entwicklungsstandes des Betrachtungsobjektes dienen. Diese werden im zweiten Schritt deduziert und kategorisiert. Im nächsten Schritt werden diese im Hinblick auf die Bedeutung für das definierte Ziel des Reifegradmodells bewertet und gewichtet. Der letzte Schritt der Konstruktionsphase besteht aus dem Aufbau und der Validierung der Reifegrad-Kennwert-Matrix. Die Reifegrad-Kennwert-Matrix stellt für jeden Indikator die Anforderungen an die jeweilige Reifegradstufe dar. (s. AKKASOGLU 2013, S. 53–58)

Die letzte Vorgehensmodellphase der Anwendung nach AKKASOGLU umfasst die Festlegung der Bewertungsmomente und der Bewertungsstrategie. Die Bewertungsmomente legen die Häufigkeit und die Zeitpunkte der Bewertung fest. Hierbei kann generell zwischen einer zeitorientierten und zustandsorientierten Festlegung der Momente unterschieden werden. Die Bewertungsstrategie legt fest, wer die Bewertung durchführt und ob dies durch interne oder externe Experten ausgeführt werden soll. (s. AKKASOGLU 2013, S. 58–60) Für jeden Schritt seines Vorgehens schlägt AKKASOGLU Methoden und Werkzeuge für die Durchführung durch (s. Abbildung 4-4).

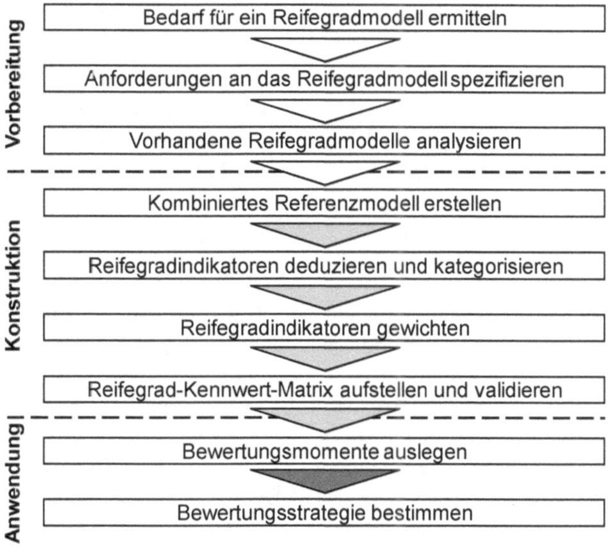

Abbildung 4-4: Vorgehensmodell zur Entwicklung von Reifegradmodellen nach AKKASOGLU (eigene Darstellung i. A. a. AKKASOGLU 2013, S. 51)

Ziel dieser Dissertationsschrift ist die Entwicklung eines reifegradbasierten Vorgehens. Hierzu wird dem Grundsatz der Effizienz in der Modellbildung entsprechend auf ein bestehendes Reifegradmodell als Basis gebaut. Das Modell von AKKASOGLU ist dem Modell von BRUIN ET AL. und BECKER ET AL. vorzuziehen, da keine Überführung und Erprobung des Modells an sich in der Realität gefordert ist. Dies kann im Rahmen der

Dissertationsschrift nur bedingt ermöglicht werden. Das Modell von AKKASOGLU bietet aufgrund der detaillierten und umfänglichen Beschreibung der Vorgehensschritte eine im Vergleich nachvollziehbarere Vorgehensweise, welche leicht durch die Verwendung in Kapitel 4.2 beschriebenen Grundlagen angepasst werden kann. Daher dient das von AKKASOGLU entworfene Vorgehensreferenzmodell als Grundlage für die Herangehensweise zur Problemlösung und umfasst die Entwicklung der Beschreibungs-, Erklärungs- und Vorgehensmodelle in den folgenden Kapiteln.

4.2.4 Typisierung und Morphologie

Die Typisierung ist eine analytische Forschungsmethodik mit dem Ziel der Beschreibung und Systematisierung eines Untersuchungsbereiches. Die Typisierung unterteilt eine Menge von Untersuchungsobjekten durch die zweck- und zielorientierte Auswahl von Merkmalen und deren Ausprägungen in Typen. Typen stellen die für das Untersuchungsziel relevante Erscheinungsformen dar. Sie fassen reale Erscheinungsformen zusammen, die die gleichen Ausprägungen der ausgewählten Merkmale haben. (s. WELTER 2006, S. 113; KNOBLICH 1969, S. 28)

Im Prozess der Typisierung, also der Bildung von Typen, werden die realen Erscheinungsformen mit dem Ziel der Schaffung von Ordnung verdichtet. Hierbei werden die realen Erscheinungsformen auf das Wesentliche reduziert. Die Verdichtung erfolgt systematisch und zielgerichtet, wovon auch Erklärungs- und Gestaltungsmodelle profitieren. (s. GROßE-OETRINGHAUS 1974, S. 22; BÜDENBENDER 1991, S. 27) Wichtig für die Anwendung von Typologien, also der Gesamtheit aller Typen, ist es, zu verstehen, dass der Prozess und damit auch das Ergebnis der Typisierung immer zweck- und zielgebunden sind. (s. CASTAN 1963, S. 27; BÜDENBENDER 1991, S. 27; KLUGE 1999, S. 22; WELTER 2006, S. 115)

Der Prozess der empirischen Typenbildung kann auf zwei verschiedene Arten erfolgen: Das erste Vorgehen erfolgt in zwei Schritten und wird als synthetische bzw. progressive Typisierung bezeichnet. Im ersten Schritt werden die Merkmale und deren Ausprägungen herausgearbeitet. Im zweiten Schritt werden die Merkmale zu sinnvollen und real vorkommenden Kombinationen zusammengefasst, welche die Typen darstellen. Das zweite Vorgehen wird als analytische bzw. retrograde Typisierung bezeichnet. Hierbei existiert beim Anwender „ein gewisses Vorverständnis von den Typen" (WELTER 2006, S. 116). Nun werden die kennzeichnenden Merkmale und ihre Ausprägungen durch die Analyse der Typen herausgearbeitet. Dadurch schärft sich das Verständnis der Typen. (s. KNOBLICH 1969, S. 32; WELTER 2006, S. 116)

Die Kombination von Merkmalen muss logisch widerspruchsfrei, praktisch anwendbar und empirisch belegbar sein (s. WELTER 2006, S. 115). Dabei ist die reine Kombination verschiedener Merkmale nicht zweckdienlich, sondern es müssen die oben genannten Anforderungen überprüft werden. Hierdurch gehen die Methode der Typisierung und ihr Ergebnis über die reine Beschreibung oder Ordnung hinaus. Sie ist dadurch auch nützlich für erklärende und gestaltende Forschungsziele. (s. WELTER 2006, S. 114)

Die Klassifikation und die morphologische Methode zählen neben der Methode der Typisierung zu wichtigen Vertretern der analytischen Forschungsmethode. Die Klassifikation hat ebenfalls zum Ziel, reale Erscheinungsformen in Gruppen, in so genannten Klassen, einzuteilen. Dabei wird in der Literatur als relevantes Abgrenzungsmerkmal zwischen Klassifikation und Typisierung genannt, dass die Klassifikation die Einteilung in Klassen anhand eines Merkmals vornimmt. Weitere Merkmale unterteilen die Klasse in Unterklassen. Bei der Typisierung werden mindestens zwei Merkmale zur Ordnung herangezogen. (s. CASTAN 1963, S. 11–12; KNOBLICH 1969, S. 27; GROßE-OETRINGHAUS 1974, S. 47; KLUGE 1999, S. 30; WELTER 2006, S. 114) Darüber hinaus existieren jedoch auch weitere Merkmale zur Abgrenzung. An dieser Stelle sei auf die Literatur verwiesen. (s. GROßE-OETRINGHAUS 1974, S. 47; KLUGE 1999, S. 30)

Die morphologische Methode fokussiert die Gestaltung aller möglichen Lösungen für ein betrachtetes Problem. Ein häufig genutztes Werkzeug ist der morphologische Kasten, bei dem Parameter und mögliche Parameterausprägungen in einem Kasten gesammelt werden. Durch die Kombination aller Ausprägungen werden Lösungen generiert, die hinsichtlich der Eignung zur Lösung des betrachteten Problems bewertet werden. (s. ZWICKY 1972, S. 132–133; 1989, S. 76; 1989, S. 14) Die morphologische Methode grenzt sich gegenüber der Typisierung dadurch ab, dass bei der Identifikation aller Lösungen auch widersprüchliche Ausprägungskombinationen abgeleitet werden. Sie ist eher als Kreativtechnik geeignet und kann bei der progressiven Typisierung genutzt werden.

In dieser Arbeit wird die in Kapitel 3.1 identifizierte Morphologie für die Beschreibung der Aufgaben des Informationsmanagements und die anschließende Typisierung der Reifegradstufen für die Aufstellung der Reifegrad-Kennwert-Matrix genutzt. SCHMITZ erstellt dazu eine Morphologie, welche die Aufgaben des Informationsmanagements in produzierenden Unternehmen und ihre Ausprägungen darstellt. Dabei spiegeln die Ausprägungen die Transformation zu einem digitalen, agilen Unternehmen im Sinne von Industrie 4.0 wider. (s. SCHMITZ 2018, S. 137).

SCHMITZ verfolgt bei der Erstellung der Morphologie das Ziel, die Ausprägungskombinationen zu identifizieren, mit denen das Informationsmanagement entsprechend den Reifegradstufen des *acatech Industrie 4.0 Maturity Index* zugeordnet werden kann. Darauf aufbauend wird ein Reifegradmodell aufgebaut, um den Reifegrad des Informationsmanagements in der digitalen Transformation eines Unternehmens zu messen. Ein ähnlicher Zweck wird auch im Rahmen der vorliegenden Dissertationsschrift verfolgt. In der vorliegenden Dissertation soll ein Reifegradmodell aufgebaut werden, um den Stand der Aufgaben eines produzierenden Unternehmens hinsichtlich des Einsatzes eines MES zu messen. Hierbei werden jedoch nicht die Aufgaben des Informationsmanagements im Unternehmen, sondern die durch das MES unterstützten Aufgaben im Betrachtungsbereich der Produktion hinsichtlich ihres Reifegrads bewertet.

Eine Übertragung des Modells von SCHMITZ ist aufgrund der gleichen Zielstellung des Informationsmanagements und des MES im Unternehmen möglich. Das

Informationsmanagement hat nach SCHMITZ das Ziel, die Ressource *Information* optimal im Unternehmen und in den Geschäftsprozessen einzusetzen. (s. SCHMITZ 2018, S. 13) Das MES verfolgt wie in Kapitel 2.2.6 beschrieben auch das Ziel, die Daten und Informationen zur besseren *Planung, Steuerung und Überwachung der Prozesse zur Durchführung der Produktionsprozesse* bereitzustellen. Dies liegt darin begründet, dass der Einsatz von Informationssystemen zum optimalen Einsatz der Ressource *Information* Teil des Informationsmanagements ist. Aus der Übereinstimmung der Zielsetzungen werden die Ergebnisse von SCHMITZ in der Aufstellung der Reifegrad-Kennwert-Matrix verwendet. In Kapitel 4.3 wird die Vorgehensweise zur Einbindung der Ergebnisse von SCHMITZ detailliert.

4.2.5 Analyse von Ursache-Wirkungszusammenhängen in Systemen

Die systematische Ermittlung der Problemursache in einem System kann mittels der Analyse der Ursache-Wirkungszusammenhänge erfolgen. Hierbei können Haupt- und Nebenursachen, die eine bestimmte Wirkung erzielen, in einem übersichtlichen Diagramm grafisch abgebildet werden. (s. SCHULTE-ZURHAUSEN 2014, S. 591) Neben der Aufdeckung der Ursache-Wirkungsbeziehung können bei der Analyse weitere Erkenntnisse gewonnen werden, um qualitativ bessere und wirksamere Gestaltungsmaßnahmen zur Lösung des Problems abzuleiten. Bei Wirkungszusammenhängen mit gestaltbaren Ursachen können die aufgedeckten Zusammenhänge zur aktiven Gestaltung des Ergebnisses bzw. Ziels genutzt werden. In diesem Fall spricht man von Mittel-Zweck- oder Maßnahmen-Zielbeziehungen. (s. TÖPFER 2007, S. 41)

ISHIKAWA entwickelte in den 1940er das nach ihm benannte Ishikawa-Diagramm zur Darstellung von Ursachen im Qualitätsmanagement. Das Ishikawa-Diagramm wurde dann zum Kausalitätsdiagramm weiterentwickelt, da in ISHIKAWAs Darstellungsform nur lineare Wirkungszusammenhänge und keine Wechselwirkungen untereinander abgebildet werden. Zur Visualisierung der Ursache-Wirkungszusammenhänge in Systemen haben sich Kausalitätsdiagramme als einfache und verständliche Methodik etabliert. In dieser Form der Darstellung können sowohl die Wirkungsbeziehungen zwischen Ursache und Betrachtungsgröße als auch gegenseitige Beeinflussungen der Elemente betrachtet werden. (s. SANDROCK 2006, S. 72; DORNES 2014, S. 76)

Ziel der Darstellung von Ursache-Wirkungsbeziehungen mit Kausalitätsdiagrammen ist die rigorose Beschreibung von Modellen zur Identifikation von Schleifen und Rückkopplungen. Damit lassen sich einfach beeinflussbare Parameter im System identifizieren, um entsprechende Handlungsempfehlungen abzuleiten. (s. COYLE 2000, S. 225; 2000, S. 240; LIEHR 2004, S. 6–7)

Als Vorteil der Kausalitätsdiagramme wird u. a. die einfache Darstellung der kausalen Zusammenhänge genannt, welche die Beschreibung des statischen und dynamischen Verhaltens der Systeme erlauben. Dies ermöglicht die einfache Kommunikation derselben sowie die dahinterliegenden mentalen Annahmen. Ebenso wird die Möglichkeit der mentalen Simulation, also der Analyse und Ableitung von Strategien zur

Problemlösung, als Vorteil genannt. (s. STERMAN 2000, S. 137; LIEHR 2004, S. 8; DORNES 2014, S. 76)

Neben der Darstellungsform der Kausalitätsdiagramme eignen sich auch Einflussmatrizen zur Darstellung von Ursache-Wirkungsbeziehungen. Die Matrizen führen alle relevanten Systemelemente in den Zielen sowie Spalten auf und bilden an den Schnittstellen den Einfluss der Zeilenelemente auf die Spaltenelemente ab. Dabei kann auch die Stärke der Beeinflussung im Gegensatz zum Kausaldiagramm dargestellt werden. Die Aktivsumme (Zeilensumme) einer Einflussmatrix gibt den aktiven Einfluss eines Elements im System wieder. Die Passivsumme (Spaltensumme) stellt dar, wie stark ein Systemelement von anderen Elementen beeinflusst wird. (s. GOMEZ U. PROBST 1997, S. 85; SCHULTE-ZURHAUSEN 2014, S. 593)

Einflussmatrizen stellen für die Praxis eine zugänglichere Art dar, Wirkungszusammenhänge einfach abzubilden. Durch die Darstellungsform in einer Matrix gegenüber den Kausalitätsdiagrammen können die Wirkungszusammenhänge schneller und einfacher abgelesen werden. Ebenso lässt sich der Einfluss einzelner Systemelemente leichter bewerten. Zudem können Wirkungszusammenhänge in der Matrix quantitativ gewichtet beschrieben werden, indem diese mit einer numerischen Repräsentation der Matrixelemente beschrieben werden. (s. ZELLER 2018, S. 88)

Das systemtheoretische Denken ermöglicht die Identifikation und Analyse von Wirkungszusammenhängen. Im Rahmen der vorliegenden Dissertationsschrift werden Einflussmatrizen zur Darstellung der Wirkungsbeziehung zwischen Aufgaben des produzierenden Unternehmens, den Funktionen des ME-Systems und dem Zielsystem der Unternehmen verwendet. Mittels der Einflussmatrizen werden die Wirkungszusammenhänge und Mittel-Zweck-Beziehungen verständlich und transparent gemacht. In den relevanten Teilkapiteln wird der Aufbau der jeweiligen Einflussmatrizen erläutert.

4.3 Konkretisierung der Herangehensweise

Im Folgenden wird die Vorgehensweise zur Entwicklung eines Vorgehens zur reifegradbasierten Implementierung von Manufacturing-Execution-Systemen anhand von Industrie-4.0-Reifegradmodellen konkretisiert. Aufbauend auf den formulierten Haupt- und Unterzielen, den formalen und inhaltlichen Anforderungen sowie den methodischen Grundlagen werden die Modellkomponenten der Herangehensweise spezifiziert. Dazu werden zuerst Beschreibungs- und Erklärungsmodelle erstellt, welche anschließend zu einem Gestaltungsmodell zusammengeführt werden. Die konkrete Vorgehensweise lehnt sich an das Vorgehensmodell von AKKASOGLU zum Aufbau von Reifegradmodellen an. Mit den erstellten Teilmodellen und dem Reifegradmodell zur Messung des unternehmensspezifischen Industrie-4.0-Entwicklungstandes wird in Anlehnung an den Problemlösungszyklus die Anwendung des Reifegradmodells aufgeschlüsselt. Das zu bestimmende Reifegradmodell dient in der vorliegenden Dissertationsschrift als Messinstrument und ist elementarer Bestandteil des Vorgehensmodells. Die Vorgehensweise dieser Arbeit ist in Abbildung 4-5 dargestellt.

Phasen der Reifegradeentwicklung	Modellkomponenten in der Dissertationsschrift	Eingesetzte Methoden
Bedarf ermitteln	**1. Einleitung**	
Vorhandene Reifegradmodelle analysieren	**3. Stand der Erkenntnisse** 3.1 Ansätze und Beiträge zu Industrie-4.0-Reifegradmodellen	
Anforderungen spezifizieren	**4. Herleitung des Konzeptansatzes** 4.1 Anforderungen an das Vorgehen zur Bestimmung der Implementierungsreihenfolge	
Referenzmodell erstellen	**5. Beschreibungselemente des ManufacturingExecution-Systems und produzierender Unternehmen** 5.1 Unternehmensziele und Kennzahlen 5.2 Funktionen eines Manufacturing-Execution-Systems 5.3 Aufgaben eines produzierender Unternehmen	▪ Systemtheoretische Modellierung ▪ Literaturrecherche ▪ Desk-Research
Reifegradindikatoren deduzieren und kategorisieren Reifegradindikatoren gewichten Reifegrad-Kennwert-Matrix aufstellen	**6. Systematisierung des reifegradbasierten Nutzens von Manufacturing-Execution-Systemen** 6.1 Deduktion der Reifegradindikatoren 6.2 Aufstellung und Erläuterung der Reifegrad-Kennwert-Matrix 6.3 Untersuchung der Wirkungszusammenhänge zwischen Aufgaben und Nutzen des Unternehmens durch eine MES-Implementierung	▪ Systemtheoretische Modellierung ▪ Anpassung der Morphologie von SCHMITZ und Typologisierung ▪ Einflussmatrizen
Bewertungsmomente auslegen Bewertungsstrategie bestimmen	**7. Gestaltung der reifegradbasierten Implementierung von Manufacturing-Execution-Systemen** 7.1 Konzeption des Vorgehens zur reifegradbasierten Implementierung von Manufacturing-Execution-Systemen 7.2 Detaillierung des Vorgehens zur reifegradbasierten Implementierung von Manufacturing-Execution-Systemen	▪ Systemtheoretische Modellbildung ▪ Anpassung des Problemlösungszyklus
	8. Evaluation des Vorgehen im Anwendungszusammenhang 8.1 Validierung der Zwischenergebnisse 8.2 Validierung des Vorgehens anhand einer Fallstudie 8.3 Zusammenfassende Bewertung der Evaluation	▪ Empirische Untersuchung ▪ Experteninterviews ▪ Fallstudien

Abbildung 4-5: Angepasstes Vorgehensmodell der Dissertationsschrift (eigene Darstellung i. A. a. AKKASOGLU 2013, S. 51)

Nach dem Vorgehensmodell von AKKASOGLU sind in der ersten Phase die vorbereitenden Schritte durchzuführen. Der erste Schritt (Kapitel 1.1) ist die Feststellung des Bedarfes für das Reifegradmodell. Zusätzlich erfolgt in den Kapiteln 1.1 und 4.1 die Spezifikation von Anforderungen an das Reifegrademodell, aber auch an das Vorgehensmodell zur Bestimmung der Implementierungsreihenfolge. Der dritte Schritt nach AKKASOGLU umfasst die Analyse und Bewertung vorhandener Reifegradmodelle hinsichtlich der spezifizierten Anforderungen. Die Analyse verschiedener Reifegradmodelle für die Bewertung des unternehmensspezifischen Entwicklungsstandes von Industrie 4.0 erfolgt in Kapitel 3.1. Wegen der vergleichenden Analyse der Reifegradmodelle wird der *acatech Industrie 4.0 Maturity Index* als Ausgangsbasis für die Aufstellung des Reifegradmodells durch Adaption herangezogen.

Die Konstruktionsphase des Vorgehensmodells schließt sich an die Spezifikation der Anforderungen an. Der erste Schritt umfasst den Aufbau eines Referenzmodells zur Eingrenzung des Betrachtungsbereiches. Dazu werden in Anlehnung an die

Forschungsfragen die Ziele (Kap. 5.1) und Aufgaben (Kap. 5.2) produzierender Unternehmen mittels Literaturrecherche und Desk-Research herausgearbeitet und beschrieben. Die Beschreibung der Aufgaben und Prozesse geschieht in Anlehnung an das in Kapitel 2.1 vorgestellte Modell nach MEISSNER und wird durch wissenschaftliche und praxisorientierte Quellen detailliert. Ziel ist die umfassende Beschreibung aller Kernaufgaben im Bereich der Produktion, um in Kapitel 6 die Unterstützung durch ME-Systeme beschreiben zu können. Dazu werden in Kapitel 5.3 die MES-Funktionalitäten auf Basis gängiger Normen sowie praxisorientierter Literatur beschrieben. Die Funktionen werden in Funktionsklassen und -module gegliedert und Wechselwirkungen zwischen den Funktionsmodulen untereinander beschrieben.

In Kapitel 6.1 erfolgt anschließend die Deduktion der Reifegradindikatoren. Dazu werden die Wechselwirkungen zwischen den Kernaufgaben produzierender Unternehmen und den Funktionalitäten eines MES untersucht. Hierbei werden die Kernaufgaben als Reifegradindikatoren identifiziert, welche durch MES-Funktionalitäten eine direkte oder indirekte Unterstützung erfahren. Eine Gewichtung der Reifegradindikatoren erfolgt nicht im Aufbau des Reifegradmodells, sondern im Anwendungsvorgehen durch das Unternehmen (s. Kap.7).

Die Aufstellung der Reifegrad-Kennwert-Matrix, also die Aufstellung des Reifegradmodells, erfolgt in Kapitel 6.2 unter Verwendung der Morphologie von SCHMITZ. Im Rahmen dieser Arbeit wird die Morphologie für die Bewertung des Manufacturing-Execution-Systems als Unterstützungselement des Informationsmanagements verwendet. Anschließend werden für die identifizierten Kernaufgaben die Ausprägungen in der Morphologie unter Berücksichtigung der Unterstützung eines MES abgeleitet. Hierbei wird die maximal erreichbare Reifegradstufe eines vollständig implementierten MES ermittelt und in der Kennwert-Matrix festgehalten. Mit diesem Teilschritt ist das Reifegradmodell soweit aufgebaut, dass es als Messinstrument für das Vorgehen zur Bestimmung der reifegradbasierten Implementierungsreihenfolge genutzt werden kann.

In Kapitel 6.3 werden die Wirkungszusammenhänge zwischen den MES-Funktionen, den Kernaufgaben eines Unternehmens und dem Nutzen durch die Implementierung eines MES erläutert. Hierzu wird eine Einflussmatrix aufgebaut und erläutert.

Das Vorgehen zur Bestimmung der Implementierungsreihenfolge für die sukzessive Implementierung von ME-Systemen in Abhängigkeit des Industrie-4.0-Reifegrads wird in Kapitel 7.1 vorgestellt. Dort wird wie im Vorgehensmodell von AKKASOGLU gefordert die Anwendung des entwickelten Reifegradmodells spezifiziert. Die Festlegung der Bewertungsmomente und der Bewertungsstrategie wird in Kapitel 7.2 beschrieben. Darauf aufbauend wird das Vorgehensmodell durch die Adaption des Problemlösungszyklus spezifiziert. Es wird somit ein Anwendungsleitfanden beschrieben, mit dem sich auf Basis der erarbeiteten Zwischenergebnisse die Implementierungsreihenfolge der relevanten MES-Module bestimmen lässt.

Die Ergebnisse der Arbeit werden mittels Experteninterviews (s. Kap. 8.1), empirischen Untersuchungen (s. Kap. 8.1) und durch die Anwendung des Vorgehens in

Form einer detaillierten Fallstudie (s. Kap. 8.2) evaluiert. Die Fallstudie entspricht der Anwendung des Vorgehens in einem repräsentativen Unternehmen mit einer diskreten Produktion. Die Evaluation der Zwischenergebnisse und des Vorgehens werden in Kapitel 8.3 zusammengefasst, um die in Kapitel 4.1 formulierten Anforderungen zu überprüfen.

5 Beschreibungselemente produzierender Unternehmen und von Manufacturing-Execution-Systemen

Im folgenden Kapitel werden die grundlegenden Vorarbeiten zur Erstellung des kombinierten Referenzmodelles vorgestellt. Dies wird zur Eingrenzung und Beschreibung des Betrachtungsbereiches sowie als Basis zum Aufbau des Reifegradmodells genutzt. Um die abgeleitete Forschungsfrage „Anhand welcher Kennzahlen kann der Nutzen eines MES für das Unternehmen gemessen werden?“ zu beantworten, werden im ersten Unterkapitel relevante Kennzahlen identifiziert und anhand der Unternehmensziele in Industrie-4.0-Umgebungen strukturiert. Das zweite Teilkapitel fokussiert die Identifikation der Kernaufgaben produzierender Unternehmen (s. Kap. 5.2). Hierbei werden die Kernaufgaben als Strukturierungshilfe zum Aufbau des Reifegradmodells genutzt, da ME-Systeme mit dem Ziel der Unterstützung von Unternehmensprozessen und -aufgaben eingeführt werden. Im Kapitel 5.3 werden die informationstechnischen Funktionen eines MES zur Unterstützung produzierender Unternehmen beschrieben und anhand der MES-Module der VDI 5600 strukturiert. Mit dem dritten Unterkapitel wird die Forschungsfrage „Wie lassen sich Module eines MES hinsichtlich ihrer Aufgaben und Funktionen beschreiben und klassifizieren?“ beantwortet.

5.1 Unternehmensziele produzierender Unternehmen für die Nutzenbewertung einer MES-Implementierung

Die Einführung von Informationssystemen dient keinem Selbstzweck, sondern der Erreichung von operativen und strategischen Unternehmenszielen. Ebenso versuchen Unternehmen, durch die digitale Transformation und Umsetzung von Industrie 4.0 individuelle Unternehmensziele zu erreichen. (s. SCHMITZ 2018, S. 87)

Aus der Beschreibung der Ausgangssituation geht hervor, dass Manufacturing-Execution-Systeme die Erreichung von Unternehmenszielen in Verbindung mit der digitalen Transformation im Sinne von Industrie 4.0 im Gestaltungsfeld der Informationssysteme unterstützen (s. Kap. 1.1). In diesem Zusammenhang soll mit diesem Dissertationsvorhaben untersucht werden, welcher Nutzen für das Unternehmen durch die Einführung von MES entstehen kann. Zur Beantwortung der ersten Unterforschungsfrage „Anhand welcher Kennzahlen kann der Nutzen eines MES für das Unternehmen gemessen werden?“ werden in diesem Kapitel die Unternehmensziele und der Einfluss von Industrie 4.0 auf jene beschrieben. Für jedes Unternehmensziel werden Kennzahlen zur Messung genannt. Im weiteren Verlauf der Dissertationsschrift werden im Erklärungsmodell von Kapitel 6.3 die Einflüsse der MES-Funktionen auf den Nutzen für die Unternehmensziele erläutert.

Das folgende Unterkapitel basiert auf der umfangreichen Literaturanalyse von SCHMITZ, welcher in seiner Untersuchung die von Industrie 4.0 beeinflussten

Unternehmensziele identifiziert und beschrieben hat. Basierend auf der Vorarbeit wurde eine Literaturrecherche zur Identifikation von Kennzahlen zur Messung des MES-Nutzens durchgeführt. Jedem Unternehmensziel werden Kennzahlen zugeordnet und anschließend beschrieben.

SCHMITZ führt sechs Ziele, welche von den internen Unternehmensprozessen beeinflusst werden, zur Steigerung der Wettbewerbsfähigkeit produzierender Unternehmen an. Hierbei werden die Unternehmensziele zur Produktivität, den Kosten, der Qualität, der Liefer- und Entwicklungszeit genannt. Ebenso werden Ziele zur Steigerung der Kundenzufriedenheit sowie zur Wandlungsfähigkeit der Unternehmen betrachtet. SCHMITZ betrachtet diese Ziele als gleichberechtigt und ordnet sie nicht in ein hierarchisches Zielsystem an. (s. SCHMITZ 2018, S. 91)

Als Oberziel eines Unternehmens kann grundsätzlich der wirtschaftliche Unternehmenserfolg festgelegt werden. Hierbei kann neben kurzfristigen, finanzwirtschaftlichen Kennzahlen wie *Gewinn*, *Rentabilität* oder *Liquidität* auch das normative Oberziel der *Effizienz* festgelegt werden. Die betriebliche Effizienz beschreibt das Verhältnis von erhaltenem Output zu eingebrachtem Input. Im unternehmerischen Sinne kann sich die Effizienz auf die drei Teilaspekte der *Rentabilität*, der *Wirtschaftlichkeit* und der *betrieblichen Produktivität* beziehen. (s. SCHNEIDER 2020, S. 4) Im Folgenden wird die Steigerung der betrieblichen Effizienz anhand der Unternehmensziele nach SCHMITZ beschrieben (s. Abbildung 5-1)

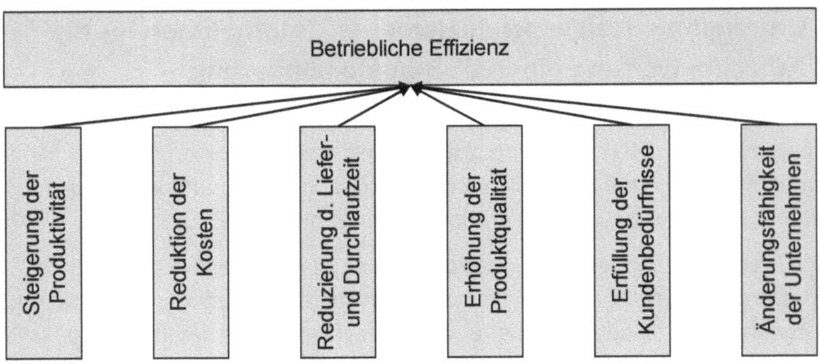

Abbildung 5-1: Zielsystem zur Messung des Nutzens der MES-Einführung (eigene Darstellung i. A. a. SCHMITZ 2018, S. 107)

Steigerung der Produktivität

Die betriebliche Produktivität bezieht sich auf die Ausbringungsmenge und stellt ein Unterziel der betrieblichen Effizienz nach SCHMITZ dar (s. SCHMITZ 2018, S. 91–92). Hierbei versuchen Unternehmen, die Ausbringungsmenge bei einer Reduktion der Inputfaktoren zu erhöhen (s. SCHNEIDER 2020, S. 4). Als eine Kennzahl kann die **Produktivität** angebracht werden, welche sich aus dem Verhältnis der Ist-Leistung zur Soll-Leistung berechnet. Die Leistung wird dabei als Verhältnis der

Ausbringungsmenge pro Zeiteinheit berechnet. Dabei kann die Leistung für eine Anlage oder für das gesamte System berechnet werden. Die Leistung als absolute Kennzahl ist nach GOTTMANN wenig aussagekräftig und sollte deshalb ins Verhältnis gesetzt werden. Daher wird an dieser Stelle der Bezug zur geplanten Soll-Leistung empfohlen. (s. GOTTMANN 2019, S. 98–100) Als weitere Kennzahl kann hier die **Anlagenverfügbarkeit** angeführt werden. Die Anlagenverfügbarkeit beschreibt das Verhältnis aus der geplanten Arbeitszeit zur geplanten Laufzeit. Die geplante Arbeitszeit ergibt sich aus der Differenz aus Laufzeit und Ausfallzeiten. Die Ausfallzeiten umfassen Pausen, geplante Stillstände und historisch ermittelte Maschinenstörungszeiten. Die Laufzeit berücksichtigt das zugrunde liegende Schichtmodell und betrachtet nur die tatsächlich zur Produktion verfügbare Zeit. Die Anlagenverfügbarkeit gibt Auskunft über die freien Kapazitäten von Anlagen und stellt somit sicher, dass Anlagen für die Produktion zur Verfügung stehen. Mit einer hohen Anlagenverfügbarkeit können mehr Produkte bei ausreichenden Inputfaktoren produziert werden. (s. GOTTMANN 2019, S. 95–97)

Nach SCHLUND und KAGERMANN ET AL. lässt sich die betriebliche Produktivität über Digitalisierung durch die horizontale Integration über Wertschöpfungsnetzwerke, einen durchgängigen Entwicklungsprozess entlang der gesamten Wertschöpfungskette sowie die vertikale Vernetzung des Produktionssystems erreichen (s. KAGERMANN ET AL. 2013, S. 35–36; SCHLUND 2014, S. 16). Insbesondere die Vernetzung des Produktionssystems und die vertikale Integration im Sinne von Industrie 4.0 wird durch eine MES gefördert. Hierunter wird die medienbruchfreie Synchronisation des Material- und Informationsflusses durch die echtzeitnahe Aufnahme und Verarbeitung von Daten des Produktionssystems verstanden. Erreicht wird jene durch die vertikale Integration von Aktor- und Sensorsignalen zur Ressourcenplanung und -steuerung mittels standardisierter Schnittstellen innerhalb der Automatisierungspyramide. Dies ermöglicht, neben der Synchronisation des Materialflusses, eine Planung und Steuerung der Produktion in Echtzeit sowie eine erleichterte Rekonfiguration des Produktionssystems. (s. KAGERMANN ET AL. 2013, S. 20; KAUFMANN U. FORSTNER 2014, S. 364; DEUSE ET AL. 2015, S. 103; PLASS 2017, S. 13–15)

Reduktion der Kosten

Zur Steigerung der betrieblichen Effizienz kann neben der Steigerung des Outputs auch der Input reduziert werden. Hierbei beinhaltet das Ziel der Kostenreduktion eine Verringerung der mit der Herstellung verbundenen Kosten. (s. SCHMITZ 2018, S. 96) Dabei lassen sich die Kosten in verschiedene Kategorien unterteilen, beispielsweise Bestandskosten, Herstellkosten, Logistikkosten. (s. BAUERNHANSL 2014, S. 31) Zur Messung der Kostenreduktion in der Produktion können die Logistikkosten nach WIENDAHL betrachtet werden. Als Logistikkosten lassen sich die Kennzahlen der **Auslastung** sowie die **Bestände** in der Produktion beschreiben. (s. WIENDAHL 2014, S. 250–253) Von hoher Auslastung können die Kosten günstig beeinflusst werden, da die Prozesskosten durch eine bessere Ausnutzung der Ressourcen reduziert werden. Eine

Reduktion der Bestände führt zur gleichzeitigen Reduktion des gebundenen Kapitals. (s. WIENDAHL 2014, S. 250–253)

Die digitale Transformation im Sinne von Industrie 4.0 begünstigt die Reduktion der Kosten durch die echtzeitnahe Verfügbarkeit und Verwendung von Informationen. Einerseits werden durch bessere Informationen Suchzeiten in Entscheidungsprozessen reduziert, andererseits kann mit den Daten eine bessere Planung vorgenommen werden. Ebenso lassen sich durch den Einsatz der verfügbaren Informationen bessere Analysen zum Verbesserungspotenzial des Produktionssystems durchführen. (s. BAUERNHANSL 2014, S. 32; LUCKE ET AL. 2017, S. 84; SCHMITZ 2018, S. 96)

Reduktion der Liefer- und Durchlaufzeiten

Zu den logistischen Zielen zählen nach WIENDAHL auch die Liefer- und Durchlaufzeiten, welche durch die Unternehmen zur Befriedigung der Kundenanforderungen möglichst geringgehalten werden sollten. (s. WIENDAHL 2014, S. 250–253) Durch die steigende Kundenanforderungen (s. unten) hinsichtlich kurzer Lieferzeiten rücken die innerbetrieblichen Durchlaufzeiten stärker in den Fokus. Die Bedeutung der Lieferzeit für Kunden steigt seit Jahren, wie LÖDDING zusammenfasst. Einerseits agieren Unternehmen mit kurzen Auftragsdurchlaufzeiten besser als Mitbewerber, andererseits akzeptieren Kunden höhere Preise für die schnellere Lieferung der gleichen Produkte. (s. LÖDDING 2016, S. 22–24)

Zur Bewertung der Lieferzeit können Unternehmen zwei verschiedene Kennzahlen heranziehen, welche den internen Einfluss auf die gesamte Lieferzeit, die den Transport zum Kunden (extern) inkludiert, abbilden. Durch die Bedeutung der Lieferzeit für die Erfüllung der Kundenanforderungen sollten neben internen auch externe Kennzahlen zur Messung herangezogen werden. In Anlehnung an LÖDDING werden sowohl die **Lieferzeit** als Differenz von Auftragseingang bis Auslieferung als auch die **Durchlaufzeit** eines Auftrags zur Bewertung der Zielerreichung herangezogen. Die Dauer zwischen Auftragsfreigabe und dem Ende der Bearbeitung ist als Durchlaufzeit definiert. Die Durchlaufzeit ist insbesondere bei der Auftrags- sowie Variantenfertigung relevant. Bei der Lagerfertigung hat der Servicegrad einen stärkeren Einfluss auf die Lieferzeit. (s. LÖDDING 2016, S. 22–32)

Die Digitalisierung und damit auch MES als relevantes Informationssystem und Baustein von Digitalisierungsinitiativen können die Kennzahlen im Sinne des Unternehmensziels positiv beeinflussen. Hierzu dient die vertikale Integration der Informationssysteme zur Verbesserung des Informationsflusses und der Informationsverfügbarkeit. Insbesondere die genaue Kenntnis über den Fortschritt einzelner Fertigungsaufträge sowie die genaue Auslastungs- und Störungssituation in der Produktion können zur Planung und Steuerung genutzt werden. Dies hat maßgeblichen Einfluss auf die Durchlaufzeit und Termineinhaltung der Produktion. (s. SCHUH ET AL. 2014a, S. 278–279; MÜLLER U. HÄRTIG 2017, S. 50–51; SCHMITZ 2018, S. 94) Hierbei kann das MES mit den Funktionen der Datenerfassung und -bereitstellung sowie der Feinplanung und -steuerung unterstützen. (s. VDI-RICHTLINIE 5600-2, S. 21)

Erhöhung der Produktqualität

Neben der Lieferzeit spielt auch die Produktqualität für den Erfolg eines Unternehmens eine große Rolle. Die Produktqualität wird an der Erfüllung der Funktionen und anhand der Kundenerwartungen gemessen. Die Produktqualität kann anhand der Dimensionen der *Leistungsfähigkeit*, der *Funktionen*, der *Zuverlässigkeit*, der *Konformität*, der *Haltbarkeit*, der *Wartbarkeit* und der *Ästhetik* bewertet werden. (s. RUA ET AL. 2020, S. 34; SUCHÁNEK ET AL. 2015, S. 330; RUA ET AL. 2020, S. 33) Die vom Kunden wahrgenommene Produktqualität wird durch die Genauigkeit der Herstellung und die Sicherung der Funktionen im Rahmen der Qualitätssicherung gewährleistet. Im Sinne der durch die Produktion beeinflussbaren Qualität wird sie als messbare Variable beschrieben, die zur Sicherstellung der Funktion in einem vorgegeben Intervall liegen muss. Abweichungen vom Intervall werden als Qualitätsmängel oder Fehler interpretiert. (s. SCHMITT U. PFEIFER 2015, S. 24)

Zur Messung der Qualität aus der innerbetrieblichen Sicht existieren verschiedene Kennzahlen. Im Folgenden sollen nach GOTTMANN die **Ausschussquote** sowie die **Reklamationsquote** zur Bewertung der internen und der vom Kunden wahrgenommen Qualität herangezogen werden. Die Ausschussquote gibt das Verhältnis von fehlerhaften Produkten, welche nicht mehr nachbearbeitet werden können, zu der Gesamtanzahl der produzierten Produkte an. (s. GOTTMANN 2019, S. 109–110) Die Reklamationsquote wird als Verhältnis reklamierter zu ausgelieferten Aufträgen bestimmt und dient der Erfassung von Kundenbeanstandungen, welche auf eine mangelnde wahrgenommene Qualität hinweisen. (s. GOTTMANN 2019, S. 127–130) .

Von der vertikalen Integration und dem vermehrten Einsatz von Sensorik kann die Qualitätssicherung stark profitieren. Durch die bessere Datenverfügbarkeit werden diagnostische Analysen sowie Prognosen möglich, welche eine kontinuierliche Verbesserung der Produktqualität ermöglichen. Durch bessere Analysealgorithmen sowie den Einsatz von maschinellen Lernverfahren werden bessere Online-Prüfverfahren (bspw. durch *Computer Vision*) ermöglicht und die Produktqualität lässt sich besser häufiger und schneller prüfen. Ein vorzeitiger Eingriff zur Verbesserung der Qualität wird möglich. (s. SCHMITZ 2018, S. 94–95; LEE ET AL. 2019, S. 2–3)

Erfüllung individueller Kundenbedürfnisse

Die Erfüllung der Kundenwünsche und -bedürfnisse war stets ein wichtiges Ziel von Unternehmen. Auch schon vor der vierten industriellen Revolution und der Digitalisierung befassten sich Unternehmen mit der Erfüllung individueller Kundenwünsche unter Beibehaltung der Vorteile der Massenproduktion. Das Konzept der *mass customization*, häufig auch „Losgröße 1" genannt, wurde um 1987 von Davis entworfen. (s. DURAY ET AL. 2000, S. 605–606) Zwar wurden damals schon viele Vorteile diskutiert, jedoch überwogen die technologischen und organisatorischen Herausforderungen. Hier bieten jedoch die technologische Entwicklung und digitale Transformation in Unternehmen nun die Möglichkeit, den Ansatz der *mass customization* umsetzen. (s. GANDHI ET AL. 2013, S. 1–2)

Vorteile der Digitalisierung sind Intelligente Produkte, Plattformkonzepte sowie neue Geschäftsmodelle, die den gesamten Produktentstehungsprozess unterstützen und so vereinfachen, dass Komplexitätskosten von der Produktkonzeption bis zur Auslieferung gering sind. Zur Umsetzung werden durchgängig digital abgebildete Prozesse benötigt, welche den medienbruchfreien Austausch von Daten und Informationen entlang der Prozesskette ermöglichen. Hierbei spielt neben sich selbst steuernden Produkten und Intelligenten, vernetzten Produktionssystemen auch die Integration der Kunden in den Produktentstehungsprozess eine wichtige Rolle. Sowohl vor als auch nach der Produktion können Kunden besser in die Prozesse integriert werden. In der Phase der Nutzung können entstehende Daten erfasst und einerseits für die Gestaltung neuer Dienstleistungen und Geschäftsmodelle genutzt werden, andererseits lassen sich mit diesen Daten aber auch die Produkte der nächsten Generation verbessern. Mit den Nutzungsdaten können die Entwicklung und Konstruktion die Produkte besser auf die Nutzung im Feld auslegen. (s. SCHMITZ 2018, S. 92–93; SCHLUND 2014, S. 14; SCHEER 2017, S. 37–38; OBERMAIER 2017, S. 10–11)

Da die Erfüllung individueller Kundenbedürfnisse stark von der Wahrnehmung der Kunden abhängt, müssen Kennzahlen erhoben werden, die das Feedback der Kunden im Unternehmen messbar machen. Hierzu werden in Anlehnung an GOTTMANN die Kennzahlen der **Hit-Rate** sowie die **Termintreue** herangezogen. Die Hit-Rate, zum Teil auch Angebotserfolgsquote, beschreibt das Verhältnis von gewonnenen Aufträgen zu abgegebenen Angeboten. Anhand dieser Zahl kann erfasst werden, wie häufig die Angebote den Anforderungen und Erwartungen der Kunden entsprochen haben. (s. GOTTMANN 2019, S. 127–130) Die Termintreue dient zur Messung der Aufträge, welche zum vereinbarten Termin an die Kunden ausgeliefert wurden. Diese Kennzahl hat einen wesentlichen Einfluss auf die Zufriedenheit der Kunden, insbesondere vor dem Hintergrund kurzer Liefer- und Durchlaufzeiten. Ebenso kann sich diese auf das Qualitätsempfinden auswirken. (s. GOTTMANN 2019, S. 128–129; WIENDAHL 2014, S. 250–253)

Änderungsfähigkeit des Unternehmens

Zur Erfüllung individueller Kundenwünsche, aber auch zur schnellen und flexiblen Anpassung an neue Anforderungen und sich ändernde Rahmenbedingungen, müssen Unternehmen und insbesondere ihre Produktion wandlungsfähig aufgestellt werden (s. MILISAVLJEVIC-SYED ET AL. 2019, S. 1016; BUCHHOLZ U. KNORRE 2017, S. 5–6). Die Fähigkeit, sich als Unternehmen den Gegebenheiten anzupassen, wird in der Literatur häufig unterschiedlich bezeichnet. In vielen Fällen wird von der Wandlungsfähigkeit, der Agilität, der Anpassungsfähigkeit, Flexibilität oder der Fähigkeit zur Adaption gesprochen. Die Begriffe werden häufig synonym bei der Beschreibung des Ziels verwendet, dass Unternehmen sich an externe Änderungen anpassen können, wenn das in ihrem strategischen Interesse ist. (s. BUCHHOLZ U. KNORRE 2017, S. 1; SCHMITZ 2018, S. 87)

Zwar wird die voranschreitende Digitalisierung als ein Auslöser und Treiber der steigenden Anforderungen an die Änderungsfähigkeit von Unternehmen gesehen, auf der anderen Seiten befähigt sie Unternehmen auch zur leichteren Umsetzung von Änderungen. Wie in den vorangegangenen Abschnitten beschrieben, können durch die echtzeitnahe Verfügbarkeit von Informationen schnell Anpassungen an Produkten bis zur Losgröße 1 vorgenommen werden. Darüber hinaus lässt sich die Wandelbarkeit von Produktionssystemen durch die horizontale Vernetzung des Shopfloors und die vertikale Integration in die Planungs- und Steuerungsebene realisieren. Dies führt dazu, dass Änderungen in Produktionsabläufen leichter und einfacher umgesetzt werden können. Durch die Datenverfügbarkeit können die Mitarbeiter*innen auf dem Shopfloor dazu befähigt werden, eigenständige Entscheidungen im Sinne der Planung und Steuerung zu treffen. (s. KAGERMANN ET AL. 2013, S. 57; SCHMITZ 2018, S. 95–96; SCHUH ET AL. 2020a, S. 43)

Zur Messung der Anpassungsfähigkeit werden im Folgenden keine Kennzahlen, sondern drei Bereiche und darin enthalten Stellhebel genannt, durch die Unternehmen ihre Anpassungsfähigkeit steigern können. Zur Messung der Anpassungsfähigkeit existieren keine allgemein anerkannten, dem Autor bekannten Kennzahlen. Daher wird im Folgenden das Modell von MARTÍNEZ SÁNCHEZ U. PÉREZ PÉREZ zur Beschreibung der Anpassungsfähigkeit vorgestellt.

Der erste Bereich umfasst die Flexibilität des Shopfloors. Hierbei kann das Unternehmenneben schnellen Anpassungen der bevorzugten Arbeitsplätze im Arbeitsplan auch die herzustellenden Produkte und deren Spezifikationen wie auch das Ausbringungsvolumen flexibilisieren. Insbesondere spielen hier flexibel einsetzbare Ressourcen und robuste, wandelbare Planungs- und Steuerungsmechanismen eine wichtige Rolle. (s. MARTÍNEZ SÁNCHEZ U. PÉREZ PÉREZ 2005, S. 685–686)

Die Anpassungsfähigkeit des Standortes oder des Unternehmens wird als zweiter Bereich genannt und umfasst zwei Stellhebel: einerseits die Anpassungsfähigkeit im Bereich der Lieferzeit, andererseits die Adaption des Kundenentkopplungspunktes. Die Anpassung der Lieferzeit entsprechend den Kundenwünschen kann durch kurze Auftragsdurchlaufzeiten sowie einen späten Kundenentkopplungspunkt realisiert werden. Der Kundenentkopplungspunkt stellt die Form des Vorproduktes dar, an der die Kund*innen noch Anpassungen vornehmen können. Schafft es ein Unternehmen, möglichst spät im Herstellungsprozess noch Anpassungen der Kund*innen integrieren zu können, so kann die Lieferzeit reduziert und an die Kundenwünsche angepasst werden. (s. WIENDAHL 2014, S. 250–253; MARTÍNEZ SÁNCHEZ U. PÉREZ PÉREZ 2005, S. 685–686)

Der dritte Bereich umfasst die Anpassungsfähigkeit in dem Lieferanten- und dem Kundenmarkt. Hierbei werden Anpassungen bei der Lieferantenauswahl, der Zeit zur Marktreife sowie die Reaktion auf Marktänderungen zusammengefasst. Die Reaktion auf Marktänderungen kann durch kurze Entwicklungszyklen realisiert werden und deckt sich in dem Fall mit der Flexibilisierung der Zeit zur Marktreife. Die

Anpassungsfähigkeit bei der Auswahl von Lieferanten umfasst die Möglichkeit des Unternehmens, seine Fremdbezugsteile bei anderen Lieferanten beschaffen zu können, falls es zu Ausfällen in der Lieferkette kommt. (s. MARTÍNEZ SÁNCHEZ U. PÉREZ PÉREZ 2005, S. 685–686)

Zusammenfassung

In Abbildung 5-2 sind die Unternehmensziele mit Bezug zu Industrie 4.0 und relevante Kennzahlen zur Messung des Einflusses einer MES-Implementierung aufgeführt. Hiermit wird die Forschungsfrage (s. Kap. 1.2) „Anhand welcher Kennzahlen kann der Nutzen eines MES für das Unternehmen gemessen werden?“ beantwortet.

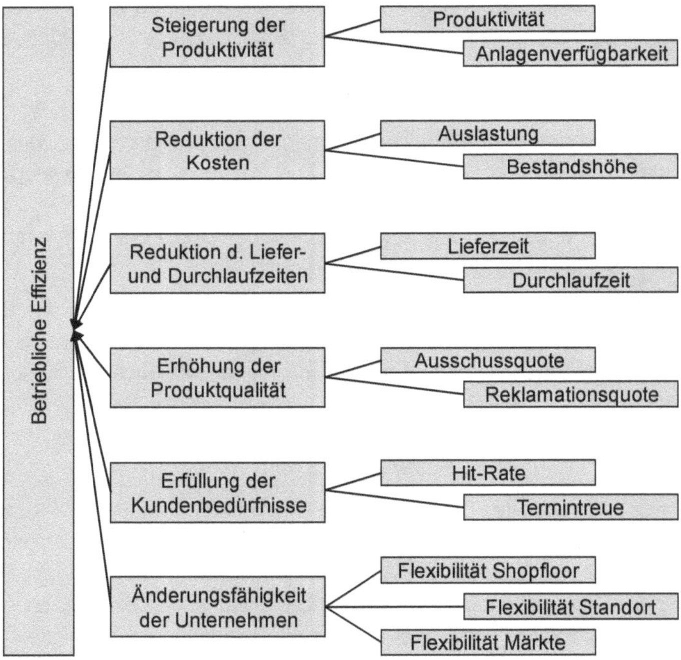

Abbildung 5-2: Kennzahlen zur Messung des Nutzens von MES-Einführungen (eigene Darstellung)

Insbesondere berücksichtigen die beschriebenen Ziele die strategische Zielsetzung der Unternehmen, welche mit der Implementierung von ME-Systemen und der Digitalisierung Nutzen schaffen wollen. Neben den hier genannten Kennzahlen und Indikatoren können auch noch weitere, unternehmensspezifische Kennzahlen zur Bewertung der Zielerreichung herangezogen werden. Die hier aufgeführten Kennzahlen dienen als erste Anhaltspunkte zur Bewertung des Nutzens einer MES-Implementierung. Für Unternehmen, die eine Einführung planen, bietet es sich an, die Kennzahlen schon vor der Einführung zu erheben, um den tatsächlichen Einfluss der Einführung mit

Werten nach der Einführung vergleichen zu können. (s. VDI-RICHTLINIE 5600-2, S. 22) Bisher liefert hier nur die Untersuchung von OBERMAIER U. KIRSCH erste Anhaltspunkte über quantifizierte Nutzeneffekte einzelner Kennzahlen (s. Kap. 3.2).

5.2 Identifikation relevanter Kernaufgaben produzierender Unternehmen

Da Manufacturing-Execution-Systeme nicht zum Selbstzweck, sondern zur Unterstützung der Aufgaben und Prozesse produzierender Unternehmen sowie zur Unterstützung der digitalen Transformation eingeführt werden, werden im Folgenden die relevanten Kernaufgaben identifiziert und beschrieben. Hierzu wird eine umfassende Literaturrecherche und Desk-Research, aufbauend auf der in Kapitel 2.1 vorgestellten funktionalen Struktur produzierender Unternehmen (s. Abbildung 2-1), durchgeführt (s. MEISSNER 2018, S. 62). Da der Fokus auf den Bereichen des Unternehmens liegt, welche durch ein MES unterstützt werden, werden Aufgaben der Bereiche *Beschaffung* und *Distribution* nicht näher betrachtet (s. Kap. 2.5). Um eine hohe Validität dieses Beschreibungselementes zu wahren, wird für die Beschreibung der Kernaufgaben im Bereich Produktion auf praxisorientierte, wissenschaftliche Standardwerke sowie Normen zurückgegriffen.

Im Folgenden werden die Kernaufgaben produzierender Unternehmen beschreiben. Dabei werden die Aufgaben in Aufgabengruppen je Unternehmensfunktion gegliedert. Die dadurch entstehende, hierarchische Strukturierung wird abschließend in einer Abbildung zusammengefasst, welche wie Abbildung 5-3 aufgebaut sein wird. Eine Validierung dieses Modells wird anschließend im Rahmen der Fallstudie (s. Kap. 8.2) durchgeführt.

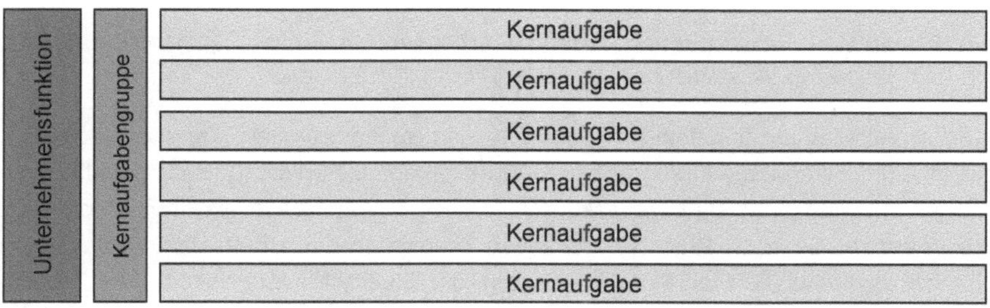

Abbildung 5-3: Strukturierung der Kernaufgaben (eigene Abbildung)

5.2.1 Kernaufgaben der Arbeitsplanung

Die Arbeitsvorbereitung umfasst die Tätigkeiten zur Vorbereitung der Produktherstellung. Sie ist damit als Prozessglied zwischen Konstruktion und Entwicklung und der Herstellung der Produkte anzusiedeln. (s. WIENDAHL 2014, S. 194) Ziel der Arbeitsvorbereitung ist es, durch ein methodisch gestütztes Vorgehen das „Optimum aus Aufwand und Arbeitsergebnis zu erreichen“ (WIENDAHL 2014, S. 194).

Nach WIENDAHL unterscheidet man in der Arbeitsvorbereitung die Tätigkeiten in die Aufgaben der Arbeitsplanung und in jene der Arbeitssteuerung (s. Abbildung 5-4). Die Arbeitsplanung umfasst die einmalig (bezogen auf das zu fertigende Produkt) anfallenden Planungsaufgaben zur effizienten Fertigung des Produktes oder zur Erbringung einer Dienstleistung. Die Arbeitssteuerung befasst sich mit den wiederkehrenden Planungsaufgaben, welche die operative Umsetzung des Produktionsprogramms in das Erzeugnisprogramm ermöglichen. Diese Aufgaben werden auch als Tätigkeiten der Produktionsplanung und -steuerung bezeichnet. Entsprechend der in der Literatur und Praxis geläufigen Bezeichnung, werden auch in dieser Dissertationsschrift die Tätigkeiten der Arbeitssteuerung nicht im Unterkapitel der Arbeitsvorbereitung beschrieben, sondern im eigenen Unterkapitel der Produktionsplanung und -steuerung (s. Kapitel 5.2.3). (s. WIENDAHL 2014, S. 195–196) Demgemäß wird in dieser Dissertationsschrift der Fokus auf die Arbeitsplanung gelegt.

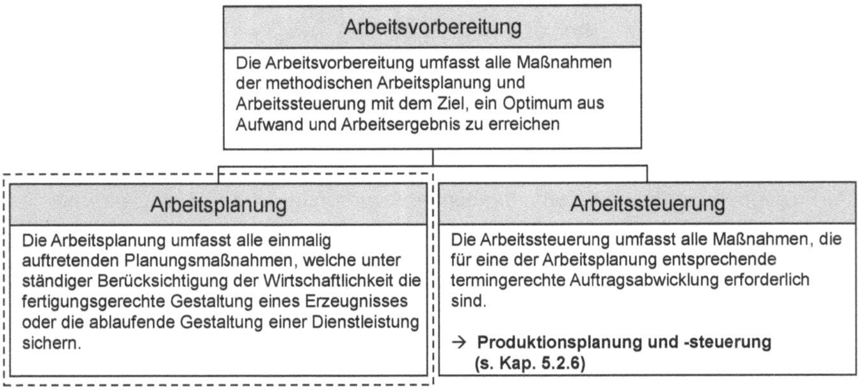

Abbildung 5-4: Strukturierung der Arbeitsvorbereitung (eigene Darstellung i. A. a. WIENDAHL 2014, S. 194)

Die Arbeitsplanung fokussiert die auftrags- und terminneutralen Planungstätigkeiten, welche unter Annahme unbegrenzter Fertigungskapazitäten die für die Produktherstellung notwendigen Betriebsressourcen sowie Fertigungsverfahren festlegen. (s. WIENDAHL 2014, S. 195) Die operativen Tätigkeiten der Arbeitsplanung umfassen nach EVERSHEIM die Planungsvorbereitung, die Stücklistenverarbeitung, die Arbeitsplanerstellung, die NC-Programmierung sowie die Fertigungsmittelplanung. Die Fertigungsmittelplanung wird im Folgenden nicht betrachtet, da diese Tätigkeiten denen der Entwicklung und Konstruktion entsprechen, wobei hier der Fokus nicht auf der Entwicklung eines zu veräußernden Produktes liegt, sondern in der Realisierung einer technischen Lösung zur Herstellung des Produktes. Die anderen Aufgaben der Arbeitsplanung werden nun im Folgenden beschrieben.

Die Tätigkeiten der **Planungsvorbereitung** können in konstruktionsbezogene und arbeitsplanungsbezogene Tätigkeiten unterschieden werden. Für die vorliegende Dissertationsschrift werden die arbeitsplanungsbezogenen Tätigkeiten näher betrachtet, da die konstruktionsbezogenen Tätigkeiten die Beratung und Kontrolle der Konstruktion umfassen. Dies wird aber nach der VDI-RICHTLINIE 2221 eher den Tätigkeiten der Konstruktion beigemessen. Die arbeitsplanungsbezogenen Tätigkeiten umfassen die Bereitstellung erforderlicher Eingangsinformationen für die weiteren Tätigkeiten der Arbeitsplanung. Die Arbeitsplanung übernimmt in diesem Fall eine koordinierende Tätigkeit zur Sicherstellung der Informationsverfügbarkeit. Dies umfasst sowohl die Zusammenstellung der von der Konstruktion bereitgestellten Informationen als auch die Überprüfung der Vollständigkeit und das gegebenenfalls notwendige Beschaffen fehlender Informationen. (s. EVERSHEIM 2002, S. 20)

Eine weitere Tätigkeit umfasst die **Suche nach Planungsunterlagen** von ähnlichen Teilen oder Wiederholteilen, um eine effiziente Arbeitsplanung zu ermöglichen. Dies ermöglicht die Aufwandsabschätzung für die Arbeitsplanung, da zwischen Neu-, Anpassungs-, Varianten- und Wiederholplanung unterschieden werden kann. (s. EVERSHEIM 2002, S. 21) Darüber hinaus wird im Rahmen der Planungsvorbereitung geprüft, ob Sonderbetriebsmittel benötigt werden. Falls Bedarf bestünde, würde die interne Konstruktion oder die externe Beschaffung der benötigten Betriebsmittel angestoßen. (s. EVERSHEIM 2002, S. 20)

Die nächste Tätigkeit der Arbeitsplanung fokussiert die **Verarbeitung der planungsrelevanten Stücklisten** (kurz: Stücklistenverarbeitung). Stücklisten führen die Informationen über die Erzeugnisstruktur des herzustellenden Produktes oder einer Baugruppe. Dabei werden in der formalisierten Liste die Informationen über eindeutig bezeichnete Bestandteile und die zur Herstellung benötigten Menge geführt. (s. WIENDAHL 2014, S. 159) Dabei werden die Konstruktionsstücklisten (engl. abgekürzt E-BOM) in die Fertigungsstücklisten (engl. abgekürzt M-BOM) überführt. Neben der Überführung bzw. Anlage von Stücklisten werden auch Tätigkeiten der Pflege oder Archivierung hierunter zusammengefasst. (s. EVERSHEIM 2002, S. 23; WIENDAHL 2014, S. 197)

Die Aufgabengruppe der Arbeitsplanerstellung umfasst sechs Schritte, welche sukzessive zur Erstellung bzw. Anlage eines neuen Arbeitsplans durchgeführt werden. Der erste Schritt umfasst die **Prüfung der Unterlagen**. Hierzu werden durch die durchführende Person die vorhandenen Unterlagen wie Stücklisten, Zeichnungen und weitere Dokumentationen der Konstruktion hinsichtlich der gewünschten Produktfunktionalität geprüft. Ziel ist es, für die Produktfunktionen kritische Spezifikationen zu identifizieren. Die kritischen Spezifikationen gilt es im weiteren Verlauf der Arbeitsplanung zu beachten. (s. WIENDAHL 2014, S. 203–205)

Der zweite Schritt umfasst die **Festlegung des Rohmaterials** für die Herstellung der benötigten Bauteile. Da für das Ausgangsmaterial eines Werkstücks meist mehrere Ausgangsformen vorliegen, muss die passende Ausgangsform des Rohmaterials ausgewählt werden. Einflussfaktoren, die auf die Festlegung des Rohmaterials wirken, haben die benötigte Stückzahl sowie die im Unternehmen vorhandenen Technologien zur Bearbeitung. Um das passende Rohmaterial und die Ausgangsform zu bestimmen, werden für jede Ausgangsform die Arbeitsabläufe zur Bearbeitung bestimmt, welche zum gleichen Zwischen- oder Endzustand führen. Anschließend wird ein Vergleich der Herstellungskosten unter Berücksichtigung der Einflussfaktoren durchgeführt und anschließend das passende Ausgangsmaterial festgelegt. (s. WIENDAHL 2014, S. 205–207)

Die **Bestimmung der Arbeitsvorgangsfolge** wird schon grob im zweiten Schritt für die Festlegung des Rohmaterials durchgeführt. Im dritten Schritt werden nun für das ausgewählte Rohmaterial detailliert die Vorgangsschritte zur Überführung des Rohmaterials in den gewünschten Zielzustand geplant. Hierzu wird durch den Vergleich der Spezifikationen des Zielzustandes mit denen des Ausgangszustandes die nötigen Arbeitsschritte bestimmt. Für die Arbeitsschritte werden mögliche Fertigungsverfahren betrachtet und durch einen Stückkostenvergleich oder über Relativkostenkataloge das geeignete Fertigungsverfahren ausgewählt. Im Anschluss an die Auswahl des wirtschaftlichsten Fertigungsverfahrens für jeden Arbeitsgang ist die Reihenfolge der Arbeitsvorgänge zu bestimmen. Die Reihenfolge der Arbeitsgänge wird stark durch die in Schritt eins identifizierten, kritischen Spezifikationen beeinflusst, da für die Produktfunktionen relevante Arbeitsschritte meist ans Ende der Arbeitsgangreihenfolge gestellt werden. (s. WIENDAHL 2014, S. 207–208)

Im Rahmen der **Fertigungsmittelzuordnung** werden jedem Arbeitsgang die Arbeitsplätze und Maschinen zugeordnet. Dazu wird in der Arbeitsvorbereitung, basierend auf einer Liste der verfügbaren Arbeitsplätze und Maschinen sowie ihrer Eigenschaften, die wirtschaftlichste Ressource dem jeweiligen Arbeitsgang zugewiesen. Im Anschluss an die Zuordnung der Arbeitsplätze werden jedem Arbeitsgang weitere, für die Durchführung benötigte Betriebsmittel wie Prüfmittel, Vorrichtungen und Werkzeuge zugeordnet. (s. WIENDAHL 2014, S. 208–211)

Der letzte Schritt zur Finalisierung der inhaltlichen Ausgestaltung des Arbeitsplans umfasst die **Ermittlung der Vorgabezeiten** für die einzelnen Arbeitsgänge. Die Vorgabezeiten für Arbeitsgänge bezeichnen die Sollzeiten für den Arbeitsvorgang, welche im Rahmen der Produktionsplanung und -steuerung und der längerfristigen Investitionsplanung sowie der Kostenberechnung genutzt werden. Aufgrund des vielfachen Einsatzes der Vorgabezeiten wird ihrer Ermittlung ein hoher Stellenwert im Rahmen der Arbeitsplanung beigemessen. Für die Ermittlung existieren sowohl Verfahren zur Berechnung, zur Messung oder zur Ermittlung durch Vergleiche. Bei der Ermittlung der Vorgabezeiten für jeden Arbeitsgang können verschiedene Zeitanteile unterschieden werden. Hierunter fallen die Haupt-, Neben-, Verteil-, Erholungs- und Rüstzeiten. (s. WIENDAHL 2014, S. 212–216)

Im Rahmen der **Dokumentation** werden die Teilergebnisse der Arbeitsplanerstellung im Arbeitsplan festgehalten. Dabei werden jedem Arbeitsschritt die benötigten Eingangsmaterialien, Betriebs- und Hilfsstoffe, der Arbeitsplatz und die Ressourcen zugeordnet. Ebenso werden die verschiedenen Zeitanteile angegeben. Der Arbeitsplan bildet die Grundlage für die Termin- und Kapazitätsplanung und die (Vor-)Kalkulation.

Mit der Dokumentation sind die Tätigkeiten der Arbeitsplanung abgeschlossen. Anschließend kann der Bedarf an NC-Programmen sowie Sonderfertigungsmitteln festgelegt werden. (s. WIENDAHL 2014, S. 216–217)

Die Erstellung von NC-Programmen gehört zum Tätigkeitsumfang der Arbeitsvorbereitung. Im Rahmen der **NC-Programmierung** werden drei relevante Tätigkeiten unterschieden: Der erste Schritt umfasst die **Erstellung des NC-Programms**. Dabei wird basierend auf der Operationsplanung das NC-Steuerprogramm verfasst. Im Rahmen der Operationsplanung werden die Bearbeitungsoperationen, die Werkzeuge, die Schnittstrategie und -parameter bestimmt und optimiert. Diese Informationen werden entweder manuell oder maschinell in NC-Programmcode überführt. Das erstellte NC-Programm wird im zweiten Schritt hinsichtlich der Durchführbarkeit **geprüft**. Der dritte Schritt umfasst die **Speicherung und rechtzeitige Bereitstellung** des NC-Programms in Abstimmung mit der Produktionsplanung und -steuerung. (s. EVERSHEIM 2002, S. 78–87)

In Abbildung 5-5 sind die Kernaufgaben der Arbeitsplanung, gegliedert in die Aufgabengruppen *Planungsvorbereitung*, *Arbeitsplanerstellung* und *NC-Programmierung*, zusammengefasst.

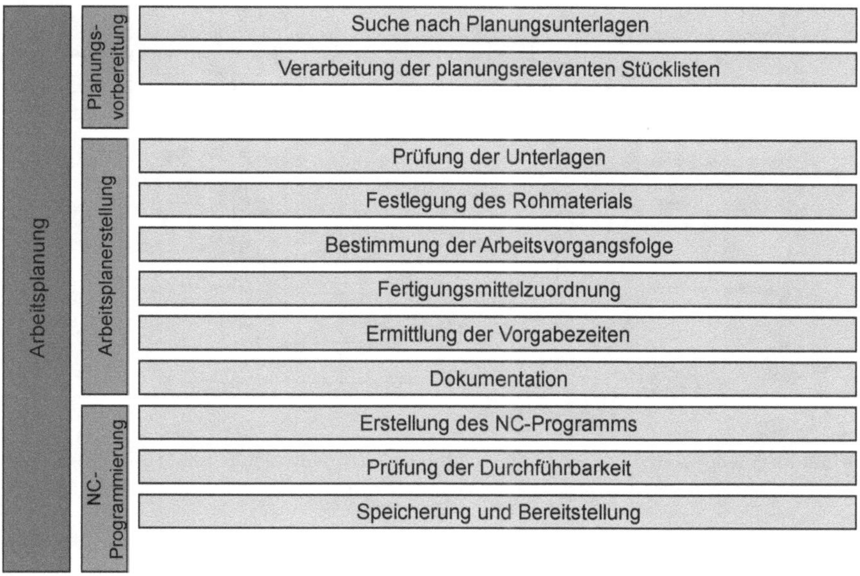

Abbildung 5-5: Kernaufgaben der Arbeitsplanung (eigene Darstellung)

5.2.2 Kernaufgaben der Entwicklung und Konstruktion

Ziel der *Entwicklung und Konstruktion* ist die Entwicklung technischer Lösungen für technische Problemstellungen mithilfe naturwissenschaftlicher Grundlagen und Erkenntnisse (s. NAEFE 2018, S. 3). Dabei übernimmt die Entwicklung im Rahmen des

Produktentstehungsprozesses eine Teilaufgabe der Produktrealisierung, welcher der Prozess der Produktfindung vorangegangen ist. Für die Entwicklung und Konstruktion existieren verschiedene Vorgehensmodelle (vgl. FRENCH 1999; PAHL ET AL. 2007; PONN U. LINDEMANN 2011). Ein anerkanntes und verbreitetes Modell wird in der VDI-Richtlinie 2221 „Entwicklung technischer Produkte und Systeme" beschrieben. Aufgrund der Standardisierung durch den Verein Deutscher Ingenieure und der weiten Verbreitung wird für die Dissertationsschrift die VDI-Richtline 2221 herangezogen.

Nach der VDI-Richtlinie 2221 lassen sich die Aufgaben der Entwicklung und Konstruktion in die Aufgabengruppen der Produktentwicklung, der Begleit- und der Querschnittsaktivitäten unterscheiden (s. Abbildung 5-6). Die Kernaufgaben der Produktentwicklung werden in einem iterativen Prozess durchlaufen.

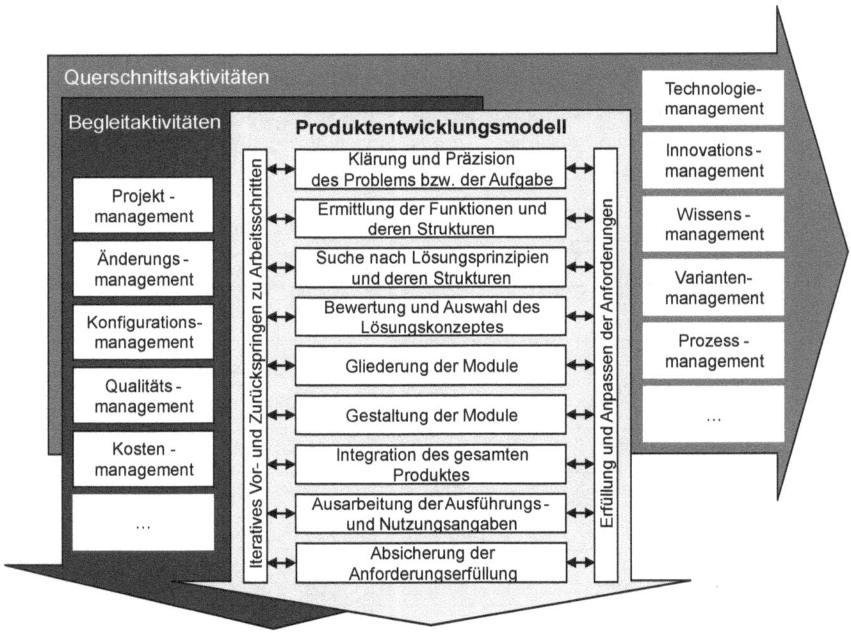

Abbildung 5-6: Aktivitäten der Entwicklung und Konstruktion nach der VDI-Richtlinie 2221 (eigene Darstellung i. A. a. VDI-RICHTLINIE 2221, S. 43)

Der erste Schritt besteht in der **Klärung und Präzision des Problems bzw. der Aufgabe** und fokussiert die Ableitung von Anforderungen an das Entwicklungsobjekt. Dazu werden in diesem Schritt alle verfügbaren Informationen für die Konstruktionsaufgabe zusammengetragen, um mögliche, weitere Informationsbedarfe zu formulieren. An eine Bewertung der Informationen schließen sich die Prüfung bestehender Anforderungen und die Ergänzung abgeleiteter Anforderungen an. Zur Ableitung weiterer Anforderungen bietet sich die eigenständige Formulierung und Präzision des Problems bzw. Strukturierung und Planung des weiteren Vorgehens an. (s. VDI-Richtlinie 2221, S. 35–36)

Die **Ermittlung der Funktionen und deren Strukturen** nimmt besonders bei der Neuentwicklung von Produkten eine wichtige Rolle ein. Mit dieser Tätigkeit wird der Suchraum der naturwissenschaftlichen Erkenntnisse aufgespannt, welcher Lösungsprinzipien für die Problemlösung bereithält. Die funktionsorientierte Herangehensweise bietet die Möglichkeit einer sauberen Strukturierung bei komplexen Entwicklungsproblemen. Ziel dieser Aufgaben ist die Erstellung einer Funktionsstruktur, welche die funktionalen Zusammenhänge der logischen und physischen Produktstruktur festhält. So können die Stoff-, Energie- und Informationsflüsse der Produkte beschreiben werden. (s. VDI-Richtlinie 2221, S. 36–37)

An die Ermittlung der Funktionen und deren Strukturen schließt sich die **Suche nach Lösungsprinzipien und deren Strukturen** an. In dieser Aufgabe werden für einzelne Funktionen und Funktionsgruppen Lösungsprinzipien, die auf natürlichen oder künstlichen Effekten (z. B. Algorithmen) beruhen können, identifiziert. Im Anschluss daran werden Wirkstrukturen der Effekte festgelegt. Für Teillösungen müssen die gefundenen Prinzipien zu kombinierten Wirkstrukturen verknüpft werden. Ergebnis dieser Aufgabe sind eine oder mehrere prinzipielle Lösungen samt ihrer Wirkstrukturen, welche in verbalen Formulierungen, Prinzipskizzen, Diagrammen, Zeichnungen oder Modellen analog oder digital dokumentiert sind. (s. VDI-Richtlinie 2221, S. 37–38)

Da aus Gründen der Zeit- und Kostenersparnis nicht alle vorher identifizierten Lösungen weiter detailliert und ausgearbeitet werden, wird im Schritt der **Bewertung und Auswahl des Lösungskonzeptes** ein Lösungskonzept für die Konstruktion identifiziert. Durch die Gewichtung der definierten Anforderungen können gewichtete Bewertungskriterien abgeleitet werden. Durch die Bewertung aller identifizierten, prinzipiellen Lösungen soll eine Lösung für die weiteren Schritte der Produktentwicklung ausgewählt werden. Die gesamte Durchführung der Bewertung und Auswahl sollte für eine mögliche, spätere Iteration dokumentiert werden. (s. VDI-Richtlinie 2221, S. 38–39)

Im Anschluss daran wird das ausgewählte Lösungskonzept in die zu realisierende **Module gegliedert**. Dieser Schritt spezifiziert die Funktions- und Wirkstruktur früherer Arbeitsschritte und gliedert die wesentlichen Elemente in Teilsysteme und Systemelemente. Hieraus lassen sich die Schnittstellen zwischen den einzelnen Modulen ableiten. Die Gliederung in Module ermöglicht die effiziente Entwicklung der angestrebten Gesamtlösung, da eine Parallelisierung der Entwicklungstätigkeiten möglich ist. (s. VDI-Richtlinie 2221, S. 39–40)

Nach der Gliederung wird die **Gestaltung der Module** vorgenommen. In dieser Aktivität werden die maßgebenden Module soweit ausdetailliert, dass die Auswahl eines Optimums für die Gestaltung des Systems getroffen werden kann. Dabei werden die geometrischen, stofflichen und oder informationstechnischen Spezifikationen gestaltet. (s. VDI-Richtlinie 2221, S. 40)

Im Anschluss daran erfolgt die Detailspezifikation bei der **Integration des gesamten Produktes**. Dabei werden die einzelnen Module zum Gesamtsystem zusammengeführt und bisher noch nicht spezifizierte Angaben festgelegt. Das Arbeitsergebnis ist ein Gesamtentwurf der zu realisierenden Lösung. (s. VDI-RICHTLINIE 2221, S. 40)

Mit der Integration des gesamten Produktes werden meist parallel die **Ausführungs- und Nutzungsangaben ausgearbeitet**. Dazu wird in diesem Teilschritt die Produktdokumentation ausgearbeitet, welche die Angaben zur Herstellung, Nutzung und Zertifizierung enthält. (s. VDI-RICHTLINIE 2221, S. 40–41)

Die letzte Aktivität der Produktentwicklung ist die **Absicherung der Anforderungserfüllung** zur Sicherstellung der Zielerreichung des Entwicklungsvorhabens. Dabei werden kontinuierlich über den Verlauf der Produktentwicklung Aktivitäten zur Berechnung, Simulation, Erprobung und das Testen von Produktmodulen und -elementen durchgeführt. Hierbei wird zwischen Verifikation und Validierung unterschieden. Die Verifikation überprüft die Erfüllung der Spezifikationsanforderungen, wohingegen die Validierung die Eignung des Produktes für seinen Einsatzzweck überprüft. Durch die kontinuierliche Durchführung der Absicherungsaktivitäten werden die Ziele und Anforderungen kontinuierlich überprüft, aber auch angepasst und spezifiziert. Daher wird dieser Aktivität im Entwicklungsprozess eine zentrale Rolle eingeräumt. (s. VDI-RICHTLINIE 2221, S. 41–42)

Die Kernaufgaben der Produktentwicklung werden in Abbildung 5-7 als Teil der Kernaufgaben der Entwicklung und Konstruktion zusammengefasst.

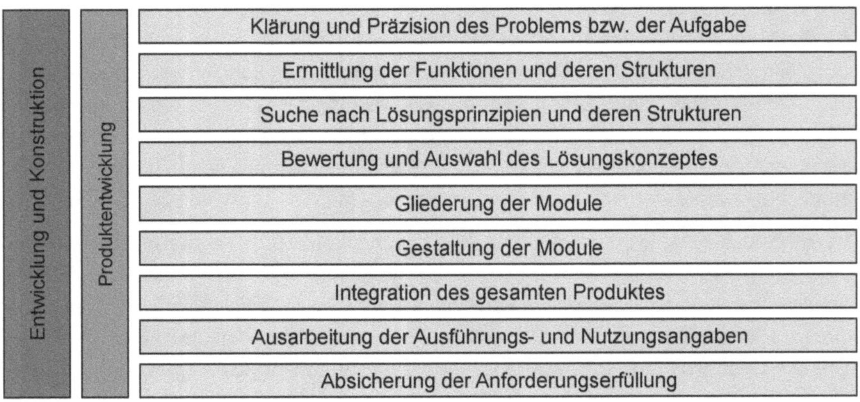

Abbildung 5-7: Kernaufgaben der Entwicklung und Konstruktion (1/2) (eigene Darstellung)

Neben den Aktivitäten der Produktentwicklung beschreibt die VDI-RICHTLINIE 2221 auch **Begleitaktivitäten**, welche das prozessbegleitende Rahmenwerk für die Aktivitäten der Produktentwicklung bilden. Zu den Begleitaktivitäten zählt das **Projektmanagement**, welches die Projektorganisation und Führungsaufgaben während des Entwicklungsprozesses steuert. In den darunterfallenden Tätigkeiten werden die

Techniken und Mittel zur Durchführung des Projektes festgelegt. Daneben wird zu den begleitenden Aktivitäten auch das **Änderungsmanagement** gezählt. Im Änderungsmanagement sind die Funktionen und Prozesse sowie die dazugehörigen Tätigkeiten zur Abwicklung von Änderungen an Produkten zusammengefasst. Dabei können Änderungen an Anforderungen während des Entwicklungsprozesses oder aber auch während der späteren Herstellungs- und Nutzungsphase eines Produktes auftreten, welche in geänderte Spezifikationen überführt werden können. Im **Konfigurationsmanagement** sind die Managementaufgaben zusammengefasst, welche die Konfiguration von Produkten ermöglichen. Dabei werden Aufgaben des Änderungsmanagements und des Variantenmanagements kombiniert. Die vierte Begleitaktivität zur Produktentwicklung ist nach der VDI-RICHTLINIE 2221 das **Qualitätsmanagement**. Im Bereich der Produktentwicklung stellt das Qualitätsmanagement qualitätsorientierte Methoden und Techniken zur Entwicklung bereit. Das **Kostenmanagement** kontrolliert und beeinflusst die Kosten im Entwicklungsprozess. Dem Kostenmanagement wird im Entwicklungsprozess eine hohe Bedeutung beigemessen, da im Entwicklungsprozess ein großer Einfluss auf die späteren Produktkosten besteht. (s. VDI-RICHTLINIE 2221, S. 46–47)

Neben den Begleitaktivitäten werden auch den **Querschnittsaktivitäten** in der Entwicklung eine hohe Bedeutung beigemessen. Die Querschnittsaktivitäten fokussieren die strategische Gestaltung der Produktentwicklungsorganisation zur Sicherstellung der Produktentwicklungsprozesse. Das **Technologiemanagement** plant und kontrolliert hierzu die Anwendung von neuen Technologien im Unternehmen. Das **Innovationsmanagement** beinhaltet die Tätigkeiten zur Planung, Steuerung und der Kontrolle zur Überführung neuer Ideen in marktreife Technologien oder Produkte. Das **Prozessmanagement** umfasst in der Produktentwicklung die Definition und Kontrolle der Entwicklungsabläufe. Diese Abläufe müssen entsprechend dem Qualitätsmanagementsystem beschrieben und definiert sein. Im **Variantenmanagement** sind die Aufgaben der Gestaltung des Produktportfolios sowie die Definition und Standardisierung von Modulbaukästen oder -plattformen zusammengefasst. Die letzte Querschnittsaktivität ist das **Wissensmanagement**, welches die Organisation der Informationen, des Wissens und Erfahrungen eines Unternehmens steuert. Bei der Produktentwicklung stehen die auftragsbezogenen Informationen sowie relevantes Wissen und Erfahrungen zur Realisierung der Lösung im Vordergrund. (s. VDI-RICHTLINIE 2221, S. 47–48)

In Abbildung 5-8 werden die restlichen Kernaufgaben der Aufgabengruppen der Querschnitts- und Begleitaktivitäten als Aufgaben der Entwicklung und Konstruktion zusammenfassend dargestellt.

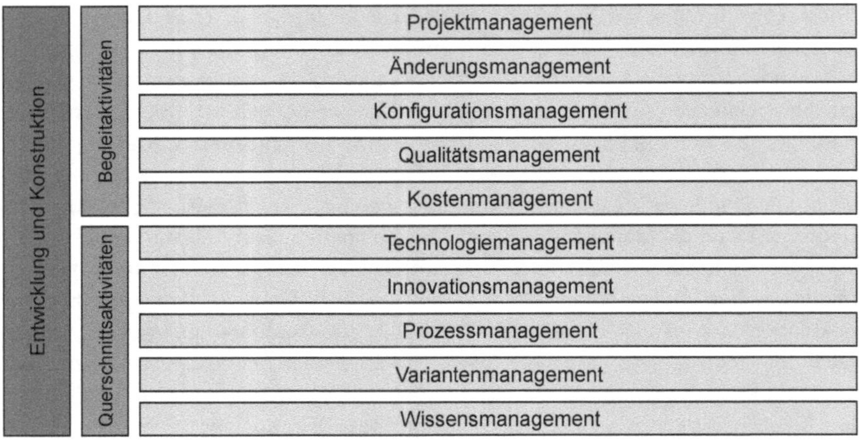

Abbildung 5-8: Kernaufgaben der Entwicklung und Konstruktion (2/2) (eigene Darstellung)

5.2.3 Kernaufgaben der Fertigung und Montage

Wie in Kapitel 2.1 beschrieben, umfasst die Fertigung die Umwandlung und Bearbeitung von Werkstücken zur Erreichung der gewünschten Werkstückeigenschaften. Dabei werden die in der DIN 8560 beschriebenen Fertigungsverfahren zur Transformation eingesetzt. In Montageprozessen werden die Zwischenerzeugnisse und Halbzeuge zu Baugruppen und technisch komplexeren Produkten zusammengesetzt. Die Montage umfasst alle Tätigkeiten des Fügens von geometrisch bestimmten Teilen. (s. WESTKÄMPER U. WARNECKE 2010, S. 4; LOTTER U. WIENDAHL 2012, S. 1; DIN 8580, S. 6–8) Für die Fertigung und Montage ergeben sich zwei Aufgabengruppen: Die erste Aufgabengruppe beinhaltet die Tätigkeiten zur Durchführung der Fertigungs- und Montagearbeiten. Die zweite Gruppe umfasst die Aufgaben zur Steuerung des Informationsflusses.

Die Gruppe zur **Durchführung von Fertigung und Montage** umfasst sowohl die wertschöpfenden als auch die bedingt wertschöpfenden Tätigkeiten. Erstere zeichnen sich dadurch aus, dass der Transformationsprozess der Fertigung und Montage unterstützt wird. Dies umfasst die Tätigkeiten zur Bearbeitung der Werkstücke und die Kontrolle und Führung der eingesetzten Maschinen und Anlagen zur Bearbeitung. (s. EVERSHEIM 1989, S. 239) Neben den wertschöpfenden Tätigkeiten sind die bedingt wertschöpfenden Tätigkeiten jene, welche notwendig für den Transformationsprozess sind, jedoch nicht direkt die Transformation des Werkstücks unterstützen. Hierunter fallen Tätigkeiten wie das Be- und Entladen sowie das Rüsten von Maschinen. (s. EVERSHEIM 1989, S. 234) Zu diesen Tätigkeiten können auch fertigungsbegleitende Prüfungen und kürzere Wartungsmaßnahmen zählen, jedoch werden diese im

Rahmen dieser Dissertationsschrift den Kernaufgaben der Qualitätssicherung bzw. der Instandhaltung zugerechnet.

Die zweite Aufgabengruppe umfasst die Aufgaben zur **Steuerung des Informationsflusses** mit dem Ziel der Werkerführung. Im Rahmen des Produktionsprozesses müssen sowohl Informationen bezüglich des Auftrages und der durchzuführenden Arbeitsgänge den Mitarbeiter*innen zugänglich gemacht werden. Ziel der Bereitstellung ist es, „die richtige Information zum richtigen Zeitpunkt an die richtige Stelle zu bringen" (EVERSHEIM 1989, S. 231). Die benötigten Informationen können u. a. Angaben zum Produktionsauftrag, wie die Anzahl an zu fertigenden Teilen, benötigte Materialien und Werkzeuge sowie NC-Programme, umfassen (s. EVERSHEIM 1989, S. 237). Ebenso müssen Betriebsdaten und Informationen, welche im Prozess entstehen, von den Mitarbeiter*innen zurückgemeldet werden. Die Rückmeldungen umfassen fertiggestellte Mengen, den Auftragsfortschritt, Anwesenheits- und Bearbeitungszeiten, aber auch Störungen an Maschinen sowie der Produktqualität. Die Informationen werden nach der Verarbeitung u. a. in der Auftragskoordination und für das Controlling der PPS genutzt. (s. EVERSHEIM 1989, S. 233)

In Abbildung 5-9 sind die Kernaufgaben der Fertigung und Montage, gegliedert in die Aufgabengruppen *Durchführung* und *Steuerung des Informationsflusses*, zusammengefasst.

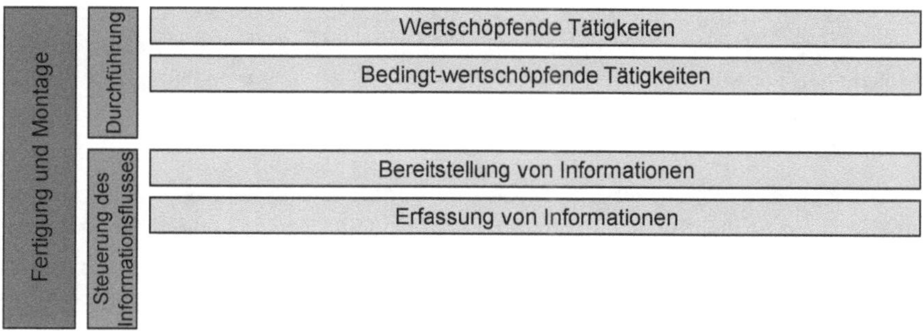

Abbildung 5-9: Kernaufgaben der Fertigung und Montage (eigene Darstellung)

5.2.4 Kernaufgaben der Instandhaltung

Zur Beschreibung der Kernaufgaben der Instandhaltung werden Normen für die Instandhaltung und wissenschaftliche Literatur, welche die Aufgaben der Instandhaltung beschreiben, herangezogen. Für die Beschreibung der Aufgaben der Instandhaltung dienen verschiedene Quellen, wobei die grundsätzliche Struktur auf der Zusammenfassung von PAWELLEK beruht (s. PAWELLEK 2016; vgl. 1995; KALLENBERG 2002; RYLL U. FREUND 2010; SCHENK 2010; BEN-DAYA ET AL. 2016; VDI-RICHTLINIE 2890; DIN EN 13460). Die Kernaufgaben der Instandhaltung werden hierzu abgewandelt in die drei Aufgabengruppen der *auftragsunabhängigen Instandhaltungsplanung*, *der Instandhaltungssteuerung* und der *Instandhaltungsanalyse* strukturiert. (s. BLOß 1995, S. 17–29;

RYLL U. FREUND 2010, S. 35–38; BEN-DAYA ET AL. 2016, S. 452–464; PAWELLEK 2016, 222–223; LEIDINGER 2017, S. 57–68)

Die Aufgabengruppe der **Instandhaltungsplanung** fasst alle auftragsunabhängigen Tätigkeiten der Instandhaltung zusammen, welche der Vorbereitung der operativen Durchführung der Instandhaltung dienen. Zu den Aufgaben der Instandhaltungsplanung zählen die (Instandhaltungs-)Strategieplanung, die Budgetplanung, die Personalplanung, die Betriebsmittelplanung, die Werkstättenplanung, die Materialplanung, die Arbeitsplanerstellung und die Pflege der instandhaltungsbezogenen Stammdaten. (s. PAWELLEK 2016, S. 222)

Die **Strategieplanung** umfasst die Planung und Festlegung der objektbezogenen und organisatorischen Instandhaltungsstrategie. Auf Basis verschiedener Grundstrategien werden für jedes Objekt nach verschiedenen Kriterien (z. B. Verfügbarkeitsvorgaben, Herstellerangaben) die Art, der Zeitpunkt sowie der Umfang von Instandhaltungsaktivitäten festgelegt. Die so festgelegten Tätigkeiten entsprechen geplanten Instandhaltungstätigkeiten. Daneben können im Anlagenbetrieb Störungen auftreten, welche im Rahmen von ungeplanten Instandhaltungstätigkeiten behoben werden müssen. Letztere Tätigkeiten können auf Basis von Vergangenheitsanalysen der Instandhaltungsanalyse (s.u.) im Rahmen der Strategieplanung berücksichtigt werden. (s. PAWELLEK 2016, S. 225)

Die **Budgetplanung** umfasst die Budgetierung der bereichs- sowie anlagenbezogenen Aufwände für die Instandhaltung. Die Aufwände beinhalten die Kosten für Betriebsmittel, Fremdleistungen, Material und Personal der Instandhaltung. Die Budgetierung basiert auf den weiteren Planungstätigkeiten der Instandhaltungsplanung. (s. PAWELLEK 2016, S. 225)

Im Rahmen der mittel- und langfristigen **Personalplanung** wird der Bedarf der Instandhaltung bezüglich der Personalressourcen in Qualifikation und Menge festgelegt (s. PAWELLEK 2016, S. 226).

Basierend auf der Strategieplanung muss auch die Kapazität der Betriebsmittel für die Durchführung der Instandhaltungsmaßnahmen nach Art und Menge festgelegt werden. Dies wird im Rahmen der **Betriebsmittelplanung** meist basierend auf Vergangenheitsdaten ermittelt. (s. PAWELLEK 2016, S. 226)

Im Rahmen der **Werkstättenplanung** werden die benötigten Arbeitsplätze der Instandhaltung geplant und gestaltet (s. PAWELLEK 2016, S. 226).

Die Planung der Ersatzteile sowie der Hilfs- und Betriebsstoffe wird im Rahmen der **Materialplanung** durchgeführt. Neben der Festlegung des Bedarfes für bestimmte Zeitperioden werden auch Soll-Bestände für bestandsgeführte Materialien basierend auf (Hersteller-)Vorgaben oder Analysen von Vergangenheitsdaten bestimmt. (s. PAWELLEK 2016, S. 226)

Im Rahmen der Instandhaltungsplanung werden auch die **Arbeitspläne** für die geplanten Instandhaltungstätigkeiten **erstellt**. Die Arbeitspläne umfassen Angaben zur

Durchführung der einzelnen Instandhaltungstätigkeiten, u. a. Planzeiten, benötigte Betriebsmittel sowie Materialien. Arbeitspläne sollen die Ausführung der Tätigkeiten so optimieren, dass die Instandhaltungskosten minimiert werden können. (s. PAWELLEK 2016, S. 226–227; VDI-RICHTLINIE 2890, S. 5–8)

Neben den Planungstätigkeiten wird im Rahmen dieser Arbeit die **Pflege der Stammdaten** als auftragsunabhängige Tätigkeit zu den Aufgaben der Instandhaltungsplanung gezählt. Neben den Arbeitsplänen müssen auch die instandhaltungsbezogenen Stammdaten (z. B. Inspektionszyklen und -pläne) der Instandhaltungsobjekte sowie der Ressourcen verwaltet werden. Die Pflege umfasst die Anlage, Aktualisierung, Archivierung und Löschung der Stammdaten. (s. PAWELLEK 2016, S. 223; VDI-RICHTLINIE 2890, S. 5–8)

Die Aufgabengruppe der **Instandhaltungssteuerung** beinhaltet die auftragsabhängigen Tätigkeiten der Instandhaltung. Die Aufgaben umfassen die Auftragsterminierung, die Termin- und Kapazitätsplanung, die Materialdisposition, die Kostenplanung, Auftragsveranlassung, die Maßnahmendurchführung, die Auftragsüberwachung und Auftragsrückmeldung. (s. PAWELLEK 2016, S. 227)

Die **Auftragsterminierung** plant unter Berücksichtigung des mittelfristigen Zeithorizontes die Instandhaltungsaufträge. Dazu werden die Instandhaltungsaufträge mit den erforderlichen Informationen, u. a. Auftragsnummer, -beschreibung und Sicherheitshinweisen, angelegt. (s. PAWELLEK 2016, S. 227; VDI-RICHTLINIE 2890, S. 5–8)

Im Rahmen der **Termin- und Kapazitätsplanung** werden die Instandhaltungsaufträge hinsichtlich der zeitlichen und kapazitativen Belastung bewertet. Für die Durchführung werden die Zeiten der Aufträge geschätzt, die benötigten Instandhaltungskapazitäten ermittelt und mit den verfügbaren Kapazitäten abgeglichen. Durch eine Rücksprache mit der Produktion (bei der internen Instandhaltung) können Prioritäten vergeben werden, welche bei der Reihenfolgeplanung der Instandhaltungsaufträge Anwendung finden können. (s. PAWELLEK 2016, S. 228; VDI-RICHTLINIE 2890, S. 5–8)

Im Rahmen der **Materialdisposition** für die Instandhaltungsaufträge wird der Bedarf an Materialien ermittelt. Ziel der Kernaufgabe ist die Sicherstellung der Materialverfügbarkeit hinsichtlich Art, Menge und Zeit für die Durchführung der Instandhaltungsaufträge. (s. PAWELLEK 2016, S. 227–228; VDI-RICHTLINIE 2890, S. 5–8)

Ziel der **Kostenplanung** ist es, die Kosten für geplante Instandhaltungsaufträge zu bewerten und dadurch eine kontinuierliche Überprüfung der Instandhaltungsstrategie zu ermöglichen (s. PAWELLEK 2016, S. 228).

Im Rahmen der **Auftragsveranlassung** werden die geplanten und kurzfristig angelegten Instandhaltungsaufträge, welche aufgrund von Störungen durchzuführen sind, freigegeben. Hierzu wird vor der Freigabe die Verfügbarkeit der benötigten Materialien, Betriebsmittel und Personalkapazitäten geprüft. Mit Freigabe der Aufträge werden die Auftrags- und Arbeitsbelege erzeugt. (s. PAWELLEK 2016, S. 228; VDI-RICHTLINIE 2890, S. 5–8)

Die **Maßnahmendurchführung** stellt die operative Durchführung der Instandhaltungstätigkeiten dar. Die Tätigkeiten umfassen die in der Norm festgehaltenen Maßnahmen der Wartung, Inspektion, Instandsetzung und Verbesserung. (s. PAWELLEK 2016, S. 229; VDI-RICHTLINIE 2890, S. 5–8; DIN 31051, S. 12)

Die **Auftragsrückmeldung** beinhaltet die Erfassung aller relevanten Daten während der Maßnahmendurchführung. Neben den auftragsbezogenen Daten wie Materialverbrauch oder Zeitbuchungen werden hier auch fallspezifische Daten wie Schadensort und -ursache erfasst. Die Daten werden im Rahmen der Auftragsüberwachung sowie der Instandhaltungsanalyse ausgewertet und interpretiert. (s. PAWELLEK 2016, S. 228; VDI-RICHTLINIE 2890, S. 5–8)

Im Rahmen der **Auftragsüberwachung** werden der Auftragsfortschritt sowie die Zustandsänderungen der Instandhaltungskapazitäten überwacht. Im Fall einer Abweichung können so Maßnahmen zur Korrektur initiiert werden, aber auch die Auswertung der Daten für statistische Analysen wird zur Kernaufgabe der Auftragsüberwachung gezählt. (s. PAWELLEK 2016, S. 228; VDI-RICHTLINIE 2890, S. 5–8)

Die dritte Aufgabengruppe der Instandhaltung fasst die Analysetätigkeiten zusammen. Ziel ist es, die im Rahmen von Instandhaltungstätigkeiten erhobenen Daten wieder für weitere Kernaufgaben aufzubereiten. So werden in der **Instandhaltungsanalyse** Auswertungen bezüglich des Ersatzteilverbrauchs, der Schadensursachen oder der Auftragsabweichungen erstellt. Die Kernaufgaben umfassen die Auftragsabweichungsanalyse und die Schwachstellenanalyse. (s. PAWELLEK 2016, S. 229)

Ziel der **Auftragsabweichungsanalyse** ist es, die Auftragsplanung und -steuerung durch Analyse zu verbessern. Hierzu werden Soll-Ist-Vergleiche für Planzeiten und -kosten der durchgeführten Instandhaltungsaufträge erstellt und Ursachen für aufgetretene Abweichungen ermittelt. Die Ergebnisse werden im Rahmen der Budgetierung sowie der Auftragsterminierung genutzt. (s. PAWELLEK 2016, S. 229)

Die **Schwachstellenanalyse** analysiert die erhobenen Daten der Schäden und ermittelt deren Ursachen, um häufige Ausfallgründe in Maschinen und Anlagen zu identifizieren. Die Schadensursachenanalyse wird im Rahmen dieser Arbeit als Teil der Schwachstellenanalyse verstanden, da die Ziele übereinstimmen. Ziel der Schwachstellenanalyse ist es, durch die Identifikation von Schwachstellen Optimierungspotenzial und Verbesserungsmöglichkeiten an den Maschinen und Anlagen abzuleiten. Ebenso werden die Ergebnisse zur Anpassung und Verbesserung der Instandhaltungsstrategie genutzt. (s. PAWELLEK 2016, S. 229)

In Abbildung 5-10 sind die Kernaufgaben der (innerbetrieblichen) Instandhaltung nach den Aufgabengruppen *Instandhaltungsplanung*, *Instandhaltungssteuerung* und *Instandhaltungsanalyse* gegliedert dargestellt.

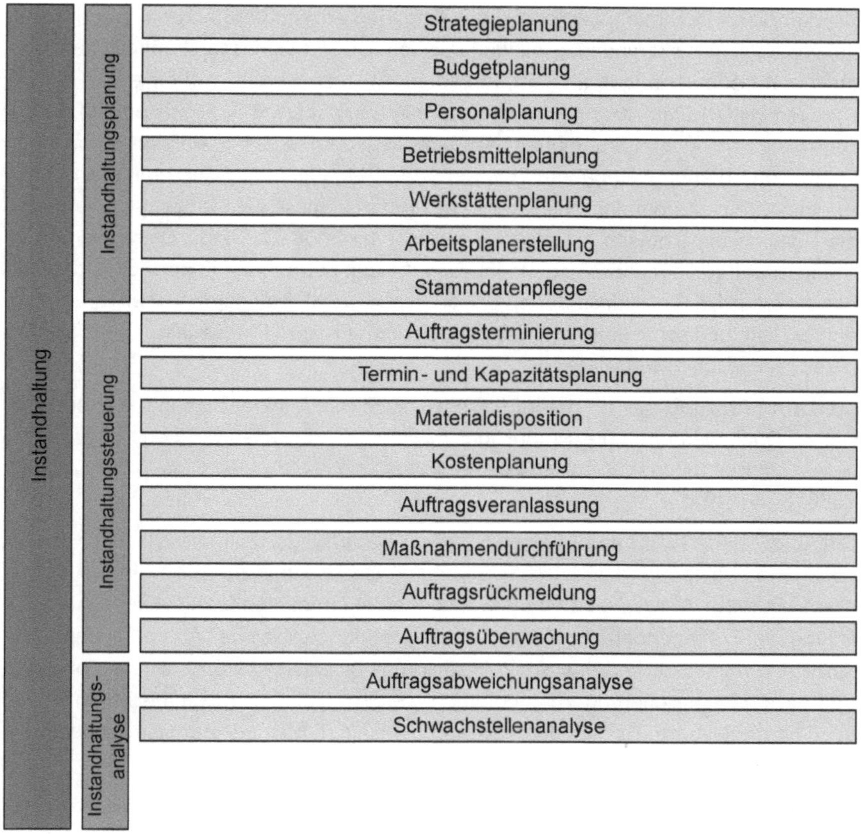

Abbildung 5-10: Kernaufgaben der Instandhaltung (eigene Darstellung)

5.2.5 Kernaufgaben der Produktionslogistik

Die Produktionslogistik stellt den Materialfluss in der Produktion sicher, indem sie die Versorgung und Entsorgung der Arbeitsplätze zwischen Wareneingang und -ausgang durchführt. Hierbei verknüpft sie die Beschaffungs- und Distributionslogistik, indem sie die anfallenden Aufgaben der Planung, Steuerung und Überwachung während des Produktionsprozesses sicherstellt. (s. ARNOLD ET AL. 2008, S. 48; SCHUH ET AL. 2013, S. 14) Die Planung der Logistik wird häufig durch die Produktionsplanung und -steuerung des Unternehmens mitbestimmt. Diese decken die mittel- und kurzfristigen Planungsaufgaben der Produktionslogistik mit ab. Da diese Aufgaben schon in Kapitel 5.2.6 beschrieben sind, wird an dieser Stelle dem Beispiel von LÖDDING gefolgt. (s. LÖDDING 2019, S. 108)

Die Strukturierung der Aufgaben der Logistik wurde auf Basis verschiedener Literaturquellen aufgebaut. Da es für die Intralogistik keine umfassenden, in der Literatur anerkannten Beschreibungsmodelle der Aufgaben gab und die Abgrenzung der Produktionslogistik nicht eindeutig ist, wird in dieser Dissertationsschrift auf der Beschreibung von LÖDDING aufgebaut. (s. LÖDDING 2019) Dazu werden im Folgenden die Tätigkeiten in die Aufgabengruppen der Durchführung der Logistiktätigkeiten und die Logistikplanung und -steuerung unterteilt. Dabei liegt der Fokus hier auf den kurzfristigen operativen Planungsaufgaben. Langfristige Planungsaufgaben umfassen nach ARNOLD ET AL. die Planung des Produktionssystems sowie die Mengenverteilung und die Planung der Transportwege (s. ARNOLD ET AL. 2008, S. 9–10). Diese werden im Rahmen der vorliegenden Dissertationsschrift nicht betrachtet, da der Fokus des hier betrachteten MES ebenfalls auf den operativen Durchführungsprozessen in der Produktion liegt und somit eine Unterstützung der langfristigen Planungsaufgaben im Vorherein ausgeschlossen wird.

Die **Durchführung der Logistiktätigkeiten** stellt den Materialfluss in der Produktion sicher. Dazu werden in der Produktionslogistik die Tätigkeiten der Lagerung, Sortierung und Kommissionierung sowie der Förderung durchgeführt. (s. ARNOLD ET AL. 2008, S. 48–49)

Die Aufgabe des **Kommissionierens** umfasst die Auftragszusammenstellung von Materialien aus einem bereitgestellten Sortiment. Das Kommissionieren gliedert sich in drei Tätigkeitsschritte: Dies sind die Entnahme der benötigten Materialmenge, die Befüllung der Transportbehältnisse und die Zusammenstellung der Auftragsmenge. Zusätzlich können während des Kommissionierens eine Etikettierung, eine Verpackung und die Ladungssicherung vorgenommen werden. Unter das Kommissionieren fällt auch das Auslagern, da dies den Vorgang der Entnahme einer Bereitstellungseinheit darstellt. (s. ARNOLD ET AL. 2008, S. 688–689)

Die Aufgabe des **Förderns** fasst den eigentlichen Transport von Waren zwischen einer Quelle und Senke zusammen. Bei der Förderung von Stückgütern wird in der Logistik zwischen dem stetigen Fördern (beispielsweise mittels eines Förderbandes) und dem unstetigen Fördern (beispielsweise mittels Hubwagen) unterschieden. Neben dem eigentlichen Transport können während des Förderns noch die Aufgaben des Zusammenführens, Stauens, Vereinzelns und Verteilens erfolgen. (s. ARNOLD ET AL. 2008, S. 634) Im Rahmen der Produktionslogistik stellt die erste Quelle das Wareneingangslager und die letzte Senke das Warenausgangs- bzw. Versandlager dar. (s. LÖDDING 2019, S. 110–111)

Das **Lagern** im Sinne der Produktionslogistik umfasst das geplante Liegen der Werkstücke. Im Verlauf des Produktionsprozesses kommt es aufgrund statistischer Einflüsse zu zufälligen Bedarfsschwankungen. Damit diese nicht zu einem Stillstand in der Produktion führen, werden Lager bzw. Puffer in der Produktion vorgesehen. Die Puffer können die statistischen Einflüsse der Materialversorgung durch die Bevorratung von Gütern glätten. Die Lagerung zur Zusammenfassung von Materialien zu einem Los oder Auftrag wird als Materialspeicher bezeichnet. (s. ARNOLD ET AL. 2008,

S. 665–666) Die beschriebenen Lagerungsgründe sowie prozessbedingte Wartezeiten werden als Lagern zusammengefasst.

Im Rahmen der Planung der Produktionslogistik werden die vorbereitenden, planerischen Aufgaben zusammengefasst. Diese umfassen die Erzeugung von Transport- und von Kommissionieraufträgen.

Die **Erzeugung von Transportaufträgen** stellt die exakte Durchführung des Transportes sicher, indem der Start- sowie Zielort und Angaben über die zu transportierenden Materialien mitgeteilt werden. Der Transportauftrag wird mit dem Ziel erzeugt, die relevanten Informationen an die ausführende Stelle weiterzugeben. Auslösende Ereignisse zur Erzeugung können Kanban-Karten, die Fertigstellung eines Arbeitsgangs oder Auftrags sowie die eigentliche Auftragsfreigabe (s. Kapitel 5.2.6) sein. (s. LÖDDING 2019, S. 112–113)

Die **Erzeugung von Kommissionieraufträgen** stellen analog zu den Transportaufträgen die Kommissionierung der Waren sicher. Kommissionieraufträge dienen der Weitergabe der Informationen, um die zu kommissionierende Materialien hinsichtlich Art und Menge sowie Anforderungen an Verpackungseinheiten zu beschreiben. (s. ARNOLD ET AL. 2008, S. 690)

In Abbildung 5-11 sind die Kernaufgaben der Produktionslogistik gegliedert nach den Aufgabengruppen *Durchführung der Logistiktätigkeiten* und *(Operative) Planung* der Produktionslogistik dargestellt.

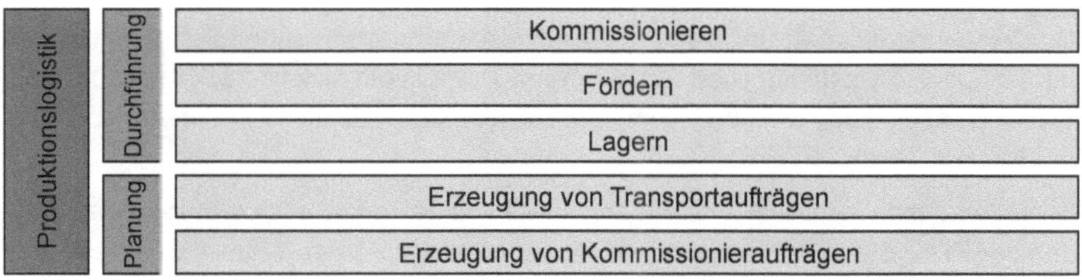

Abbildung 5-11: Kernaufgaben der Produktionslogistik (eigene Darstellung)

5.2.6 Kernaufgaben der Produktionsplanung und -steuerung

Die Produktionsplanung und -steuerung umfasst wiederkehrende Planungsaufgaben, welche auch als Arbeitssteuerung – eine Unteraufgabe der Arbeitsvorbereitung – bezeichnet werden können. Die Produktionsplanung und -steuerung umfasst strategische, taktische und operative Entscheidungs- und Planungstätigkeiten, welche sowohl einen inner- als auch überbetrieblichen Fokus besitzen (s. KURBEL 2016, S. 17–19). Die Aufgabensicht des Aachener PPS-Modells hat sich als Modell zur Strukturierung der Planungs- und Steuerungsaufgaben etabliert (s. LÖDDING 2016, S. 107–120). In Abbildung 5-12 ist die Aufgabensicht des Aachener PPS-Modells dargestellt, nach welcher die Kernaufgaben der PPS in der Dissertationsschrift strukturiert werden.

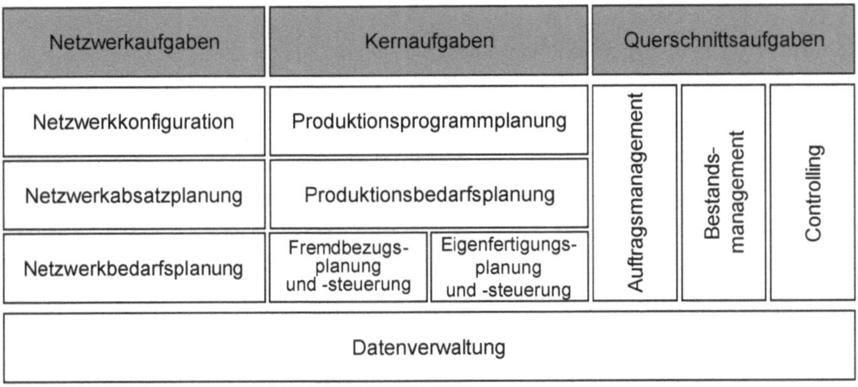

Abbildung 5-12: Aufgabensicht des Aachener PPS-Modell (eigene Darstellung i. A. a. SCHUH U. STICH 2012, S. 30)

Die Kernaufgaben im PPS-Modells fokussieren die interne Auftragsabwicklung des Unternehmens und den eigentlichen Produktherstellungsprozess. Sie werden auch als „ursprüngliche[n] Aufgaben der Produktionsplanung und Steuerung" (SCHUH U. STICH 2012, S. 38) mit Fokus auf dem einzelnen Unternehmen bezeichnet. Die Kernaufgaben umfassen die Produktionsprogrammplanung, die Produktionsbedarfsplanung, die Eigenfertigungsplanung und -steuerung sowie die Fremdbezugsplanung und -steuerung. (s. SCHUH U. STICH 2012, S. 38)

Die Netzwerkaufgaben umfassen die strategischen und taktischen Planungstätigkeiten, welche zur Gestaltung und Planung eines Produktionsnetzwerkes notwendig sind. Sie umfassen die Netzwerkkonfiguration, -absatzplanung und -bedarfsplanung (s. SCHUH U. STICH 2012, S. 32).

Die Querschnittsaufgaben unterstützen sowohl die Kern- als auch die Netzwerkaufgaben der PPS. Sie dienen der Integration mehrerer Kern- oder Netzwerkaufgaben und der Optimierung der gesamten PPS. Zu den Querschnittsaufgaben gehören das Auftrags- und das Bestandsmanagement sowie das Controlling. (s. SCHUH U. STICH 2012, S. 60)

Die Datenverwaltung hat die Speicherung und Pflege der benötigten Daten für die Kern-, Netzwerk- und Querschnittsaufgaben zum Ziel. Dabei werden die Daten der PPS in Stamm- und Bewegungsdaten unterschieden. Durch die Datenverwaltung wird versucht, die Datenqualität in der gesamten Produktionsplanung und -steuerung hochzuhalten. Die Datenverwaltung umfasst die Stammdatenpflege wie auch die Bewegungsdatenpflege. (s. SCHUH U. STICH 2012, S. 72–73)

Da der Betrachtungsraum der vorliegenden Dissertationsschrift durch die thematische Fokussierung innerbetrieblicher Prozesse und Aufgaben mit dem Fokus Produktion liegt, werden die Netzwerkaufgaben im weiteren Verlauf nicht betrachtet. Im Folgenden werden nun die Kern- und Querschnittsaufgaben der Produktionsplanung und -

steuerung nach SCHUH U. STICH detailliert erläutert. Ebenso wird die Datenverwaltung im Rahmen des Dissertationsvorhabens beschrieben.

Kernaufgaben im Aachener PPS-Modell

Die **Produktionsprogrammplanung** legt das Produktionsprogramm für einen definierten Planungszeitraum fest. Dabei ist das Ergebnis der Produktionsprogrammplanung ein umsetzbares und realistisches Produktionsprogramm, welches die Stückzahl der herzustellenden Primärbedarfe für die zu planenden Planungsperioden festlegt. Die Produktionsprogrammplanung ist eine rollierende Planung, welche jede Planungsperiode erneut um eine weitere Planungsperiode in der Zukunft erweitern wird. Basierend auf der Absatzplanung des Vertriebs wird mit der Produktion abgestimmt, wie die gewünschte Stückzahl durch die Produktion realisiert werden kann. Dabei gilt es, die Produktionskapazität mit den Unternehmenszielen so abzustimmen, dass die Produktion gewinn- oder kostenoptimal ausgelastet wird. Zur Überprüfung der Kapazitätsbeschränkungen wird eine Ressourcengrobplanung durchgeführt. Zur Reduzierung der Komplexität der erforderlichen Planungen und Berechnungen werden Vereinfachungen in der Produktionsprogrammplanung hinsichtlich der Primärbedarfe und der Ressourcen getroffen. Die Aufgaben der Produktionsprogrammplanung umfassen die Absatzplanung, Primärbedarfsplanung und die Ressourcengrobplanung. (s. SCHUH U. STICH 2012, S. 43)

Der erste Schritt der Produktionsprogrammplanung ist die **Absatzplanung**, welche die geplante Absatzmenge für das zu planende Erzeugnisspektrum für die Planungsperioden festlegt. Die Absatzplanung wird meist für Erzeugnisgruppen oder Absatzgruppen durchgeführt, da eine Absatzplanung auf Ebene der Enderzeugnisse mit zu hohen Aufwänden verbunden ist. Die Absätze für die Planungsebene können entweder auf Basis historischer Daten prognostiziert werden oder durch Unternehmensvorgaben aus der Gewinn- bzw. Umsatzplanung bestimmt werden. Wenn das Unternehmen Bauteile oder -gruppen bzw. Erzeugnisse kundenanonym vorfertigen muss, werden die entsprechenden Bedarfe auf Basis der Absatzprognose abgeleitet. Dies dient nicht nur der rechtzeitigen Bereitstellung der Bedarfe, sondern auch zur Überprüfung der benötigten Kapazitäten im Rahmen der Ressourcengrobplanung (s. u.). (s. SCHUH U. STICH 2012, S. 41–42)

Im Rahmen der **Primärbedarfsplanung** werden die Bedarfe der Absatzplanung mit bestehenden Kundenaufträgen und weiteren internen Bedarfen zu den Bruttobedarfen zusammengefasst und mit den im Unternehmen vorliegenden Lagerbeständen abgeglichen. Durch den Vergleich ergibt sich der Nettoprimärbedarf für jede einzelne Planungsperiode der Produktionsprogrammplanung. In der Primärbedarfsermittlung werden, falls auf Ebene von Planungsgruppen geplant wurde, diese über Anteilsfaktoren oder Mengenrelationen disaggregiert. Ergebnis dieser Aufgabe ist ein vorläufiges Produktionsprogramm mit Nettoprimärbedarfen. (s. SCHUH U. STICH 2012, S. 42–43)

Im Schritt der **Ressourcengrobplanung** wird das vorläufige Produktionsprogramm hinsichtlich der Kapazitätsrestriktionen der vorhandenen Produktionsressourcen überprüft. Dazu werden die geplanten Nettobedarfe nach Art, Menge und Termin grob, d. h. auf den zu überprüfenden Ressourcen, eingeplant und mit diesen abgeglichen. Als Ressourcen werden meist Schlüssel- und/oder Engpassaggregate geplant. Zur Reduzierung des Berechnungsaufwandes wird meist mit aggregierten und verdichteten Daten gerechnet. In diesem Schritt wird die Materialdeckungsrechnung zur Überprüfung des vorhandenen Materialangebotes sowie die Kapazitätsdeckungsrechnung zur Überprüfung der vorhandenen Kapazität durchgeführt. Falls der geplante Nettoprimärbedarf nicht gedeckt werden kann, bedarf es der Ressourcenabstimmung. Hierbei können Bedarfe in andere Planungsperioden verschoben werden oder das Kapazitätsangebot durch Ressourcenanpassungen verändert werden. Reichen diese Maßnahmen nicht aus, kann eine Änderung des Absatzplans nötig sein. (s. SCHUH u. STICH 2012, S. 39–41)

Die **Produktionsbedarfsplanung** stellt die Realisierbarkeit des in der Produktionsprogrammplanung erstellten Produktionsprogramms durch ein geeignetes Beschaffungsprogramm sicher. Dabei werden alle Ressourcen, die in den Produktionsprozess einfließen, betrachtet. Die Produktionsbedarfsplanung umfasst die Brutto- und Nettosekundärbedarfsermittlung, die Beschaffungsartzuordnung, die Durchlaufterminierung, die Kapazitätsbedarfsermittlung sowie die Kapazitätsabstimmung. Die Aufgaben der Produktionsbedarfsplanung werden meist durch IT-Systeme unterstützt und können in Abhängigkeit der Gestaltung der IT-Unterstützung in der PPS sowohl sukzessive als auch simultan erfolgen. (s. SCHUH u. STICH 2012, S. 43–45)

Die erste durchzuführende Aufgabe ist die **Ermittlung der Bruttosekundärbedarfe** (Bruttosekundärbedarfsermittlung). In diesem Schritt werden auf Basis der Primärbedarfe unter Vernachlässigung der Lagerbestände die Bedarfe mittels verschiedener Verfahren hinsichtlich ihrer Art, Menge und Termin ermittelt. (s. SCHUH u. STICH 2012, S. 45–46)

Im Anschluss an die Brutto- erfolgt die **Nettosekundärbedarfsermittlung**, bei der im Gegensatz zu der vorherigen Ermittlung nun die Unternehmensbestände sowie Bestellungen für die Bedarfsermittlung berücksichtigt werden. Der Nettosekundärbedarf ergibt sich als einer Planungsperiode zugeordneter Bedarf, der aktuell nicht durch einen Produktions- oder einen Beschaffungsauftrag in der jweiligen Periode gedeckt ist, und damit Anlass einer Bedarfsdeckung ist. Die Ermittlung der optimalen Losgröße erfolgt entsprechend der Beschaffungsartzuordnung in der Fremdbezugsplanung und -steuerung oder in der Eigenfertigungsplanung und -steuerung. (s. SCHUH u. STICH 2012, S. 46)

Die **Beschaffungsartzuordnung** entscheidet darüber, ob die ermittelten Nettosekundärbedarfe mittels Fremdbezug (Einkauf) oder Eigenfertigung (Produktion) gedeckt werden. Die Entscheidung kann je nach Ausgestaltung des Fertigungstyps eine strategische und einmalige Entscheidung sein oder eine operative, fallweise und dadurch häufige Entscheidung sein. Das Ergebnis der Beschaffungsartzuordnung sind Bestell-

oder Fertigungsaufträge, welche die Bedarfe der Periode zusammenfassen. (s. SCHUH u. STICH 2012, S. 46–47)

Die **Durchlaufterminierung** ermittelt für die Fertigungsaufträge die Ecktermine für Auftragsstart und -ende. Zur Ermittlung der Termine eines Fertigungsauftrages werden die Arbeitsgänge, welche im Arbeitsplan dokumentiert sind, zeitlich mittels Belegungs- und Übergangszeiten verplant. Dabei wird meist (in Abhängigkeit der Planungslogik) von unbegrenzten Ressourcenkapazitäten ausgegangen. Die Durchlaufterminierung führt die Terminplanung mit einer geringeren Genauigkeit durch als die Planungsschritte der Eigenfertigungsplanung und -steuerung. (s. SCHUH u. STICH 2012, S. 47–48)

Im Anschluss an die Durchlaufterminierung wird nun in der **Kapazitätsbedarfsermittlung** der benötigte Kapazitätsbedarf bestimmt, da die Fertigungskapazitäten entgegen der in der Durchlaufterminierung getroffenen Annahme nicht unbegrenzt sind. Der ermittelte Kapazitätsbedarf wird der angebotenen Kapazität gegenübergestellt. Zur Ermittlung werden für jeden Arbeitsgang die benötigte Belegungszeit für die Ressource oder Ressourcengruppe ermittelt. Aktuelle IT-Systeme bieten eine simultane Durchführung der Durchlaufterminierung und der Kapazitätsbedarfsermittlung an. (s. SCHUH u. STICH 2012, S. 49)

Im Rahmen der **Kapazitätsabstimmung** wird der Bedarf dem Angebot an Kapazität gegenübergestellt und durch die Abstimmung mögliche Unterschiede ausgeglichen. Im Rahmen der Kapazitätsanpassung kann die Kapazität durch kurz- und mittelfristige Maßnahmen (z. B. Überstunden, Anpassung des Schichtplans) verändert werden. Der Kapazitätsabgleich verschiebt hingegen Kapazitätsspitzen einer Periode durch die Verschiebung von Aufträgen, eine Fremdvergabe oder die Verlagerung des Auftrags auf eine Alternativmaschine. (s. SCHUH u. STICH 2012, S. 49–50)

In Abbildung 5-13 sind die Kernaufgaben der Produktionsplanung und -steuerung der Aufgabengruppen *Produktionsprogrammplanung* und *Produktionsbedarfsplanung* zusammengefasst.

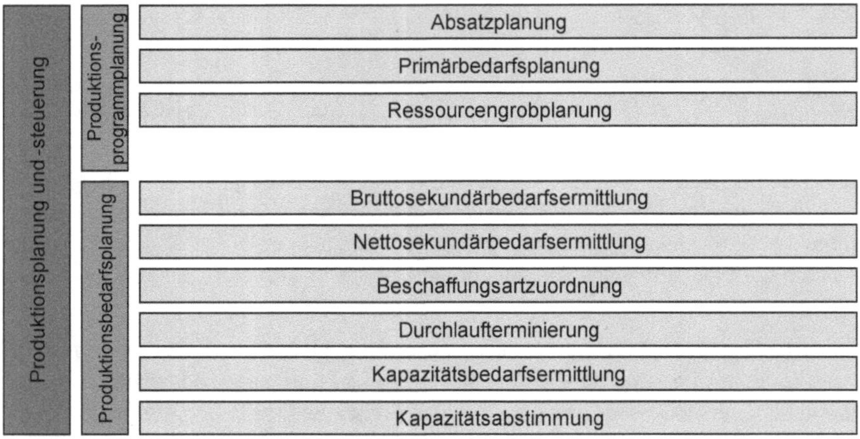

Abbildung 5-13: Aufgaben der Produktionsplanung und -steuerung (1/3) (eigene Darstellung)

Die **Eigenfertigungsplanung und -steuerung** umfasst die Tätigkeiten zur Planung und Steuerung der eigenen Fertigung und Montage. Sie sichert die in der Produktionsbedarfsplanung grob ermittelten Ressourcenverfügbarkeit ab, da zum Zeitpunkt der Bedarfsplanung das Kapazitätsangebot nur ungefähr bekannt ist. Der Eigenfertigungsplanung wird das Eigenfertigungsprogramm übergeben und anschließend im Rahmen des zur Verfügung stehenden Planungs- und Dispositionsspielraums spezifiziert. Hierbei werden Rückmeldungen und Störungen aus der Produktion berücksichtigt. Zu den Aufgaben der Eigenfertigungsplanung und -steuerung gehören die Losgrößenrechnung, die Feinterminierung, die Ressourcenfeinplanung, die Reihenfolgeplanung, die Verfügbarkeitsprüfung sowie die Auftragsfreigabe. Im Rahmen der Feinplanung wird angestrebt die Feinterminierung, die Ressourcenfeinplanung sowie die Reihenfolgeplanung simultan auszuführen. (s. SCHUH U. STICH 2012, S. 50–53)

Im Rahmen der **Losgrößenrechnung** werden die Arbeitsgänge, welche einem Fertigungsbereich zugeordnet sind, in ein oder mehrere Fertigungslose aufgeteilt. Dabei wird die Menge des Fertigungsloses in diesem Schritt festgelegt. Es wird angestrebt, eine wirtschaftliche Losgröße zu bestimmen, die den Kompromiss zwischen hohen Werkstattbeständen bei einer großen Losmenge gegenüber höheren Rüstzeiten und -kosten bei mehreren kleinen Losen findet. Die Losgrößenrechnung kann statisch auf einmalig festlegten (Erfahrungs-)Werten oder auf Losgrößenformeln basieren. Die Berechnung kann sporadisch oder bei jeder Losgrößenbildung erneut angestoßen werden. (s. SCHUH U. STICH 2012, S. 53–54)

Die **Feinterminierung** setzt im Anschluss an die Losgrößenrechnung auf und terminiert die Arbeitsgänge nach den vorher ermittelten Eckstart- und Eckendterminen neu. In diesem Schritt werden nun die genauen Start- und Endtermine der Arbeitsgänge für jedes Fertigungslos bestimmt. Dabei werden die Bearbeitungs- und Übergangszeiten der Arbeitsgänge ermittelt. Im Rahmen der Feinterminierung werden auch Störungen der Produktion berücksichtigt. (s. SCHUH u. STICH 2012, S. 54)

Eng mit der Feinterminierung ist die **Ressourcenfeinplanung** verbunden, in der die Fertigungslose entsprechend dem tatsächlich vorliegenden Kapazitätsangebot eingeplant werden. Der im Rahmen der Feinterminierung festgelegte Kapazitätsbedarf wird in diesem Schritt mit dem tatsächlichen Kapazitätsangebot unter Berücksichtigung von Störungen, Wartungen und Belegungen abgeglichen. Dabei ist das Angebot die disponierbare Kapazität einer Ressource pro Planungszeiteinheit. Durch die Gegenüberstellung von Bedarf und Angebot kann eine Kapazitätsabstimmung notwendig werden, welche eine gleichmäßige Auslastung der Ressourcenkapazität zum Ziel hat. Dabei gilt es jedoch, auch die weiteren logistischen Zielgrößen wie Termineinhaltung, Reduktion des Werkstattbestandes sowie Rüstzeiten und -kosten zu beachten. Werden die Feinterminierung und Ressourcenfeinplanung simultan ausgeführt, spricht man von der Ressourcenbelegungsplanung, welche meist in einer grafischen Plantafel visualisiert und manuell durchführbar ist. (s. SCHUH u. STICH 2012, S. 55)

Die **Reihenfolgeplanung** hat zur Aufgabe, eine optimale Abarbeitungsreihenfolge für die Warteschlange an einer Ressource(-ngruppe) zu bestimmen. Die Warteschlange bildet sich aus den eingeplanten Arbeitsgängen an einer Ressource(-ngruppe). Je nach Genauigkeit der Planung ist die Abarbeitungsreihenfolge nicht festgelegt und kann anhand von festen Prioritätsregeln oder Kumulationskriterien (z. B. Rüstzeitoptimierung) bestimmt werden. Ebenso kann auf diesen Arbeitsschritt verzichtet werden, wenn die Disposition der Warteschlange durch die Mitarbeiter*innen der Ressource vorgenommen wird. Das oberste Ziel bei der Reihenfolgeplanung ist die Einhaltung der geplanten Fertigstellungstermine. Das Ergebnis der Feinterminierung, der Ressourcenfeinplanung und der Reihenfolgeplanung bildet das Werkstattprogramm, in dem alle eingeplanten Fertigungsaufträge und -arbeitsgänge eines Fertigungsbereiches vermerkt sind. (s. SCHUH u. STICH 2012, S. 55–56)

Im Rahmen der **Verfügbarkeitsprüfung** werden für die eingeplanten Fertigungsaufträge vor Freigabe die Verfügbarkeiten aller benötigten Ressourcen geprüft. Hierunter fallen das benötigte Material sowie die Ressourcenkapazität. Die Durchführung der Verfügbarkeitsprüfung kann sowohl buchungstechnisch, in Form einer digitalen Materialreservierung, als auch physisch, z. B. durch eine Sichtprüfung, vorgenommen werden. (s. SCHUH u. STICH 2012, S. 57)

Die **Auftragsfreigabe** bildet die letzte Tätigkeit der Eigenfertigungsplanung und -steuerung, welche anhand von definierten Freigaberegeln die geplanten und geprüften Fertigungsaufträge des Werkstattprogramms freigibt. Mit der Freigabe wird die Bereitstellung der Ressourcen veranlasst und Informationen zu den Aufträgen über Belege oder entsprechend der informationstechnischen Unterstützung beleglos verteilt. (s. SCHUH u. STICH 2012, S. 57)

Das Fremdbezugsprogramm der Produktionsbedarfsplanung bildet die Grundlage der **Fremdbezugsplanung und -steuerung**. Die Fremdbezugsplanung und -steuerung setzt das Programm so um, dass die Teile, Baugruppen und Erzeugnisse in der definierten Menge und zum festgelegten Termin unter Berücksichtigung der wirtschaftlichen Ziele verfügbar sind. Die Bestellrechnung, die Angebotseinholung und -bewertung, die Lieferantenauswahl und die Bestellfreigabe gehören zu den Aufgaben der Fremdbezugsplanung und -steuerung. (s. SCHUH U. STICH 2012, S. 57–58)

Ziel der **Bestellrechnung** ist die Ermittlung der optimalen Bestellmenge für die fremd zu beschaffenden Materialien. Hierbei gilt es, Bedarfe für bestimmte Planungsperioden zusammenzufassen und unter wirtschaftlichen Gesichtspunkten die optimalen Bestellmengen festzulegen. Dabei existieren Beschaffungskosten, welche mit steigender Stückzahl sinken (z. B. Transport- und Versicherungskosten). Diesen stehen jedoch Lagerkosten und eine größere Kapitalbindung gegenüber, welche mit steigenden Stückzahlen ansteigen. Die Bestellrechnung agiert in diesem Zielkonflikt. (s. SCHUH U. STICH 2012, S. 58–59)

Die **Angebotseinholung und -bewertung** ist jene Tätigkeit, die im Rahmen von erstmaligen Beschaffungen auftritt. Zur Deckung von Materialien, bei denen noch keine Lieferanten bekannt sind, werden Angebote von verschiedenen Lieferanten eingeholt. Diese werden im nächsten Schritt bewertet und für die Lieferanteauswahl aufbereitet. (s. SCHUH U. STICH 2012, S. 59)

Die **Lieferantenauswahl** schließt sich an die Bewertung eingeholter Angebote an. Hierbei werden auf Basis der eingeholten Angebote bestimmte Haupt- und Nebenlieferanten für die zu beschaffenden Materialien festgelegt. Diese werden im Teilestamm für spätere Beschaffungen hinterlegt. Mit Lieferanten können im Rahmen der Auswahl auch Rahmvereinbarungen und Sonderkonditionen beschlossen werden. (s. SCHUH U. STICH 2012, S. 59)

Die **Bestellfreigabe** verteilt die Bestellungen entsprechend den Ergebnissen vorangegangener Tätigkeiten an die Lieferanten. (s. SCHUH U. STICH 2012, S. 60)

In Abbildung 5-14 sind die Kernaufgaben der Produktionsplanung und -steuerung der Aufgabengruppen *Eigenfertigungsplanung und -steuerung* sowie *Fremdbezugsplanung und -steuerung* zusammengefasst.

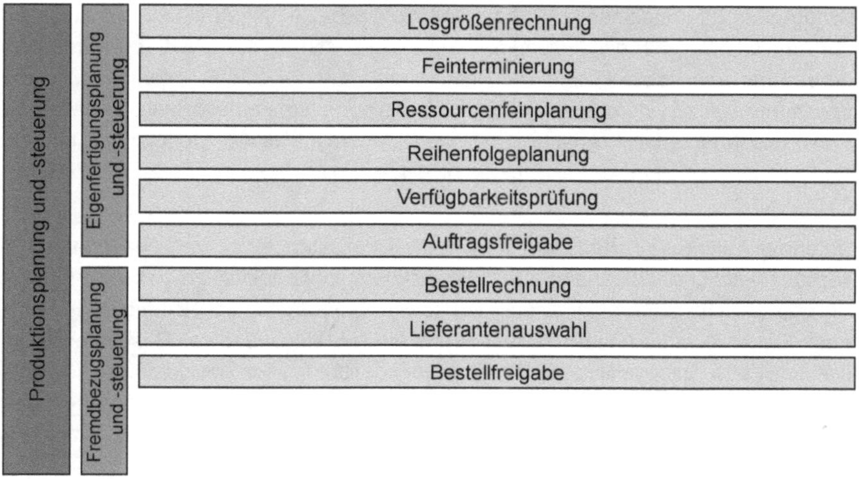

Abbildung 5-14: Aufgaben der Produktionsplanung und -steuerung (2/3) (eigene Darstellung)

Querschnittsaufgaben im Aachener PPS-Modell

Die Querschnittsaufgaben fokussieren die Unterstützung und Optimierung der Kern- und Netzwerkaufgaben der PPS. Sie umfassen das Auftragsmanagement, das Bestandsmanagement und das Controlling. Im Folgenden werden nun die Kernaufgaben dieser drei Querschnittsaufgabengruppen detailliert beschrieben.

Das **Auftragsmanagement** fasst die Aufgaben zur Planung, Steuerung und Überwachung eines Auftrages zusammen. Die Tätigkeiten des Auftragsmanagements sind prozessübergreifend und stellen eine dem Kundenwunsch entsprechende Bearbeitung und Abwicklung des Auftrages sicher. Zu den Aufgaben des Auftragsmanagements werden die Angebotsbearbeitung, die Auftragsbearbeitung sowie die Auftragskoordination gezählt. (s. SCHUH U. STICH 2012, S. 60–61)

Die **Angebotsbearbeitung** fasst die Planungs- und Steuerungstätigkeiten zusammen, welche zur Erstellung eines Angebotes auf eine Kundenanfrage erforderlich sind. Hierzu werden in einem ersten Schritt die Informationen zur Angebotsbearbeitung aufbereitet und anschließend die Umsetzbarkeit der Anfrage geprüft. Ebenso wird die Form des Angebotes festgelegt und falls erforderlich die technische Problemlösung beauftragt. Ebenso werden eine Grobterminierung auf Basis verdichteter Daten, eine Angebotskalkulation sowie eine Preisermittlung mit den verfügbaren Informationen durchgeführt. Ebenso wird durch die Angebotsverarbeitung der Fortschritt des Angebots und des Bearbeitungsstands überwacht. (s. SCHUH U. STICH 2012, S. 61–62)

Die **Auftragsbearbeitung** setzt nach der Bestellung des Kunden ein und fasst die Tätigkeiten zur Planung, Steuerung und Überwachung der Kundenaufträge zusammen. Im Rahmen der Auftragsbearbeitung werden die technische Realisierbarkeit sowie die verfügbaren Informationen geprüft und an die Fachabteilungen verteilt. Ebenso wird der Arbeitsumfang für die einzelnen Abteilungen bestimmt. Anschließend werden der grobe Produktionsablauf sowie der Planungszeitraum für eine Grobterminierung des gesamten Auftrags durchgeführt, der auch indirekte Bereich wie beispielsweise die Konstruktion einbezieht. Anschließend werden die Ressourcengrobplanung und der Kapazitätsbedarf dem -angebot gegenübergestellt. (s. SCHUH U. STICH 2012, S. 62–63)

Unter der **Auftragskoordination** werden die Tätigkeiten der auftragsbezogenen Prozessüberwachung verstanden. Die Auftragskoordination fokussiert insbesondere die Eigenfertigungsplanung und -steuerung sowie die Fremdbezugsplanung und -steuerung. Ziel ist es, auf Anfragen bezüglich des Auftragsstatus und des Bearbeitungsfortschrittes stets aussagefähig zu sein. Die Auftragskoordination überwacht die vorgegebenen Ecktermine und versucht, mittels der kontinuierlichen Überwachung frühzeitig Störungen zu identifizieren und mit geeigneten Maßnahmen auf diese zu reagieren. Im Bereich der Eigenfertigung überwacht sie die Produktionsaufträge und sowohl die Kapazitäten als auch das benötigte Material. In der Fremdbezugsplanung und -steuerung werden die Bestellungen hinsichtlich des Termins und der Menge kontrolliert und, falls notwendig, Maßnahmen eingeleitet. Hierbei schaffen Kennzahlen sowie Soll-/Ist-Vergleiche die notwendige, auftragsbezogene Transparenz. (s. SCHUH U. STICH 2012, S. 63–65)

Das **Bestandsmanagement** fokussiert die verbrauchsorientierte Bevorratung und Bereitstellung der Materialien für die Produktion zur Sicherung einer hohen Lieferfähigkeit des eigenen Unternehmens. Aufgrund einer sinkenden Wertschöpfungstiefe werden verstärkt Bauteile und -gruppen durch Lieferanten bereitgestellt. Das Ziel des Bestandsmanagements ist es, die richtigen Bestände in Form von Material und Menge zu den Verbrauchszeitpunkten bereitzustellen und die eigene Lieferperformance bei niedrigen Lagerkosten sicherzustellen. Zu den Aufgaben des Bestandsmanagements zählen die Bestandsplanung, -analyse, Lagerverwaltung, Bestandsführung und die Chargenverwaltung. (s. SCHUH U. STICH 2012, S. 65)

Die **Bestandsplanung** geschieht sowohl auf der Netzwerk- als auch Unternehmensebene. Die Bestandsplanung hat die Aufgabe, für die zu bevorratenden Materialien die Bevorratungsebene sowie entsprechende Dispositionsverfahren und -parameter festzulegen. Die Bestandsplanung hat die Unternehmensziele zu berücksichtigen und agiert wie das gesamte Bestandsmanagement im Zielkonflikt zwischen der Sicherung der Lieferfähigkeit und der Reduktion der Bestands- und Lagerkosten. Im Rahmen der Bestandsplanung wird für jedes Material die Bevorratungsebene in Abhängigkeit der kundenseitig geforderten Lieferzeiten und der (internen) Wiederbeschaffungszeit festgelegt. Die Bevorratungsebene wird so bestimmt, dass die verbleibende Auftragsdurchlaufzeit mit der versprochenen Lieferzeit korrespondiert. Dabei wirkt sich die Bevorratung von Bauteilen oder Baugruppen nahe des Auslieferungszustandes positiv auf die Lieferzeit aus, jedoch ist die Kapitalbindung sehr hoch. Für die Bevorratung von Einzelteilen sprechen niedrige Kapitalbindungskosten, jedoch steigt hier die

Auftragsdurchlaufzeit. Nach der Festlegung der Bevorratungsebene wird ein geeignetes Verfahren für die Bedarfsermittlung festgelegt. Hierbei kann eine ABC-XYZ-Analyse als Ausgang für die Festlegung dienen. Im Anschluss an die Festlegung müssen für alle Materialien passend zu dem ausgewählten Verfahren die Dispositionsparameter spezifiziert werden. (s. SCHUH U. STICH 2012, S. 66–67)

Das Ziel des Bestandsmanagements, ein wirtschaftliches Lagerwesen zu führen, wird durch die **Bestandsanalyse** ermöglicht. Diese hat zur Aufgabe, mittels verschiedener Auswertungen Optimierungs- und Verbesserungspotenziale im Bestandsmanagement zu identifizieren. Hierunter fallen Analysen zu den aktuellen Beständen in den Lagern sowie Analysen zur Nutzung des Lagers und der Transportmittel. Mithilfe der Analysen können Maßnahmen abgeleitet werden. (s. SCHUH U. STICH 2012, S. 67–68)

Im Rahmen der **Lagerverwaltung** werden die zu lagernden Materialien entsprechend ihrem Lagerort und der Lagerstruktur verwaltet. Dabei ist es die Aufgabe der Lagerverwaltung, dass der Lagerort eingelagerter Waren stets aktuell ist, um ein Wiederauffinden dieser im Bedarfsfall zu gewährleisten. Inbegriffen ist die Verwaltung verschiedener Lagertypen und -konzepte. (s. SCHUH U. STICH 2012, S. 68)

Die **Bestandsführung** hat die Erfassung und Überwachung der Lagerbewegung zur Aufgabe. Neben der Erfassung der Lagerbewegungen werden die Bestände hinsichtlich Ort, Menge und Termin und ihres Bestandswertes geführt. Bei Ausbuchungen aus dem Lager können verschiedene Entnahmestrategien angewendet werden, welche auf die Führung der Bestandswerte einen Einfluss haben. Zu den Aufgaben der Bestandsführung gehört auch die Inventur. Dabei wird der Buchwert der erfassten Bestände mit den physisch vorhandenen Beständen abgeglichen. (s. SCHUH U. STICH 2012, S. 68–69)

Die **Chargenverwaltung** führt und pflegt die zu einer Charge gehörenden Informationen über die Unternehmensprozesse hinweg. Als Charge wird „die Gesamtheit von Materialien verstanden, die unter praktisch gleichen Umständen erzeugt, hergestellt oder verpackt wurde" (SCHUH U. STICH 2012, S. 69). Zur Verwaltung der Charge gehört neben der Erfassung von festen Informationen auch die Erfassung sämtlicher Buchungen im Unternehmen, wozu die Erfassung der Chargennummer erforderlich ist. Die Chargenverwaltung ist nicht nur im Bereich der Lager, sondern auch in Bereichen des Qualitätsmanagements und des Vertriebs von großer Bedeutung. (s. SCHUH U. STICH 2012, S. 69–70)

Das **Controlling** fokussiert die Informationsbereitstellung und -verarbeitung zur Planung, Koordination und Überwachung des Produktionssystems. Im Gegensatz zum Auftragsmanagement wird hier das gesamte System ohne konkreten Auftragsbezug betrachtet. Das Controlling verfolgt das Ziel, Transparenz über sämtliche Prozesse der Lieferkette und die Unternehmens- bzw. Netzwerkleistung zu schaffen. Damit stellt das Controlling ein Werkzeug zur Verbesserung der Leistung durch die gezielte Ableitung von Maßnahmen dar. Zu den Unteraufgaben des Controllings werden die

Informationsaufbereitung sowie die Maßnahmenableitung gezählt. (s. SCHUH U. STICH 2012, S. 70–71)

Die **Informationsaufbereitung** umfasst die Erhebung und Aufbereitung von Daten und Informationen zur Darstellung in Analysen und Kennzahlen. Kennzahlen werden im Controlling zu vereinfachter Darstellung der Prozesse genutzt, da sie die Komplexität der Prozesse und Ereignisse auf wenige Kennzahlen verdichten. Im Rahmen der Aufbereitung werden die Kennzahlen identifiziert und entsprechend dem Informationsbedarf der Entscheider*innen aufbereitet. Ebenso gilt es für die Entscheider*innen, mögliche Einflüsse, die auf die relevanten Kennzahlen wirken, aufzubereiten und in weiteren Kennzahlen oder Analysen zur Entscheidungsvorbereitung mitzuliefern. (s. SCHUH U. STICH 2012, S. 71–72)

Die **Maßnahmenableitung** ist Aufgabe der Entscheider*innen und basiert auf den aufbereiteten Informationen des vorher beschriebenen Schrittes. Hierbei können auch festgelegte Maßnahmen automatisch abgeleitet werden. Falls dies nicht möglich ist, müssen Alternativen ausgearbeitet, verglichen und beschlossen werden, um die gewünschte Reaktion zu erreichen. Die abgeleiteten Maßnahmen können sowohl strategische, taktische und operative Zielsetzungen - als auch Wirkungsbereiche haben. (s. SCHUH U. STICH 2012, S. 72)

Datenverwaltung

Die Aufgabe der **Datenverwaltung** umfasst die Speicherung und Pflege der in den Aufgaben der PPS erzeugten und genutzten Daten. Die Datenverwaltung ist für alle Netzwerk-, Kern- und Querschnittsaufgaben von besonders hoher Relevanz, da diese auf Stamm- und Bewegungsdaten zurückgreifen. Stammdaten weisen eine hohe Relevanz im Planungsprozess auf. Sie haben eine lange Lebensdauer und bringen einen hohen Pflegeaufwand mit sich. Typische Stammdaten sind Kunden- und Lieferantenstammdaten, Material- und Ressourcenstammdaten, Stücklisten und Arbeitspläne. Neben den Stammdaten existieren die Bewegungsdaten mit einem deutlich kürzeren Zeitbezug. Sie besitzen stets einen konkreten Zeitpunkt, zu dem die Daten aktuell sind, und unterliegen kontinuierlicher Veränderung. Bewegungsdaten können u. a. auch Zustände, beispielsweise eines Auftrags oder einer Maschine, abbilden. Bewegungsdaten beziehen sich meist auf Stammdaten und ergänzen diese um weitere zeitabhängige Daten. Typische Bewegungsdaten sind Betriebs-, Bestands- und Produktionsauftrags- sowie Maschinendaten. Die Aufgaben der Datenverwaltung lassen sich als **Stammdatenpflege** und **Bewegungsdatenpflege** unterscheiden. (s. SCHUH U. STICH 2012, S. 72–79)

In Abbildung 5-15 sind die Querschnittsaufgaben sowie die Datenverwaltung, gegliedert nach den Aufgabengruppen Auftragsmanagement, Bestandsmanagement, Controlling und Datenverwaltung als weitere Kernaufgaben der Produktionsplanung und -steuerung zusammengefasst.

Abbildung 5-15: Kernaufgaben der Produktionsplanung und -steuerung (3/3) (eigene Darstellung)

5.2.7 Kernaufgaben der Qualitätssicherung

Der Definition von MES und Qualitätssicherung nach SCHMITT U. PFEIFER folgend, wird in diesem Unterkapitel der Fokus auf die produktionszentrierte Qualitätssicherung gelegt. Die Qualitätssicherung ist Teil des betrieblichen Qualitätsmanagements und fokussiert die Einhaltung der Qualität in der Produktion. Zur Identifikation der Kernaufgaben der Qualitätssicherung wurden Normen sowie verschiedene Standardwerke des Qualitätsmanagements sowie der Produktion und des Produktionsmanagements herangezogen. Die ISO 9000 und darauf aufbauenden Normen bilden für das betriebliche, prozessorientierte Qualitätsmanagement in vielen Unternehmen den Rahmen, da sie als weltweit anerkannter Standard gelten (s. WIENDAHL 2014, S. 356). In der DIN EN ISO 9001:2015 werden im Gegensatz zu früheren Versionen nur die Anforderungen an Qualitätsmanagementsysteme sowie Bereiche des Unternehmens gestellt. Im Bereich „Betrieb" werden in der Norm die Anforderungen in Bezug auf die Entwicklung, die Steuerung von externen Produkten und Dienstleistungen, die Steuerung der Produktion und die Leistungserbringung sowie die Steuerung und Freigabe von Produkten definiert. Im Bereich der Produktion und Leistungserbringung fasst die Norm folgende Anforderungen zusammen (s. DIN EN ISO 9001:2015, S. 40–47):

- Verfügbarkeit der dokumentierten Informationen über qualitätsrelevante Produktmerkmale und durchzuführende Tätigkeiten

- Verfügbarkeit und Anwendung von Ressourcen zur Durchführung der Tätigkeiten
- Durchführung der Tätigkeiten zur Überwachung und Steuerung der Qualität
- Validierung der Fähigkeiten der Produktion und der Qualitätssicherung
- Durchführung von Freigaben zur Verifizierung, dass Anforderungen an die Produkte erfüllt sind
- Kennzeichnung und Rückverfolgung der Produkte und durchgeführten Tätigkeiten
- Steuerung nicht-qualitätskonformer Ergebnisse (Produkte und Prozesse)
- Bewertung der Leistung von Produktion und Qualitätsplanung

Über die DIN EN ISO 9001 hinaus stellt die DIN EN ISO 10012:2003 Anforderungen an die Messprozesse und Messmittel. Im Folgenden werden die wichtigsten Punkte der Anforderungen zusammengefasst. Die DIN EN ISO 10012:2003 fordert die Gestaltung eines Messmittelmanagements, das neben den Messmitteln als Ressourcen auch die personellen und informationstechnischen Ressourcen, welche im Messprozess eingesetzt werden, überwacht. Das Messmittelmanagement umfasst somit die Bestätigung und Qualifizierung der Messmittel und des Personals. Ebenso werden eine Planung, Überwachung und Rückverfolgbarkeit der Messprozesse gefordert.

Zur Umsetzung der in den Normen festgehaltenen Anforderungen werden in der Literatur folgende Aufgaben als relevante Kernaufgaben identifiziert: Nach SCHMITT U. PFEIFER werden die Aufgaben in die Bereiche *Prüfplanung*, *Prüfbeauftragung und -ausführung* sowie *Prüfdatenauswertung* unterteilt. Darüber hinaus werden in SCHMITT U. PFEIFER das *Prüfmittelmanagement* sowie das *Reklamationsmanagement* als Aufgabenbereiche der Qualitätssicherung festgehalten. (s. SCHMITT U. PFEIFER 2015, S. 236–237; 2015, S. 441–442) In den folgenden Abschnitten werden nun die Teilaufgaben der oberen Bereiche detailliert beschrieben.

Ziel der **Prüfplanung** ist es, sicherzustellen, dass methodisch geplante Qualitätsprüfungen durchgeführt werden können und dass diese in die Produktions- und Montageprozesse integriert werden. Die Prüfplanung stellt dies durch die Planung der Prüfungen sicher. Sie beeinflusst durch die Planung die Prüfausführung sowie die spätere Prüfdatenauswertung. Zu den Kernaufgaben der Prüfplanung gehören die *Auswahl der zu prüfenden Merkmale*, die *Festlegung der Prüfmodalitäten und -methode* sowie die *Festlegung der Prüfressourcen*. Sie ermittelt die notwendige Prüfdokumentation, bereitet Hinweise für die Durchführung auf und stellt sie bereit. (s. SCHMITT U. PFEIFER 2015, S. 197)

Die erste Kernaufgabe der Prüfplanung ist die **Festlegung der Prüfmerkmale**. Diese Aufgabe ist elementarer Bestandteil der Aufgabengruppe, da die Festlegung der Prüfmerkmale alle weiteren Schritte beeinflusst. Der erste Schritt umfasst die Identifikation relevanter Bauteil-, Baugruppen- und Produktmerkmale, welche auf die spätere Funktionalität signifikanten Einfluss haben. Nach der Identifikation der Merkmale findet eine Überprüfung ihrer Prüfnotwendigkeit statt. Dabei fließen Daten u. a. aus Arbeitsplänen,

Zeichnungen und aus früheren Schadensberichten ein. Zur Feststellung der Notwendigkeit wird zwischen der Sicherstellung der Qualität und der Reduktion der Prüfkosten abgewogen. Das Ergebnis der Aufgabe ist die Festlegung der zu prüfenden Merkmale und der Spezifikation der Merkmalswerte, welche mindestens die Bezeichnung, die Einheit sowie Sollwerte umfasst. (s. SCHMITT U. PFEIFER 2015, S. 202–203)

Der nächste Schritt umfasst die **Festlegung der Prüfmodalitäten und -art**, wodurch bestimmt wird, wann, wie und wie oft im Herstellungsprozess die Prüfung stattfinden soll. Für jedes Prüfmerkmal wird entschieden, ob eine Zwischen- oder Abschlussprüfung für das Merkmal benötigt wird. Mit Zwischenprüfungen wird verhindert, dass fehlerhafte Produkte von einem Arbeitsgang zum nächsten weitergegeben werden. Mit Zwischenprüfungen lässt sich die Produktqualität gut sicherstellen. Jedoch müssen Prüf- und Ausschusskosten abgewogen werden, um eine hohe Wirtschaftlichkeit auch in der Qualitätssicherung zu gewährleisten. Bei der Festlegung der Prüfart wird festgelegt, ob eine Variablenprüfung anhand einer kontinuierlichen Skala oder eine Attributprüfung anhand einer nominalen Skala erfolgen soll. Ebenso wird in dieser Aufgabe auch der Prüfumfang des Merkmals festgelegt. Hierbei können u. a. die 100-%-Prüfung, die Stichprobenprüfung und die statistische Prozessregelung (SPC) unterschieden werden. Bei der Festlegung des Prüfumfangs ist die Beachtung der Wirtschaftlichkeit ähnlich wie bei der Festlegung des Prüfzeitpunkts wichtig. (s. SCHMITT U. PFEIFER 2015, S. 203–204)

Im Rahmen der **Festlegung der Ressourcen** für die Prüfung werden sowohl die Prüfmittel als auch das Prüfpersonal und der Prüfort (Arbeitsplatz) spezifiziert. Bei der Festlegung der geeigneten Prüfmittel für die optimale Durchführung sind die Verfügbarkeit von Prüfmitteln, die prüftechnischen Aspekte sowie die Prüfmittelfähigkeiten von Bedeutung. Bei großen Prüfmittelbeständen wird eine Vorauswahl vorgenommen, ehe eine Endauswahl erfolgt. Die Auswahl des Prüfortes kann schon durch die Auswahl des Prüfmittels sowie des Prüfmerkmals bestimmt sein. Falls für die Prüfung immobile Prüfmittel eingesetzt werden, ist der Prüfort mit der Festlegung der Ressource bestimmt. Falls die Prüfung in Prüflaboren durchgeführt wird, wird damit meist auch schon das Prüfpersonal bestimmt. Neben Prüfpersonal in den Laboren und an bestimmten Maschinen werden viele Prüfungen auch durch Werker*innen durchgeführt. Die Werkerselbstprüfung hat den Vorteil, dass Fehler schneller erkannt und behoben werden können. Bei der Festlegung der Ressourcen sind analog zu den vorangegangenen Festlegungen die Kosten für die Prüfung durch die Auswahl geeigneter Ressourcen zu minimieren. Die Kernaufgabe wird mit der erfolgten Übernahme der Prüfmittel sowie des Prüfpersonals und des Prüfortes in den Prüfplan abgeschlossen. (s. SCHMITT U. PFEIFER 2015, S. 204–206)

Eine weitere Kernaufgabe der Prüfplanung umfasst die Spezifikation und **Festlegung der Prüfdatenverarbeitung** und der Prüfdokumentation. Im Rahmen der Prüfplanung wird neben der Durchführung der Prüfung auch die Verarbeitung und Verwendung der erfassten Prüfdaten im Vorhinein geplant. Hierbei wird festgelegt, welche Daten für kurz- sowie langfristige Auswertungen zur Verfügung stehen. Zusätzlich wird festgelegt, welche Daten nach externen Vorgaben dokumentiert werden müssen. (s. SCHMITT U. PFEIFER 2015, S. 206–207)

Im Anschluss an die Aufgaben der Prüfplanung werden im Rahmen der Aufgabengruppe der **Prüfausführung** weitere zentrale Aufgaben der Qualitätssicherung zusammengefasst. Ziel der Prüfausführung ist die Durchführung der Prüfungen zur Bewertung der Produkt- sowie Prozessqualität. Die Auswertung der Daten wird nicht vorgenommen. Die Prüfausführung umfasst somit die Erstellung von Prüfaufträgen, die Durchführung der Prüfungen und die Erfassung der Prüfdaten.

Die **Erstellung der Prüfaufträge** erfolgt meist auftragsneutral und wird später erst einen Auftrag oder einem Los zugeordnet. Im Rahmen der Erstellung der Prüfaufträge werden die notwendige Prüfvorgänge des Prüfplans und der Umfang der Prüflose festgelegt. Für die dynamisierte Festlegung des Prüfumfangs werden zur Bestimmung der Stichprobengröße sowohl Informationen zur Fertigungslosgröße als auch eine Bewertung der Qualitätshistorie benötigt. (s. SCHMITT U. PFEIFER 2015, S. 207)

Bei der **Durchführung der Prüfung** werden entsprechend dem Prüfauftrag die vorgesehenen Prüfmerkmale abgeprüft. Bei der Durchführung wird zwischen dem Messen, dem Prüfen, dem Lehren und dem Klassieren als verschiedenen Verfahren zur Ermittlung von Prüf- und Messwerten unterschieden. Neben Prüfungen des Produktes werden im Rahmen der Durchführung auch Prozesse geprüft, um die Prozessfähigkeit festzustellen (s. Fähigkeitsuntersuchungen). (s. SCHMITT U. PFEIFER 2015, S. 211–212; 2015, S. 214)

Die **Prüfdatenerfassung** schließt sich an die Durchführung der Prüfung an und erfolgt nach den Vorgaben der Prüfplanung. Die in der Prüfung anfallenden Daten werden in Prüfprotokollen dokumentiert. Die Dokumentation kann entsprechend der Prüfmethode in Istwert-Tabellen, Messwertprotokollen oder Fehleraufschreibungen festgehalten werden. (s. SCHMITT U. PFEIFER 2015, S. 208)

Nach der Erfassung der Prüfdaten werden in der Aufgabengruppe der **Prüfdatenauswertung** die erfassten Daten für die Analyse und Bewertung verdichtet und anschließend der Qualitätslenkung und der Prüfplanung bereitgestellt. Die Qualitätslenkung plant kurz- und langfristige Maßnahmen zur Qualitätsverbesserung und schließt somit den Regelkreis des Qualitätsmanagements. (s. SCHMITT U. PFEIFER 2015, S. 215–216) Die Prüfdatenauswertung umfasst die Aufgaben der Verdichtung und Analyse, der Kennzahlenbildung, der Fähigkeitsuntersuchungen und der Statistischen Prozessregelung.

Die **Verdichtung und Analyse** der Prüfergebnisse dienem dem Ziel, die erfassten Daten so aufzubereiten, dass sie manuell oder maschinell ausgewertet werden können. Hierzu zählen die Auswertung von attributiven Prüfungen und die Visualisierung sowohl der attributiven als auch variablen Prüfungen in Diagrammen oder Listen. Basierend auf den Analysen werden anschließend Entscheidungen abgeleitet. Die Analysen können neben dem Qualitätsmanagement auch in der Konstruktion, der

Prozessplanung und Prozessüberwachung nutzbringend verwertet werden. (s. SCHMITT U. PFEIFER 2015, S. 216–218; 2015, S. 221–222)

Für die Steuerung des Unternehmens und der Produktion werden auch in Bezug zum Qualitätsmanagement oft verdichtete Kennzahlen genutzt. Die Aufgabe der **Kennzahlenbildung** ist es, aus den verdichteten Prüfergebnissen Kennzahlen zur Steuerung abzuleiten und diese aufbereitet darzustellen. Für die Ermittlung der Kennzahlen sind die Algorithmen zur Berechnung festzulegen sowie die Beurteilungskriterien der Kennzahlen. Nach der Berechnung können die Kennzahlen zur Steuerung genutzt werden. (s. SCHMITT U. PFEIFER 2015, S. 220–221)

Einen bestimmten Fall der Auswertung von Prüfergebnissen stellen die **Fähigkeitsuntersuchungen** dar. Fähigkeitsuntersuchen stellen fest, ob Prozesse, Maschinen und Prüfmittel *fähig* sind, d. h., dass die Werte sich in vorher definierten Toleranzfeldern bewegen. Zur Überprüfung der Fähigkeiten werden Fähigkeitsindizes bestimmt. Das Vorgehen umfasst die Feststellung, ob der Prozess beherrscht ist und systematische Einflüsse ausgeschlossen werden können. Anschließend werden Prüfungen durchgeführt und mittels der erfassten Prüfdaten die Fähigkeitsindizes berechnet. Falls diese nicht den gewünschten Werten entsprechen, werden Analysen und Maßnahmen ergriffen. Falls keine Maßnahmen ergriffen werden können oder diese nicht wirken, gilt der Prozess als nicht fähig. Dies gilt analog auch für die Ermittlung der Maschinen und Prüfmittelfähigkeit. (s. SCHMITT U. PFEIFER 2015, S. 222–226)

Die **statistische Prozessregelung** (engl. *Statistical Process Control*, kurz SPC) ermöglicht die Untersuchung des Prozessverhaltens. Mithilfe von Regelkarten werden statistische Einflüsse auf den Prozess sichtbar gemacht. Dabei werden Zufallsstreuungen im Prozessverhalten über die Toleranz- und Eingriffsgrenzen abgebildet. Bei fähigen Prozessen werden auf Basis von Stichprobenmessungen die Eingriffsgrenzen bestimmt. Anschließend werden im Rahmen der fertigungsbegleitenden Prüfungen Messwerte erhoben und die Kenngrößen in der Qualitätsregelkarte visualisiert. Bei der Vorlage von systematischen Einflüssen werden Maßnahmen ergriffen. (s. SCHMITT U. PFEIFER 2015, S. 230–232)

Das Ziel der Aufgabengruppe des **Prüfmittelmanagements** ist die Sicherstellung der Qualität, Zuverlässigkeit und Einsatzfähigkeit sowie -bereitschaft der Prüfmittel für die Qualitätsprüfungen. Zu den Prüfmitteln zählen alle Geräte und Hilfsmittel, welche im Rahmen von Prüfungen eingesetzt werden. Zur Sicherstellung der Aufgabenerfüllung von Prüfmitteln müssen die geeigneten Prüfmittel für den Anwendungsfall zum benötigten Zeitpunkt verfügbar sein. Darüber hinaus müssen die geplanten Eigenschaften des Prüfmittels auch mit den tatsächlichen übereinstimmen, d. h.; dass die gewünschte Funktionsfähigkeit sichergestellt ist. Zu den Aufgaben des Prüfmittelmanagements zählen die Prüfmittelplanung und -beschaffung, die Prüfmittelverwaltung und die Prüfmittelüberwachung. (s. SCHMITT U. PFEIFER 2015, S. 236–237)

Die **Prüfmittelplanung und -beschaffung** ist für die Anforderungserhebung, die Auswahl und rechtzeitige Beschaffung von geeigneten Prüfmitteln verantwortlich. Dazu werden im Rahmen der Planung basierend auf der zukünftigen Verwendung die Eigenschaften und Spezifikationen als Anforderungen in einem Pflichtenheft festgehalten. Basierend auf einer Analyse von vorhandenen Prüfmitteln wird festgelegt, ob der Bedarf für neue Prüfmittel besteht. Im Rahmen der Beschaffung wird überprüft, ob Standard-Prüfmittel die Anforderungen erfüllen, oder ob Prüfmittel konstruiert und als Sonderanfertigung beschafft werden müssen. Vor der betrieblichen Nutzung des beschafften Prüfmittels muss die Eignung im Rahmen einer Prüfung bestätigt werden. Mit der Freigabe der beschafften Prüfmittel können diese im Rahmen der Qualitätsprüfungen eingesetzt werden. (s. SCHMITT U. PFEIFER 2015, S. 237–239)

Die **Prüfmittelverwaltung** stellt eine zentrale Aufgabe des Prüfmittelmanagements dar. Die Prüfmittelverwaltung verwaltet die Daten der Prüfmittel und stellt diese für die Planung und Beschaffung sowie die Einsatzplanung der Prüfmittel bereit. Die Prüfmitteldaten umfassten hauptsächlich Stammdaten wie Informationen zur Art des Prüfmittels, zu den Lieferanten und Beschaffungskosten sowie zu Einsätzen und der Restlebensdauer. Ebenso werden Daten zu den Überwachungs- und Kalibrierprüfungen sowie die Ergebnisse der Prüfmittelüberwachung verwaltet. Die Verwaltung umfasst die Anlage neuer Daten, die Pflege und Dokumentation von Änderungen, die Bereitstellung der Daten sowie die Archivierung und Löschung von Stammdaten ausgemusterter Prüfmittel. (s. SCHMITT U. PFEIFER 2015, S. 239–242)

Die **Prüfmittelüberwachung** umfasst die Tätigkeiten zur Sicherstellung der Zuverlässigkeit und der technischen Einsatzfähigkeit der vorhandenen Prüfmittel. Ziel der Prüfmittelüberwachung ist die Qualität des Prüfmittels, welche anhand zuverlässiger Mess- und Prüfergebnisse gemessen wird, sicherzustellen und zu dokumentieren. Die Prüfmittelüberwachung prüft daher in regelmäßigen Abständen die geforderten und zugesagten Eigenschaften der Prüfmittel mithilfe von Checklisten und/oder Prüfplänen. Zu diesen Prüfungen zählen auch die Eichung und Kalibrierung des Prüfmittels. Im Rahmen der Überprüfung werden die Prüfmittel wieder für den Einsatz in der Qualitätssicherung freigegeben, instandgesetzt und erneut geprüft oder ausgemustert. Die Prüfmittelüberwachung kann anhand ihrer Strategie in die prüfmittelbezogene oder prüfaufgabenbezogene Überwachung unterteilt werden. (s. SCHMITT U. PFEIFER 2015, S. 242–244)

Das technische **Beschwerdemanagement** fasst alle Aufgaben und Maßnahmen zusammen, die die technische Problemlösung vorantreiben, um die beim Kunden aufgetretenen Fehler zu beheben und die Ursachen im Prozess abzustellen. Ziel ist es, Fehler und ihre Ursachen zu identifizieren und anschließend nachhaltig abzustellen. Ein Wiederauftreten des Fehlers soll dadurch verhindert werden. (s. SCHMITT U. PFEIFER 2015, S. 438–439) Die Aufgaben umfassen die Felddatenerfassung und -aufbereitung, die Fehleridentifikation und -priorisierung, die operative Fehlerabstellung, die Unterstützung, Monitoring, Dokumentation und die Maßnahmenvalidierung. (s. SCHMITT U. PFEIFER 2015, S. 441–442)

Der erste Schritt des Referenzprozesses ist die **Felddatenerfassung und -aufbereitung**. Ziel dieser Aufgabe ist die Zusammenführung von Informationen aus verschiedenen Quellen. Neben den Daten aus dem Feld, also der Nutzung beim Kunden, können auch Daten aus der Produktion zusammengetragen werden. Die gesammelten Daten und Informationen werden als Datengrundlage für die nachfolgenden Schritte aufbereitet. (s. SCHMITT U. PFEIFER 2015, S. 442)

An die Aufbereitung schließen sich die **Fehleridentifikation und -priorisierung** an, welche die identifizierten Fehler hinsichtlich ihrer Kritikalität bewerten. Ziel ist es, die Ressourcen zur Fehlerabstellung optimal einzusetzen und kritische Fehler zuerst abzustellen. Die Bewertungsdimensionen der Kritikalität werden aufgrund der strategischen Ausrichtung des Beschwerdemanagements vorgegeben. (s. SCHMITT U. PFEIFER 2015, S. 442–443)

Die **operative Fehlerabstellung** beginnt nach der Bewertung und Priorisierung der Fehlerbilder. Basierend auf den gesammelten und aufbereiteten Informationen ist die primäre Aufgabe die nachhaltige Abstellung der Fehler durch technische Lösungen. Dabei sind Erkenntnisse über die Ursache sowie Möglichkeiten zur Fehlerabstellung in die Prozesse der präventiven Fehlerabstellung, beispielsweise in der Konstruktion und Entwicklung sowie Arbeitsvorbereitung, zu überführen. Parallel zur Überführung und Umsetzung werden die begleitenden Tätigkeiten der **Unterstützung**, des **Monitorings** und der **Dokumentation** der Erkenntnisse und Abstellungsmaßnahmen durchgeführt. (s. SCHMITT U. PFEIFER 2015, S. 443)

Die letzte Aufgabe im Rahmen des Beschwerdemanagements ist die **Validierung der** ergriffenen **Maßnahmen**. Neben der internen Validierung auf Prüfständen oder Prüfungen schließt dies auch die Validierung mit Felddaten ein. Ziel ist es, die Wirksamkeit der Maßnahmen sicherzustellen. Bei fehlender Wirksamkeit müssen weitere Maßnahmen zur Abstellung ergriffen werden. (s. SCHMITT U. PFEIFER 2015, S. 443)

In Abbildung 5-16 sind die Kernaufgaben der Qualitätssicherung nach den Aufgabengruppen Prüfplanung, Prüfausführung, Prüfauswertung, Prüfmittelmanagement und dem Beschwerdemanagement gegliedert dargestellt.

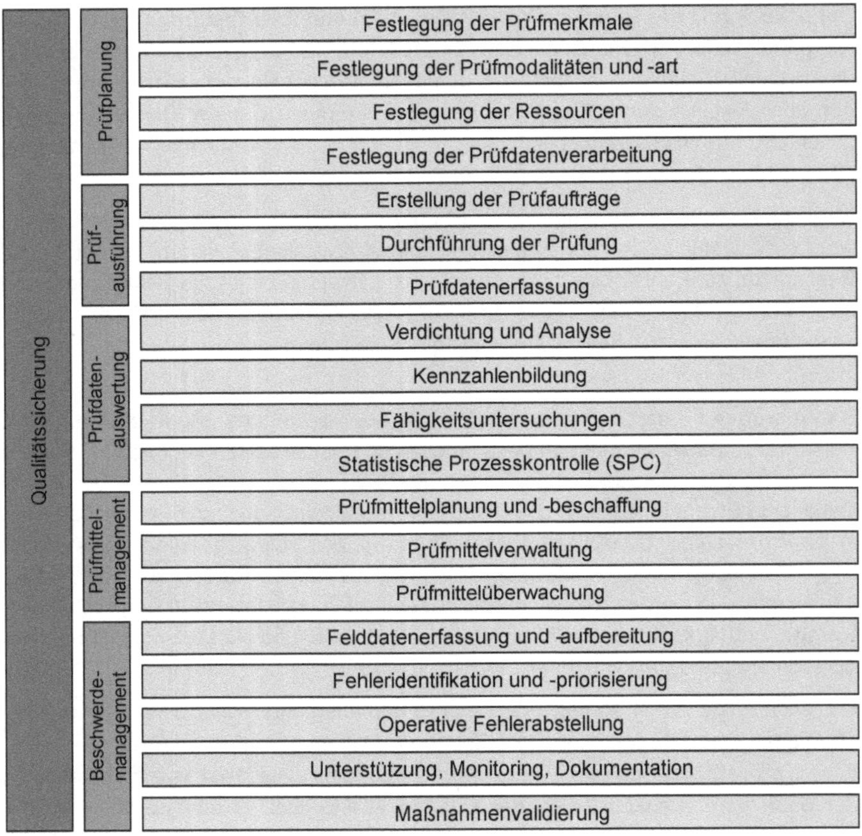

Abbildung 5-16: Kernaufgaben der Qualitätssicherung (eigene Darstellung)

Zusammenfassung

Die Kernaufgaben produzierender Unternehmen bilden einen Teil des kombinierten Referenzmodells der vorliegenden Dissertationsschrift (s. Kapitel 4.3). In dem Unterkapitel wurden die Kernaufgaben anhand von sieben übergeordneten Unternehmensfunktionen anhand des Modells produzierender Unternehmen von MEISSNER strukturiert. Hierbei konnten 105 Kernaufgaben aufgeteilt auf 25 Aufgabengruppen identifiziert werden. Die Kernaufgaben wurden anhand von Standardliteratur der verschiedenen Bereiche identifiziert und beschrieben. Mit der vorliegenden Strukturierung können nun die Bereiche eines Unternehmens beschrieben werden, welche (möglicherweise) durch MES-Funktionen unterstützt werden. Die Kernaufgaben bilden den ersten Teil des kombinierten Referenzmodells für den Aufbau des Reifegradmodells (s. Kap. 6.1 und 6.2). Eine Validierung der Strukturierung der Kernaufgaben hinsichtlich Vollständigkeit sowie Anwendbarkeit findet im Rahmen der Fallstudie (s. Kap. 8.2) statt. In Kapitel 5.3 werden die Funktionen eines Manufacturing-Execution-Systems beschrieben und klassifiziert. Diese bilden den zweiten Teil des kombinierten Referenzmodells für die Entwicklung eines Reifegradmodells zur Bestimmung der Implementierungsreihenfolge für eine sukzessive Implementierung von ME-Systemen.

5.3 Beschreibung und Klassifikation der Funktionen eines Manufacturing-Execution-Systems

Im folgenden Unterkapitel werden die Funktionen eines ME-Systems beschrieben und entsprechend der verfügbaren Literatur zusammengefasst. Ziel ist die Strukturierung der Funktionen des MES zum Aufbau des Referenzmodells für das Reifegradmodell.

Hierzu wird basierend auf der Analyse der verschiedenen MES-Normen die VDI-Richtlinie 5600 zur trukturierung von ME-Systemen herangezogen. Die Richtlinie bietet eine anerkannte und abgestimmte Funktionsstruktur für ME-Systeme. Jedoch beschreibt sie die Funktionalitäten auf einem sehr hohen und eher abstrakten Detaillierungsgrad. Neben der Richtlinie hat sich KLETTI mit verschiedenen Werken stark in der Beschreibung von ME-Systemen eingesetzt (vgl. KLETTI 2007; KLETTI U. SCHUMACHER 2014; KLETTI 2015; KLETTI U. DEISENROTH 2019). Aufgrund der Aktualität wird sich im Folgenden stärker auf die Ausführungen von KLETTI U. DEISENROTH gestützt. KLETTI U. DEISENROTH beschreiben die Struktur und Funktionen eines ME-Systems deutlich ausführlicher und detaillierter als dies in der VDI-Richtlinie der Fall ist. Die Beschreibung basiert auf dem ME-System, welches durch die Softwarefirma MPDV unter dem Namen Hydra vertrieben wird. Dort sind beide Autoren angestellt. Im Anschluss an die Beschreibung werden im zweiten Teil des Unterkapitels die Wechselwirkungen zwischen den Funktionsmodulen des MES beschrieben.

Um den Anspruch an eine Allgemeingültigkeit der Dissertationsschrift zu wahren, wird im Anschluss an die Desk-Research sowie die Strukturierung der Funktionen des MES eine statistische Analyse mit Marktdaten des IT-Matchmakers® Trovarit AG durchgeführt. Dort werden verschiedene IT-Systemanbieter mit ihren Systemen und den deren verfügbaren Funktionalitäten geführt. Die Ergebnisse der Analyse sollen überprüfen, ob die durch KLETTI U. DEISENROTH beschriebenen Funktionen des MES Hydra von MPDV auch in weiteren Systemen ihrer Marktbegleiter enthalten sind. Die Analyse befindet sich im Validierungsteil der Dissertationsschrift im (s. Kap. 8.1.).

5.3.1 Beschreibung der Funktionsmodule

Manufacturing-Execution-Systeme sind laut Normen und Beschreibungen verschiedener Hersteller modular aufgebaute Informationssysteme. Die Funktionen werden nach der VDI-RICHTLINIE 5600-1 in zehn Module unterteilt. (s. WIENDAHL ET AL. 2019, S. 16–18; VDI-RICHTLINIE 5600-1, S. 9) Im Folgenden werden für jedes Funktionsmodul die Funktionen zur Unterstützung produzierender Unternehmen vorgestellt. Dabei werden die Funktionen in Funktionsklassen zusammengefasst, welche als modulare Unterteilung der Funktionsmodule zu verstehen sind (s. Abbildung 5-17). Die Funktionsklassen fassen jene Funktionen zusammen, welche inhaltliche und systemrelevante

Abhängigkeiten untereinander haben. Je nach Systemarchitektur der Systemanbieter auf dem MES-Markt können Funktionsmodule oder sogar Funktionsklassen unabhängig voneinander implementiert werden.

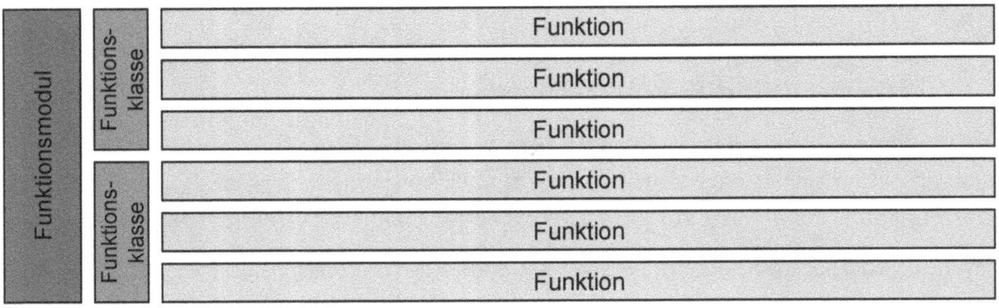

Abbildung 5-17: Strukturierung der MES-Funktionen in Funktionsklassen und -module (eigene Darstellung)

Auftragsmanagement

Das Auftragsmanagement umfasst die Aufnahme und Bereitstellung von Auftragsinformationen im MES. Dazu werden Fertigungsaufträge aus MES-internen und externen Quellen übernommen und anderen MES-Funktionen bereitgestellt. Auftragsbezogene Daten, welche im Verlauf der Produktion entstehen, werden von diesem Modul aufgenommen, aufbereitet und dem Fertigungsauftrag zugeordnet. Ebenso erfolgt die Weitergabe an andere MES-Module, um die Transparenz innerhalb der Produktion zu steigern und Zeitverluste in der Informationsaufbereitung zu reduzieren. (s. VDI-RICHTLINIE 5600-1, S. 9–11) Die Funktionen des Auftragsmanagements werden in dieser Dissertationsschrift abweichend von der VDI-Norm in zwei Funktionsklassen unterteilt, welche samt ihren Funktionen in Abbildung 5-18 dargestellt sind. Die Funktionsklassen umfassen die *Auftragsverarbeitung* und die *Informationsbereitstellung*.

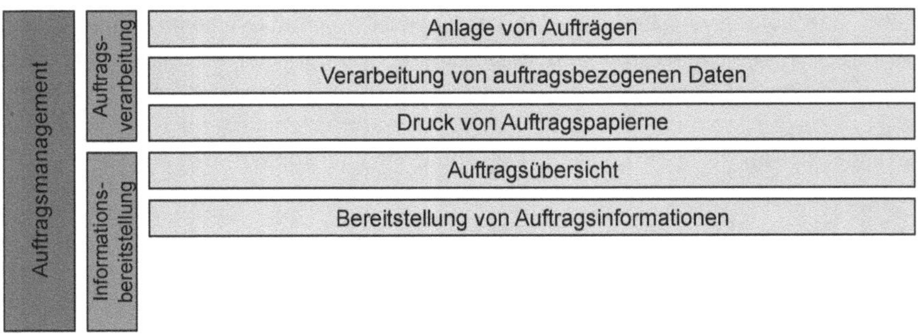

Abbildung 5-18: Funktionen des MES-Moduls *Auftragsmanagement* (eigene Darstellung)

Die **Auftragsverarbeitung** umfasst die Funktionen der Anlage von (Fertigungs-)Aufträgen, die Verarbeitung von Aufträgen und auftragsbezogenen Daten sowie den Druck von Auftragspapieren. (s. VDI-RICHTLINIE 5600-1, S. 11–13; KLETTI 2015, S. 75)

Die **Anlage von Aufträgen** umfasst Funktionen zur Anlage und Pflege von Fertigungsaufträgen, Arbeitsgängen und Arbeitsplänen. Dies ermöglicht, dass ein MES auch Aufträge verwalten kann, falls es keine Kopplung zum ERP hat, oder das ERP nicht alle für das MES relevanten Auftragsinformationen verwaltet. (s. VDI-RICHTLINIE 5600-1, S. 11–13; KLETTI 2015, S. 75)

Die Funktion der **Verarbeitung von auftragsbezogenen Daten** ermöglicht die Übernahme sowie Verwaltung der Aufträge und auch die Verarbeitung der durch die Datenerfassung aufgenommenen Daten aus der Produktion. Dies inkludiert u. a. die Verwaltung von alternativen Fertigungseinheiten (z. B. Stückzahlen, Gewichte, Flächen etc.) und Berechnungsvorschriften für Auftragsrestlaufzeiten. (s. VDI-RICHTLINIE 5600-1, S. 11–13; KLETTI 2015, S. 75)

Die Funktion des **Drucks von Auftragspapieren** realisiert die Möglichkeit, die digitalen Auftragsinformationen und -papiere des MES analog bereitzustellen. (s. VDI-RICHTLINIE 5600-1, S. 11–13; KLETTI 2015, S. 75)

Die **Informationsbereitstellung** umfasst die MES-Funktionen der Auftragsübersicht und die Bereitstellung von Auftragsinformationen.

Die **Auftragsübersicht** umfasst zwei verschiedene Ansichten. Die Ansicht für die Produktionssteuerung bietet eine Übersicht über den Auftragsstatus (z. B. laufend, gestoppt oder beendet), den Auftragsfortschritt (z. B. Stückzahlen) und über die mit dem Auftrag verbunden Zeiten (z. B. Rüst- und Bearbeitungszeiten). Für die Werker*in können an den Arbeitsplätzen die nächsten, zu bearbeitenden Aufträge bzw. Arbeitsgänge angezeigt werden, welche den Auftragspool des Arbeitsplatzes bilden. (s. KLETTI u. DEISENROTH 2019, S. 70; VDI-RICHTLINIE 5600-1, S. 11–13)

Die **Bereitstellung der Auftragsinformationen** spielt für die Werker*in eine entscheidende Rolle. Auf dem Bildschirm kann das MES mit dieser Funktion den Auftragspool mit möglichen Arbeitsgängen anzeigen. Bei der Auswahl und Anmeldung des Auftrages am Arbeitsplatz werden der Werker*in auftragsbezogene Informationen (z. B. Stücklisten, Arbeitsanweisungen, Prüfvorschriften) und auftragsbezogene Rückmeldungen und Auswertungen angezeigt. So kann auch die Werker*in den aktuellen Auftragsstatus, -fortschritt sowie definierte Kennzahlen angezeigt bekommen. (s. VDI-RICHTLINIE 5600-1, S. 11–13; KLETTI 2015, S. 77–78; KLETTI u. DEISENROTH 2019, S. 69)

Betriebsmittelmanagement

Das Betriebsmittelmanagement verfolgt das Ziel, die technische Verfügbarkeit sicherzustellen und zu verbessern. Hierzu unterstützen die Funktionen des Betriebsmittelmanagements die Sicherstellung der Verfügbarkeit und der technischen Funktionsfähigkeit der im Unternehmen eingesetzten Betriebsmittel. Zu den Betriebsmitteln werden im Kontext des MES Maschinen, Anlagen und Arbeitsplätze sowie Betriebshilfsmittel gezählt. Letztere können Werkzeuge, Vorrichtungen und weiteres Equipment umfassen. Das Betriebsmittelmanagement umfasst sowohl eine rückwirkende und eine aktuelle als auch eine vorausschauende Perspektive auf die Betriebsmittel. (s. VDI-Richtlinie 5600-1, S. 15) Entgegen der Norm werden im Rahmen dieser Dissertationsschrift die Funktionen in die drei Funktionsklassen *Instandhaltungsplanung und -steuerung*, *Instandhaltungsauswertung* und *Bereitstellung von Betriebsmittelinformationen* gegliedert. Die Funktionen des Funktionsmoduls *Betriebsmittelmanagement* samt der Funktionsklassen sind in Abbildung 5-19 dargestellt.

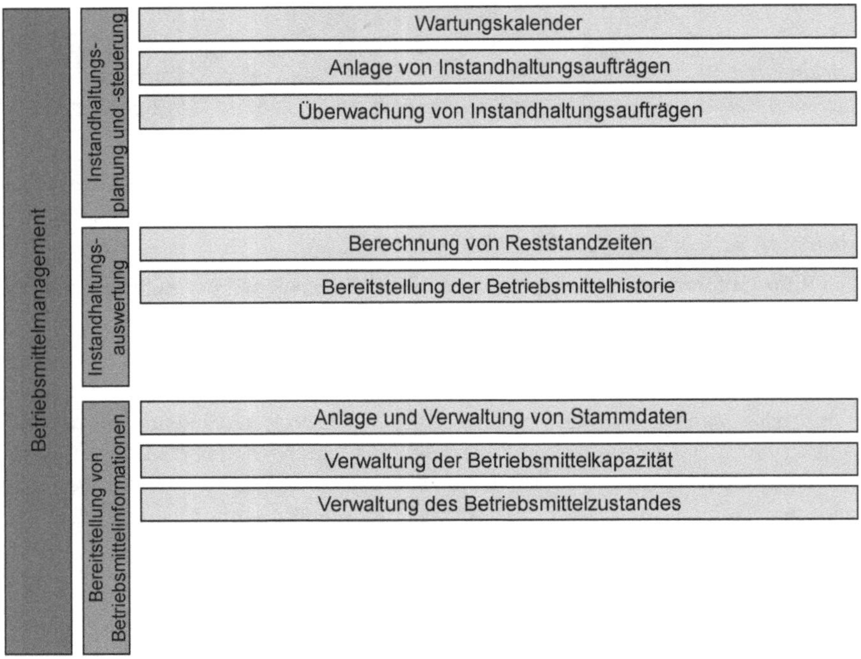

Abbildung 5-19: Funktionen des MES-Moduls *Betriebsmittelmanagement* (eigene Darstellung)

Die Funktionen der **Instandhaltungsplanung und -steuerung** umfassen die Pflege des Wartungskalenders, die Anlage von Instandhaltungsaufträgen und die Überwachung von Instandhaltungsaufträgen.

Der **Wartungskalender** ist ein ressourcenspezifischer Kalender, welcher die geplanten Instandhaltungsaktivitäten einer Ressource verwaltet. Hierbei können im Rahmen der Instandhaltungsplanung sowohl zeitpunktspezifische als auch nutzungsabhängige Instandhaltungstätigkeiten geplant werden. (s. Kletti u. Deisenroth 2019, S. 152)

Die **Anlage von Instandhaltungsaufträgen** umfasst die Funktion des MES, die geplante und reaktive Instandhaltungsaktivitäten in Auftragsform weiteren MES-Modulen (z. B. Auftragsmanagement, Feinplanung und Feinsteuerung) zur Verfügung stellt. Die Instandhaltungsaufträge umfassen Informationen für die durchzuführenden Tätigkeiten wie Arbeitspläne, Anweisungen und Stücklisten. Die Anzeige der

Auftragsinformationen an den Betriebsmitteln übernimmt das Auftragsmanagement, die Planung wird durch das MES-Modul *Feinplanung und Feinsteuerung* übernommen. (s. KLETTI U. DEISENROTH 2019, S. 154)

Die letzte Funktion der Funktionsklasse ist die **Überwachung von Instandhaltungsaufträgen**. Diese Funktion unterstützt die Steuerung, da durch das MES die Wartungsaktivitäten überwacht und protokolliert werden können. Bei Überschreitungen von Zeitintervallen können Hinweise an die Mitarbeiter*innen ausgegeben werden. (s. KLETTI U. DEISENROTH 2019, S. 152)

Die Funktionen der Funktionsklasse **Instandhaltungsauswertung** fokussieren die Auswertung der Instandhaltungsaktivitäten und des Ressourceneinsatzes. Hierzu werden die Funktionen der Betriebsmittelhistorie und die Berechnung von Reststandzeiten genutzt. Weiterführende Analyse werden durch das MES-Modul Leistungsanalyse bereitgestellt (s. u.).

Durch die Zusammenführung und Auswertung von Rückmeldedaten der Betriebs- und Maschinendatenerfassung kann die Funktion **Reststandzeiten** der Betriebsmittel **errechnen**. Im Wartungskalender festgelegte, standzeitabhängige Wartungsintervalle dienen hierbei als Bezugsgröße. (s. KLETTI U. DEISENROTH 2019, S. 152)

Die zweite Funktionalität umfasst die **Bereitstellung der Betriebsmittelhistorie**, in der Instandhaltungsaktivitäten, Einsätze und Ausfälle eines Betriebsmittels gesammelt werden. (s. KLETTI U. DEISENROTH 2019, S. 153–154)

Die Funktionsklasse der **Bereitstellung von Betriebsmittelinformationen** fokussiert die Anlage, Pflege und Bereitstellung von Informationen mit Bezug zu Betriebsmitteln. Die Funktionen der Klasse sind Anlage und Verwaltung von Stammdaten, die Verwaltung der Betriebsmittelkapazität und die Verwaltung des Betriebsmittelzustandes.

Die **Anlage und Verwaltung von** betriebsmittelbezogenen **Stammdaten** bilden die Basis für die Nutzung diverser MES-Funktionalitäten. Neben Stammdaten wie Inventarnummern, Standorten und Instandhaltungskriterien können auch Stammdaten bezüglich der Struktur von mehrteiligen Betriebsmitteln (Werkzeugen und Anlagen) abgebildet werden, um Instandhaltungsaktivitäten gezielt zu planen und zu steuern. (s. KLETTI U. DEISENROTH 2019, S. 149–151)

Die **Verwaltung der Betriebsmittelkapazität** kann als Pflege eines Stammdatums gesehen werden, wird jedoch im Rahmen der vorliegenden Dissertationsschrift gesondert geführt, da die Verwaltung der Kapazität nicht nur einmalig geführt wird, sondern sich in Form eines Betriebsmittelkalenders dynamisieren lässt und neben verfügbaren Zeitangeboten auch Ausstoßmengen sowie Taktzeiten verwaltet werden können. Diese Kapazitätsinformationen werden der Feinplanung und Feinsteuerung zur Verfügung gestellt. (s. KLETTI U. DEISENROTH 2019, S. 149–151)

Die letzte Funktionalität der Klasse beschreibt die **Verwaltung des Betriebsmittelzustandes**, welcher verschiedene ressourcenbezogene Bewegungsdaten auswertet und für verschiedene MES-Module bereitstellt. Der Betriebsmittelzustand umfasst

Einsatzdaten (z. B. aktueller Auftrag), den aktuellen Zustand (z. B. in Betrieb) und wartungsrelevante Informationen (z. B. produktive Betriebsstunden) einer Ressource. (s. KLETTI U. DEISENROTH 2019, S. 153)

Datenerfassung

Das MES-Modul Datenerfassung fokussiert die Erfassung aller relevanten Daten im und um den Produktionsprozess. Die Datenerfassung fokussiert u. a. die Erfassung von Betriebs-, Maschinen-, Personal-, Prozess- und Qualitätsdaten. Die Erfassung der Daten kann manuell, teilautomatisch oder vollautomatisch erfolgen. Nach der Erfassung erfolgt eine Vorverarbeitung in Form von Plausibilitätsprüfungen sowie der Verdichtung, ehe die Daten an interne und externe Systemfunktionalitäten weitergegebene werden. Entgegen der Norm werden im Rahmen dieser Dissertationsschrift die Funktionen der Datenerfassung in die drei Funktionsklassen Erfassung, Vorverarbeitung und Bereitstellung gegliedert. Die Funktionsklassen samt ihren Funktionen sind in Abbildung 5-20 dargestellt.

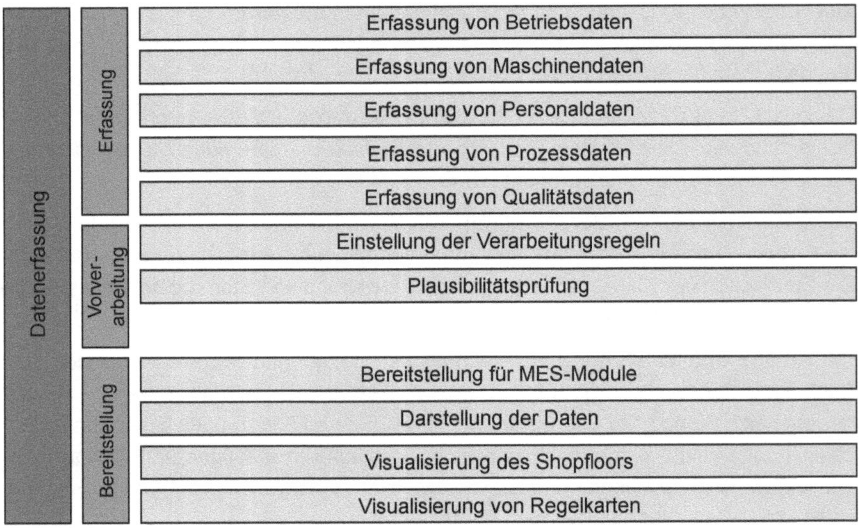

Abbildung 5-20: Funktionen des MES-Moduls *Datenerfassung* (eigene Darstellung)

Die Funktionsklasse der **Erfassung** umfasst die Funktionen zur Aufnahme der verschiedenen Datenarten während des Wertschöpfungsprozesses.

Bei der **Erfassung von Betriebsdaten** werden auftragsbezogene Daten meist durch Werker*innen erfasst. Hierzu zählen das An- bzw. Abmelden von Arbeitsgängen sowie die Buchung von Teil-, Gut- und Ausschussmengen. (s. KLETTI U. DEISENROTH 2019, S. 68)

Die **Erfassung von Maschinendaten** fokussiert die Übernahme der von den Sensoren und der Steuerung aufgenommenen Daten in das ME-System. Über

Maschinenschnittstellen können so automatisch Kennwerte in das System übernommen werden. Neben der automatischen Erfassung von Daten werden auch manuelle Erfassungstätigkeiten wie Maschinenstörungen betrachtet. Dies kann nötig sein, falls keine Maschinenschnittstelle zum MES geschaffen werden kann. (s. KLETTI U. DEISENROTH 2019, S. 84–85)

Die **Erfassung von Personaldaten** fokussiert die Aufnahme von personenbezogenen Zeiten. Dies umfasst die Erfassung von Anwesenheitszeiten und auftragsspezifischen Einsatzzeiten (s. KLETTI U. DEISENROTH 2019, S. 177–180). Manche Systeme erlauben hier auch die Erfassung und Buchung von Mehr-Personen-Bedienung sowie die Mehr-Maschinen-Bedienung.

Zur Überwachung von Produktionsprozessen und der daraus resultierenden Produktqualität ermöglichen ME-Systeme die **Erfassung von Prozessdaten**. Die Erfassung schließt neben Produktionsparametern auch die Erfassung von Prozesswerten ein, welche meist über eine Anbindung der Maschinen- bzw. Anlagensteuerung realisiert wird. (s. KLETTI U. DEISENROTH 2019, S. 140)

Im Rahmen der fertigungsbegleitenden Prüfung werden den Mitarbeiter*innen über das Auftragsmanagement die durchzuführenden Prüfschritte angezeigt. Im Rahmen der Datenerfassung können sowohl qualitätsrelevante Prozessdaten als auch Prüfdaten zu Prüfmerkmalen erfasst werden. Falls Sensorik zur **Erfassung von Qualitätsdaten** in den Prozess integriert ist, kann die Erfassung der Daten automatisch ablaufen. Hingegen bietet die MES-Benutzerschnittstelle die Möglichkeit zur manuellen und teilautomatischen Erfassung von Prüfdaten. (s. KLETTI U. DEISENROTH 2019, S. 238)

Im Rahmen der Funktionsklasse der **Vorverarbeitung** werden die Daten gemäß vorher definierten Regeln verarbeitet und anschließend entsprechend bereitgestellt. Im Rahmen der Vorverarbeitung können die Funktionen der Einstellung der Verarbeitungsregeln sowie die Plausibilitätsprüfung unterschieden werden.

Zur **Einstellung der Verarbeitungsregeln** werden im ME-System festgelegt, wie eingehende Daten von Sensoren, Maschinensteuerungen und den Bediener*innen verarbeitet und geprüft werden sollen. Ebenso werden hier die Toleranzgrenzen und Eingriffsgrenzen für bestimmte Prozessparameter festgelegt. (s. KLETTI U. DEISENROTH 2019, S. 141–142) Im Rahmen der Einstellung der Verarbeitungsregeln werden die Regeln für die Betriebsdaten, Maschinendaten sowie Prozessdaten festgelegt. Die Verarbeitungsregeln für Personal- sowie Qualitätsdaten werden in den jeweiligen Funktionsmodulen definiert.

Die **Plausibilitätsprüfung** führt im Rahmen der Vorverarbeitung der Daten eine Prüfung der eingehenden Daten hinsichtlich möglicher Fehleingaben durch die Bediener*innen durch. (s. KLETTI U. DEISENROTH 2019, S. 59)

Die Funktionsklasse der **Bereitstellung** umfasst die MES-Funktionen zur Bereitstellung der erfassten Daten an MES-Benutzerschnittstellen sowie die Bereitstellung für weitere MES-Module und deren Funktionen.

An MES-Benutzerschnittstellen (z. B. Terminals) der Ressourcen lassen sich die aufgenommenen **Daten darstellen**. Eine Darstellung der Prozessdaten ermöglicht das Eingreifen in laufende Prozesse zur Sicherstellung der Produktqualität. Dabei können nicht nur die aktuellen Werte, sondern auch die Grenz- und Eingriffswerte der einzelnen Prozessparameter visualisiert werden. (s. KLETTI U. DEISENROTH 2019, S. 140; 2019, 143)

Neben der Visualisierung der Daten einzelner Ressourcen können die Daten den Bediener*innen (z. B. bei der Produktionssteuerung) auch in einer aggregierten Form als **Übersicht über den Shopfloor** bereitgestellt werden. Die Visualisierung des Shopfloors ermöglicht die Schaffung eines schnellen Überblicks über den aktuellen Status der Produktion. (s. KLETTI U. DEISENROTH 2019, S. 88)

Die erfassten Prozess- und Qualitätsdaten lassen sich in Form von **Regelkarten visualisieren** und können ebenfalls den Bediener*innen „live“ bereitgestellt werden. (s. KLETTI U. DEISENROTH 2019, S. 140)

Neben der Bereitstellung und Visualisierung der Daten für die Nutzer*innen des MES werden die Daten durch auch für weitere **MES-Funktionsmodule bereitgestellt**. (s. VDI-RICHTLINIE 5600-1, S. 23) Die Verteilung dieser Daten wir durch das Informationsmanagement gesteuert (s. Informationsmanagement).

Energiemanagement

Das Energiemanagement unterstützt produzierende Unternehmen bei der energieeffizienten Fertigung und Montage. Dazu unterstützt das Funktionsmodul *Energiemanagement* bei der Planung, der systematischen Erfassung, Überwachung und Steuerung des Energieverbrauches. Mithilfe der Funktionen und der u. a. daraus resultierenden Transparenz werden produzierende Unternehmen bei der Erreichung ökologischer und ökonomischer Ziele unterstützt. Das Energiemanagement wird wie in der VDI-Richtlinie in die zwei Funktionsklassen *Energiemonitoring* und *Energiecontrolling* unterteilt. Die Funktionen des Funktionsmoduls sind in Abbildung 5-21 zusammengefasst.

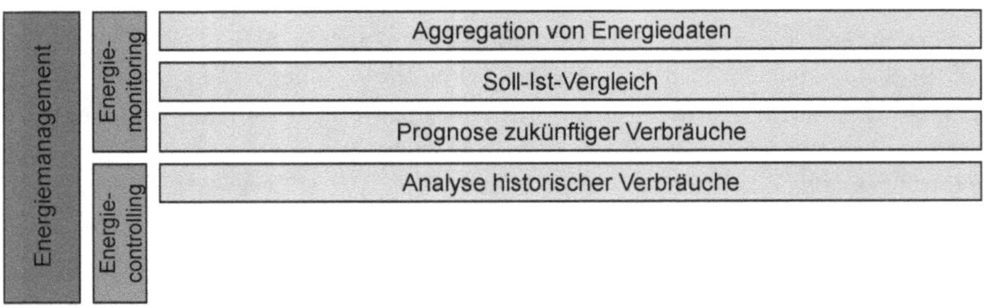

Abbildung 5-21: Funktionen des MES-Moduls *Energiemanagement* (eigene Darstellung)

Das **Energiemonitoring** fokussiert die Überwachung und Steuerung des aktuellen Energieverbrauches auf Basis erfasster Daten (z. B. mit Stromzählern). Das Energiecontrolling analysiert die historischen Daten und stellt diese in Auswertungen und Diagrammen dem Produktionsmanagement bereit. Das Energiemonitoring umfasst die Funktionen der Energiedatenaggregation, den Soll-Ist-Vergleich und die Prognose zukünftiger Verläufe für die Feinplanung und -steuerung.

Die **Aggregation der Energiedaten** fokussiert die Zusammenfassung und Visualisierung der aktuellen Verbräuche und Lastgänge. Sie bildet die Basis für alle weiteren Funktionen des Energiemanagements. (s. VDI-Richtlinie 5600-1, S. 31; Kletti u. Deisenroth 2019, S. 170)

Der kurzfristige **Soll-Ist-Vergleich** der Energiedaten ermöglicht neben der Steuerung der Lastgänge auch Rückschlüsse auf den Prozessverlauf sowie die Prozessqualität. (s. VDI-Richtlinie 5600-1, S. 31)

Neben dem kurzfristigen Soll-Ist-Vergleich werden die Daten im Energiemonitoring zu **Prognosen zukünftiger Verbräuche** verarbeitet, um diese der Feinplanung und -steuerung zur Erstellung energieeffizienter Produktionspläne bereitzustellen. Durch eine angepasste Planung lassen sich Lastspitzen im Verlauf der Produktion vermeiden. (s. VDI-Richtlinie 5600-1, S. 31)

Das **Energiecontrolling** umfasst die Funktion zur Analyse historischer Lastgänge. Mit der Analyse können neben der Identifikation von Korrelationen auch Verbrauchsabrechnungen angestoßen werden.

Im Rahmen der **Analyse der historischen Verbrauchsdaten** werden die Energieverbräuche verdichtet und verschiedenen Zeiträumen oder organisatorischen Gruppen entsprechend aggregiert und untereinander verglichen. So können Lastspitzen identifiziert und bei Bedarf reduziert werden. Ebenso können Trends identifiziert werden, welche auf einen Verschleiß von Anlagen hindeuten. Über die Einblendung weiterer Datenkurven (z. B. von Prozess- oder Prüfwerten) können Korrelationen identifiziert werden. Anhand monatlicher Verbrauchsanalysen können Abrechnungen angestoßen werden. (s. VDI-Richtlinie 5600-1, S. 31; Kletti u. Deisenroth 2019, S. 170–171)

Feinplanung und Feinsteuerung

Die Funktionen des MES-Moduls *Feinplanung und Feinsteuerung* unterstützen bei der Erzeugung eines realisierbaren und detaillierten Werkstattplans unter Berücksichtigung verschiedener Restriktionen. Dabei kann je nach Grad der Automatisierung der Feinplanung und -steuerung durch das ME-System neben der Erstellung des Werkstattplans auch automatisiert auf Störungen in der Produktion reagiert werden. Die Funktionen übernehmen die Aufträge aus dem Vorrat des Moduls *Auftragsmanagement* und erstellen unter Berücksichtigung der Restriktionen wie Maschinen- und Materialverfügbarkeit einen Werkstattplan. Bei der Umsetzung des Plans werden Informationen aus der Datenerfassung genutzt, um auf den aktuellen Status der Produktion sowie mögliche Störungen zu reagieren. Durch die echtzeitnahe Datenerfassung und

-verarbeitung kann mit den Funktionen der *Feinplanung und Feinsteuerung* ein Regelkreis in der Produktionssteuerung erreicht werden, da ein kontinuierlicher Eingriff in den Produktionsablauf zur Reaktion auf Störungen ermöglicht wird. (s. VDI-RICHTLINIE 5600-1, S. 13–15) Im Rahmen dieser Dissertationsschrift werden abweichend zur VDI-Richtlinie die drei Funktionsklassen *Erzeugung des Werkstattplans*, *Pflege der Planungsstammdaten* und *Analyse der Planung* unterschieden, welche in Abbildung 5-22 samt ihren Funktionen dargestellt sind.

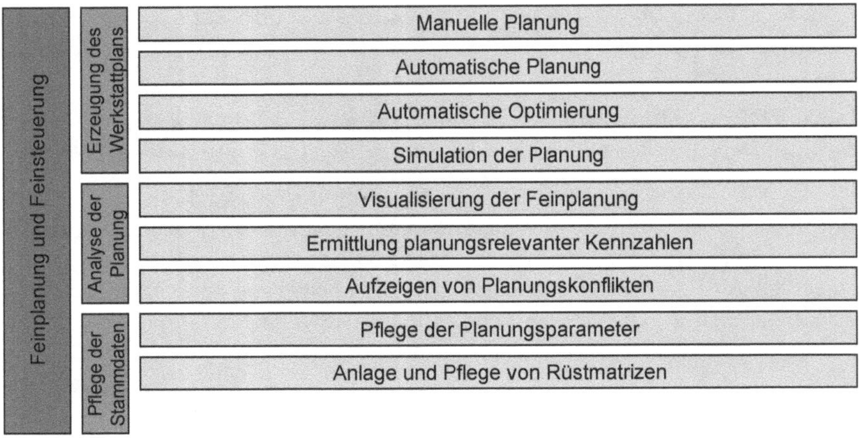

Abbildung 5-22: Funktionen des MES-Moduls *Feinplanung und Feinsteuerung* (eigene Darstellung)

Die Funktionsklasse **Erzeugung des Werkstattplans** umfasst die Funktionen zur manuellen und automatisierten Planung und zu deren Optimierung. Bei der Erzeugung des Werkstattplans werden neben den Auftragsdaten des Auftragsmanagements auch Daten und Informationen der MES-Funktionsmodule der Datenerfassung, des Betriebsmittelmanagements, des Energiemanagements, des Materialmanagements, des Personalmanagements und des Qualitätsmanagements berücksichtigt. Die Funktionen sind die manuelle sowie die automatische Planung, die automatische Optimierung sowie die Erzeugung von Simulationsszenarien.

Die **manuelle Planung** ermöglicht den planenden Personen die manuelle Erzeugung des Werkstattplans durch die Einplanung von Aufträgen und Arbeitsgängen an Maschinen. Neben der Einplanung von Aufträgen wird durch die Funktion auch die manuelle Anpassung automatisiert erstellter Werkstattpläne realisiert. (s. KLETTI U. DEISENROTH 2019, S. 104–105)

Bei der **automatischen Planung** übernimmt das ME-System die Aufträge aus dem Auftragsvorrat des Auftragsmanagements und plant diese nach definierten Regeln automatisch ein. Bei der automatischen Einplanung werden sowohl definierte Zeithorizonte als auch vorhandene Restriktionen wie die Kapazitäts- und Ressourcenverfügbarkeit berücksichtigt. (s. KLETTI U. DEISENROTH 2019, S. 104–105)

Neben der automatischen Einplanung nach bestimmten Regeln bieten ME-Systeme auch die Möglichkeit, erstellte Werkstattpläne mittels einer **automatischen Optimierung** zu verbessern. Hierbei lassen sich Produktionsziele (z. B. Auslastung, Termintreue etc.) als Vorgaben für den Planungslauf gewichten. Anschließend führt das System eigenständig eine Optimierung durch. Ein spezieller Anwendungsfall der automatischen Optimierung ist die Rüstwechseloptimierung, bei der das System die Reihenfolge der Arbeitsgänge an einer Ressource zur Verkürzung der Rüstzeiten optimiert. (s. KLETTI U. DEISENROTH 2019, S. 106–108)

Über die automatische Optimierung hinaus bieten ME-Systeme die Möglichkeit der **Simulation der Planung** an. Hierbei werden verschiedene Planungsoptimierungen durch die Variation von Planungsvorgaben und die Gewichtung der Produktionsziele durchgeführt. Anschließend werden anhand von Kennzahlen die Szenarien verglichen und können durch die Bediener*in ausgewählt werden. (s. KLETTI U. DEISENROTH 2019, S. 108)

Die Funktionsklasse **Analyse der Planung** bietet den planenden Personen Unterstützung in der Bewertung der aktuellen Planung. Die Funktionen der Klasse sind Visualisierung der Feinplanung, Ermittlung planungsrelevanter Kennzahlen und das Aufzeigen von Planungskonflikten.

Die Planung kann der Bediener*in des MES in Form eines Gantt-Charts visualisiert werden. Die **Visualisierung der Feinplanung** ermöglicht die Darstellung des aktuellen Planungsergebnisses, sodass man sich schnell einen Überblick über Konflikte sowie nicht verplante Kapazitäten verschaffen kann. ME-Systeme bieten darüber hinaus meist eine Kennzeichnung für Arbeitsgänge, um Informationen wie Verspätungen, Auftragsfortschritt oder Konflikte anzuzeigen. (s. KLETTI U. DEISENROTH 2019, 101-102)

Zur Bewertung der aktuellen Planung bieten ME-Systeme über die Visualisierung in Gantt-Charts auch die **Ermittlung planungsrelevanter Kennzahlen** an. Dabei werden der aktuelle Planungsstand und die daraus resultierende Produktionsbelastung in Kennzahlen umgerechnet. Dies ermöglicht eine Analyse und Bewertung der Planung vor ihrer Freigabe hinsichtlich der Auswirkungen anhand produktionslogistischer Kenngrößen. (s. KLETTI U. DEISENROTH 2019, S. 111–112)

Durch das Zusammenführen verschiedener Informationen kann das ME-System während der Erstellung des Werkstattplans die aktuelle Planung hinsichtlich möglicher Konflikte analysieren und diese anschließend aufzeigen. Das **Aufzeigen von Planungskonflikten** ermöglicht insbesondere bei der manuellen Planung die Visualisierung von beispielsweise überplanten Maschinen oder verletzten Eckterminen. Diese können entweder in Listenform oder direkt in dem Gantt-Chart der Planer*in bereitgestellt werden. (s. KLETTI U. DEISENROTH 2019, S. 110)

Die Funktionsklasse **Pflege der Stammdaten** umfasst die Funktionen der Pflege der Planungsparameter und der Pflege der Rüstmatrizen. Die Funktionsklasse unterstützt die Feinplanung und Feinsteuerung durch die Führung der feinplanungsrelevanten Stammdaten.

Die **Pflege der Planungsparameter** inkludiert die Planungsregeln, Informationen über die Freigabemechanismen, zu planende Zeithorizonte sowie die Definition von Planungsbereichen. Zusätzlich ermöglichen die MES-Funktionsmodule des Betriebsmittelmanagements und des Personalmanagements den Zugriff auf Maschinen- und Schichtkalender, welche durch weitere Zeiten (z. B. Zusatzschichten, geänderte Pausenzeiten) ergänzt bzw. ressourcenspezifisch anpasst werden können. (s. KLETTI U. DEISENROTH 2019, S. 102–105)

Für die rüstoptimierte Feinplanung benötigt das ME-System Rüstmatrizen. Die Anlage und Pflege ressourcenspezifischer Matrizen, welche Informationen über Rüstzeiten anhand der Vorgänger-Nachfolger-Beziehung von Auftragsmerkmalen speichern, werden durch die **Anlage und Pflege von Rüstmatrizen** abgedeckt. (s. KLETTI U. DEISENROTH 2019, S. 107–108)

Informationsmanagement

Das Informationsmanagement fungiert als Querschnittsaufgabe des ME-Systems und verteilt die Daten und Informationen zwischen den einzelnen Funktionsmodulen. Durch das Informationsmanagement werden die Auftrags-, Produkt- und Prozessdaten der Datenerfassung mittels Push- und Pull-Mechanismen verarbeitet und verteilt. Die Funktionen des Informationsmanagements ermöglichen so steuernde Eingriffe in die Prozesse, die Produktnachverfolgung sowie die Verteilung von Dokumenten und Informationen mit dem Ziel einer papierlosen Produktion. Die Funktionen des Informationsmanagements werden abweichend zur VDI 5600-1 in die Funktionsklassen *Informationsverarbeitung und -verteilung* sowie *Workflowmanagement* unterteilt. (s. VDI-RICHTLINIE 5600-1, S. 27–29) In Abbildung 5-23 sind die Funktionen und die Funktionsklassen des MES-Moduls Informationsmanagement zusammengefasst.

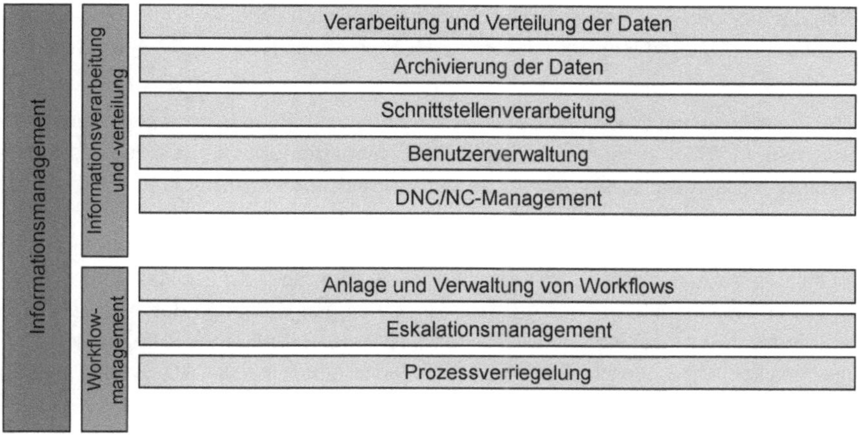

Abbildung 5-23: Funktionen des MES-Moduls *Informationsmanagement* (eigene Darstellung)

Die Funktionsklasse **Informationsverarbeitung und -verteilung** fokussiert den Kern der Querschnittsaufgabe des Informationsmanagements. Die Funktionen dieser Klasse umfassen die Verarbeitung und Verteilung von Daten, die Archivierung von Daten, die Verwaltung von Schnittstellen, die Verwaltung der Benutzer*innen und das DNC/NC-Management.

Die **Verarbeitung und Verteilung von Daten** umfassen die Orchestrierung des Informationsflusses im ME-System. Hierbei werden die Daten verknüpft und gemäß den MES-Modulen und Funktionen aufgerufen. So können Daten und Informationen, welche in anderen Funktionen oder Funktionsmodulen erzeugt wurden, entsprechend untereinander genutzt werden. (s. KLETTI U. DEISENROTH 2019, S. 37; 2019, S. 40)

Neben der Verarbeitung und Verteilung spielt auch die **Archivierung der Daten** eine zentrale Rolle, um die Datenmenge im System nicht zu groß werden zu lassen. Hierbei können alte Versionen oder historisch weitzurückliegende Daten von den Nutzer*innen des Systems archiviert werden. (s. KLETTI U. DEISENROTH 2019, S. 32)

Die Funktion der **Schnittstellenverwaltung** umfasst die Konfiguration sowie die Verwaltung der Systemschnittstellen. In Anlehnung an die hierarchische Struktur der Fertigungspyramide (s. Abbildung 2-5) werden durch diese Funktion sowohl die Schnittstellen an übergeordnete IT-Systeme wie das ERP-System als auch die Schnittstellen an angrenzende Systeme der Fertigungsleitebene und zu den Ressourcen der Fertigungsebene verwaltet. (s. KLETTI U. DEISENROTH 2019, S. 47; 2019, S. 49)

Die Funktion der **Benutzerverwaltung** umfasst die Orchestrierung der Zugriffs- und Berechtigungskonzepte für die Nutzer*innen des MES. Die Verwaltung umfasst Kennworte, Benutzerrollen und -gruppen sowie Zugriffsrechte für Funktionen und Daten der Nutzer*innen. (s. KLETTI U. DEISENROTH 2019, S. 33) Ebenso lassen sich in der

Benutzerverwaltung Zugangsberechtigungen verwalten, falls eine geeignete Hardware in den Unternehmensbereichen vorgesehen ist. (s. Kletti u. Deisenroth 2019, S. 216–221)

Die Verwaltung von Daten und Dokumenten wird vom Informationsmanagement übernommen. Eine Sonderform stellt das **DNC/NC-Management** dar, da diese Informationen als immaterielle Ressource zu betrachten sind. Die NC-Programme können aus CAD-Systemen, in denen sie erzeugt werden, übernommen werden. Sie werden anschließend im ME-System inkl. Revisionsständen verwaltet und der NC-Maschine über Schnittstellen bereitgestellt. So kann das ME-System über die Funktionen des Informationsmanagements bei der Auswahl eines Fertigungsauftrags das benötigte NC-Programm der Maschinenbediener*in bereitstellen. Bei einer Anpassung des Programms kann die Änderung über das MES wieder zurück in das CAD-System transferiert werden. (s. Kletti u. Deisenroth 2019, S. 158–160)

Die automatische Auslösung von Aktionen gemäß definierten Prozessen wird als Workflow bezeichnet. Die Funktionen der Klasse **Workflowmanagement** unterstützen die Nutzer*innen des ME-Systems bei der Anlage, Verwaltung und Ausführung von Workflows. Die Funktionsklasse umfasst die Funktionen der Anlage und Verwaltung von Workflows, das Eskalationsmanagement und die Prozessverriegelung.

Die **Anlage und Verwaltung von Workflows** werden durch eine Funktion des ME-Systems abgebildet. Hiermit lassen sich sowohl die auslösenden Ereignisse als auch die Aufgaben zur anschließenden Durchführung definieren. Dabei können die Aufgaben einzelnen Nutzer*innen oder Nutzergruppen zugeordnet werden. (s. Kletti u. Deisenroth 2019, S. 36)

Das **Eskalationsmanagement** stellt eine Sonderform eines Workflows dar. Hierbei werden bestimmte Ereignisse als Störungen des normalen Ablaufes definiert und es lassen sich durch (Eskalations-)Workflows kurze, automatisierte Informations- und Meldewege für den Störungsfall realisieren. (s. Kletti u. Deisenroth 2019, S. 35–36)

Die **Prozessverriegelung** stellt eine Sonderform des Eskalationsmanagements dar, bei der das ME-System im Störungsfall nicht nur Informationen verteilt und Aufgaben an Nutzer*innen übergibt. Bei der Prozessverriegelung greift das ME-System im Fall der Überschreitung eines oder mehrerer Prozesswerte in den Prozess ein. Dabei kann die Weiterverarbeitung eines Produktes durch das ME-System gestoppt werden. (s. Kletti u. Deisenroth 2019, S. 121)

Leistungsanalyse

Das MES-Funktionsmodul der Leistungsanalyse dient der objektiven Bewertung der Aufträge und des Produktionssystems. Dazu werden durch die Funktionen Kennzahlen und Informationen zur Bewertung und Verbesserung der Prozesse und der Auftragsbearbeitung aufbereitet. Die Informationen können in übergreifende als auch ressourcenspezifische Kennzahlen differenziert werden. Durch die Aufbereitung von Informationen zielt das Modul auf die Schaffung und Etablierung von Regelkreisen ab.

Dabei wird zwischen den Regelkreisen mit kurzen Zykluszeiten zur Beeinflussung von operativen (Produktions-)Prozessen und denen mit längeren Zykluszeiten zur Optimierung der Produktionsorganisation unterschieden. (s. VDI-RICHTLINIE 5600-1, S. 23–25; WETZCHEWALD 2020, 156) Entgegen der VDI-Richtlinie werden in dieser Dissertationsschrift die Funktionen der Leistungsanalyse in die Funktionsklassen der operativen Auswertungen sowie der taktisch-strategischen Auswertungen unterschieden. Die Funktionen des MES-Moduls sind in Abbildung 5-24 zusammengefasst.

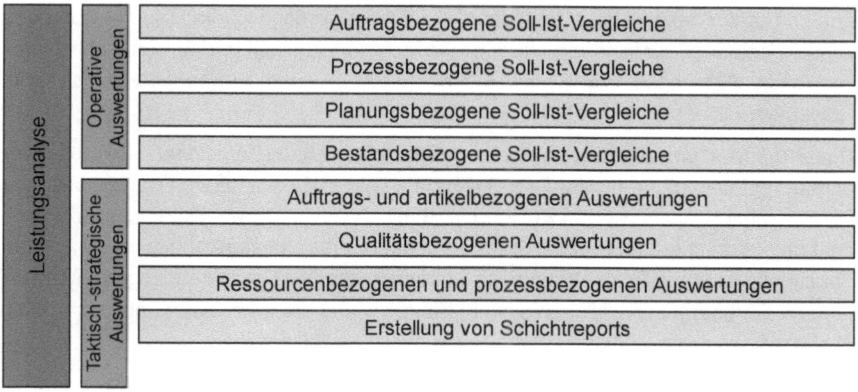

Abbildung 5-24: Funktionen des MES-Moduls *Leistungsanalyse* (eigene Darstellung)

Die Funktionsklasse der **operativen Auswertungen** bereitet die erfassten Daten für Soll-Ist-Vergleiche (kurz Vergleiche) auf, sodass der Regelkreis mit kurzen Zyklen ermöglicht wird. Die Ableitung von Regelungsmaßnahmen wird hier von den Mitarbeiter*innen vorgenommen. Die Funktionsklasse umfasst die Funktionen der auftragsbezogenen, der prozessbezogenen, der planungsbezogenen sowie der bestandsbezogenen Vergleiche.

Die **auftragsbezogenen Soll-Ist-Vergleiche** ermöglichen die Visualisierung des zeitlichen und mengenbezogenen Auftragsfortschritts. Die Funktion wertet die erfassten Betriebsdaten aus und vergleicht u. a. Stück-, Rüst- und Liegezeiten von Aufträgen. Ebenso werden die fertiggestellten Artikel sowie der Ausschuss visualisiert. Dies unterstützt das Controlling der Auftragstermine. (s. KLETTI U. DEISENROTH 2019, S. 72–73)

Über die Anzeige der Prozessdaten auf dem Werkerbildschirm hinaus, ermöglicht die Funktion des **prozessbezogenen Vergleiches** die Analyse und Visualisierung des gesamten Prozessverlaufes sowie der Darstellung mehrerer Prozessdatenverläufe in einem Diagramm zur Korrelationsanalyse. Dadurch können die Nutzer*innen Abhängigkeiten im Prozess analysieren und Gegenmaßnahmen einleiten. (s. KLETTI U. DEISENROTH 2019, S. 144–145)

Die **planungsbezogenen Vergleiche** ermöglichen den Soll-Ist-Vergleich auf Basis der geplanten Auftragssituation. Mit den Funktionen können die geplanten

Auslastungsprofile mit den verfügbaren Kapazitäten abgeglichen werden. Mithilfe dieser Auswertung bekommen die Planer*innen einen schnellen Überblick über belegte, ausgelastete und verfügbare Kapazitäten in der Fertigung. (s. KLETTI U. DEISENROTH 2019, S. 111–112) Ebenso kann darüber der Personalbedarf bewertet werden, indem der von der Planung benötigte Personalbedarf mit der verfügbaren Personalkapazität abgeglichen wird (s. KLETTI U. DEISENROTH 2019, S. 114).

Die Funktion des **bestandsbezogenen Vergleiches** unterstützt bei dem Controlling des im Umlauf befindlichen Materials. Die Funktion ermöglicht die Visualisierung des Umlaufbestandes eines jeden Materials, durch den Abgleich mit den tatsächlich vorhandenen Beständen sowie den planerischen Zu- und Abgängen. (s. KLETTI U. DEISENROTH 2019, S. 113–114)

Die taktisch-strategischen Auswertungen umfassen die Funktionen zur Implementierung und Durchführung der Regelkreise mit langen Zykluszeiten. Dazu fokussieren die Funktionen Analysen und Bewertungen mit einem größeren historischen Zeithorizont und versuchen, über größere Datenmengen Informationen zu gewinnen. Zu den Funktionen gehören Schichtreports sowie ressourcen- und prozessbezogene Auswertungen. Darüber hinaus können sowohl auftrags- und artikelbezogene als auch qualitätsbezogene Auswertungen zu den Funktionen gezählt werden.

Die Funktion der **auftrags- und artikelbezogenen Auswertungen** ermöglichen den Nutzer*innen, Aufträge gleicher Materialnummern hinsichtlich der benötigten Bearbeitungs-, Rüst- sowie Liegezeiten und der produzierten Mengen zu analysieren. Hierbei werden ebenfalls Daten der prozessbezogenen, ressourcenbezogenen sowie qualitätsbezogenen Auswertungen zusammengeführt. Im Gegensatz zu den operativen Auswertungen werden hier mehrere Aufträge zur Analyse benötigt. Mit der Rückführung der Informationen in die Arbeitsvorbereitung können Anpassungen an zeitbezogenen Arbeitsplanstammdaten vorgenommen werden. (s. KLETTI U. DEISENROTH 2019, S. 72–77)

Die Funktion der **qualitätsbezogenen Auswertungen** ermöglicht über die Visualisierung von Regelkarten hinaus auch die Erstellung spezifischer Auswertungen zu Fehlerschwerpunkten, in denen Defekte und Ausschussteile der Produktion hinsichtlich Fehlerart, -ort und -ursache analysiert werden können. (s. KLETTI U. DEISENROTH 2019, S. 243)

Die **ressourcenbezogenen und prozessbezogenen Auswertungen** ermöglichen die Analyse der erfassten Maschinen- und Prozessdaten. Hierbei kann das System den Nutzer*innen Auswertungen und Analysen zu den Maschinenstatus, den Fehlerursachen und den Prozesshistogrammen bereitstellen. Durch die Analysen kann die Leistung der Ressourcen sowie der Prozesse bewertet werden. (s. KLETTI U. DEISENROTH 2019, S. 90–97)

Die Funktion der **Erstellung von Schichtreports** stellt eine Sonderfunktion dar, da hier die erfassten Daten im Zeitraster der Schichten oder Arbeitstage miteinander verglichen werden. Hierbei werden übergeordnete Kennzahlen auf Ebene der gesamten Produktion oder einzelner Bereiche erstellt, um so die Bewertung der Schicht oder des Arbeitstages vorzunehmen. (s. KLETTI U. DEISENROTH 2019, S. 72)

Materialmanagement

Das Funktionsmodul *Materialmanagement* bietet Funktionen zur Versorgung und Entsorgung der Produktion mit Material sowie zur Führung des Umlaufbestandes. Zur Führung des Umlaufbestandes gehört auch die Verwaltung von Chargen und Losen. Die Funktionen des Materialmanagements werden wie in der VDI-RICHTLINIE 5600-1 in die Funktionsklassen der Führung und Verwaltung von Umlaufbeständen, der Verwaltung von Chargen und der Initiierung von Materialtransporten gegliedert. (s. VDI-RICHTLINIE 5600-1, S. 18) Die Funktionen des MES-Moduls *Materialmanagement* sind in Abbildung 5-25 dargestellt.

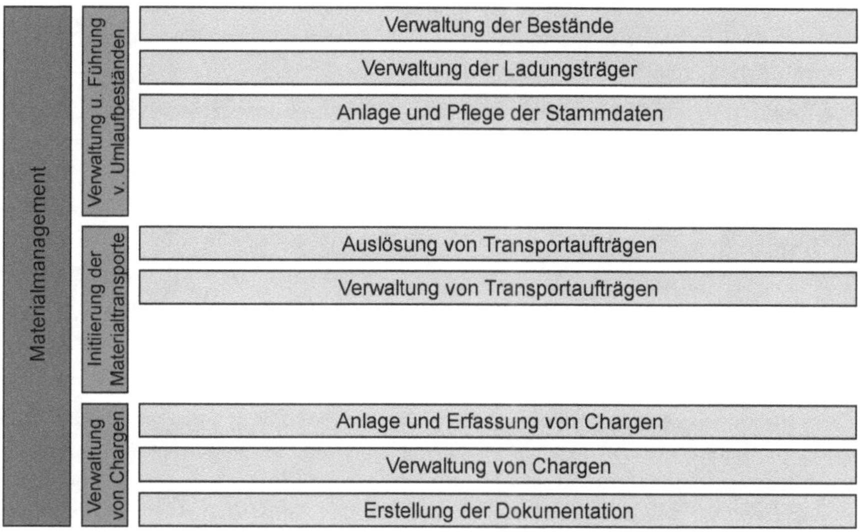

Abbildung 5-25: Funktionen des MES-Moduls *Materialmanagement* (eigene Darstellung)

Die Funktionsklasse der **Verwaltung und Führung von Umlaufbeständen** umfasst die Funktionen der Verwaltung von Beständen, der Verwaltung der Ladungsträger sowie der Anlage und Pflege von Stammdaten.

Die **Verwaltung der Bestände** umfasst die Führung von Beständen während der Fertigung. Im Gegensatz zu ERP-Systemen werden in ME-Systemen die Materialien nach einzelnen Fertigungsschritte in Zwischenläger gebucht und verwaltet. Mit der Verwaltung von Umlaufbeständen lassen sich ähnlich zum ERP-System auch Maximal-, Minimal, Melde- und Sicherheitsbestände führen. Ebenso kann durch die Führung von Beständen ein elektronisches Kanban-System realisiert werden. Den

Mitarbeiter*innen werden in Bestandsübersichten die Materialien, Bestandshöhen und weitere bestandsbezogene Informationen dargestellt. (s. KLETTI U. DEISENROTH 2019, S. 125–127)

Die Materialien, welche sich im Umlauf der Produktion befinden, werden meist auf Ladungsträgern gelagert und transportiert. Die **Verwaltung der** im Umlauf befindlichen **Ladungsträger** wird durch das ME-System vorgenommen. Hierbei werden die Belegung sowie die Position des Ladungsträgers und das zugewiesene Material verwaltet. (s. KLETTI U. DEISENROTH 2019, S. 127)

Um das Materialmanagement des ME-Systems zu ermöglichen, müssen zusätzliche **Stammdaten angelegt und gepflegt** werden. Hierzu gehört die Anlage und Pflege von Lagerplätzen (Orte in der Produktion), Bestandsgrenzen sowie Daten zu den Transporteinheiten. (s. KLETTI U. DEISENROTH 2019, S. 127)

Die Funktionsklasse der **Initiierung von Materialtransporten** stellt die Ver- und Entsorgung der Produktion mit Material sicher. Sie umfasst daher die Funktionen der Auftragsauslösung und die Auftragsüberwachung.

Die **Auslösung von Transportaufträgen** geschieht entweder über Bestandsgrenzen oder die Verknüpfung von Umlaufbeständen und der Belegungsplanung der Fertigungsaufträge. So werden für anstehende Arbeitsgänge Transporte initiiert, welche für die Ver- und Entsorgung der Arbeitsplätze sorgen. Durchgeführte Aufträge können über die Datenerfassung durch die Ausführenden rückgemeldet werden. (s. KLETTI U. DEISENROTH 2019, S. 129–130)

Die **Verwaltung von Transportaufträge** ermöglicht die Anzeige des Auftragsvorrates für den Logistikmitarbeiter. Ebenso wird der Leitung ermöglicht, Aufträge bestimmten Logistikmitarbeitern zuzuordnen. (s. KLETTI U. DEISENROTH 2019, S. 129–130)

Die Funktionsklasse der **Verwaltung von Chargen** ermöglicht das Tracking und Tracing von Materialien innerhalb der Produktion. Hierunter versteht man die papierlose Nachverfolgung der Material- und Chargenhistorie von Halbzeugen und Produkten. Ebenso umfasst dies den Verwendungsnachweis von Rohstoffen und weiteren Inputfaktoren. Dabei werden im Rahmen der Chargenverwaltung sowohl Chargen und Lose als auch einzelne Seriennummern erfasst und verwaltet. Im Folgenden wird der Begriff *Charge* als Überbegriff für die aufgeführten Erfassungsobjekte genutzt. Die Funktionsklasse umfasst die Funktionen Anlage und Erfassung von Chargen, Verwaltung von Chargen und Erstellung der Dokumentation.

Die **Anlage und Erfassung von Chargen** ermöglichen die Erzeugung neuer Serien- bzw. Chargennummern sowie deren Erfassung. Bei der Zusammenführung von Bauteilen zu einer Seriennummer oder der erstmaligen Fertigung eines Loses werden Chargennummern vom System erzeugt. Anschließend können diese im Rahmen der Datenerfassung (s. oben) durch den Nutzer erfasst werden. (s. KLETTI U. DEISENROTH 2019, S. 134–137)

Die **Verwaltung von Chargen** ermöglicht den Nutzer*innen des ME-Systems, die Historie von Chargen anhand der Identnummer nachzuverfolgen. Das System verwaltet dazu u. a. Informationen zum Status, Herstellzeitpunkt sowie Lagerort und Mengen. Ebenso unterstützt das System bei der Analyse der Historie der Entstehung und Verwendung, in dem die Einsatz- und Verwendungsorte sowie die Zeitpunkte für Chargen verwaltet werden. Damit können eingesetzte Chargen vom Endprodukt ausgehend rückwärts identifiziert werden. Ebenso können diejenigen Endprodukte (vorwärts) identifiziert werden, welche Eingangsmaterialien einer Charge erhalten. (s. KLETTI U. DEISENROTH 2019, S. 136–137)

Die **Erstellung der (Chargen-)Dokumentation** dokumentiert für fertiggestellte Chargen die Eingangschargen und Materialien. Ebenso werden dort die Herstellzeitpunkte relevanter Komponenten festgehalten. (s. KLETTI U. DEISENROTH 2019, S. 133–138)

Personalmanagement

Das Funktionsmodul des Personalmanagements betrachtet das Personal des Produktionsunternehmens als Ressource, welches für die Produktion termin- und bedarfsgerecht bereitgestellt werden soll. Hierzu werden Personen oder Personengruppen unter den zeitlichen Horizonten Vergangenheit, Gegenwart und Zukunft betrachtet. (s. VDI-RICHTLINIE 5600-1, S. 19–21) Die Funktionen werden in Anlehnung an die VDI-Richtlinie in die Funktionsklassen der Führung von Personalinformationen und Erstellung von Personaleinsatzplänen strukturiert. In Abbildung 5-26 sind die oben genannten Funktionsklassen des Funktionsmoduls Personalmanagement dargestellt.

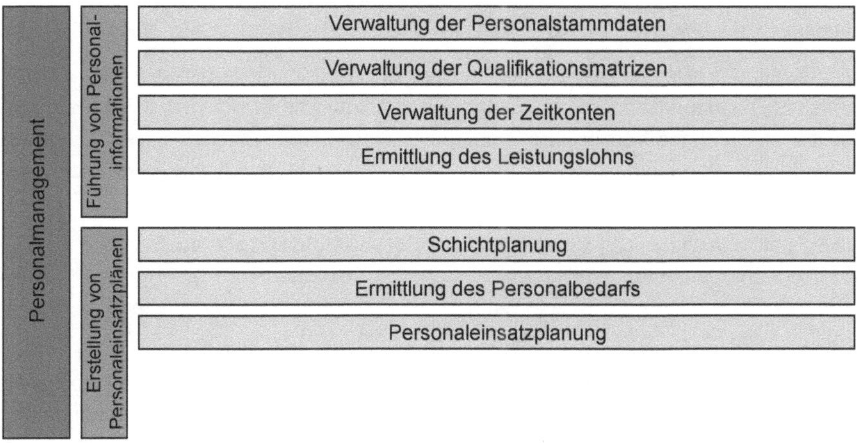

Abbildung 5-26: Funktionen des MES-Moduls *Personalmanagement* (eigene Darstellung)

Die Funktionsklasse **Führung von Personalinformationen** umfasst die Anlage und Verwaltung von personalbezogenen Daten und Informationen. Diese werden für Funktionen des Personalmanagements und der Feinplanung verwendet. Die Funktionen der Klasse umfassen die Verwaltung der Personalstammdaten, die Verwaltung der Qualifikationsmatrizen, die Verwaltung der Zeitkonten und die Ermittlung des Leistungslohns, welche nachfolgend beschrieben werden.

Die **Verwaltung der Personalstammdaten** bildet ein zentrales Element der Funktionsklasse, da durch diese Funktion die relevanten Stammdaten angelegt und verwaltet werden. Die relevanten Stammdaten der Mitarbeiter umfassen generelle Daten, Mitarbeiterfotos und Ausweisnummern. Ebenso werden Informationen zum persönlichen Schichtsystem und bei Bedarf Informationen zur Ermittlung eines leistungsabhängigen Lohns geführt. Falls das ME-System nicht als zentrale Speicherstelle genutzt werden soll, können die Daten auch aus einem Personalverwaltungs- bzw. Lohnsystem übernommen werden. (s. KLETTI U. DEISENROTH 2019, S. 176–178; 2019, S. 207)

Die **Verwaltung der Qualifikationsmatrizen** stellt eine Sonderform der Personalstammdaten dar. Hierbei werden die Qualifikationen und mögliche Zertifikate der Mitarbeiter geführt. Die Führung dieser Informationen ermöglicht bei der Erstellung der Personaleinsatzpläne, dass die Mitarbeiter*innen entsprechend ihrer Qualifikation eingeplant werden können. Dies kann beispielsweise dann vonnöten sein, wenn für die Bedienung einer Maschine eine bestimmte Zertifizierung oder Qualifikationsmaßnahme benötigt wird. (s. KLETTI U. DEISENROTH 2019, S. 199)

Die erfassten Personalzeiten (Erfassung durch das MES-Funktionsmodul der Datenerfassung) werden in **Zeitkonten verwaltet**. Die erfassten Zeiten werden nach einem Abgleich mit dem zugeordneten Schichtmodell des Mitarbeiters auf dem Zeitkonto verbucht. Die Verwaltung ermöglicht die Führung der Zeitarten *Anwesenheit*, *Urlaub*, *Gleitzeit* oder *„Flexzeit“*. (s. KLETTI U. DEISENROTH 2019, S. 187–188)

Auf Basis der erfassten Zeiten und Leistungen von Mitarbeitern lassen sich mithilfe eines MES leistungsabhängige Lohnanteile ermitteln. Die **Ermittlung des Leistungslohns** wird anhand von in den Personalstammdaten festgelegten Berechnungsvorschriften durchgeführt. Ebenso lassen sich Zu- und Abschläge berücksichtigen. (s. KLETTI U. DEISENROTH 2019, S. 206–210)

Die Funktionsklasse der **Erstellung von Personaleinsatzplänen** fasst jene MES-Funktionen zusammen, welche die Personalinformationen zur Planung der Produktionsprozesse nutzen. Die Klasse umfasst die Funktionen der Schichtplanung, der Ermittlung des Personalbedarfes und der Personaleinsatzplanung.

Im Rahmen der **Schichtplanung** wird für jede Mitarbeiter*in oder jede Mitarbeitergruppe geplant, an welchen Tagen die jeweilige Schichtart vorliegt. Ebenso können für Personen Abwesenheitszeiten wie Urlaub geplant und eingetragen werden. Mit dieser Funktion erhalten die planenden Personen einen Überblick über die Anzahl verfügbarer Mitarbeiter je Schicht, die sogenannte Schichtstärke. (s. KLETTI U. DEISENROTH 2019, S. 188–190)

Entgegen der Zuordnung des Personals zu einem Arbeitsplatz im Rahmen der Personaleinsatzplanung lässt sich mittels ME-System auch der **Personalbedarf** für eine

Planungsperiode **ermitteln**. Hierbei wird auf Basis des Werkstattplans der Personalbedarf zur Abarbeitung des Auftragsbestandes bestimmt. Anschließend wird dieser ohne eine konkrete Zuordnung des Personals mit der verfügbaren Kapazität abgeglichen. Dieses Vorgehen eignet sich zur Bestimmung des Bedarfs bei stark schwankenden Auftragslasten in der Produktion. (s. KLETTI U. DEISENROTH 2019, S. 203)

Die Durchführung der **Personaleinsatzplanung** ist eng mit der Erzeugung des Werkstattplans verknüpft. Basierend auf der Arbeitsplatzbelegung kann eine manuelle oder automatische Zuordnung des Personals zu den Arbeitsplätzen erfolgen. Hierbei kann das Granularitätslevel von anonymen Personalgruppen zu natürlichen Einzelpersonen angepasst werden. Ebenso lassen sich hinterlegte Qualifikationsprofile in der Einsatzplanung berücksichtigen. (s. KLETTI U. DEISENROTH 2019, S. 201–202)

Qualitätsmanagement

Die Funktionen des Moduls *Qualitätsmanagement* unterstützen bei der Sicherstellung und Optimierung der Qualität der Produkte und Prozesse in der Produktion. Die Funktionen stellen Informationen zum Qualitätsstatus der Produkte und Prozesse bereit und unterstützen bei der Einleitung reaktiver und präventiver Maßnahmen durch die Bediener*innen. (s. VDI-RICHTLINIE 5600-1, S. 26–27) In dieser Dissertationsschrift werden die Funktionen in Abweichung von der VDI-Richtlinie in die Funktionsklassen *Qualitätsplanung*, *Fertigungsbegleitende Prüfung*, *Prüfmittelmanagement* und *Reklamationsmanagement* unterschieden. Die Funktionen der genannten Klassen werden in Abbildung 5-27 für das MES-Modul *Qualitätsmanagement* zusammenfassend dargestellt.

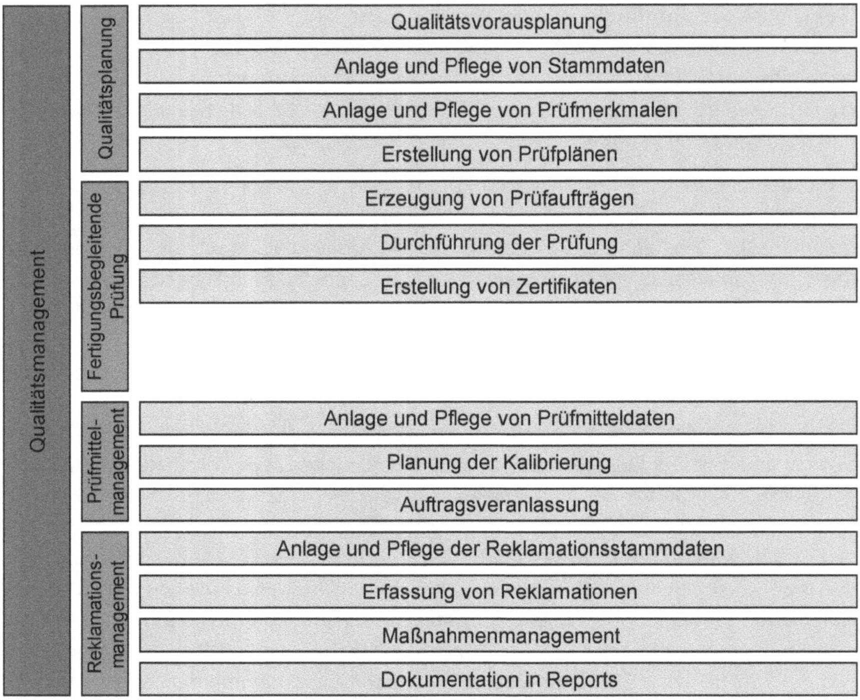

Abbildung 5-27: Funktionen des MES-Moduls *Qualitätsmanagement* (eigene Darstellung)

Die Funktionsklasse der **Qualitätsplanung** unterstützt das operative Qualitätsmanagement durch die Vorausplanung der Qualität sowie die Planung der operativen Qualitätsprüfungen. Die Funktionen der Klasse umfassen die Qualitätsvorausplanung, die Anlage und Pflege von Prüfmerkmalen, die Erstellung von Prüfplänen und die Anlage und Pflege von relevanten Stammdaten.

Die Funktion der **Qualitätsvorausplanung** unterstützt mittels Verfahren der Fehlermöglichkeits- und Einflussanalyse (kurz FMEA) oder des Vorgehens des *Advanced Product Quality Planning* (kurz APQP) bei der systematischen Planung der Produktqualität. Das ME-System bietet hier die Funktion der Durchführung und Dokumentation eines oder mehrerer oben genannter Verfahren. (s. VDI-RICHTLINIE 5600-1, S. 26; KLETTI U. DEISENROTH 2019, S. 233–236)

Für die verschiedenen Funktionen des MES-Funktionsmoduls *Qualitätsmanagement* werden zusätzliche Stammdaten benötigt. Die **Anlage und Pflege von qualitätsmanagementspezifischen Stammdaten** stellt daher den Nutzer*innen die Funktion bereit, Stammdaten wie Fehlerarten, -orte, -ursachen sowie Maßnahmen anzulegen. Diese Daten können dann in einem weiteren Schritt anderen Stammdaten des

Qualitätsmanagements zugeordnet werden, beispielsweise Prüfmerkmalen oder Prüfplänen. (s. KLETTI U. DEISENROTH 2019, S. 227–229)

Die **Anlage und Pflege von Prüfmerkmalen** unterstützt die Nutzer*innen bei der Anlage von produktspezifischen Merkmalen, welche durch die Definition verschiedener qualitätsrelevanter Charakteristiken beschrieben werden. Hierbei legt die Nutzer*in u. a. die Toleranzgrenzen, die Prüfart sowie allgemeingültige und materialspezifische Eigenschaften fest. (s. KLETTI U. DEISENROTH 2019, S. 230)

Die Funktion der **Erstellung von Prüfplänen** unterstützt bei der Zusammenführung relevanter Stammdaten und Prüfmerkmale eines Produktes in einen Prüfplan. Die Prüfpläne fassen alle Informationen zur Prüfung des zu fertigen Produktes zusammen. Die Prüfpläne umfassen auch Vorgaben, wann und in welchem Umfang der Prüfplan durchgeführt werden soll. (s. KLETTI U. DEISENROTH 2019, S. 231–232)

Die Funktionsklasse der **fertigungsbegleitenden Prüfung** umfasst die Funktionen, welche die operative Durchführung der Prüfungen in der Produktion zur Überprüfung und Sicherstellung der Prozess- und Produktqualität unterstützen. Im Folgenden werden die Funktionen der Erzeugung von Prüfaufträgen, der Durchführung der Prüfungen und der Erstellung von Zertifikaten näher beschrieben.

Nach Freigabe der erstellten Prüfpläne unterstützt das MES bei der Erzeugung von auftrags-, los- oder chargenspezifischen Prüfaufträgen. Durch die Verknüpfung mit dem Auftragsmanagement und der Datenerfassung kann das System automatisch **Prüfaufträge erzeugen**. Die Prüfaufträge werden über das Auftragsmanagement den operativen Mitarbeiter*innen an ihren MES-Benutzerschnittstellen angezeigt. (s. KLETTI U. DEISENROTH 2019, S. 237)

Das ME-System unterstützt die **Durchführung der Prüfungen** analog zu den Fertigungs- und Instandhaltungsaufträgen. Hierzu stellt es den Mitarbeiter*innen für die quantitativen und attributiven Prüfungen entsprechende Eingabemasken bereit. (s. KLETTI U. DEISENROTH 2019, S. 238–239) Im Rahmen der Durchführung können verschiedene Arten von Prüfaufträgen unterschieden werden. Neben der Prüfung während der operativen Produktherstellung können durch das ME-System Wareneingangsprüfungen von angeliefertem Material und Warenausgangsprüfungen nach Fertigstellung durchgeführt werden. Letztere dienen dann meist als letzte Qualitätskontrolle. Ebenso unterstützen ME-Systeme die Erstmusterprüfung, also die Prüfung von Produkten vor der Serienfertigung. (s. KLETTI U. DEISENROTH 2019, S. 244–252)

An die Durchführung von Prüfungen – insbesondere abschließende Prüfungen – kann sich die Erstellung von Zertifikaten und Dokumentationen zur Bestätigung der gemessenen Qualität anschließen. Die Funktion **Erstellung von Zertifikaten** unterstützt bei der Zusammenfassung der Prüfdaten und der Erstellung der notwendigen Dokumente für die gefertigten Produkte und Aufträge. (s. KLETTI U. DEISENROTH 2019, S. 257–258)

Prüfmittel dienen der Erfassung von Prüfdaten und werden bei der Durchführung von Prüfungen eingesetzt. Da diese im Rahmen der Qualitätsprüfung eine zentrale Rolle einnehmen, stellen ME-Systeme Funktionen zur Verwaltung und Steuerung der Prüfmittel dar. Die Funktionsklasse des **Prüfmittelmanagements** umfasst die folgenden Funktionen der Anlage und Pflege der Prüfmitteldaten und der Planung der Kalibrierung:

Zur Verwaltung der Prüfmittel im MES müssen diese als Objekte samt ihren Charakteristiken – beispielsweise Kalibrierzyklen – im ME-System gepflegt werden. Falls die Daten aus anderen Systemen übernommen werden können, stellt die Funktion der **Anlage und Pflege von Prüfmitteldaten** die Möglichkeit zur Ergänzung und Pflege der Stammdaten bereit. Ebenso wird der Status der Prüfmittel verwaltet, sodass für die Planung von Qualitätsprüfungen die verfügbaren Prüfmittel berücksichtigt werden können. (s. KLETTI U. DEISENROTH 2019, S. 260)

Die **Planung der Kalibrierung** umfasst die Erstellung von Kalibrierplänen zur Bestätigung und Erhaltung der Prüfmittelfähigkeit. Diese Kalibrierpläne werden durch den Abgleich mit den hinterlegten Zyklen in konkrete Kalibrieraufträge (Prüfaufträge, falls die Kalibrierung intern durchgeführt wird) umgewandelt. (s. KLETTI U. DEISENROTH 2019, S. 261–262)

Zur kontinuierlichen Verbesserung der Produkt- und Prozessqualität ermöglichen die Funktionen der Funktionsklasse **Reklamationsmanagement** die Verwaltung und Steuerung des (innerbetrieblichen) Reklamationsprozesses.

Im Rahmen des Reklamationsmanagements können verschiedene Reklamationsarten sowie Bearbeitungszustände unterschieden werden. Hierfür stellt die Funktion **Anlage und Pflege von Stammdaten** die Möglichkeit zur Modifikation der Daten bereit. (s. KLETTI U. DEISENROTH 2019, S. 254)

Im Rahmen des Reklamationsmanagements werden die **Reklamationen erfasst** und im Verlauf des Prozesses auch Prüfdaten über Fehlerarten, -ursachen und -orte. Diese werden über die Funktionen des Moduls *Datenerfassung* abgebildet. Im Anschluss an die Analyse der Fehler und ihrer Ursachen werden Maßnahmen definiert und im Rahmen des **Maßnahmenmanagements** kontinuierlich gesteuert. (s. KLETTI U. DEISENROTH 2019, S. 254–255)

Die Nutzer*innen können mithilfe der Funktionen der *Leistungsanalyse* die Wirksamkeit der Maßnahmen und Analysen der Fehler und der daraus resultierenden Kosten durchführen. Dies stellt dadurch keine eigene Funktion des MES in der Funktionsklasse *Reklamationsmanagement* dar. Die Funktionen der *Leistungsanalyse* werden an dieser Stelle aufgrund der vollständigen Abbildung des Reklamationsprozesses aufgeführt. (s. KLETTI U. DEISENROTH 2019, S. 256–257)

Nach der Durchführung der Prüfungen und Maßnahmen können die gesammelten Daten in **4D- oder 8D-Reports** entsprechend den Anforderungen **dokumentiert** werden. (s. KLETTI U. DEISENROTH 2019, S. 258)

5.3.2 Wirkungszusammenhänge und Abhängigkeiten der MES-Funktionalitäten

Im folgenden Unterkapitel werden zur vollständigen Beschreibung von ME-Systemen die Abhängigkeiten der MES-Funktionalitäten und Module beschrieben. Dabei werden in Anlehnung an WETZCHEWALD die Informationsflüsse und daraus resultierende Abhängigkeiten zwischen den Funktionsmodulen erläutert. In Abbildung 5-28 sind die Abhängigkeiten der MES-Funktionsmodule nach WETZCHEWALD dargestellt.

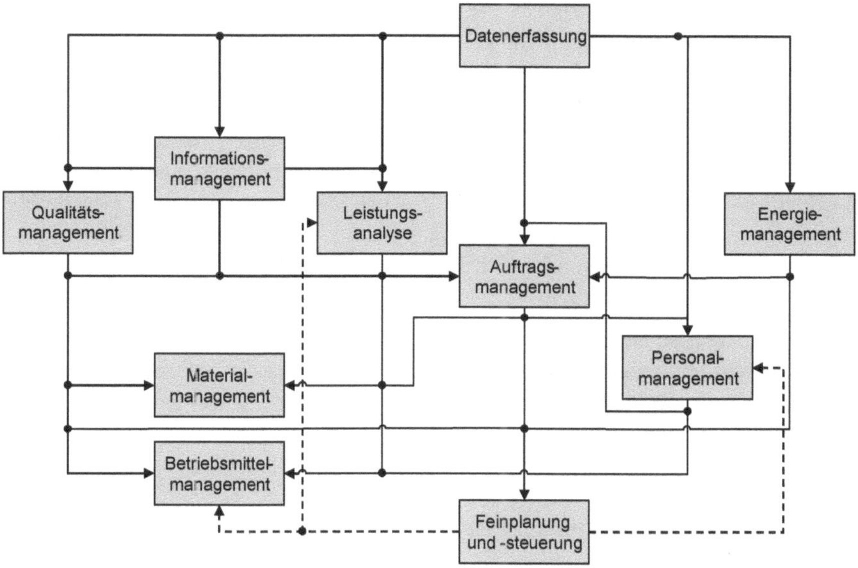

Abbildung 5-28: Abhängigkeiten der MES-Module (eigene Darstellung i. A. a. WETZCHEWALD 2020, S. 163)

Die Abbildung verdeutlicht, dass die Funktionen der Datenerfassung den Ausgangspunkt des MES-Systems darstellen. (vgl. WIENDAHL ET AL. 2019, S. 18) Innerhalb des Moduls werden die unterschiedlichen Datenarten durch die Funktionsklasse *Erfassung* aufgenommen, um in den Funktionsklassen *Vorverarbeitung* und *Bereitstellung* schlussendlich für die weiteren Funktionsmodule zur Verfügung zu stehen. Die Daten werden an die Funktionsmodule *Auftragsmanagement*, *Informationsmanagement*, *Leistungsanalyse*, *Energiemanagement*, dem *Betriebsmittelmanagent* sowie dem *Personalmanagement* zur direkten Verarbeitung bereitgestellt. Lediglich *das Materialmanagement* und die *Feinplanung und Feinsteuerung* erhalten erst Daten, welche durch das *Qualitätsmanagement* oder das *Auftragsmanagement* weiterverarbeitet werden.

Die Funktionsklasse *Auftragsverarbeitung* des *Auftragsmanagements* setzt die auftragsspezifischen erfassten Daten mit den Fertigungsaufträgen sowie den weiteren Auftragsarten des MES in Zusammenhang. Hierzu zählen Prüf-, Transport- und Instandhaltungsaufträge. Die Informationen des *Auftragsmanagements* werden den operativen Mitarbeiter*innen dargestellt und auch den Funktionsmodulen *Feinplanung und -steuerung*, *Materialmanagement*, *Qualitätsmanagement*, *Leistungsanalyse* und *Betriebsmittelmanagement*.

Die beiden oben genannten Module stellen zentrale und grundlegende Funktionen des ME-Systems dar. Ohne diese könnte das MES-System nicht zielführend eingesetzt werden. Das *Auftragsmanagement* ist ein zentrales Verbindungsmodul des MES. Die Funktionsklassen und -module des *Informations-*, *Qualitäts-* und *Personalmanagements* stellen weitere Informationsverarbeitungs- und Informationsgenerierungsmodule dar. Neben der Verarbeitung werden durch die Funktionen der Module eigenständige Aufgaben bearbeitet und weitere Informationen gewonnen.

Die Funktionsmodule des *Betriebsmittel-*, *Energie-* und *Materialmanagements* sowie der *Leistungsanalyse* ergänzen die Informationen der weiteren Module, insbes. der *Feinplanung und Feinsteuerung*, oder fassen diese in der *Leistungsanalyse* für die Anwender*innen des Systems zusammen. Weitere Verbindungen lassen sich bei der Verwaltung von Chargen erkennen, die Informationen des *Qualitäts-* und des *Auftragsmanagements* zusammenführt und diese später wieder dem *Reklamationsmanagement* bereitstellen kann.

Die Funktionen des Moduls *Feinplanung und Feinsteuerung* können die Nutzer*innen des Systems umfangreicher unterstützen, je mehr Datenarten erfasst und durch die korrespondierenden Funktionsmodule und -klassen verarbeitet werden. So lassen sich durch die Erfassung und Verarbeitung von Auftragsdaten durch die Funktionsmodule *Datenerfassung* und *Auftragsmanagement* durch die *Feinplanung und -steuerung* erste Werkstattpläne erzeugen, jedoch lassen sich erst mit grundlegenden Informationen der Betriebsmittel und der Ressourcenzustände detaillierte Pläne erstellen. Durch die Nutzung der Funktionsklasse *Instandhaltungsplanung und -steuerung* kann eine abgestimmte Planung erstellt werden und Restlaufzeiten von Betriebsmitteln in der Planung einbezogen werden. Durch die Integration des *Personalmanagements* sowie des *Qualitätsmanagements* lassen sich detailliertere Pläne erstellen. In der Abbildung 5-28 werden abweichend zu der Darstellung von WETZCHEWALD auch Informationsrückflüsse aus der *Feinplanung und Feinsteuerung* an Module als gestrichelte Linien dargestellt. Dies betrifft das *Personalmanagement*, bei dem die Ergebnisse der *Werkstattplanung* an die *Personaleinsatzplanung* zurückgespielt werden, sowie das *Betriebsmittelmanagement* mit der Planung und Steuerung der Instandhaltung. Darüber hinaus werden in der *Feinplanung und -steuerung* generierte Informationen durch die Funktionen der *Leistungsanalyse* ausgewertet.

Zusammenfassung

In Kapitel 5.3 werden Funktionen von Manufacturing-Execution-Systemen anhand der verfügbaren Literatur strukturiert und in Funktionsklassen und -module strukturiert. Somit wurde die Forschungsfrage „Wie lassen sich Module eines MES hinsichtlich ihrer Aufgaben und Funktionen beschreiben und klassifizieren?“ umfassend beantwortet. Hierbei lässt sich festhalten, dass sich ME-Systeme durch die zehn Funktionsmodule der VDI 5600 mit insgesamt 26 Funktionsklassen und 82 Funktionen beschreiben lassen. Dabei werden die Funktionsmodule und Funktionsklassen als eigenständig implementierbar verstanden. Trotz der modularen Struktur der ME-Systeme bestehen, wie im letzten Teilkapitel beschrieben, Abhängigkeiten und Wirkungszusammenhänge zwischen den Funktionsmodulen und ihren Klassen. Eine Validierung dieses Beschreibungsmodells wurde aufgrund der einseitigen Literaturlage durch eine empirische Untersuchung anhand von Marktdaten verschiedener Anbieter vorgenommen (s. Kap. 8.1). Mit der Strukturierung der Aufgaben und Ziele produzierender Unternehmen sowie dem Aufbau von ME-Systemen ergibt sich die Frage, inwieweit die Funktionen eines ME-Systems die Aufgaben und Ziele produzierender Unternehmen unterstützen und wie eine Bewertung der Unterstützung hinsichtlich der Vision von Industrie 4.0 mithilfe des acatech-Reifegradmodells ausgestaltet werden kann. Diese Frage wird im nachfolgenden Kapitel beantwortet.

6 Reifegradbasierte Bewertung des Nutzens von Manufacturing-Execution-Systemen

Im fünften Kapitel wurden die mit der Umsetzung von Industrie 4.0 verfolgten Ziele produzierender Unternehmen beschrieben und Kennzahlen zur Messung der Zielerreichung vorgestellt. Ebenso wurden die Kernaufgaben des Betrachtungsbereiches *Produktion* anhand von sieben Unternehmensfunktionen beschrieben. Weiterhin wurden die Funktionen eines MES umfassend beschrieben und in Funktionsklassen den zehn Funktionsmodulen der VDI 5600 zugeordnet. Im folgenden Kapitel wird die Reifegrad-Kennwert-Matrix entsprechend dem Vorgehen von AKKASOGLU aufgestellt. Hierzu werden im ersten Unterkapitel die **Reifegradindikatoren ermittelt** (s. Kap. 6.1). Die Reifegradindikatoren sind die Kernaufgaben eines produzierenden Unternehmens, welche durch ein ME-System unterstützt werden. Im Kapitel 6.2 wird anschließend die **Reifegrad-Kennwert-Matrix aufgestellt**. Hierzu wird zuerst die Morphologie von SCHMITZ erläutert und an die Zielstellung dieser Dissertationsschrift angepasst. Anschließend werden die Reifegradstufen des *acatech Industrie 4.0 Maturity Index* als Typen der Morphologie abgeleitet. Im letzten Schritt des Teilkapitels erfolgen dann die Aufstellung der Reifegrad-Kennwert-Matrix und die Bewertung der MES-Unterstützung für die relevanten Kernaufgaben. In Kapitel 6.3 werden die **Wirkungszusammenhänge zwischen den MES-Funktionen und den Unternehmenszielen** hergestellt. Teilergebnisse dieser Dissertation wurden in einer Fachzeitschrift und im Rahmen einer Konferenz publiziert. (vgl. Bach, Fischer, Schuh, Schröer 2020; Fischer et al. 2021)

6.1 Deduktion der Reifegradindikatoren

Das vorliegende Unterkapitel dient der Zusammenführung der Beschreibungsmodelle zu einem kombinierten Referenzmodell. Hierzu wird im Folgenden strukturiert und erläutert, welche Kernaufgaben eines produzierenden Unternehmens durch die Funktionen eines ME-Systems unterstützt werden. Die Zusammenführung erlaubt die Deduktion der relevanten Kernaufgaben zur Bewertung der MES-Implementierung anhand des Einflusses auf digitale Transformation im Sinne von Industrie 4.0. Das Vorgehen zur Deduktion der Kernaufgaben wird in Kapitel 6.1.1 erläutert. Anschließend wird das Vorgehen auf die in Kapitel 5.2 identifizierten Kernaufgaben und den in Kapitel 5.3 beschriebenen Funktionen eines MES angewandt. Abschließend werden die Ergebnisse des Unterkapitels in einem Zwischenfazit zusammengefasst.

6.1.1 Vorgehen zur Deduktion der Reifgradindikatoren

Die Reifegradindikatoren dienen zur Charakterisierung des Entwicklungszustandes des Betrachtungsobjektes (s. AKKASOGLU 2013, S. 55). Das betrachtete Objekt für die vorliegende Zielsetzung stellen produzierende Unternehmen dar, welche die Reihenfolge der zu implementierenden MES-Funktionen festlegen wollen. In den vorangegangenen Abschnitten wurden die produktionsnahen Kernaufgaben strukturiert und beschrieben. Nun müssen die relevanten Kernaufgaben als Reifegradindikatoren identifiziert werden.

Bei der Deduktion der Reifegradindikatoren ist darauf zu achten, dass die Anzahl der Indikatoren so gewählt wird, dass das Betrachtungsobjekt umfassend abgebildet wird, ohne den Bewertungsaufwand aufgrund einer hohen Anzahl zu steigern. Neben der Anforderung an die Anzahl von Reifegradindikatoren bestehen weitere Anforderungen, welche die Unabhängigkeit, die Vollständigkeit, die Interpretierbarkeit, die Beeinflussbarkeit sowie die Konformität mit dem Ziel des Reifegradmodells fordern. (s. AKKASOGLU 2013, S. 56) Im Rahmen dieser Dissertationsschrift stellen die Kernaufgaben produzierender Unternehmen die Reifegradindikatoren dar. Anhand derer wird später die informationstechnische Unterstützung durch das MES in Bezug zu Industrie 4.0 gemessen.

Um die Reifegrad-Kennwert-Matrix in Kapitel 6.2 aufzustellen, wird in diesem Unterkapitel untersucht und erläutert, welche Kernaufgaben durch Funktionalitäten von ME-Systemen direkt bzw. indirekt unterstützt werden. Mit der Identifikation der Aufgaben, die durch ein ME-System unterstützt werden, kann gewährleistet werden, dass sowohl das Betrachtungsobjekt ausreichend beschrieben als auch Konformität mit dem Ziel des Reifegradmodells gegeben ist. Ziel des Reifegradmodells sowie der vorliegenden Dissertationsschrift ist es, die Implementierungsreihenfolge der MES-Funktionen so zu strukturieren, dass der größte Nutzen für das Unternehmen schnellstmöglich realisiert wird.

Die Anforderungen an die Unabhängigkeit der Reifegradindikatoren sind durch die Strukturierung der Kernaufgaben erfüllt, da die Kernaufgaben in sich abgeschlossene Tätigkeiten beschreiben. Ebenso wird durch die Verwendung von etablierten und anerkannten Aufgabenmodellen gewährleistet, dass die Interpretierbarkeit durch Anwenden des Reifegradmodells gewährleistet ist. Die Möglichkeit der Beeinflussbarkeit der Indikatoren durch die Anwendenden wird dadurch gewährleistet, dass die beschriebenen Kernaufgaben unternehmensintern sind, um somit im Einflussbereich der Unternehmen liegen.

Zur Bestimmung der von einem MES beeinflussten Kernaufgaben wird eine zweidimensionale Matrix aufgebaut, wobei die Kernaufgaben die horizontal angelegten Zeilen bilden. Die Funktionsmodule sowie die dazugehörigen Funktionsklassen der ME-Systeme bilden die vertikal angelegten Spalten der Matrix. Die entstehende Aufgaben-Funktionsmatrix ist in Abbildung 6-1 verkürzt dargestellt. Die Elemente der Matrix orientieren sich an den zuvor beschriebenen Kernaufgaben und MES-Funktionalitäten (s. Kap. 5.2 und 5.3).

		unterstützt	Auftrags-management		Betriebsmittel-management			Daten-erfassung			Energie-management		Feinplanung u. Feinsteuerung			Informations-management		Leistungs-analyse		Material-management			Personal-management		Qualitäts-management			
			Auftragsverarbeitung	Informationsbereitstellung	Instandhaltungsplanung und -steuerung	Instandhaltungsauswertung	Bereitstellung von Betriebsmittelinformationen	Erfassung	Vorverarbeitung	Bereitstellung	Energiemonitoring	Energiecontroling	Erzeugung des Werkstattplans	Analyse der Planung	Pflege der Stammdaten	Informationsverarbeitung und -verteilung	Workflowmanagement	Operative Auswertung	Taktisch-strategische Auswertungen	Verwaltung und Führung von Umlaufbeständen	Initiierung der Materialtransporte	Verwaltung von Chargen	Führung von Personalinformationen	Erstellung von Personaleinsatzplänen	Qualitätsplanung	Fertigungsbegleitende Prüfung	Prüfmittelmanagement	Reklamationsmanagement
Unternehmensfunktion	Aufgabengruppe	Kernaufgabe																										
		Kernaufgabe																										
		Kernaufgabe																										
	Aufgabengruppe	Kernaufgabe																										
		Kernaufgabe																										
		Kernaufgabe																										

Abbildung 6-1: Struktur der Aufgaben-Funktionsmatrix (eigene Darstellung)

Die Kernaufgaben, welche eine Unterstützung durch MES-Funktionen erhalten, werden wie oben beschrieben als Reifegradindikatoren für den Aufbau der Reifegrad-Kennwert-Matrix deduziert. Dabei wird die Unterstützung über Einträge in den Feldern der Aufgaben-Funktionsmatrix ausgedrückt, wenn das ME-System mit mindestens einer Funktion der Funktionsklasse die Kernaufgabe der Zeile unterstützt. Kernaufgaben ohne Unterstützung durch MES-Funktionen werden für die weitere Ausgestaltung des Reifegradmodells nicht betrachtet.

Die Befüllung der Aufgaben-Funktionsmatrix erfolgt im nächsten Schritt auf Basis vorangegangener Literaturrecherchen, der logischen Deduktion sowie Expertengesprächen zur Validierung der Matrix. Hierbei können drei Fälle der Zuordnung unterschieden werden: Der erste Fall umfasst die begriffliche Übereinstimmung zwischen der zu erfüllenden Aufgabe und der unterstützenden MES-Funktion. Der zweite Fall liegt dann vor, wenn eine inhaltliche Übereinstimmung zwischen der Kernaufgabe sowie der MES-Funktion vorliegt. Dabei erfolgt die Zuordnung der MES-Funktionen zu den entsprechenden Kernaufgaben produzierender Unternehmen auf Basis der Funktionsbeschreibungen der bereits vorgestellten Literatur von KLETTI, der VDI-Richtlinie 5600-1 und dem MES-Marktspiegel. (vgl. KLETTI 2007; KLETTI U. SCHUMACHER 2014; KLETTI 2015; KLETTI U. DEISENROTH 2019; VDI-RICHTLINIE 5600-1; WIENDAHL ET AL. 2019) Der dritte Fall beschreibt die indirekte Unterstützung der Kernaufgabe durch eine MES-Funktion. Hierbei können Informationen, die von der implementierten Funktion bereitgestellt werden, nützlich für die unterstützte Kernaufgabe sein. Es liegen dazu weder eine begriffliche noch inhaltliche Übereinstimmung vor. In Abbildung 6-2 sind die drei Fälle zusammenfassend dargestellt.

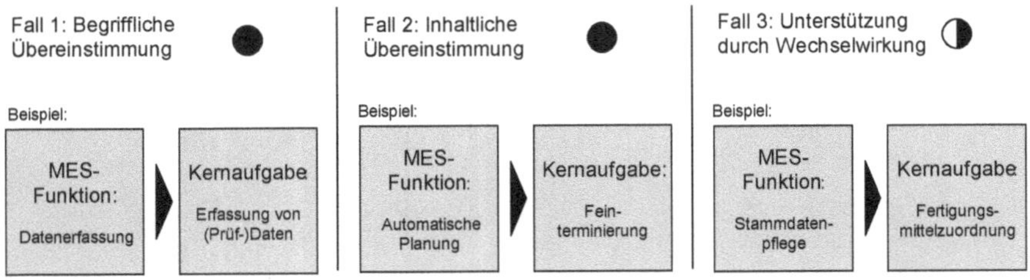

Abbildung 6-2: Zusammenfassung der Fälle für die Darstellung der Wirkungszusammenhänge zwischen MES-Funktion und Kernaufgabe (eigene Darstellung)

6.1.2 Wirkungszusammenhänge zwischen den Kernaufgaben produzierender Unternehmen und den MES-Funktionen

In diesem Unterkapitel werden die befüllten Aufgaben-Funktionsmatrizen beschrieben. Hierzu wird für jeden Unternehmensbereich die befüllte Matrix dargestellt und erläutert.

Arbeitsplanung

In Abbildung 6-3 ist die ausgefüllte Aufgaben-Funktionsmatrix für die Unternehmensfunktion der *Arbeitsplanung* abgebildet. Im Bereich der Arbeitsplanung ist die Unterstützung durch die MES-Funktionen eher gering. Die Möglichkeiten der Analyse unterstützen bei der Ermittlung von Vorgabezeiten.

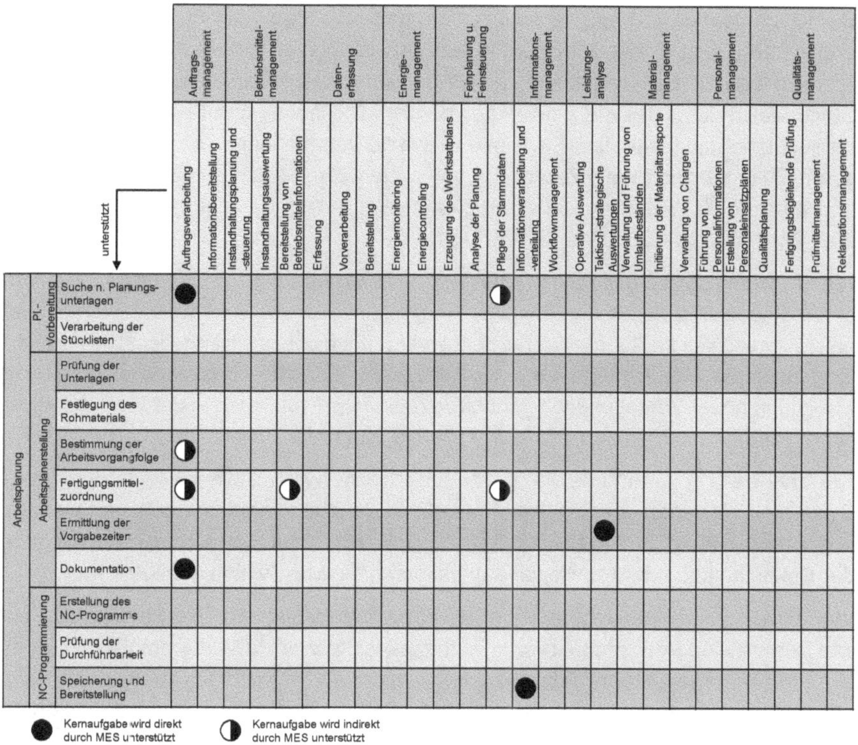

Abbildung 6-3: Aufgaben-Funktionsmatrix der *Arbeitsplanung* (eigene Darstellung)

In der Aufgabengruppe der Planungsvorbereitung unterstützt das ME-System bei der Suche nach Planungsunterlagen durch die systematische Ablage von Auftragsdaten, zu denen auch die Arbeitspläne gehören. Falls die Auftragsdaten sowie Arbeitspläne der herzustellenden Produkte gänzlich im ME-System gespeichert und verwaltet werden, ermöglicht das ME-System die systematische Suche nach den Unterlagen durch die Funktionen der *Auftragsverarbeitung* des MES-Moduls Auftragsmanagement. Ebenfalls wird in der Funktionsklasse *Pflege der Stammdaten* im MES-Modul *Feinplanung und Feinsteuerung* die Verwaltung von Rüstmatrizen unterstützt, welche als Planungsunterlagen im Prozess der Arbeitsplanerstellung dienlich sind. (s. EVERSHEIM 2002, S. 21; KLETTI 2015, S. 75; KLETTI U. DEISENROTH 2019, S. 107–108)

Das ME-System unterstützt indirekt in der Bestimmung der Arbeitsvorgangsfolge dadurch, dass auf Basis historischer Arbeitspläne und der Aufträge mit abweichenden Bearbeitungsreihenfolgen, welche durch Funktionen der *Auftragsverarbeitung* bereitgestellt werden, die ausführenden Personen Arbeitsvorgangsfolgen ableiten und anpassen können. (s. WIENDAHL 2014, S. 207–208; KLETTI U. DEISENROTH 2019, S. 102–103; 2019, S. 107–108)

Die Kernaufgabe der Fertigungsmittelzuordnung wird durch die Funktionen der Auftragsverarbeitung für die Speicherung und Verwaltung von Arbeitsplänen im ME-System sowie durch die *Bereitstellung von Betriebsmittelinformationen* und die *Pflege von Stammdaten* durch das MES indirekt unterstützt. Die indirekte Unterstützung resultiert daraus, dass die planenden Personen relevante Informationen über die Ressourcen sowie Rüstmatrizen für die Zuordnung von präferierten Maschinen aus dem ME-System erhalten. (s. WIENDAHL 2014, S. 208–211; KLETTI U. DEISENROTH 2019, S. 102–103; 2019, S. 107–108; 2019, S. 149–151)

Die Ermittlung der Vorgabezeiten kann durch die Auswertung von Bearbeitungs-, Rüst- sowie Liegezeiten mittels der Funktionen der *taktisch-strategischen Auswertungen* der Leistungsanalyse im Rahmen der Arbeitsvorbereitung unterstützt werden. Die Auswertung einzelner Arbeitsgänge kann zur Anpassung aktueller Vorgabezeiten sowie zur Ermittlung neuer Vorgabezeiten genutzt werden, falls Prototypen in der Produktion gefertigt wurden. (s. WIENDAHL 2014, S. 212–216; KLETTI U. DEISENROTH 2019, S. 72–77)

Die Speicherung und Pflege von produktspezifischen Arbeitsplänen kann durch ME-Systeme im Rahmen der Funktionen der *Auftragsverarbeitung* übernommen werden. (s. WIENDAHL 2014, S. 216–217; KLETTI 2015, S. 75) Somit lässt sich die Kernaufgabe der Dokumentation der Arbeitspläne direkt durch ein ME-System abbilden.

Im Rahmen der Aufgabengruppe der NC-Programmierung kann die Speicherung sowie Bereitstellung der produkt- bzw. auftragsspezifischen NC-Programme durch das DNC/NC-Management der Funktionsklasse *Informationsverarbeitung und -verteilung* übernommen werden. (s. EVERSHEIM 2002, S. 78–87; KLETTI U. DEISENROTH 2019, S. 158–160)

Entwicklung und Konstruktion

In Abbildung 6-4 ist die ausgefüllte Aufgaben-Funktionsmatrix für die Unternehmensfunktion der *Entwicklung und Konstruktion* mit den Aufgabengruppen der *Produktentwicklung,* der *Begleit-* und *Querschnittsaktivitäten* abgebildet. In dieser Unternehmensfunktion ist die Unterstützung durch ein MES gering. Einzig die Kernaufgabe des *Qualitätsmanagements* kann mit Funktionen des MES unterstützt werden. Die restlichen Kernaufgaben der Entwicklung und Konstruktion erfahren keine Unterstützung.

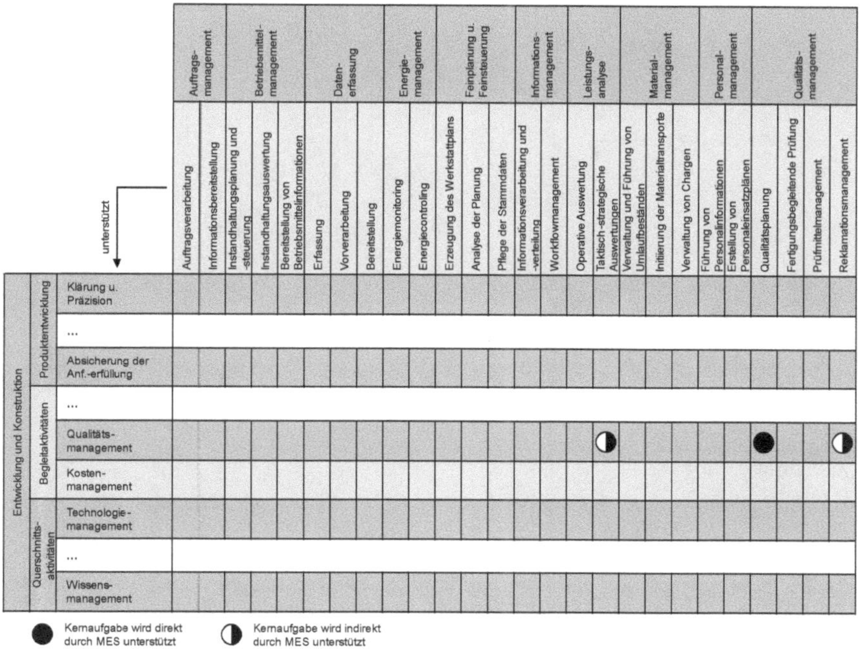

Abbildung 6-4: Aufgaben-Funktionsmatrix der *Entwicklung und Konstruktion* (eigene Darstellung)

In der Unternehmensfunktion *Entwicklung und Konstruktion* besteht durch das ME-System die Unterstützung bei der Kernaufgabe *Qualitätsmanagement* der Aufgabengruppe *Begleitaktivitäten* (s. Abbildung 6-4). Die MES-Funktionen der Funktionsklasse *Qualitätsplanung* unterstützen durch die Funktion der *Qualitätsvorausplanung* bei der Durchführung von FMEAs oder APQPs. Ebenfalls werden durch taktisch-strategische Auswertungen des Funktionsmoduls *Leistungsanalyse* Auswertungen zu Fehlerursachen bereitgestellt. Dies unterstützt sowohl direkt als auch indirekt die systematische Steuerung der Produktqualität im Entwicklungsprozess. (s. VDI-RICHTLINIE 5600-1, S. 26; VDI-RICHTLINIE 2221, S. 46–47)

Fertigung und Montage

In Abbildung 6-5 sind die Wirkungszusammenhänge zwischen den Funktionen des ME-Systems und den Kernaufgaben der Unternehmensfunktion *Fertigung und Montage* in der Aufgaben-Funktionsmatrix dargestellt. Hierbei werden alle Kernaufgaben der Unternehmensfunktion durch das ME-System unterstützt, da das ME-System vorrangig zur Unterstützung der Produktionsprozesse entwickelt wurde und eingesetzt wird. (s. VDI-RICHTLINIE 5600-1, S. 4)

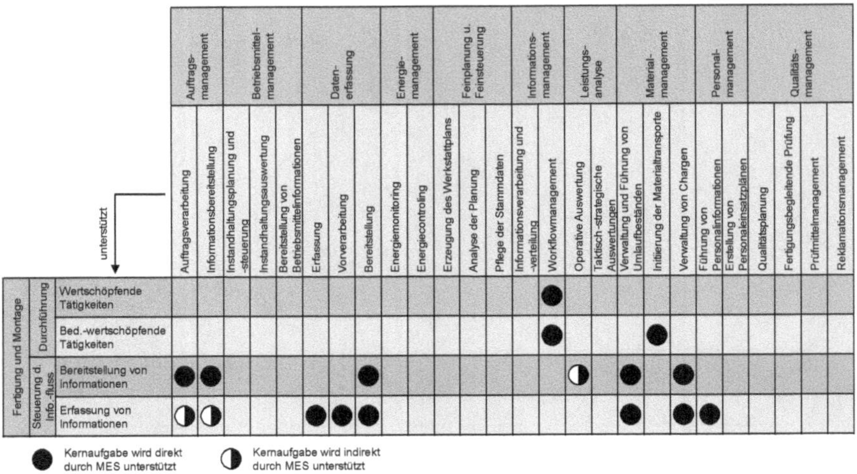

Abbildung 6-5: Aufgaben-Funktionsmatrix der *Fertigung und Montage* (eigene Darstellung)

Die Aufgabengruppe der Durchführung umfasst die Kernaufgaben der *wertschöpfenden* und der *bedingt wertschöpfenden Tätigkeiten*. Diese Kernaufgaben werden durch die Funktionsklasse des *Workflowmanagements* unterstützt, welche Eingriffe in den laufenden Betrieb durch eine Prozessverriegelung ermöglicht. Die Funktionsklasse *Initiierung von Materialtransporten* übernimmt die Koordination der Materialversorgung als eine bedingt wertschöpfende Tätigkeit. Das ME-System führt jedoch keine physischen Logistikprozesse aus. (s. EVERSHEIM 1989, S. 239; 1989, S. 234; KLETTI u. DEISENROTH 2019, S. 36; 2019, S. 121)

Die Aufgabengruppe der *Steuerung des Informationsflusses* umfasst die *Bereitstellung* sowie *Erfassung von Informationen* für die operativen Mitarbeiter*innen der Fertigung und Montage. Die *Bereitstellung von Informationen* in der Fertigung und Montage umfasst neben der Anzeige von Auftragsinformationen (Auftragsdaten, Stückliste, Zeichnungen etc.) auch die Darstellung des aktuellen Ressourcenstatus sowie die Visualisierung der erfassten und ausgewerteten Daten. Hierbei wird die Kernaufgabe durch die Funktionen der Funktionsklassen *Auftragsverarbeitung*, *Informationsbereitstellung*, der *Bereitstellung* (MES-Moduls Datenerfassung) sowie die Funktionen der *operativen Auswertungen* unterstützt. Ebenso stellen die Funktionen der *Verwaltung von Umlaufbeständen* sowie der *Verwaltung von Chargen* für die operativen Mitarbeiter*innen relevante Informationen über die zu verarbeiten und entstehenden Materialien bereit. (s. EVERSHEIM 1989, S. 237; 1989, S. 233; KLETTI u. DEISENROTH 2019, S. 69; 2019, S. 72–77; 2019, S. 69; VDI-RICHTLINIE 5600-1, S. 23; KLETTI u. DEISENROTH 2019, S. 136–137)

Die Erfassung von Informationen unterstützt das ME-System mit allen *Funktionsklassen der Datenerfassung* sowie der *Verwaltung und Führung von Umlaufbeständen*, *der Verwaltung von Chargen* und der *Führung von Personalinformationen*. Indirekt sind auch die Funktionsklassen des Auftragsmanagements beteiligt. (s. EVERSHEIM 1989, S. 234; 1989, S. 239; KLETTI U. DEISENROTH 2019, S. 68; 2019, S. 84–85; 2019, S. 134–137; 2019, S. 140; 2019, S. 238; 2019, S. 254–255)

Instandhaltung

In Abbildung 6-6 und Abbildung 6-7 sind die Kernaufgaben der Unternehmensfunktion *Instandhaltung* abgebildet. Hierbei zeichnet sich eine starke systemseitige Unterstützung in allen Aufgabengruppen ab. Abbildung 6-6 zeigt die Aufgabengruppe der *Instandhaltungsplanung*, welche im Folgenden beschrieben wird.

Instandhaltung – Instandhaltungsplanung (unterstützt)	Auftrags-management		Betriebsmittel-management			Daten-erfassung			Energie-management		Feinplanung u. Feinsteuerung			Informations-management		Leistungs-analyse		Material-management			Personal-management		Qualitäts-management			
	Auftragsverarbeitung	Informationsbereitstellung	Instandhaltungsplanung und -steuerung	Instandhaltungsauswertung	Bereitstellung von Betriebsmittelinformationen	Erfassung	Vorverarbeitung	Bereitstellung	Energiemonitoring	Energiecontrolling	Erzeugung des Werkstattplans	Analyse der Planung	Pflege der Stammdaten	Informationsverarbeitung und -verteilung	Workflowmanagement	Operative Auswertung	Taktisch-strategische Auswertungen	Verwaltung und Führung von Umlaufbeständen	Initiierung der Materialtransporte	Verwaltung von Chargen	Führung von Personalinformationen	Erstellung von Personaleinsatzplänen	Qualitätsplanung	Fertigungsbegleitende Prüfung	Prüfmittelmanagement	Reklamationsmanagement
Strategieplanung																										
Budgetplanung																										
Personalplanung			●		●																	●				
Betriebsmittelplanung			●	◑	●												◑									
Werkstättenplanung			◑																							
Arbeitsplanerstellung (IH-Aktivitäten)			●																							
Stammdatenpflege			●		●																					

● Kernaufgabe wird direkt durch MES unterstützt ◑ Kernaufgabe wird indirekt durch MES unterstützt

Abbildung 6-6: Aufgaben-Funktionsmatrix der *Instandhaltung* (1/2) (eigene Darstellung)

Die Aufgabengruppe der *Instandhaltungsplanung* umfasst die längerfristige Planung der Instandhaltungstätigkeiten (s. PAWELLEK 2016, S. 224). Im Bereich der Personalplanung werden die verantwortlichen Personen durch die Funktionen der *Instandhaltungsplanung und -steuerung* und der *Bereitstellung von Betriebsmittelinformationen* unterstützt, damit die regelmäßigen und geplanten Instandhaltungsaktivitäten im Voraus geplant wurden. Auf Basis zusätzlicher Informationen über historische, ungeplante Aktivitäten kann mit den Funktionen der *Erstellung von Personaleinsatzplänen* der Bedarf anhand der geplanten und ungeplanten Aktivitäten abgeschätzt werden und eine Schichtplanung vorgenommen werden. (s. PAWELLEK 2016, S. 226; KLETTI U. DEISENROTH 2019, S. 114; 2019, S. 149–153; 2019, S. 176–178)

Die Kernaufgabe der Betriebsmittelplanung hat zum Ziel, den Bedarf an Betriebsmitteln für die Durchführung der Instandhaltungstätigkeiten abzuschätzen. Hierzu werden Bedarfe geplanter Instandhaltungstätigkeiten sowie Betriebsmittelinformationen durch Analyse der Wartungsintervalle und der benötigten Hilfsmittel durch das MES bereitgestellt. Über historische, ressourcenbezogene Auswertungen können häufige Ursachen für ungeplante Stillstände und Ausfälle identifiziert werden. Somit können die verantwortlichen und planenden Personen den Bedarf für ungeplante Ausfälle mit dem ME-System abschätzen. Die Funktionen der Funktionsklassen *der Instandhaltungsplanung und -steuerung*, der *Bereitstellung von Betriebsmittelinformationen* und der *taktisch-strategischen Auswertungen* sowie der *Instandhaltungsauswertung* ermöglichen die Ermittlung und Abschätzung des Bedarfes an Betriebsmitteln. (s. PAWELLEK 2016, S. 226; KLETTI U. DEISENROTH 2019, S. 149–154)

Die Kernaufgabe der Werkstättenplanung zielt auf die Ausgestaltung der Arbeitsplätze für Instandhaltungstätigkeiten ab. Die Planer*innen werden indirekt dadurch unterstützt, dass sie durch die Vorausplanung der geplanten Tätigkeiten einen Überblick über Platz- und Betriebsmittelbedarfe erhalten. Somit werden sie durch die Planung der Instandhaltungstätigkeiten im Rahmen von Wartungskalender durch die Funktionen des ME-Systems unterstützt. (s. PAWELLEK 2016, S. 226; KLETTI U. DEISENROTH 2019, S. 152)

Im Rahmen der Arbeitsplanerstellung für die Instandhaltungstätigkeiten werden die planenden Personen durch die Funktionen zur Anlage von Instandhaltungsaufträgen unterstützt. Hierbei können die Arbeitspläne für die Aufträge angelegt werden, welche für wiederkehrende, geplante Tätigkeiten genutzt werden können. Die Funktion bietet das ME-System in der Funktionsklasse der *Instandhaltungsplanung und -steuerung* an. (s. PAWELLEK 2016, S. 226–227; KLETTI U. DEISENROTH 2019, S. 154)

Die Pflege von instandhaltungsspezifischen Stammdaten umfasst neben den Ressourcen- und Betriebsmittelinformationen u. a. auch Arbeitspläne sowie Daten zur Klassifikation von Störungen. Das MES unterstützt bei der Anlage, Pflege sowie Erweiterung von Stammdaten, welche aus anderen Systemen (beispielsweise einem ERP-System) übernommen wurden. Sowohl Funktionen der *Instandhaltungsplanung und -steuerung*, beispielsweise Arbeitspläne, als auch die Funktion zur Anlage und Verwaltung von Stammdaten der Funktionsgruppe *Bereitstellung von Betriebsmittelinformationen* unterstützen bei der Ausführung der Kernaufgabe. (s. PAWELLEK 2016, S. 223; KLETTI U. DEISENROTH 2019, S. 149–151)

Die Aufgabengruppe der *Instandhaltungssteuerung* fokussiert die Steuerung und Durchführung der Instandhaltungstätigkeiten (s. PAWELLEK 2016, S. 227). In Abbildung 6-7 sind Kernaufgaben der *Instandhaltungssteuerung und -analyse* in der ausgefüllten Aufgaben-Funktionsmatrix dargestellt. Die Kernaufgaben werden im Folgenden beschrieben.

		Auftragsmanagement		Betriebsmittelmanagement			Datenerfassung			Energiemanagement		Feinplanung u. Feinsteuerung			Informationsmanagement		Leistungsanalyse		Materialmanagement			Personalmanagement		Qualitätsmanagement			
	unterstützt →	Auftragsverarbeitung	Informationsbereitstellung	Instandhaltungsplanung und -steuerung	Instandhaltungsauswertung	Bereitstellung von Betriebsmittelinformationen	Erfassung	Vorverarbeitung	Bereitstellung	Energiemonitoring	Energiecontrolling	Erzeugung des Werkstattplans	Analyse der Planung	Pflege der Stammdaten	Informationsverarbeitung und -verteilung	Workflowmanagement	Operative Auswertung	Taktisch-strategische Auswertungen	Verwaltung und Führung von Umlaufbeständen	Initiierung der Materialtransporte	Verwaltung von Chargen	Führung von Personalinformationen	Erstellung von Personaleinsatzplänen	Qualitätsplanung	Fertigungsbegleitende Prüfung	Prüfmittelmanagement	Reklamationsmanagement
Instandhaltung / Instandhaltungssteuerung	Auftragsterminierung			●								●															
Instandhaltung / Instandhaltungssteuerung	Termin- und Kapazitätsplanung			●								●											●				
Instandhaltung / Instandhaltungssteuerung	Materialdisposition			◑			◑	◑																			
Instandhaltung / Instandhaltungssteuerung	Kostenplanung																										
Instandhaltung / Instandhaltungssteuerung	Auftragsveranlassung	●		●												●											
Instandhaltung / Instandhaltungssteuerung	Maßnahmendurchführung		●	◑		◑																					
Instandhaltung / Instandhaltungssteuerung	Auftragsrückmeldung	◑			◑	◑	●	●	●																		
Instandhaltung / Instandhaltungssteuerung	Auftragsüberwachung		●	●					●								●										
Instandhaltung / IH-Analyse	Auftragsabweichungsanalyse																	●									
Instandhaltung / IH-Analyse	Schwachstellenanalyse				●													●									

● Kernaufgabe wird direkt durch MES unterstützt ◑ Kernaufgabe wird indirekt durch MES unterstützt

Abbildung 6-7: Aufgaben-Funktionsmatrix der *Instandhaltung* (2/2) (eigene Darstellung)

Die Kernaufgabe der Auftragsterminierung fokussiert die zeitliche Grobplanung der Instandhaltungstätigkeiten in Abstimmung mit der Produktion. Die Kernaufgabe der Termin- und Kapazitätsplanung verfeinert die Grobplanung unter Berücksichtigung störungsbedingter, ungeplanter Instandhaltungstätigkeiten ebenfalls in Abstimmung mit der Produktion. Bei beiden Kernaufgaben werden die planenden Personen der Instandhaltung sowie der Produktionsplanung durch die Funktionen der Auftragsanlage für ungeplante Instandhaltungen im Rahmen der *Instandhaltungsplanung und -steuerung* sowie durch mehrere Funktionen der Gruppe *Erzeugung des Werkstattplans* unterstützt. Falls in letztgenannter Kernaufgabe die Verfügbarkeit des Instandhaltungspersonals berücksichtigt werden soll, werden Funktionen der *Erstellung von Personaleinsatzplänen* genutzt. (s. PAWELLEK 2016, S. 227–228; KLETTI u. DEISENROTH 2019, S. 104–105; 2019, S. 154; 2019, S. 188–190)

Die Kernaufgabe der Materialdisposition im Kontext der Instandhaltungssteuerung liegt in der rechtzeitigen Bereitstellung der benötigten Inputfaktoren für die Durchführung der Instandhaltungsaufträge. Die Funktionen des ME-Systems unterstützen die disponierenden Personen hierbei im Standard nur durch die Bereitstellung von Terminen und Arbeitsplänen der Instandhaltungstätigkeiten sowie die echtzeitnahe

Erfassung und Verarbeitung von Verbrauchsbuchungen bei der Durchführung der Instandhaltungsaktivitäten. Dies gewährleistet stets aktuelle Bestände, welche die disponierenden Personen für die Durchführung nutzen können. Eine Durchführung der Materialplanung und -disposition wird nicht durch Funktionen des MES direkt unterstützt. (s. PAWELLEK 2016, S. 227–228; KLETTI U. DEISENROTH 2019, S. 152; 2019, S. 154)

Bei der Kernaufgabe der Auftragsveranlassung werden für alle geplanten sowie störungsbedingten Instandhaltungsmaßnahmen nach Prüfung der Ressourcenverfügbarkeit die Auftragsdaten samt notwendiger Unterlagen (beispielsweise Zeichnungen) an die ausführenden Mitarbeiter*innen bereitgestellt. Dies übernehmen wie bei Fertigungsaufträgen Funktionen der *Auftragsverwaltung* und zusätzlich Funktionen der *Instandhaltungsplanung und -steuerung.* Die Veranlassung störungsbedingter Instandhaltungsmaßnahmen kann durch Workflows oder Eskalationsmeldungen initiiert werden. Daher unterstützen in diesem Fall auch die Funktionen des *Workflowmanagements.* (s. PAWELLEK 2016, S. 228; KLETTI 2015, S. 75; KLETTI U. DEISENROTH 2019, S. 70; 2019, S. 35–36)

Nachdem die Aufträge den operativen Mitarbeiter*innen übergeben wurden, werden jene im Rahmen der Maßnahmendurchführung umgesetzt. Hierbei unterstützt das ME-System durch die Bereitstellung von auftrags- und ressourcenspezifischen Informationen, auf welche die Mitarbeiter*innen durch die Funktionen der *Informationsbereitstellung* des Auftragsmanagements, der *Bereitstellung von Betriebsmittelinformationen* und der *Instandhaltungsplanung und -steuerung* zugreifen können. (s. PAWELLEK 2016, S. 229; KLETTI 2015, S. 75; KLETTI U. DEISENROTH 2019, S. 70; 2019, S. 149–151)

Während der Durchführung sind die Instandhaltungsmitarbeiter*innen angehalten, Rückmeldung über den Auftragsfortschritt zu geben. Zur Unterstützung dieser Kernaufgabe bietet das ME-System direkte Unterstützung durch die Funktionen der *Erfassung*, *Vorverarbeitung* und *Bereitstellung*. Die Daten werden durch die Funktionen der *Auftragsverarbeitung*, der *Instandhaltungsplanung und -steuerung* und der *Bereitstellung von Betriebsmittelinformationen* zusammengeführt und unterstützen daher nur indirekt. (s. PAWELLEK 2016, S. 228; KLETTI U. DEISENROTH 2019, S. 68; 2019, S. 84–85; 2019, S. 140; 2019, S. 153)

Die Erfassung der Daten dient neben der späteren Auswertung auch zur Überwachung und Steuerung der Instandhaltungsaufträge. Zur systemseitigen Unterstützung der Kernaufgabe der Auftragsüberwachung bietet das MES mit Funktionen der Auftragsübersicht der *Informationsbereitstellung*, der *Instandhaltungsauswertung*, der *Bereitstellung von Betriebsmittelinformationen* und der *operativen Auswertung* eine Unterstützung des Maßnahmencontrollings, um echtzeitnah bei Abweichung eingreifen zu können. (s. PAWELLEK 2016, S. 228; KLETTI U. DEISENROTH 2019, S. 70; 2019, S. 72–73; 2019, S. 153)

Im Rahmen der Aufgabengruppe der Instandhaltungsanalyse werden rückblickend durchgeführte Instandhaltungsaufträge untersucht. Die Kernaufgabe der Auftragsabweichungsanalyse wird durch die Funktionen der *taktisch-strategischen Auswertungen* bei der Durchführung unterstützt, da Instandhaltungsmitarbeiter*innen aufbauend auf Soll-/Ist-Vergleichen Ursachen für Abweichungen bei der Auftragsdurchführung indentifizieren können. (s. PAWELLEK 2016, S. 229; KLETTI U. DEISENROTH 2019, S. 72–77)

Die Kernaufgabe der Schwachstellenanalyse fokussiert die systematische Aufdeckung von ressourcenbezogenen Schwachstellen, welche zu Instandhaltungstätigkeiten geführt haben. Zur Analyse dieser Schwachstellen bietet das MES Funktionen aus den Funktionsgruppen der *Instandhaltungsauswertung* und der *taktisch-strategischen Auswertungen*. Aus der erstgenannten Funktionsgruppe stellt die Betriebsmittelhistorie relevante Informationen für die Auswertung zur Verfügung, welche mittels der Funktion ressourcenbezogener Auswertungen Aufschlüsse über mögliche Schwachstellen bietet. Hierbei können auch Prozessdaten zur Analyse einbezogen werden. (s. PAWELLEK 2016, S. 229; KLETTI U. DEISENROTH 2019, S. 90–97; 2019, S. 153–154)

Produktionslogistik

Die ausgefüllte Aufgaben-Funktionsmatrix der Kernaufgaben der *Produktionslogistik* ist in Abbildung 6-8 dargestellt.

		unterstützt	Auftrags-management		Betriebsmittel-management			Daten-erfassung			Energie-management		Feinplanung u. Feinsteuerung			Informations-management		Leistungs-analyse		Material-management			Personal-management		Qualitäts-management			
			Auftragsverarbeitung	Informationsbereitstellung	Instandhaltungsplanung und -steuerung	Instandhaltungsauswertung	Bereitstellung von Betriebsmittelinformationen	Erfassung	Vorverarbeitung	Bereitstellung	Energiemonitoring	Energiecontroling	Erzeugung des Werkstattplans	Analyse der Planung	Pflege der Stammdaten	Informationsverarbeitung und -verteilung	Workflowmanagement	Operative Auswertung	Taktisch-strategische Auswertungen	Verwaltung und Führung von Umlaufbeständen	Initiierung der Materialtransporte	Verwaltung von Chargen	Führung von Personalinformationen	Erstellung von Personaleinsatzplänen	Qualitätsplanung	Fertigungsbegleitende Prüfung	Prüfmittelmanagement	Reklamationsmanagement
Produktionslogistik	Durchführung	Kommissionieren																										
		Fördern	◐					◐	◐	◐										◐		◐						
		Lagern	◐					◐	◐	◐										◐		◐						
	Planung	Erzeugung von Transportaufträgen	●														●				●							
		Erzeugung von Kommissionieraufträgen																										

● Kernaufgabe wird direkt durch MES unterstützt ◐ Kernaufgabe wird indirekt durch MES unterstützt

Abbildung 6-8: Aufgaben-Funktionsmatrix der *Produktionslogistik* (eigene Darstellung)

Die Kernaufgaben der *Produktionslogistik* der Aufgabengruppe *Durchführung* umfassen die *Kommissionierung*, *Förderung* und *Lagerung*, welche bis auf die Kommissionierung indirekt durch das ME-System unterstützt werden. Informationen zu den Transportaufträgen können durch die *Auftragsverwaltung* den ausführenden

Mitarbeiter*innen zur Verfügung gestellt werden. Daneben können bei der Durchführung der Tätigkeiten Informationen zum Umlaufbestand und Chargen durch das MES bereitgestellt werden. Die Unterstützung wird durch Funktionen der Gruppen der *Datenerfassung* sowie der *Verwaltung und Führung von Umlaufbeständen und Chargen* realisiert. (s. ARNOLD ET AL. 2008, S. 634; 2008, S. 665–666; 2008, S. 688–689; KLETTI 2015, S. 75; KLETTI U. DEISENROTH 2019, S. 125–127; 2019, S. 136–137)

Die Kernaufgabe der Erzeugung von Transportaufträgen wird durch das MES-System unterstützt. Die Initiierung kann manuell, workflowgestützt oder durch die Feinplanung erfolgen. Anschließend werden die Transportaufträge durch die Funktion der Funktionsgruppe *Initiierung der Materialtransporte* im MES erzeugt sowie in der *Auftragsverwaltung* des MES verwaltet und stehen dort zum Abruf und zur Abarbeitung durch die Mitarbeiter*innen bereit. (s. LÖDDING 2019, S. 112–113; KLETTI U. DEISENROTH 2019, S. 129–130)

Produktionsplanung und -steuerung

In den nachfolgenden Abbildungen sind für die Unternehmensfunktion *Produktionsplanung und -steuerung* die ausgefüllten Ausschnitte der Aufgaben-Funktionsmatrix abgebildet. Es ist zu erkennen, dass eine hohe Anzahl an Kernaufgaben als Reifegradindikatoren geeignet ist. (s. Abbildung 6-9, Abbildung 6-10 u. Abbildung 6-11) Aufgrund der in ME-Systemen betrachteten Zeithorizonte liegt der Fokus auf den Aufgaben der *Produktionsbedarfsplanung* sowie der *Eigenfertigungsplanung und -steuerung*. Die Aufgaben der *Produktionsprogrammplanung* werden aufgrund des langfristigen Planungshorizontes nicht unterstützt.

Zur Unterstützung der Planungsfunktionalitäten der Aufgabengruppen der *Produktionsbedarfsplanung* und der *Eigenfertigungsplanung und -steuerung* werden die Funktionen der *Auftragsverwaltung*, der *Informationsbereitstellung* sowie der *Pflege der Stammdaten* durchgehend benötigt. Erstere Funktionsgruppen verwalten und stellen die benötigten Auftragsinformationen bereit. Letztere Funktionsgruppe gewährleistet über die Anpassung und Verwendung der Stammdaten, dass die Planungsergebnisse entsprechend akkurat sind. (s. KLETTI U. DEISENROTH 2019, S. 102–103; KLETTI 2015, S. 75; KLETTI U. DEISENROTH 2019, S. 69) Bei der Beschreibung der folgenden Wirkungszusammenhänge werden nur noch jene Funktionsgruppen benannt, die zusätzlich zu den obengenannten Gruppen die Kernaufgaben unterstützen. In Abbildung 6-9 sind die Kernaufgaben der Aufgabengruppen der *Produktionsprogrammplanung* und der *Produktionsbedarfsplanung* dargestellt.

		Auftrags-management		Betriebsmittel-management			Daten-erfassung			Energie-management		Feinplanung u. Feinsteuerung			Informations-management		Leistungs-analyse		Material-management			Personal-management		Qualitäts-management			
	unterstützt	Auftragsverarbeitung	Informationsbereitstellung	Instandhaltungsplanung und -steuerung	Instandhaltungsauswertung	Bereitstellung von Betriebsmittelinformationen	Erfassung	Vorverarbeitung	Bereitstellung	Energiemonitoring	Energiecontroling	Erzeugung des Werkstattplans	Analyse der Planung	Pflege der Stammdaten	Informationsverarbeitung und -verteilung	Workflowmanagement	Operative Auswertung	Taktisch-strategische Auswertungen	Verwaltung und Führung von Umlaufbeständen	Initiierung der Materialtransporte	Verwaltung von Chargen	Führung von Personalinformationen	Erstellung von Personaleinsatzplänen	Qualitätsplanung	Fertigungsbegleitende Prüfung	Prüfmittelmanagement	Reklamationsmanagement
Produktionsplanung und -steuerung: Produktions-programmplanung	Absatzplanung																										
	Primärbedarfsplanung																										
	Ressourcengrob-planung																										
Produktionsbedarfsplanung	Bruttosekundär-bedarfsermittlung																										
	Nettosekundär-bedarfsermittlung																										
	Beschaffungsart-zuordnung																										
	Durchlaufterminierung	●	●									●		●													
	Kapazitätsbedarfs-ermittlung	●	●			●						●		●													
	Kapazitäts-abstimmung	●	●			●						●		●													

● Kernaufgabe wird direkt durch MES unterstützt ◑ Kernaufgabe wird indirekt durch MES unterstützt

Abbildung 6-9: Aufgaben-Funktionsmatrix der *Produktionsplanung und -steuerung* (1/3) (eigene Darstellung)

Im Rahmen der Durchlaufterminierung wird durch die Auflösung von Arbeitsgängen in Belegungs- und Übergangszeiten eine grobe Planung der Ecktermine eines Fertigungsauftrages durchgeführt. Das ME-System kann die Ecktermine durch die automatischen Planungsfunktionen in der Funktionsklasse *Erzeugung eines Werkstattplans* ermitteln. (s. SCHUH U. STICH 2012, S. 47–48; KLETTI U. DEISENROTH 2019, S. 102–105)

Die Kernaufgaben der Ermittlung und Abstimmung des Kapazitätsbedarfes fokussieren die Bestimmung des benötigten Kapazitätsbedarfes durch die Auflösung von Arbeitsgängen und die anschließende Ermittlung der benötigten Kapazität an Betriebsmitteln. Hierbei kann das ME-System mit den Funktionen der *Erzeugung des Werkstattplans* und der *Bereitstellung von Betriebsmittelinformationen* durch die Auflösung der Arbeitspläne den Bedarf bestimmen. Durch manuelle Eingriffe einer Planer*in oder die eigenständige Abstimmung des MES kann die Kapazität abgestimmt und angepasst werden. (s. SCHUH U. STICH 2012, S. 49–50; KLETTI U. DEISENROTH 2019, S. 104–105; 2019, S. 149–151)

In Abbildung 6-10 sind die Kernaufgaben der Aufgabengruppen der *Eigenfertigungsplanung und -steuerung*, der *Fremdbezugsplanung und -steuerung* sowie des *Auftragsmanagements* abgebildet. Diese werden nachfolgend beschrieben.

Produktionsplanung und -steuerung		unterstützt ↓	Auftrags-management		Betriebsmittel-management			Daten-erfassung			Energie-management		Feinplanung u. Feinsteuerung			Informations-management		Leistungs-analyse		Material-management			Personal-management		Qualitäts-management			
			Auftragsverarbeitung	Informationsbereitstellung	Instandhaltungsplanung und -steuerung	Instandhaltungsauswertung	Bereitstellung von Betriebsmittelinformationen	Erfassung	Vorverarbeitung	Bereitstellung	Energiemonitoring	Energiecontrolling	Erzeugung des Werkstattplans	Analyse der Planung	Pflege der Stammdaten	Informationsverarbeitung und -verteilung	Workflowmanagement	Operative Auswertung	Taktisch-strategische Auswertungen	Verwaltung und Führung von Umlaufbeständen	Initiierung der Materialtransporte	Verwaltung von Chargen	Führung von Personalinformationen	Erstellung von Personaleinsatzplänen	Qualitätsplanung	Fertigungsbegleitende Prüfung	Prüfmittelmanagement	Reklamationsmanagement
	Eigenfertigungsplanung und -steuerung	Losgrößenrechnung	●	●			●						●		●					●								
		Feinterminierung	●	●	●		●				●	◑	●		●	●				●			●	●		●		
		Ressourcen-feinplanung	●	●	●		●				●	◑	●		●	●				●			●	●		●	●	
		Reihenfolgeplanung	●	●	●		●				●	◑	●		●	●				●			●	●		●		
		Verfügbarkeits-prüfung	●	●	●		●				●	◑	●	●	●	●				●			●	●		●	●	
		Auftragsfreigabe	●	●									●		●		●											
	Fremdbezugsplan. und -steuerung	Bestellrechnung																										
		Lieferantenauswahl																										
		Bestellfreigabe																										
	Auftrags-mgmt.	Angebotsbearbeitung																										
		Auftragsbearbeitung																										
		Auftragskoordination	●	●						●							●	●		●		●						

● Kernaufgabe wird direkt durch MES unterstützt ◑ Kernaufgabe wird indirekt durch MES unterstützt

Abbildung 6-10: Aufgaben-Funktionsmatrix der *Produktionsplanung und -steuerung* (2/3) (eigene Darstellung)

Die Kernaufgabe der Losgrößenrechnung setzt auf den Ergebnissen einer möglichen Ressourcenbelegung auf und kann bei entsprechender Planungsparametereinstellung bei der Ermittlung wirtschaftlicher Fertigungslosgrößen unterstützen, in dem unter Berücksichtigung kurzer Durchlaufzeiten und Einhaltung der Fertigstellungstermine Fertigungsaufträge gesplittet oder zusammengefasst werden. Hierbei können beispielsweise Rüstzeiten oder die Auslastung von Anlagen optimiert werden. Hierbei greift das ME-System auf gespeicherte *Betriebsmittelinformationen* und *Planungsstammdaten* zurück und ermöglicht neben einer automatischen Planung auch Eingriffe durch planende Personen (*Erzeugung des Werkstattplans*). (s. SCHUH u. STICH 2012, S. 53–54; KLETTI u. DEISENROTH 2019, S. 104–105; 2019, S. 149–151)

Die Kernaufgaben der *Feinterminierung*, der *Ressourcenfeinplanung* und der *Reihenfolgeplanung* haben zum Ziel, einen Werkstattplan zu erstellen. Die Aufgaben können sowohl sukzessive als auch parallel durchgeführt werden. Das ME-System ermöglicht die simultane Durchführung der Aufgaben, da die hierfür benötigten Informationen im

System vorliegen und verarbeitet werden können. Zur Erstellung des Werkstattplans werden die Arbeitspläne der Fertigungsaufträge in die einzelnen Arbeitsgänge aufgelöst und den bearbeitenden Ressourcen zugeordnet. An den einzelnen Ressourcen wird die Reihenfolge der Arbeitsgänge festgelegt. Dies kann entweder manuell durch eine*n Planer*in oder automatisch durch das ME-System erfolgen. (s. SCHUH U. STICH 2012, S. 53–56; KLETTI U. DEISENROTH 2019, S. 104–105) Bei diesen Tätigkeiten kann das ME-System neben den Auftragsdaten auch weiterführende Informationen wie Rüstmatrizen, Personalqualifikationen, Prüf- und Instandhaltungsaufträge, Umlaufbestände sowie Energiedaten für die Feinplanung berücksichtigen. Durch die Berücksichtigung von Personalqualifikationen können neben den Personalkapazitäten auch deren Qualifikation für die Durchführung einer Tätigkeit berücksichtigt werden (s. KLETTI U. DEISENROTH 2019, S. 199). Die Berücksichtigung von Rüstmatrizen erlaubt eine genaue Bestimmung der Rüstwechselzeiten in Abhängigkeit der Auftragsreihenfolge an einer Ressource (s. KLETTI U. DEISENROTH 2019, S. 107–108). Durch die Berücksichtigung aller im ME-System zur Verfügung stehenden Informationen kann das System mit dem oder der Planer*in einen genauen Werkstattplan aufstellen und optimieren, welcher die feinterminierten Auftrags- und Arbeitsgangtermine enthält und die Belegung der benötigten Ressourcen (Material, Mensch, Maschine/Arbeitsplätzen) sowie die Reihenfolge der Bearbeitung an den Arbeitsplätzen vorgibt. (s. VDI-RICHTLINIE 5600-1, S. 13–15; KLETTI U. DEISENROTH 2019, S. 106–108) Zur Unterstützung der Kernaufgaben nutzt das ME-System Funktionen der Funktionsklassen *Instandhaltungsplanung und -steuerung*, *Bereitstellung von Betriebsmittelinformationen*, *Energiemonitoring und -controlling*, *Erzeugung des Werkstattplans*, *Verwaltung und Führung von Umlaufbeständen*, *Führung von Personalinformationen*, *Erstellung von Personaleinsatzplänen*, die *fertigungsbegleitende Prüfung* sowie *Prüfmittelmanagement*. Zur Koordination des Informationsflusses unterstützen Funktionen der *Informationsverarbeitung und -verteilung*, welche auch die Einbindung von kurzfristig erfassten Informationen ermöglichen. (s. KLETTI U. DEISENROTH 2019, S. 34–35)

Die Kernaufgabe der Verfügbarkeitsprüfung überprüft vor Freigabe der Aufträge die für den Fertigungsauftrag benötigten Ressourcen. Zur Prüfung der Verfügbarkeit werden, basierend auf dem erzeugten Werkstattplan, die benötigten Ressourcen der Betriebsmittel, der Prüfmittel, des Personals sowie des Materials (beispielsweise Ausgangsmaterialien, Umlaufbestände etc.) geprüft. Zur Durchführung der Verfügbarkeitsprüfung sind die folgenden Funktionsklassen unterstützend tätig: *Instandhaltungsplanung und -steuerung*, *Bereitstellung von Betriebsmittelinformationen*, *Energiemonitoring und -controlling*, *Erzeugung des Werkstattplans*, *Informationsverarbeitung und -verteilung*, *Verwaltung und Führung von Umlaufbeständen*, *Führung von Personalinformationen*, *Erstellung von Personaleinsatzplänen*, die *fertigungsbegleitende Prüfung* sowie *Prüfmittelmanagement. (s. SCHUH U. STICH 2012, S. 57; VDI-RICHTLINIE 5600-1, S. 31; KLETTI U. DEISENROTH 2019, S. 34–35; 2019, S. 106–108; 2019, S. 110; 2019, S. 113–114; 2019, S. 153; 2019, S. 203; 2019, S. 231–232; 2019, S. 260)*

Im Anschluss an die Verfügbarkeitsprüfung schließt sich die Kernaufgabe der Auftragsfreigabe an, mit der die geplanten Aufträge zur Bearbeitung freigegeben werden. Das ME-System kann die planenden Personen mit einer automatischen Freigabe im Anschluss an die positive Verfügbarkeitsprüfung durch das *Workflowmanagement* unterstützen. Ebenso kann der Planer manuell Aufträge freigeben. Dies ist, falls die Planungseinstellungen dies vorsehen, sogar ohne vorherige Verfügbarkeitsprüfung möglich. Die Information der Freigabe wird sowohl im erzeugten Werkstattplan als auch in der Auftragsverwaltung vermerkt und so mit den Planern wie auch den operativen Mitarbeiter*innen angezeigt. (s. SCHUH u. STICH 2012, S. 57; KLETTI u. DEISENROTH 2019, S. 36; 2019, S. 110)

Die Kernaufgabe der Auftragskoordination hat zum Ziel, in Bearbeitung befindliche Aufträge so zu steuern, dass diese rechtzeitig und in vollem Umfang die Bedarfe decken. Im Kontext der Produktion ist die Produktionssteuerung dafür zuständig, welche Maßnahmen gegen Störungen zur Einhaltung der geforderten Termine oder Mengen einzuleiten sind. Hierbei wird die Produktionssteuerung durch die *Auftragsverarbeitung* sowie die *Informationsbereitstellung* mit Auftragsübersichten unterstützt. Ebenso werden echtzeitnahe Daten durch die *Datenerfassung bereitgestellt*, welche in Soll-Ist-Vergleichen der *operativen Auswertungen* dargestellt werden. Ebenso wird die Produktionssteuerung durch das Eskalationsmanagement des *Workflowmanagements* unterstützt und kann schnellstmöglich auf Störungen reagieren. Die Bereitstellung von *Daten zu Umlaufbeständen und Chargen* hilft der Produktionssteuerung, den Überblick über den Status von Aufträgen und das benötigte Material zu wahren. (s. SCHUH u. STICH 2012, S. 63–65; KLETTI u. DEISENROTH 2019, S. 70; 2019, S. 72–73; 2019, S. 111–112; 2019, S. 136–137)

In Abbildung 6-11 sind die Kernaufgaben der Aufgabengruppe des *Bestandsmanagements*, des *Controllings* und der *Datenverwaltung* in der ausgefüllten Aufgaben-Funktionsmatrix dargestellt.

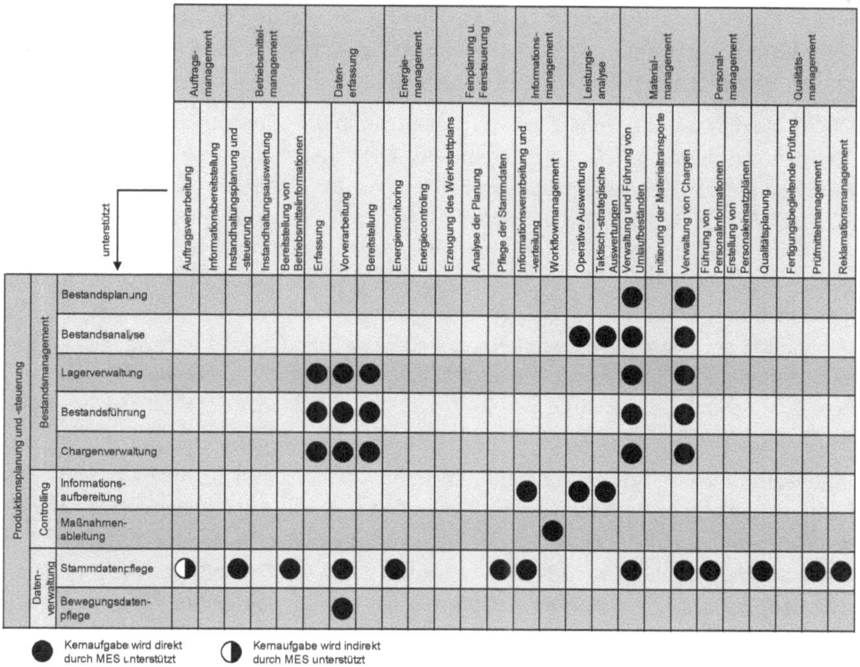

Abbildung 6-11: Aufgaben-Funktionsmatrix der *Produktionsplanung und -steuerung* (3/3) (eigene Darstellung)

Die Kernaufgaben des *Bestandsmanagements* fokussieren die *Planung*, *Führung*, *Analyse* und *Verwaltung der Bestände* sowie *Chargen des Unternehmens* (s. SCHUH U. STICH 2012, S. 65). Das MES unterstützt die mit den Kernaufgaben des *Bestandsmanagements* betrauten Personen dabei, die Umlaufbestände und eingehenden sowie entstehenden Chargen im Produktionsumfeld zu führen und verwalten. Das ME-System bietet mit den Funktionen des Materialmanagements umfassende Unterstützung in der Aufgabengruppe des Bestandsmanagements. Die Verwaltung der Bestände, der Ladungsträger, in denen die Bestände in der Produktion transportiert oder gelagert werden, sowie die Erfassung und Verwaltung von Chargen (inkl. Seriennummern) gehören zu den Funktionalitäten eines ME-Systems. Hierzu unterstützen die Funktionsgruppen der *Verwaltung und Führung von Umlaufbeständen* und die *Verwaltung von Chargen.* (s. SCHUH U. STICH 2012, S. 66–70; KLETTI U. DEISENROTH 2019, S. 113–114; 2019, S. 125–127; 2019, S. 134–137) Zusätzlich unterstützen die Funktionen der *operativen und taktisch-strategischen Auswertungen* die Kernaufgabe der Bestandsanalyse. (s. SCHUH U. STICH 2012, S. 67–68; KLETTI U. DEISENROTH 2019, S. 72–73; 2019, S. 113–114; 2019, S. 125–127)

Für die Verwaltung von Lagern, Bestände und Chargen spielen die *Funktionen der Datenerfassung* eine wichtige Rolle, da sie die physischen Bestandsbewegungen erfassen und digital im System abbilden. Bei der Verwaltung von Lagern im Kontext des ME-Systems werden die Lagerorte (z. B. Pufferlager) in der Produktion verstanden. (s. KLETTI U. DEISENROTH 2019, S. 125–127)

Die Kernaufgaben des Controllings umfassen die Informationsaufbereitung sowie die Maßnahmenableitung. Die Kernaufgabe der Informationsaufbereitung fokussiert die Aufbereitung von Kennzahlen zum prozessorientierten Controlling. (s. SCHUH U. STICH 2012, S. 71–72) Das ME-System bietet mit den Funktionen der *Leistungsanalyse* umfangreiche Funktionen zur Erstellung von Kennzahlen und Analysen, sodass ein prozessbezogenes Controlling ermöglicht wird. Die Ermittlung wird durch die Funktionsklassen der *operativen und taktisch-strategischen Auswertungen* durchgeführt. Die Funktionen der *Informationsverarbeitung* und -verteilung führen die Informationen aus verschiedenen Funktionsmodulen des MES zusammen und stellen sie zur Auswertung bereit. (s. SCHUH U. STICH 2012, S. 71–72; KLETTI U. DEISENROTH 2019, S. 34–35; 2019, S. 72–73; 2019, S. 111–114; 2019, S. 243)

Im Anschluss an die Aufbereitung der Kennzahlen schließt sich die Ableitung von Maßnahmen als weitere Kernaufgabe des Controllings an. Die Ableitung von Maßnahmen wird entweder durch Personen oder regelbasiert durch das System durchgeführt. Die automatische Ableitung von Maßnahmen kann durch die Funktionsklasse des *Workflowmanagements* mit erstellten Workflows umgesetzt werden. (s. SCHUH U. STICH 2012, S. 72; KLETTI U. DEISENROTH 2019, S. 35–36; 2019, S. 102–103; 2019, S. 127; 2019, S. 149–151; 2019, S. 227–229; 2019, S. 254; 2019, S. 260)

Die Kernaufgaben der Pflege der Stamm- sowie Bewegungsdaten kann durch das ME-System unterstützt werden. Die Stammdaten im System lassen sich manuell anpassen. Dies umfasst Stammdaten zu *Material*, *Betriebsmitteln*, der *Datenerfassung*, im Rahmen des *Energiemanagements*, der *Feinplanung und -steuerung*, dem *Informationsmanagement*, dem *Personal-* sowie *Qualitätsmanagement*. All die Module und entsprechenden Funktionsklassen enthalten Funktionen zur Anpassung von Stammdaten. (s. SCHUH U. STICH 2012, S. 72–79; KLETTI U. DEISENROTH 2019, S. 102–103; 2019, S. 127; 2019, S. 149–151; 2019, S. 176–178; 2019, S. 207; 2019, S. 227–229; 2019, S. 254; 2019, S. 260)

Bewegungsdaten können nachträglich im System mit einer entsprechenden Berechtigung durch die Nutzer*innen verändert und archiviert werden. Jedoch kann das ME-System schon bei der Erfassung von Bewegungsdaten durch Plausibilitätsprüfungen der Funktionsklasse *Vorverarbeitung* die Bewegungsdatenqualität proaktiv sicherstellen. (s. SCHUH U. STICH 2012, S. 72–79; KLETTI U. DEISENROTH 2019, S. 59; 2019, S. 34–35; 2019, S. 83)

Qualitätssicherung

In den nachfolgenden Abbildungen (Abbildung 6-12 u. Abbildung 6-13) sind die für die Unternehmensfunktion *Qualitätssicherung* ausgefüllten Abschnitte der Aufgaben-Funktionsmatrix abgebildet, welche eine Übersicht über die geeigneten

Reifegradindikatoren in den verschiedenen Aufgabengruppen aufzeigt. Ähnlich zu den Kernaufgaben der *Produktionsplanung und -steuerung* zeigt sich auch bei den Kernaufgaben der *Qualitätssicherung* eine hohe systemseitige Unterstützung durch das MES.

Qualitätssicherung	Kernaufgabe ↓ / unterstützt →	Auftrags-management		Betriebsmittel-management			Daten-erfassung			Energie-management		Feinplanung u. Feinsteuerung			Informations-management		Leistungs-analyse		Material-management			Personal-management		Qualitäts-management			
		Auftragsverarbeitung	Informationsbereitstellung	Instandhaltungsplanung und -steuerung	Instandhaltungsauswertung	Bereitstellung von Betriebsmittelinformationen	Erfassung	Vorverarbeitung	Bereitstellung	Energiemonitoring	Energiecontroling	Erzeugung des Werkstattplans	Analyse der Planung	Pflege der Stammdaten	Informationsverarbeitung und -verteilung	Workflowmanagement	Operative Auswertung	Taktisch-strategische Auswertungen	Verwaltung und Führung von Umlaufbeständen	Initiierung der Materialtransporte	Verwaltung von Chargen	Führung von Personalinformationen	Erstellung von Personaleinsatzplänen	Qualitätsplanung	Fertigungsbegleitende Prüfung	Prüfmittelmanagement	Reklamationsmanagement
Prüfplanung	Festlegung der Prüfmerkmale																							●			
Prüfplanung	Festlegung der Prüfmodalität und -art																							●			
Prüfplanung	Festlegung der Ressourcen					◐																		●		◐	
Prüfplanung	Festlegung der Prüfdatenverarbeitung							●																●			
Prüfausführung	Erstellung der Prüfaufträge	●																							●		
Prüfausführung	Durchführung der Prüfung		◐																						◐		
Prüfausführung	Prüfdatenerfassung						●	●	●																		
Prüfauswertung	Verdichtung und Analyse							●	●								●	●									
Prüfauswertung	Kennzahlenbildung																●	●									
Prüfauswertung	Fähigkeitsuntersuchungen																	●						●			
Prüfauswertung	Statistische Prozesskontrolle (SPC)															●		●						●			

● Kernaufgabe wird direkt durch MES unterstützt ◐ Kernaufgabe wird indirekt durch MES unterstützt

Abbildung 6-12: Aufgaben-Funktionsmatrix der *Qualitätssicherung* (1/2) (eigene Darstellung)

Die Kernaufgaben der Prüfplanung, welche die Festlegung der Prüfmerkmale, der Prüfart und -modalität sowie die Festlegung der Prüfressourcen und die Prüfdatenerfassung umfassen, werden allesamt durch die Funktionen der Klasse *Qualitätsplanung* unterstützt. Die Funktionen zur Anlage und Pflege von Prüfmerkmalen sowie zur Erstellung von Prüfplänen der Klasse *Qualitätsplanung* unterstützen die verantwortlichen Personen im Unternehmen bei der Durchführung der Kernaufgaben der Prüfplanung. Bei der Festlegung der Prüfressourcen erhalten die ausführenden Personen durch Funktionen der Klasse *Prüfmittelmanagement* und *Bereitstellung von Betriebsmittelfinformationen* zusätzliche Unterstützung. Zur Festlegung der Prüfdatenverarbeitung können Verarbeitungsregeln sowohl im Rahmen der erstellten Prüfpläne als auch im Bereich der Datenerfassung in der Klasse der *Vorverarbeitung* eingestellt werden.

(s. SCHMITT u. PFEIFER 2015, S. 202–207; KLETTI u. DEISENROTH 2019, S. 141–142; 2019, S. 149–151; 2019, S. 227–232; 2019, S. 260)

Die Kernaufgaben der Gruppe *Prüfausführung* werden ebenfalls umfassend durch die Funktionen eines ME-Systems unterstützt. Die Erstellung der auftragsspezifischen Prüfaufträge wird durch die Funktionen der *Auftragsverwaltung*, in denen die Fertigungsaufträge inkl. zugehöriger Arbeitspläne verwaltet werden, und durch die Funktionen der Erzeugung von Prüfaufträgen der Klasse der *fertigungsbegleitenden Prüfung* unterstützt. Letztere Funktionen erstellen Prüfaufträge auf Basis der Arbeits- und Prüfpläne und können dynamische Prüfforderungen erzeugen. (s. SCHMITT u. PFEIFER 2015, S. 207; KLETTI 2015, S. 75; KLETTI u. DEISENROTH 2019, S. 237)

Die Durchführung der Prüfung wird nicht direkt durch Funktionen des ME-Systems unterstützt; vielmehr werden der ausführenden Person relevante Informationen über den Prüfzeitpunkt, die zu erhebenden Prüfdaten und zu prüfenden Merkmale bereitgestellt. Dies wird durch die Funktionen der *Informationsbereitstellung* des Auftragsmanagements sowie durch die Funktionsklasse der *fertigungsbegleitenden Prüfung* ermöglicht. (s. KLETTI u. DEISENROTH 2019, S. 238–239; 2019, S. 69; 2019, S. 238–239)

Im Rahmen der Prüfdurchführung werden Prüfdaten erhoben. Das MES kann über Schnittstellen zu den Prüfmitteln automatisch oder durch manuelle Eingabe der prüfenden Mitarbeiter*innen die Daten im System *erfassen*, *vorverarbeiten* und für die Auswertung *bereitstellen*. (s. SCHMITT u. PFEIFER 2015, S. 208; KLETTI u. DEISENROTH 2019, S. 238–239)

Die Verdichtung und Analyse ist Bestandteil der Aufgabengruppe der Prüfdatenauswertung. Das ME-System führt die Kernaufgabe aus, indem die erfassten Daten durch Funktionen der *Vorverarbeitung* und *Bereitstellung* aggregiert und an die Funktionsklassen der *operativen* und *taktisch-strategischen Auswertungen* übergeben werden. Letztere Funktionsklassen bieten umfangreiche Funktionen zur Analyse der Daten und anschließenden Darstellung für operative und steuernde Mitarbeiter*innen der Qualitätssicherung. Auch die Kernaufgabe der Kennzahlenbildung wird durch die Funktionsklassen der *Leistungsanalyse* direkt unterstützt. (s. SCHMITT u. PFEIFER 2015, S. 215–218; 2015, S. 220–221; KLETTI u. DEISENROTH 2019, S. 72–77; 2019, S. 141–142; 2019, S. 243–252)

Die Kernaufgabe Fähigkeitsuntersuchungen stellt sicher, dass im Unternehmen beherrschte und fähige Prozesse vorliegen. Das MES bietet den produzierenden Unternehmen hierzu im Kontext des Funktionsmoduls *Qualitätsmanagement* systemseitige Unterstützung. Die Fähigkeitsuntersuchungen werden durch Funktionen der *taktisch-strategischen Auswertungen* unterstützt, welche die Funktion der qualitätsbezogenen Auswertungen umfasst. Die Vorgaben, welche Merkmale für die Fähigkeitsuntersuchung relevant sind, wird durch die Funktionen der *Qualitätsplanung* vorgegeben. (s. SCHMITT u. PFEIFER 2015, S. 222–226; KLETTI u. DEISENROTH 2019, S. 230; 2019, S. 261–262)

Neben den Fähigkeitsuntersuchungen gehört die Durchführung der statistischen Prozesskontrolle (SPC) zu den Kernaufgaben der Prüfdatenauswertung. Ähnlich zu den Fähigkeitsuntersuchungen werden die Prüfmerkmale durch die Funktionen der *Qualitätsplanung* festgelegt und in den Regelkarten der qualitätsbezogenen Auswertungen der Funktionsklasse der *strategisch-taktischen Auswertungen* ausgewertet. Das ME-System unterstützt neben der Visualisierung auch mit der Erkennung und Reaktion auf Trends und Ausreißer und kann über das Eskalationsmanagement im Rahmen des *Workflowmanagements* Maßnahmen initiieren. (s. SCHMITT U. PFEIFER 2015, S. 230–232; KLETTI U. DEISENROTH 2019, S. 35–36; 2019, S. 230; 2019, S. 240–243)

In Abbildung 6-13 ist die Aufgaben-Funktionsmatrix des *Qualitätsmanagements* mit den Aufgabengruppen des *Prüfmittelmanagements* und des *Beschwerdemanagements* abgebildet, welche nachfolgend beschrieben werden.

		Auftrags-management		Betriebsmittel-management			Daten-erfassung			Energie-management		Feinplanung u. Feinsteuerung			Informations-management		Leistungs-analyse		Material-management			Personal-management		Qualitäts-management			
	unterstützt	Auftragsverarbeitung	Informationsbereitstellung	Instandhaltungsplanung und -steuerung	Instandhaltungsauswertung	Bereitstellung von Betriebsmittelinformationen	Erfassung	Vorverarbeitung	Bereitstellung	Energiemonitoring	Energiecontrolling	Erzeugung des Werkstattplans	Analyse der Planung	Pflege der Stammdaten	Informationsverarbeitung und -verteilung	Workflowmanagement	Operative Auswertung	Taktisch-strategische Auswertungen	Verwaltung und Führung von Umlaufbeständen	Initiierung der Materialtransporte	Verwaltung von Chargen	Führung von Personalinformationen	Erstellung von Personaleinsatzplänen	Qualitätsplanung	Fertigungsbegleitende Prüfung	Prüfmittelmanagement	Reklamationsmanagement
Qualitätssicherung – Prüfmittel-mgnt	Prüfmittelplanung und -beschaffung																										
Qualitätssicherung – Prüfmittel-mgnt	Prüfmittelverwaltung														●											●	
Qualitätssicherung – Prüfmittel-mgnt	Prüfmittel-überwachung																									●	
Qualitätssicherung – Beschwerdemanagement	Felddatenerfassung und -aufbereitung																	●			●						
Qualitätssicherung – Beschwerdemanagement	Fehleridentifikation und -priorisierung																				◑						◑
Qualitätssicherung – Beschwerdemanagement	Operative Fehlerabstellung																				◑						◑
Qualitätssicherung – Beschwerdemanagement	Unterstützung, Monitoring, Dokumentation																				●						●
Qualitätssicherung – Beschwerdemanagement	Maßnahmen-validierung																				●						●

● Kernaufgabe wird direkt durch MES unterstützt ◑ Kernaufgabe wird indirekt durch MES unterstützt

Abbildung 6-13: Aufgaben-Funktionsmatrix der *Qualitätssicherung* (2/2) (eigene Darstellung)

Das *Prüfmittelmanagement* als Aufgabengruppe wird durch die Funktionen des MES bei den Kernaufgaben der Verwaltung und Überwachung der Prüfmittel unterstützt. Hierzu bietet das MES Funktionen in der gleichnamigen Klasse des *Prüfmittelmanagements* an. Die Verwaltung der Prüfmittel umfasst beispielsweise die Anlage der Stammdaten sowie die Erfassung der Kalibrierzyklen, was durch die Funktionen des *Prüfmittelmanagements* übernommen wird. Die Verwaltung der Schnittstellen zwischen MES und dem Prüfmittel zur Prüfdatenerfassung wird im Rahmen des

Schnittstellenmanagements der *Informationsverarbeitung und -verteilung* realisiert. (s. SCHMITT U. PFEIFER 2015, S. 239–242; KLETTI U. DEISENROTH 2019, S. 47; 2019, S. 260)

Die Überwachung der Prüfmittel wird ebenfalls durch die Funktionalitäten des MES übernommen. Das MES veranlasst die rechtzeitige Kalibrierung der Prüfmittel, liefert die Kalibrierpläne und wertet die erfassten Daten im Rahmen der Kalibrierung aus, um die Prüfmittelfähigkeit festzustellen. (s. SCHMITT U. PFEIFER 2015, S. 242–244; KLETTI U. DEISENROTH 2019, S. 261–262)

Die Aufgabengruppe des *Beschwerdemanagements* steuert die Prozesse zur Verarbeitung von internen und externen Beschwerden mit dem Ziel der nachhaltigen Beseitigung der Fehler- und Beschwerdeursachen. Alle Kernaufgaben des Beschwerdemanagements werden durch die Funktionen der *Verwaltung von Chargen* unterstützt. Die Funktionen ermöglichen die Rückverfolgung von Fertigproduktchargen und aller beigesteuerten Chargen, die zur Herstellung eingeflossen sind. Ebenso werden die einzelnen Prozessschritte und Verknüpfungen zu Qualitäts- und Prozessdaten durch die Funktionen verwaltet. (s. KLETTI U. DEISENROTH 2019, S. 136–137)

Die Kernaufgabe der Felddatenerfassung und -aufbereitung fokussiert die Aufnahme und Analyse erfasster Daten. Neben den Daten aus der Nutzung des Produktes werden hier auch die Daten, welche im Rahmen des Herstellungsprozesses angefallen sind, verarbeitet. Dies wird durch die Funktionen der *taktisch-strategischen Auswertung* übernommen, in der sowohl Prozess- als auch Qualitätsdaten ausgewertet werden. (s. SCHMITT U. PFEIFER 2015, S. 442; KLETTI U. DEISENROTH 2019, S. 72–77; 2019, S. 140; 2019, S. 243)

Zur nachhaltigen Abstellung der Fehlerursachen werden in der Kernaufgabe der Fehleridentifikation und -priorisierung Fehler festgehalten und anschließend hinsichtlich ihrer Priorität bewertet. Das MES unterstützt die Mitarbeiter*innen im *Beschwerdemanagement* bei der Dokumentation der Fehler durch die Funktionsklasse des *Reklamationsmanagements*; jedoch wird die Bewertung von den Mitarbeiter*innen vorgenommen. (s. SCHMITT U. PFEIFER 2015, S. 442–443; KLETTI U. DEISENROTH 2019, S. 254–255; 2019, S. 258)

Die Kernaufgabe der operativen Fehlerabstellung umfasst die Ableitung, Initiierung und Umsetzung von Maßnahmen zur Beseitigung der Fehlerursachen und zur nachhaltigen Fehlerabstellung. Das MES unterstützt hierbei ebenfalls nur mit der Dokumentation der angeleiteten und initiierten Maßnahmen mit Funktionen des *Reklamationsmanagements*. (s. SCHMITT U. PFEIFER 2015, S. 443; KLETTI U. DEISENROTH 2019, S. 254–255; 2019, S. 258)

Die Umsetzung der Maßnahmen wird in der Kernaufgabe der *Unterstützung, Monitoring, Dokumentation* gesteuert. Das MES bietet in der Funktionsklasse des *Reklamationsmanagements* Funktionen zur Steuerung der Maßnahmen sowie zur Erstellung von Reports mit dem Ziel der Dokumentation. (s. SCHMITT U. PFEIFER 2015, S. 443; KLETTI U. DEISENROTH 2019, S. 254–258)

Die letzte durch das ME-System unterstützte Kernaufgabe stellt die Maßnahmenvalidierung dar, welche sich mit einer gewissen zeitlichen Verzögerung an den Prozess des technischen Beschwerdemanagements anschließt. Ziel ist es, die Wirksamkeit der abgeleiteten und umgesetzten Maßnahmen zu validieren. Hierzu bietet das ME-System mit der Funktion des Maßnahmenmanagements der Klasse *Reklamationsmanagement* die Möglichkeit, initiierte Maßnahmen zu dokumentieren und nachträglich die Wirksamkeit zu bewerten. (s. SCHMITT U. PFEIFER 2015, S. 443; KLETTI U. DEISENROTH 2019, S. 254–255)

Zusammenfassung

In dem vorangegangenen Unterkapitel wurden die Aufgaben-Funktionsmatrizen für jede Unternehmensfunktion dargestellt und damit die Zusammenhänge zwischen den IT-Funktionalitäten und der daraus resultierenden Unterstützung der jeweiligen Kernaufgabe beschrieben. Dadurch ließen sich die Reifegradindikatoren entsprechend dem angepassten Vorgehen nach AKKASOGLU identifizieren (s. Kap. 4.3). In diesem Schritt konnten die Kernaufgaben von 105 möglichen auf 65 relevante, den Anforderungen genügende Indikatoren reduziert werden (s. Kap. 6.1.1). In Abbildung 6-14 ist die aggregierte Aufgaben-Funktionsmatrix dargestellt, die die Unterstützung der MES-Funktionen auf der Ebene der Aufgabengruppen darstellt. Die identifizierten Reifegradindikatoren werden in Kapitel 6.2 in die Reifegrad-Kennwert-Matrix überführt und der erreichbare Reifegrad durch eine MES-Implementierung ermittelt.

	unterstützt →	Auftrags-management		Betriebsmittel-management			Daten-erfassung			Energie-management		Feinplanung u. Feinsteuerung			Informations-management		Leistungs-analyse		Material-management			Personal-management		Qualitäts-management			
		Auftragsverarbeitung	Informationsbereitstellung	Instandhaltungsplanung und -steuerung	Instandhaltungsauswertung	Bereitstellung von Betriebsmittelinformationen	Erfassung	Vorverarbeitung	Bereitstellung	Energiemonitoring	Energiecontrolling	Erzeugung des Werkstattplans	Analyse der Planung	Pflege der Stammdaten	Informationsverarbeitung und -verteilung	Workflowmanagement	Operative Auswertung	Taktisch-strategische Auswertungen	Verwaltung und Führung von Umlaufbeständen	Initiierung der Materialtransporte	Verwaltung von Chargen	Führung von Personalinformationen	Erstellung von Personaleinsatzplänen	Qualitätsplanung	Fertigungsbegleitende Prüfung	Prüfmittelmanagement	Reklamationsmanagement
Arbeitsplanung	Planungs-vorbereitung	●												◑													
Arbeitsplanung	Arbeitsplan-erstellung	●				◑								◑				●									
Arbeitsplanung	NC-Programmierung														●												
E & K	Begleit-aktivitäten																	◑						●			◑
Fert. & Mont.	Durchführung															●				●							
Fert. & Mont.	Steuerung des Informationsfl.	●	●				●	●	●								◑		●		●	●					
Instandhaltung	Instandhaltungs-planung			●	◑	●												◑					●				
Instandhaltung	Instandhaltungs-steuerung	●	●	●	◑	◑	●	●	●			●				●	●						●				
Instandhaltung	Instandhaltungs-analyse				●													●									
Prod.-Log.	Durchführung	◑					◑	◑	◑										◑		◑						
Prod.-Log.	Planung	●														●				●							
Produktionsplanung und -steuerung	Produktions-bedarfsplanung	●	●			●						●		●													
Produktionsplanung und -steuerung	Eigenfert.-plan. und -steuerung	●	●	●		●				●	◑	●	●	●	●	●			●			●	●		●	●	
Produktionsplanung und -steuerung	Auftrags-management	●	●						●							●	●		●		●						
Produktionsplanung und -steuerung	Bestands-management						●	●	●								●	●	●		●						
Produktionsplanung und -steuerung	Controlling														●	●	●	●									
Produktionsplanung und -steuerung	Datenverwaltung	◑		●		●		●		●				●	●				●		●	●		●		●	●
Qualitätsmanagement	Prüfplanung					◑		●																●		◑	
Qualitätsmanagement	Prüfausführung	●	◑				●	●	●																●		
Qualitätsmanagement	Prüfauswertung							●	●							●	●	●						●			
Qualitätsmanagement	Prüfmittel-management														●											●	
Qualitätsmanagement	Beschwerde-management																	●			●						●

● Kernaufgabe wird direkt durch MES unterstützt ◑ Kernaufgabe wird indirekt durch MES unterstützt

Abbildung 6-14: Aggregierte Aufgaben-Funktionsmatrix (eigene Darstellung)

6.2 Aufstellung und Erläuterung der Reifegrad-Kennwert-Matrix zur Bewertung der Unterstützung von ME-Systemen

In diesem Unterkapitel wird gemäß dem Vorgehen nach AKKASOGLU die Reifegrad-Kennwert-Matrix zur Bewertung der Unterstützung von ME-Systemen in produzierenden Unternehmen aufgestellt. Die Reifegrad-Kennwert-Matrix ermöglicht die Bewertung des Entwicklungsstandes von Industrie 4.0 in den Unternehmensfunktionen. Durch die Analyse der Wirkungszusammenhänge zwischen den Kernaufgaben produzierender Unternehmen und der MES-Funktionen (s. Kap. 6.1) stellt sich nun die Frage, welcher Zusammenhang zwischen den Aufgaben eines Unternehmens und den Reifegradstufen besteht. Hierzu werden im ersten Schritt des Kapitels 6.2 basierend auf der Typologisierung von SCHMITZ die Reifegradstufen sowie die unterscheidenden Merkmalsausprägungen erläutert, um die Reifegrad-Kennwert-Matrix aufzubauen. Dazu wird im ersten Teil des Unterkapitels (s. Kap. 6.2.1) der morphologische Kasten nach SCHMITZ vorgestellt und anschließend die Reifegradstufen (s. Kap. 6.2.2) erläutert. Basierend auf den Erkenntnissen werden im dritten Abschnitt die Reifegrad-Kennwert-Matrizen für die Unternehmensfunktionen aufgestellt und die mit einer MES-Implementierung maximal erreichbare Reifegradstufe je Kernaufgabe ermittelt (s. Kap. 6.2.3). Das Vorgehen hierzu basiert auf der kombinierten Anwendung der progressiven und analytischen Typologisierung.

Ergebnisse und Erkenntnisse dieses Kapitels wurden schon in zwei Publikationen vorab veröffentlicht. (vgl. Bach, Fischer, Schuh, Schröer 2020; Fischer et al. 2021)

6.2.1 Morphologischer Kasten zur Beschreibung der Reifegradstufen des *acatech Industrie 4.0 Maturity Index*

Im folgenden Unterkapitel wird eine kurze Einleitung in das Reifegradmodell der acatech gegeben, ehe die Morphologie von SCHMITZ vorgestellt wird. Dies dient dazu, im nächsten Unterkapitel die Reifegradstufen detailliert über die Typologisierung zu erläutern.

In Zusammenarbeit mit Forschungseinrichtungen, Industriepartnern und der acatech – der Deutschen Akademie der Technikwissenschaften – wurde der ***acatech Industrie 4.0 Maturity Index*** entwickelt, um produzierende Unternehmen zu unterstützen, individuelle, maßgeschneiderte Handlungsempfehlungen zur Realisierung der Transformation zu einem lernenden Unternehmen zu identifizieren. (s. ZELLER ET AL. 2018, S. 105–106)

Das Modell der acatech unterteilt den Entwicklungspfad in sechs Stufen. Die erste und zweite Stufe beschreiben die **Computerisierung** und die **Konnektivität** und zählen noch zu den Grundlagen, welche durch die Industrie 3.0 geschaffen werden sollten. Sie beschreiben die zielgerichtete Nutzung von Informationstechnologie im Unternehmen. Durch die zweite Stufe werden die IT-Systeme nicht mehr nur isoliert genutzt, sondern werden über Geschäftsprozesse hinweg miteinander verknüpft. Die dritte

Stufe umfasst die digitale **Sichtbarkeit**, welche durch den Einsatz von Sensorik und eine verstärkte Datensammlung erreicht wird. Ziel dieser Stufe ist ein digitales Abbild des gesamten Unternehmens („digitaler Schatten"). Der digitale Schatten ist das zentrale Element für die folgenden Reifegradstufen, da er die Informationen über Prozesse in Echtzeit bereitstellt und datenbasierte Entscheidungen ermöglicht. Die vierte Stufe im Reifegradmodell ist erreicht, wenn kausale Zusammenhänge auf Basis der gewonnenen Daten dargestellt werden können. Die Stufe der **Transparenz** umfasst die Erfassung und Interpretation von Zusammenhängen durch die Analyse der Daten des digitalen Schattens. Für die Analyse der aufgenommenen Daten werden sowohl neue Verfahren der (Big-)Data-Analytics als auch das Prozesswissen der Mitarbeiter benötigt. Auf der fünften Stufe (**Prognosefähigkeit**) werden die gewonnenen Erkenntnisse zur Vorhersage zukünftiger Zustände genutzt. Hierbei können Simulationen oder prädiktive Modelle genutzt werden, um den digitalen Schatten in zukünftige Szenarien zu projizieren und Eintrittswahrscheinlichkeiten zu bestimmen. Diese helfen dem Unternehmen, rechtzeitig auf bevorstehende Ereignisse zu reagieren und Entscheidungen zu treffen. Darauf aufbauend wird in der sechsten und höchsten Reifegradstufe des Modells die **Adaptierbarkeit** des Unternehmens beschrieben. In dieser Stufe ist es möglich, dass automatische Entscheidungen auf Basis der vorangegangenen Stufe getroffen und Maßnahmen eingeleitet werden können. Die Herausforderung besteht in der Abwägung von Risiken und der Nutzung geeigneter Ziel- und Belohnungsmechanismen für selbstständig agierende (Agenten-)Systeme. (s. ZELLER ET AL. 2018, S. 106–108)

Neben den sechs Stufen des Reifegradmodells umfasst das Modell des *acatech Industrie 4.0 Maturity Index* vier Gestaltungsfelder eines Unternehmens. Die Gestaltungsfelder sind die *Ressourcen*, die *Informationssysteme*, die *Organisationsstruktur* und die *Kultur eines Unternehmens*. Für jedes Gestaltungsfeld müssen spezifische Industrie-4.0-Kompetenzen in Bezug auf die Reifegradstufen erworben werden. In Abbildung 6-15 sind die vier Gestaltungsfelder sowie die sechs Reifegradstufen des acatech-Modells abgebildet.

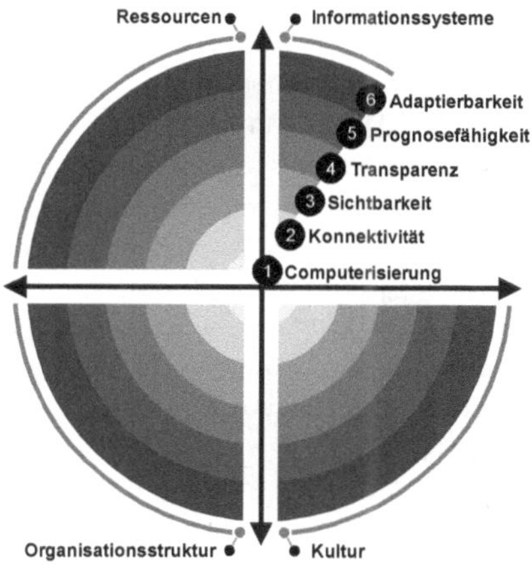

Abbildung 6-15: *acatech Industrie 4.0 Maturity Index* (eigene Darstellung i. A. a. SCHUH ET AL. 2020a, S. 22)

Das Gestaltungsfeld der **Ressourcen** umfasst alle physischen Ressourcen, wie Mitarbeiter, Maschinen, Werkzeuge und Materialien. In diesem Gestaltungfeld ist das Ziel die Gestaltung der Schnittstelle zwischen physischer und digitaler Welt zur Schaffung des digitalen Schattens. Das Gestaltungsfeld **Informationssysteme** umfasst die die Informationssysteme und die darin enthaltenen Daten. In diesem Gestaltungsfeld werden die Datenverarbeitung und die Integration der Informationen in die Prozesse des Unternehmens untersucht. Da neben den technologischen Entwicklungen die digitale Transformation auch die Mitarbeiter*innen im Unternehmen betrifft, werden im Gestaltungsfeld der **Organisationsstruktur** die internen Organisationstrukturen und -prozesse sowie die Unternehmensnetzwerkstrukturen betrachtet. Ziel des Gestaltungsfeldes ist die Schaffung interner und externer Kollaboration. Die **Kultur** des Unternehmens wird im vierten Betrachtungsfeld mit dem Fokus auf der Bereitschaft zur Veränderung und der sozialen Kollaboration beleuchtet. Die Mitarbeiter des Unternehmens sind der Kern der Transformation zu einem agilen und lernfähigen Unternehmen. (s. STICH ET AL. 2018, S. 36–38)

Im Folgenden wird das Gestaltungsfeld der Informationssysteme für die Weiterentwicklung des *acatech Industrie 4.0 Maturity Index* genauer betrachtet. Hierzu wird die Dissertationsschrift von SCHMITZ herangezogen, der dort das Gestaltungsfeld anhand der Aufgaben des Informationsmanagements beschrieben hat. Darauf aufbauend hat SCHMITZ die Reifegradstufen mithilfe einer Morphologie und einer anschließenden retrograden Typisierung erläutert. (s. SCHMITZ 2018)

Beschreibung des morphologischen Kastens

In Analogie zum Vorgehen von Schmitz wird im Folgenden der morphologische Kasten der Aufgaben des Informationsmanagements beschrieben und anschließend nach dem Vorgehen der retrograden Typisierung die Reifegradstufen und entsprechenden Ausprägungen aus dem morphologischen Kasten erläutert. Bei der Beschreibung der Reifegradstufen werden die Aufgaben des Informationsmanagements mit denen eines Informationssystems gespiegelt und anhand von Beispielen eines MES erweitert. Um die Reifegradstufen für Informationssysteme vollständig beschreiben zu können, muss noch das Merkmal der Autonomie der IT-Systeme zum morphologischen Kasten hinzugefügt werden. Für eine detaillierte und umfassende Beschreibung des morphologischen Kastens samt der Herleitung wird auf die Ausführungen von Schmitz verwiesen. (vgl. Schmitz 2018, S. 109–138)

Ermittlung des Informationsbedarfs

Die Ermittlung des Informationsbedarfs beschreibt, wie der Bedarf nach Art, Umfang und Beschaffenheit von Informationen ermittelt wird, die eine Person zur Durchführung ihrer Aufgaben benötigt. Der Bedarf kann sowohl aus der subjektiven Sicht der durchführenden Person als auch aus der objektiven Sicht der zu erfüllenden Aufgabe bestimmt werden. (s. Picot u. Egon 1988, S. 609) Zur Ermittlung des Informationsbedarfs werden von Schmitz vier Ausprägungen nach Krcmar und Bauer u. Mandel unterschieden (s. Krcmar 2015, S. 125–127; Schmitz 2018, S. 116–118; Bauer u. Mandl 2007, S. 89–96).

Bei der ersten Ausprägung wird der Informationsbedarf für die Aufgaben anhand **allgemeiner subjektiver und objektiver Verfahren** ermittelt. Er orientiert sich an den „5R der Informationen" (Schmitz 2018, S. 117). Die zweite Ausprägung umfasst die Ermittlung des Bedarfs anhand der **individuellen, subjektiven und objektiven Bedarfe** der Mitarbeiter*in. Im Gegensatz zur ersten Ausprägung werden die individuellen Fähigkeiten der Mitarbeiter*innen bei der Ermittlung betrachtet. Die dritte Ausprägung umfasst die Ermittlung des **objektiven Bedarfs anhand datenbasierter Analysen** für einzelne Aufgaben. Mitarbeiter*innen haben die Möglichkeit der Parametrisierung und Anpassung des subjektiven Bedarfs. Die vierte Ausprägung umfasst die **analysebasierte Ermittlung des** objektiven sowie subjektiven **Informationsbedarfs** für die Mitarbeiter*innen. Eine manuelle Anpassung ist nicht nötig. (s. Schmitz 2018, S. 116–118)

Erfassung der notwendigen Daten

Die zweite Aufgabe der Erfassung der notwendigen Daten beschreibt die Aufnahme der Daten, welche den zuvor definierten Informationsbedarf decken. Bei dieser Aufgabe wird die technologische Umsetzung der Erfassung in drei Ausprägungen in Anlehnung an Schaudel beschrieben. (s. Schmitz 2018, S. 118–119)

Die erste Ausprägung umfasst die Erfassung der Daten anhand **einfacher**, integrierter **Sensorik**, welche die Rohdaten an übergeordnete Systeme (beispielsweise MES) ohne Voraggregation weiterleiten. Nicht durch Sensorik erfasste Daten werden über eine BDE-Schnittstelle in Echtzeit ermittelt. Die zweite Ausprägung umfasst die Erfassung von Daten in cyber-physischen Systemen mittels **Intelligenter Sensorik**. Diese zeichnet sich durch die integrierte Rechenkapazität aus, die eine Vorverarbeitung der Daten zu Informationen ermöglicht. Die dritte Ausprägung beschreibt **netzwerkfähige Sensorsysteme**, welche aus mehreren untereinander verknüpften Intelligenten Sensoren bestehen, die untereinander Daten austauschen und Zusammenhänge und Wirkungsbeziehungen analysieren. (s. SCHMITZ 2018, S. 118–119)

Management der Datenanalyse

Die Datenanalyse fokussiert die Gewinnung von Informationen aus erfassten Daten durch Verfahren und Methoden der Datenanalyse. Dabei werden die Daten ausgewählt, vorverarbeitet und analysiert, ehe die Ergebnisse der Analyse interpretiert und genutzt werden. Das Ziel der Datenanalyse ist die Gewinnung von Informationen zur Ableitung von Entscheidungen. (s. RUNKLER 2015, S. 2–3; SCHMITZ 2018, S. 119–121) Im Folgenden werden die vier Ausprägungen des Managements der Datenanalyse in Anlehnung an HERING ET AL. und SCHUH ET AL. basierend auf EVANS beschrieben (s. HERING ET AL. 2015, S. 20–21; SCHUH ET AL. 2017c, S. 526–527; EVANS 2017, S. 35–38).

Die erste Ausprägung beschreibt die **deskriptive Datenanalyse**, welche durch die Analyse strukturierter Daten Rückschlüsse auf vergangene Ereignisse ermöglicht. Aus der Verdichtung der Daten können die Anwender*innen Rückschlüsse über die vergangenen Ereignisse ziehen und sie auf die aktuelle Prozesskette anwenden. Die zweite Ausprägung beschreibt die Analyse strukturierter sowie unstrukturierter Datensätze. Im Rahmen der **diagnostischen Datenanalyse** wird versucht, Ursache-Wirkungszusammenhänge zu identifizieren, um das Auftreten vergangener Ereignisse zu begründen. Die Prognose zukünftiger Ereignisse durch die Simulation von Ist-Daten auf Basis diagnostischer Analysen wird in der dritten Ausprägung der **präventiven Datenanalyse** zusammengefasst. Durch die Prognose zukünftiger Zustände kann die Qualität der abzuleitenden Entscheidungen gesteigert werden. Die vierte Ausprägung umfasst die **präskriptive Datenanalyse** zur Generierung und automatischen Ableitung von Handlungsempfehlungen auf Basis von Simulations- und Optimierungsansätzen. Durch die Anwendung von Optimierungsalgorithmen können Schwächen im System umgangen werden. Die ermöglicht die automatische Entscheidungsfindung durch informationstechnische Systeme. (s. SCHMITZ 2018, S. 119–121)

Bereitstellung der Informationen

Die anforderungsgerechte Bereitstellung von Informationen zielt auf die Unterstützung der Mitarbeiter*innen ab, sodass diese sich auf die wertschöpfenden Tätigkeiten konzentrieren können. Dabei wird versucht, die benötigten Informationen im Sinne der 5R der Informationslogistik schnell und einfach bereitzustellen. (s. KRCMAR 2015, S. 118; JOST ET AL. 2017, S. 156–157) Zur Beschreibung der Reifegradstufen im *acatech*

Industrie 4.0 Maturity Index werden vier Ausprägungen von SCHMITZ unterschieden (s. SCHMITZ 2018, S. 122–123).

Die Bereitstellung der Informationen nach dem **Push-Prinzip** beschreibt die digitale und kontextbasierte Bereitstellung von Informationen, welche aktiv durch das System gesteuert wird. Bei dieser Ausprägung müssen die Mitarbeiter*innen nicht mehr nach den benötigten Informationen suchen (Pull-Prinzip). Die zweite Ausprägung umfasst die **voraggregierte Informationsbereitstellung**, bei der die Bedürfnisse und Fähigkeiten der Mitarbeiter*innen berücksichtigt werden. Durch die Voraggregation werden Zusammenhänge zwischen Informationen sowie entscheidungsrelevante Daten kenntlich gemacht. Bei der **Zusammenstellung von Szenarien** werden Informationen so zusammengefasst, dass die Auswirkungen von Entscheidungen in Form von Szenarien erkenntlich sind. Die vierte Ausprägung umfasst die transparente **Bereitstellung der** vom System getroffenen **Handlungen**. Durch die Bereitstellung kann der Mitarbeiter in den Entscheidungsprozess eingreifen. (s. SCHMITZ 2018, S. 122–123)

Management der Datenqualität

Die Steuerung der Datenqualität ist für Unternehmen von Bedeutung, wenn es seine Entscheidungen datenbasiert treffen möchte, da die Datenqualität die Entscheidungsqualität direkt beeinflusst (s. OTTO U. ÖSTERLE 2016, S. 32–34; BECKER ET AL. 2017, S. 112–113). Das Ziel des Datenqualitätsmanagements ist nicht die maximal erreichbare Qualität, sondern die Qualität in Einklang mit den Anforderungen der Nutzer*innen und Prozesse zu bringen. Die Datenqualität wird durch die Eignung für den vorliegenden Einsatzzweck bestimmt. (s. ROHWEDER ET AL. 2008, S. 25–27; OTTO U. ÖSTERLE 2016, S. 18) Zur Beschreibung der vier Ausprägungen lehnt sich SCHMITZ an das *Information Quality Model*(kurz IQM)-Reifegradmodell von BAŠKARADA ET AL. an (s. BAŠKARADA ET AL. 2018, S. 292–295; SCHMITZ 2018, S. 124–126). Die erste Ausprägung des chaotischen Datenqualitätsmanagements wird nicht für die Beschreibung in Industrie-4.0-Umgebungen genutzt.

Die erste Ausprägung des **reaktiven** Datenqualitätsmanagements beschreibt den Zustand, in dem die Anforderungen an die Datenqualität definiert und Schwächen bekannt und transparent sind. Es werden manuelle Prüfungen und reaktive Maßnahmen zur Verbesserung der Qualität ergriffen. Die zweite Ausprägung umfasst ein **messendes** Management. Das Unternehmen verfügt über eine Data-Governance und kann durch die Qualitätsmessung bewerten, welche Daten durch reaktive Maßnahmen verbessert werden müssen. In der dritten Ausprägung erfolgt eine kontinuierliche Beseitigung von Ursachen durch präventive Maßnahmen. Das **steuernde** Datenqualitätsmanagement ermöglicht inhaltlich fehlerfreie und redundanzfreie Daten. Die letzte Ausprägung umfasst das **optimierende** Management, bei der die Datenqualität kontinuierlich an die sich verändernde Umgebung angepasst wird. Es ermöglicht eine robuste Datenqualität. (s. SCHMITZ 2018, S. 124–126)

Management der Daten- und Systemschnittstellen

Das Management der Daten- und Systemschnittstellen stellt den Austausch von Informationen über Systemgrenzen zwischen zwei Informationssystemen oder zwischen Informationssystemen und Maschinen sicher. Zur Unterscheidung wird zwischen proprietären und neutralen bzw. standardisierten Schnittstellen differenziert. Proprietäre Schnittstellen sind eigens für den Datenaustausch zwischen zwei definierten Systemen geschaffen. Standardisierte Schnittstellen sind hingegen neutral und ein offenes, anerkanntes Format für den Austausch. (s. SINDERMANN 2014, S. 328–329; KLUG 2010, S. 246) Für die Schaffung einer Industrie 4.0 in Unternehmen benötigt man standardisierte Schnittstellen, da dies eine einfachere Integration weiterer Applikationen, Devices und Agenten ermöglicht. (s. SCHMITZ 2018, S. 126–128; MUBARAK 2013, S. 237) SCHMITZ unterscheidet drei Ausprägungen zur Beschreibung des Merkmals (s. SCHMITZ 2018, S. 126–128).

Die erste Ausprägung umfasst die **technische Interoperabilität** zur Realisierung der Integration der IT-Systeme innerhalb des Unternehmens. Hierzu werden neben standardisierten Schnittstellen vermehrt proprietäre Schnittstellen verwendet. Die zweite Ausprägung umfasst die **semantische Interoperabilität**, bei der die Integration über standardisierte Schnittstellen erfolgt. Proprietäre Schnittstellen werden nur dann verwendet, wenn keine Standardisierung vorliegt. Die dritte Ausprägung beschreibt **agentenbasierte Architekturen**, in denen durch Agenten eine automatisierte Anpassung der Schnittstellen stattfindet und Agenten die Kommunikation zwischen Systemen und Produktionseinheiten steuern. (s. SCHMITZ 2018, S. 126–128)

Herstellen einer IT-Systemtransparenz

Das Informationsmanagement hat die Aufgabe, Transparenz über die im Einsatz befindlichen IT-Infrastruktur sowie Informationssysteme zu schaffen und besitzen. Dies ist für die Auswahl und Einführung sowie für den Betrieb der Systeme entscheidend. (s. SCHEER U. HEß 2009, S. 146–147; TIEMEYER 2016, S. 74–80) Zur Schaffung der Transparenz und Gestaltung der entsprechenden IT-Systemlandschaft unterscheidet SCHMITZ zwei Ausprägungen für die Beschreibung der Aufgabe (s. SCHMITZ 2018, S. 128–129).

Die erste Ausprägung der Aufgabe umfasst die **dokumentierte Systemlandschaft**, in der Systemredundanzen transparent sind. Die zweite Ausprägung umfasst **redundanzfrei Systemlandschaften,** bei denen die Redundanzen bei Funktionsumfängen abgebaut sind. (s. SCHMITZ 2018, S. 128–129)

Herstellen einer Integration der IT-Systeme

Ziel der Aufgabe ist es, die IT-Systeme im Produktionsunternehmen zu integrieren und flexible Kollaborationsplattformen einzuführen, die einen flexiblen Datenzugriff auf proprietäre Systeme erlauben und als gekapselte Dienste bereitstellen (s. KAUFMANN U. FORSTNER 2017, S. 98; SCHLICK ET AL. 2014, S. 58–59; SCHENK ET AL. 2014, S. 449–450). Dies würde die Umsetzung der Vision des Internet of Production ermöglichen (vgl. PENNEKAMP ET AL. 2019, S. 32). Zur Beschreibung der Aufgabe in Bezug zu Industrie 4.0 unterscheidet SCHMITZ zwei Ausprägungen (s. SCHMITZ 2018, S. 129–132).

Die erste Ausprägung umfasst **vernetzte IT-Systeme** mit einem zentralen Datenmanagement. Dies ermöglicht die vertikale Vernetzung entlang der Automatisierungspyramide und horizontalen Vernetzung entlang der Prozesse. Änderungen an den IT-Systemen und der Landschaft sind mit großen Aufwänden verbunden. Die zweite Ausprägung umfasst **cyber-physische IT-Strukturen**, bei denen die Automatisierungspyramide aufgelöst und durch gekapselte Services der IT-Systeme abgelöst wurde. Mittels einer Middleware wird der Datenaustausch über die Unternehmensebenen und -grenzen hinweg ermöglicht. (s. SCHMITZ 2018, S. 129–132)

Management der Benutzerschnittstellen

Die Hard- und Softwarekomponenten des Informationssystems, mit denen die Nutzer*innen interagieren, werden als Benutzerschnittstelle bezeichnet. Um den Anforderungen der Industrie 4.0 an ein Unternehmen gerecht zu werden, müssen die Nutzer*innen entsprechend in die Prozesse und die Aufgabe über die Informationssysteme integriert werden. Daher kommt der Usability bei einer Vielzahl von Informationssystemen und Services eine große Bedeutung zu. Die Interaktionsmöglichkeiten müssen auf die Benutzer*innen zugeschnitten sein. (s. CALVARY ET AL. 2003, S. 289; RUDOW ET AL. 2014, S. 11; VOGEL-HEUSER 2014, S. 45–47) SCHMITZ unterscheidet drei Ausprägungsstufen bei dem Management der Benutzerschnittstellen in Industrie-4.0-Umgebungen (s. SCHMITZ 2018, S. 132–134).

Die erste Ausprägung beschreibt die Verfügbarkeit **universeller Benutzerschnittstellen** für einen bidirektionalen Informationsaustausch. Die Oberflächen sind intuitiv gestaltet. Die zweite Ausprägung umfasst **spezifisch** an die Bedürfnisse der Nutzer*innen **angepasste Benutzerschnittstellen**. Durch die Systemtransparenz werden eine Identifikation der Bedürfnisse und die entsprechende Anpassung ermöglicht. Bei Bedarf besteht die Möglichkeit der Interaktion mittels Sprachsteuerung. Die dritte Ausprägung umfasst flexible, **anpassungsfähige Benutzerschnittstellen**, welche kontinuierlich an neue Gegebenheiten angepasst werden. (s. SCHMITZ 2018, S. 132–134)

Management der IT-Infrastruktur

Die IT-Infrastruktur umfasst die immateriellen und materiellen Güter zum Betrieb von Anwendungssoftware. Eine Aufgabe des Informationsmanagements ist die Gestaltung und Verbesserung der IT-Infrastruktur zur flexiblen Integration von Informationssystemen. (s. HERDEN 2013, S. 2; URBACH U. AHLEMANN 2016, S. 131–132) Das Management der IT-Infrastruktur wird bei SCHMITZ in vier Ausprägungen unterschieden (s. SCHMITZ 2018, S. 134–135).

Die erste Ausprägung beschreibt eine **echtzeitfähige IT-Infrastruktur**, die den dokumentierten, vorherrschenden Anforderungen gerecht wird. Es werden automatisch Auswertungen zur Verfügbarkeit sowie Leistung bereitgestellt. Die zweite Ausprägung umfasst **flexible Strukturen**, welche serviceorientierte und hardwareunabhängige

Architekturen nutzen, um bestehende IT-Systeme zu entkoppeln. Mit der dritten Ausprägung werden **hardwareunabhängige IT-Infrastrukturen** beschrieben. Diese Strukturen ermöglichen es, auf internen oder externen Cloudplattformen betrieben zu werden, um eine flexible Skalierung zu ermöglichen. Dazu müssen auch die IT-Systeme hardwareunabhängig ausgelegt werden. Die vierte Ausprägung umfasst **skalierbare IT-Infrastruktur**, bei der auch der Betrieb der IT-Systeme neben dem Betrieb der Infrastruktur von einem externen Dienstleister bereitgestellt wird. Über Verträge werden die Verfügbarkeit sowie die Wartung von Hard- und Software sichergestellt. (s. SCHMITZ 2018, S. 134–135)

Management der Datenhaltung

Das Management der Datenhaltung umfasst die Auswahl der Speichertechnologie sowie den Aufbau des Datenmodells. Die Datenhaltung fokussiert die Ablage und das Auffinden der abgelegten Daten. (s. KRCMAR 2015, S. 335–336) Mit dem stärkeren Einsatz von Sensorik sowie dem Ziel der datenbasierten Entscheidungen kommt der Aufgabe in Industrie-4.0-Umgebungen eine besondere Bedeutung zu. SCHMITZ unterscheidet in Anlehnung an HENTSCHEL U. LEYH drei Ausprägungen. (s. SCHMITZ 2018, S. 135–137; HENTSCHEL U. LEYH 2016)

Die erste Ausprägung stellt die **echtzeitfähige Datenübertragung** durch In-Memory- und Main-Memory-Datenbanken sicher. Hierzu wird ein zentrales Management der Datenhaltung angewandt, um den Zugriff auf die Daten sicherzustellen. Die zweite Ausprägung umfasst zusätzlich zur echtzeitfähigen Datenübertragung **anpassungsfähige Speicherkapazitäten**, welche auf Basis eines prognostizierten Bedarfs angepasst werden. Die dritte Ausprägung umfasst **adaptive Speicherkapazitäten,** die durch die Nutzung von Cloud-Dienstleistungen sowie Pay-per-Use-Modellen ermöglicht werden. Damit wird die Skalierbarkeit aus Sicht der Anwender*innen sichergestellt. (s. SCHMITZ 2018, S. 135–137)

Autonomie der IT-Systeme

Zusätzlich zu den Aufgaben des Informationsmanagements, welche SCHMITZ in seiner Dissertation beschreibt, wird im Rahmen dieser Dissertationsschrift noch die *Autonomie des IT-Systems* als differenzierendes Merkmal zum morphologischen Kasten hinzugefügt. Dieses Merkmal beschreibt die Interaktion der Menschen mit Informationssystemen und jener Rolle in der Durchführung der unterstützten Kernaufgaben. Hierdurch lässt sich abbilden, inwieweit die Informationssysteme befähigt sind, eigenständig die zur Durchführung notwendigen Informationen zu verarbeiten und Entscheidungen zu treffen. Über die Beschreibung des Merkmals lassen sich Ableitungen treffen, inwieweit mit der Einführung eines Informationssystems, im Speziellen eines MES, Anpassungen an den Prozessen, der Organisationsstruktur und -kultur vorgenommen werden müssen. Im Folgenden wird das Merkmal *Autonomie der IT-Systeme* eingeführt und die Ausprägungen des Merkmals beschrieben.

Dem Management werden im Allgemeinen die fünf Aufgaben des Planens, des Organisierens, des Befehlens, der Koordination und der Kontrolle zugesprochen. (s. FELLS 2000, S. 346; BURGGRÄF ET AL. 2018, S. 83) Durch die Verbreitung von Algorithmen sowie den technischen Fortschritt bei der Leistungsfähigkeit von Computern werden vermehrt Anwendungen geschaffen, die den menschlichen Fähigkeiten überlegen sind. Neben Anwendungen in privaten Bereichen wie dem Spielen von Go sowie dem autonomen Fahren finden sich Anwendungen im Bereich des (Produktions-)Managements. (s. SILVER ET AL. 2016; MAURER ET AL. 2016; BURGGRÄF ET AL. 2018) Durch den vermehrten Einsatz maschineller Lernverfahren im Bereich des Produktionsmanagements können IT-Systeme mehr und mehr Aufgaben der Menschen übernehmen, da sie den Umgang mit großen Datenmengen über die menschlichen Kapazitäten hinaus bewältigen können (s. BURGGRÄF ET AL. 2018, S. 83; BURGGRÄF ET AL. 2021, S. 508).

Die Interaktion der Menschen mit den technischen Systemen ist nicht nur Forschungsgebiet der Fachdisziplin des Produktionsmanagements, sondern auch der Sozialwissenschaften. Hier stehen insbesondere die Interaktion mit den Systemen sowie der Grad der Autonomie derselben im Vordergrund, weniger die technisch unterstützte Aufgabe oder die Vorgehensweise. (vgl. WEYER 1997; GERHART ET AL. 2007; BEER ET AL. 2014; ENDSLEY 2017; VISSER ET AL. 2018; LIGGIERI U. MÜLLER 2019) In diesem Zusammenhang wird von technischer Autonomie gesprochen, welche aus verschiedenen Betrachtungsrichtungen spezifiziert werden kann. Eine Betrachtungsrichtung verbindet mit Autonomie die Fähigkeit technischer Systeme zum Erlernen nichtkonstruierter Vorgehensweisen und Verhaltensmuster. Zweitens lässt sich Autonomie durch die Interaktion mit der Systemumwelt näher beschreiben, bei der das Verhalten der technischen Systeme nur von inneren und eigens erfassten Zuständen (z. B. durch Sensorik) des Systems abhängig ist. Die dritte Betrachtungsrichtung umfasst die Beschreibung der Autonomie durch die Interaktion mit dem Menschen. Hier kann der Vergleich über die Stufen des autonomen Fahrens gezogen werden, bei denen von totaler menschlicher Kontrolle über Fahrerassistenz hin zum vollautonomen Fahrzeug (keine menschliche Interaktion) differenziert wird. (s. LIGGIERI U. MÜLLER 2019, S. 239)

Neben dem Modell des autonomen Fahrens gibt es in der Literatur verschiedene Ansätze zur Klassifikation der Interaktion und Autonomie (vgl. BEER ET AL. 2014).

Um nun die Interaktion zwischen der technischen Lösung, in diesem Fall dem IT-System, und dem Menschen zu beschreiben, kann auf verschiedene Frameworks zurückgegriffen werden. In der Literatur anerkannte Modelle sind das Modell von SHERIDAN U. VERPLANK sowie das Modell von ENDSLEY U. KABER. (s. BEER ET AL. 2014, S. 77–78; vgl. SHERIDAN 1978; ENDSLEY U. KABER 1999) Erstere entwickeln ein zehnstufiges Modell, wobei die erste Stufe eine reine Durchführung der Aufgabe durch den Menschen und auf der zehnten und höchsten Stufe die Aufgabe durch das technische System durchgeführt wird. (s. BEER ET AL. 2014, S. 77–78; SHERIDAN 1978) ENDSLEY U. KABER nutzen neun Stufen zur Beschreibung der Level der Autonomie, wobei sie nicht nur eindimensional nach der Aufgabendurchführung unterscheiden, sondern auch danach, welcher Teil einer Aufgabe von welchem Interaktionspartner übernommen wird.

Hierbei unterscheiden sie zwischen den folgenden, vier Teilen einer Aufgabe: *Überwachung*, *Generierung* bzw. *Schöpfung* (beispielsweise Idee, Strategie oder Option), *Auswahl und Umsetzung*. (s. ENDSLEY U. KABER 1999, S. 464–467; BEER ET AL. 2014, S. 77–78) Beiden Modellen ist gleich, dass die erste Stufe dem Menschen die volle Kontrolle zuspricht, wohingegen auf der höchsten Stufe das technische System die volle Kontrolle über alle Teile der Aufgabe innehat. (vgl. NEUBURGER U. FIEDLER 2020, S. 343)

Das erweiterte Modell von ENDSLEY U. KABER basiert auf einem vorherigen Modell von ENDSLEY, welches sich mit der Beschreibung der Ausprägungen der Autonomie zwischen Menschen und Informationssystemen befasst (s. ENDSLEY U. KABER 1999, S. 464; ENDSLEY 1987). Dieses Modell soll im Folgenden zur Beschreibung der Ausprägungen des Merkmals *Autonomie der IT-Systeme* dienen, da so eine bessere Differenzierung anhand der systemseitigen Unterstützung der Aufgabe ermöglicht wird. Die erste Stufe des Modells der manuellen, menschlichen Kontrolle wird hierbei nicht zur Beschreibung von Industrie-4.0-Umgebungen herangezogen.

Die erste Ausprägung umfasst die **assistierte Entscheidungsunterstützung**. Das System kann ausgewählte Aufgaben des Menschen übernehmen. Es bestimmt den Grad der Informationsaufbereitung und -bereitstellung (s. oben). Die zweite Ausprägung umfasst die **automatisierte Entscheidungsunterstützung**, die die Menschen durch die weitreichende Übernahme von Aufgaben unterstützt. Die Entscheidung wird noch vom Menschen getroffen. Die Ausführung von getroffenen Maßnahmen kann sowohl durch den Menschen als auch durch das technische System erfolgen. Die dritte Ausprägung umfasst eine **hochautomatisierte Entscheidungsunterstützung**. Dabei übernimmt das System sowohl die Vorbereitung und Auswahl von Handlungsalternativen als auch deren Implementierung. Der Mensch kann das System durch die Bereitstellung von Handlungsalternativen unterstützen und die Umsetzung der Maßnahmen durch eine Intervention verhindern. Die vierte Ausprägungsstufe umfasst die **überwachte Entscheidungsunterstützung**, bei der der Mensch nur noch kontrollierend das System, seine Leistung und die getroffenen Handlungen überwacht. Hierbei muss er nur im Notfall eingreifen. Das System würde autonom agieren, wenn die Möglichkeit der manuellen Intervention im Notfall nicht vorhanden wäre.

Die oben beschriebenen Merkmale des morphologischen Kastens nach SCHMITZ werden mit dem Merkmal der Autonomie der IT-Systeme in dem morphologischen Kasten (s. Abbildung 6-16) für die vorliegende Dissertationsschrift zusammengefasst. Dieser morphologische Kasten ist so aufgebaut, dass die Ausprägungen mit der geringsten Reife links und jene mit der höchsten Reife rechts im Kasten abgebildet sind.

<table>
<tr><th>Merkmale</th><th colspan="12">Merkmalsausprägung</th></tr>
<tr><td>Ermittlung des Informationsbedarfs</td><td colspan="3">Allg. subjektiver u. objektiver. Info.-Bedarf</td><td colspan="3">Individueller subjektiver u. objektiver. I.-Bedarf</td><td colspan="3">Objektiver Informationsbedarf</td><td colspan="3">Analysebasierter Informationsbedarf</td></tr>
<tr><td>Erfassen der notwendigen Daten</td><td colspan="4">Einfache Sensorik</td><td colspan="4">Intelligente Sensorik</td><td colspan="4">Netzwerkfähige Sensorik</td></tr>
<tr><td>Management der Datenanalyse</td><td colspan="3">Deskriptive Datenanalyse</td><td colspan="3">Diagnostische Datenanalyse</td><td colspan="3">Präventive Datenanalyse</td><td colspan="3">Präskriptive Datenanalyse</td></tr>
<tr><td>Bereitstellung der Informationen</td><td colspan="3">Push-Informations-bereitstellung</td><td colspan="3">Voraggregierte Info.-bereitstellung</td><td colspan="3">Bereitstellung von Szenarien</td><td colspan="3">Bereitstellung der Handlungen</td></tr>
<tr><td>Management der Datenqualität</td><td colspan="3">Reaktive Datenqualität</td><td colspan="3">Messende Datenqualität</td><td colspan="3">Steuernde Datenqualität</td><td colspan="3">Optimierende Datenqualität</td></tr>
<tr><td>Management der Daten- und Systemschnittstellen</td><td colspan="4">Technische Interoperabilität</td><td colspan="4">Semantische Interoperabilität</td><td colspan="4">Agentenbasierte Architektur</td></tr>
<tr><td>Herstellen einer IT-Systemtransparenz</td><td colspan="6">Dokumentiere Systemtransparenz</td><td colspan="6">Redundanzfreie Systemtransparenz</td></tr>
<tr><td>Herstellen einer Integration der IT-Systeme</td><td colspan="6">Vernetzte IT-Systeme</td><td colspan="6">Cyber-physische IT-Struktur</td></tr>
<tr><td>Management der Benutzerschnittstellen</td><td colspan="4">Allgemeine Benutzerschnittstelle</td><td colspan="4">Spezifische Benutzerschnittstelle</td><td colspan="4">Anpassungsfähige Benutzerschnittstelle</td></tr>
<tr><td>Management der IT-Infrastruktur</td><td colspan="3">Echtzeitfähige Strukturen</td><td colspan="3">Flexible Strukturen</td><td colspan="3">Hardwareunabhängige Strukturen</td><td colspan="3">Skalierbare Strukturen</td></tr>
<tr><td>Management der Datenhaltung</td><td colspan="4">Echtzeitfähige Datenübertragung</td><td colspan="4">Anpassungsfähige Speicherkapazitäten</td><td colspan="4">Adaptive Speicherkapazitäten</td></tr>
<tr><td>Management der Autonomie d. IT-Systeme</td><td colspan="3">Assis. Entscheidungs-unterstützung</td><td colspan="3">Automatisierte Entsch.-unterstützung</td><td colspan="3">Hochautomatisierte Entsch.-unterstützung</td><td colspan="3">Überwachte Entsch.-unterstützung</td></tr>
</table>

Abbildung 6-16: Morphologischen Kastens zur Beschreibung der Reifegradstufen des *acatech Industrie 4.0 Maturity Index* (eigene Darstellung i. A. a. SCHMITZ 2018, S. 137)

6.2.2 Beschreibung und Erläuterung der Reifegradstufen des *acatech Industrie 4.0 Maturity Index*

Im folgenden Kapitel erfolgt in Anlehnung an SCHMITZ nun die Erläuterung der Reifegradstufen des *acatech Industrie 4.0 Maturity Index* mithilfe des erweiterten morphologischen Kastens (s. Abbildung 6-16). Dies erfolgt nach der retrograden Typisierung, da die Typen schon vorherbekannt sind. Die zu erläuternden Typen sind die Reifegradstufen des acatech-Modells. (s. SCHMITZ 2018, S. 141–147) Zur Herleitung der Typen wird der im vorherigen Kapitel aufgebaute morphologische Kasten herangezogen und die Ausprägungen den Stufen des acatech-Modells zugeordnet. Damit beschreiben die Reifegradstufen im Allgemeinen, wie der Einsatz von IT-Systemen sich auf die digitale Reife der produzierenden Unternehmen auswirkt. Dies ermöglicht im nächsten Schritt die Aufstellung der Reifegrad-Kennwert-Matrix sowie die Bewertung des Einsatzes von ME-Systemen in produzierenden Unternehmen anhand der Reifegradstufen (Kapitel 6.2.3).

Die erste und zweite Reifegradstufe des acatech-Modells beschreiben nicht Entwicklungsstufen von Industrie 4.0, sondern die von Industrie 3.0. Sie werden hier zur vollständigen Beschreibung des Reifegradmodells ebenfalls erläutert. Die Stufen 3 bis 6 umfassen dann die Stufen der Industrie 4.0 (s. Abbildung 6-17).

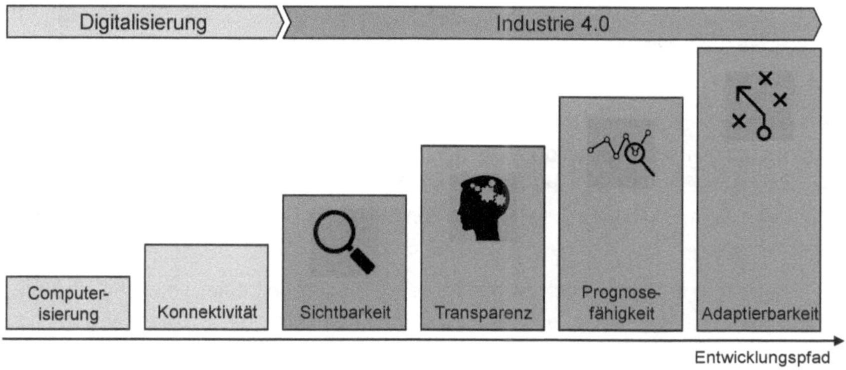

Abbildung 6-17: Darstellung der Reifegradstufen des *acatech Industrie 4.0 Maturity Index* (eigene Darstellung i. A. a. SCHUH ET AL. 2020a, S. 18)

Reifegradstufe *Computerisierung*

Die erste Reifegradstufe des acatech-Reifegradmodells ist als *Computerisierung* definiert. SCHUH ET AL. definieren sie als isolierten Einsatz von Informationssystemen zur Verrichtung einfacher, repetitiver Tätigkeiten. (s. SCHUH ET AL. 2020a, S. 17–18) Informationssysteme, die sich im Einsatz befinden, sind häufig nicht miteinander verknüpft. Eine Verbindung zum ERP-System als zentrales Informationssystem wurde nicht geschaffen. (s. SCHUH ET AL. 2014a, S. 278–280)

In Bezug zu den vorgestellten Merkmalen des morphologischen Kastens heißt dies, dass die Ausprägungen keines Merkmals erreicht sind. Dies bedeutet nicht, dass kein Informationsmanagement vorhanden ist, jedoch werden die Aufgaben des Informationsmanagements nur rudimentär unterstützt. Im Bereich der Informationswirtschaft werden Daten hierbei häufig manuell erfasst und eine Datenanalyse findet nicht statt. Eine Ermittlung des Informationsbedarfs findet nicht statt, wodurch die Bereitstellung von Informationen nur auf Wunsch oder Anstoß der Mitarbeiter*innen geschieht. Hierzu müssen sie aktiv in verschiedenen Systemen nach den benötigten Informationen suchen.

Die vorherrschende Datenqualität der Stamm- sowie Bewegungsdaten ist als schlecht einzustufen. Die Informationssysteme sind nicht vernetzt, eine Interoperabilität wird höchstens durch manuelle Übertragungen angestrebt. Die Infrastruktur ist nicht auf die Echtzeitfähigkeit ausgelegt. (s. SCHUH ET AL. 2014a, S. 278–280) Die Autonomie in der Findung von Entscheidungen liegt beim Menschen.

Reifegradstufe *Konnektivität*

Die zweite Reifegradstufe ist als *Konnektivität* definiert. Hierbei wird die isolierte Nutzung der IT-Systeme durch eine starre Vernetzung derselben abgelöst. Dabei decken die IT-Systeme dennoch nur die elementaren Geschäftsprozesse ab. (s. ZELLER ET AL. 2018, S. 106–107) Ebenso wurde noch keine vollständige Integration der IT-Systeme mit der Hardware durchgeführt. Es werden jedoch schon vereinzelt Sensoren an Maschinen nachträglich appliziert und genutzt, um Daten automatisch zu erfassen. (s. SCHUH ET AL. 2020a, S. 18–19)

Die Merkmale des morphologischen Kastens sind hierbei auch noch nicht erfüllt. Zwar werden Daten nun teilweise durch einfache Sensorik erfasst, aber dies bringt noch keine flächendeckend mögliche deskriptive Datenanalyse. Ebenso müssen Mitarbeiter*innen die Informationen weiterhin im Sinne des Pull-Prinzips aus den relevanten Systemen suchen. (s. SCHUH ET AL. 2014a, S. 278–280)

Die IT-Infrastruktur bietet auch hier noch keine Möglichkeit einer vollständigen Echtzeitfähigkeit. Die Entscheidungsfindung liegt immer noch bei den Mitarbeiter*innen und wird nur in Einzelfällen durch gefundene Daten oder die Übernahme von Teilaufgaben unterstützt.

Reifegradstufe *Sichtbarkeit*

Die dritte Stufe des acatech-Modells ist als *Sichtbarkeit* definiert und beschreibt die erste Stufe der Industrie 4.0. Die Sichtbarkeit beschreibt die Entwicklungsstufe des Unternehmens, indem die aktuell laufenden Prozessschritte durch Daten digital sichtbar werden. Es werden erste deskriptive Analysen möglich, welche eine statistische Beschreibung der Daten ermöglichen (s. SHI-NASH U. HARDOON 2017, S. 331). Die Sichtbarkeit wird durch den Aufbau des digitalen Schattens im Unternehmen realisiert. Der digitale Schatten erfasst alle relevanten Geschäftsdaten des Unternehmens. Dies können Daten von Maschinen, Aufträgen, Produktionsprozesse sowie Life-Cycle-Daten von Produkten sein. Ziel beim Aufbau des digitalen Schattens ist die umfassende Abbildung und Beschreibung aller Unternehmensprozesse. Der digitale Schatten kann hierbei kontinuierlich angepasst werden. (s. SCHUH ET AL. 2016, S. 43–44) Mithilfe des digitalen Schattens und deskriptiver Datenanalysen werden erste Entscheidungsunterstützungen durch IT-Systeme möglich, da Daten für die Bewertung des aktuellen Systemzustandes vorliegen (s. SCHUH ET AL. 2020a, S. 19–20).

Mit dem Aufbau des digitalen Schattens und der Erreichung der dritten Reifegradstufe geht die umfassende Datenaufnahme und -bereitstellung einher. Für die Ermittlung des Informationsbedarfes kann auf den digitalen Schatten oder Befragungen der Mitarbeiter*innen zugegriffen werden. Dies entspricht der allgemeinen subjektiven und objektiven Bedarfsermittlung. Die Bereitstellung wird über eine allgemeine Benutzerschnittstelle realisiert, die der Arbeitsstation sowie den Aufgaben der Mitarbeiter*innen entspricht. Die benötigten Daten sind in einem Datenmodell erfasst und werden durch Sensorik flächendeckend aufgenommen. Die Aggregation der Daten wird durch deskriptive Datenanalyse vorangetrieben, wodurch jene zu Informationen aufgewertet werden. (s. SCHMITZ 2018, S. 152–154) Die Bereitstellung der Informationen ermöglicht die assistierte Entscheidungsfindung, bei der den Mitarbeiter*innen relevante Informationen für die zu treffenden Entscheidungen durch das System kontextabhängig bereitgestellt werden.

Die Datenqualität wird auf dieser Stufe durch reaktive Maßnahmen der Mitarbeiter*innen verbessert, da die Mitarbeiter*innen die Informationen bewerten und defekte Datensätze identifizieren. Da die Mitarbeiter*innen auch Zugriff auf historische Daten für die deskriptive Analyse brauchen, muss der Zugriff auf die Daten der verschiedenen Informationssysteme sichergestellt sein. Dies wird durch eine technische Interoperabilität geschaffen, welche sicherstellt, dass eine *Single Source of Truth* vorliegt. Dies bedeutet, dass alle Daten einmalig und aktuell in der Systemlandschaft vorliegen. Zur Erreichung der *Single Source of Truth* und der technischen Interoperabilität muss auch die Transparenz für die IT-Systemlandschaft vorliegen. (s. SCHMITZ 2018, S. 152–154)

Zur effektiven Nutzung des digitalen Schattens müssen die Informationen zeitnah für die Mitarbeiter zur Verfügung stehen. Hierzu bedarf es einer echtzeitfähigen Datenhaltung sowie Infrastruktur, die dies ermöglicht. (s. SCHMITZ 2018, S. 152–154) In Abbildung 6-18 sind Anforderungen der Reifegradstufe *Sichtbarkeit* in Bezug auf die Ausprägungen des morphologischen Kastens zusammengefasst.

Merkmale	Merkmalsausprägung			
Ermittlung des Informationsbedarfs	Allg. subjektiver u. objektiver. Info.-Bedarf	Individueller subjektiver u. objektiver. I.-Bedarf	Objektiver Informationsbedarf	Analysebasierter Informationsbedarf
Erfassen der notwendigen Daten	Einfache Sensorik	Intelligente Sensorik	Netzwerkfähige Sensorik	
Management der Datenanalyse	Deskriptive Datenanalyse	Diagnostische Datenanalyse	Präventive Datenanalyse	Präskriptive Datenanalyse
Bereitstellung der Informationen	Push-Informations-bereitstellung	Voraggregierte Info.-bereitstellung	Bereitstellung von Szenarien	Bereitstellung der Handlungen
Management der Datenqualität	Reaktive Datenqualität	Messende Datenqualität	Steuernde Datenqualität	Optimierende Datenqualität
Management der Daten- und Systemschnittstellen	Technische Interoperabilität	Semantische Interoperabilität	Agentenbasierte Architektur	
Herstellen einer IT-Systemtransparenz	Dokumentiere Systemtransparenz	Redundanzfreie Systemtransparenz		
Herstellen einer Integration der IT-Systeme	Vernetzte IT-Systeme	Cyber-physische IT-Struktur		
Management der Benutzerschnittstellen	Allgemeine Benutzerschnittstelle	Spezifische Benutzerschnittstelle	Anpassungsfähige Benutzerschnittstelle	
Management der IT-Infrastruktur	Echtzeitfähige Strukturen	Flexible Strukturen	Hardwareunabhängige Strukturen	Skalierbare Strukturen
Management der Datenhaltung	Echtzeitfähige Datenübertragung	Anpassungsfähige Speicherkapazitäten	Adaptive Speicherkapazitäten	
Management der Autonomie d. IT-Systeme	Assis. Entscheidungs-unterstützung	Automatisierte Entsch.-unterstützung	Hochautomatisierte Entsch.-unterstützung	Überwachte Entsch.-unterstützung

Ausprägung für vorliegende Reifegradstufe	Weitere Ausprägungs-möglichkeiten

Abbildung 6-18: Ausprägung der Aufgaben und Merkmale des Informationsmanagements für die Stufe *Sichtbarkeit* (eigene Darstellung i. A. a. SCHMITZ 2018, S. 154)

Reifegradstufe *Transparenz*

Die vierte Reifegradstufe des acatech-Reifegradmodells wird als *Transparenz* bezeichnet, baut auf dem digitalen Schatten der dritten Stufe auf und erweitert die Datenanalyse um diagnostische Analysen. Die diagnostischen Datenanalysen fokussieren die Suche nach (Wirkungs-)Zusammenhängen in den Daten. Mittels diagnostischer Analysen werden Korrelationen aufgedeckt, welche die Benutzer*innen hinsichtlich der Kausalität bewerten müssen. (s. SHI-NASH U. HARDOON 2017, S. 331) Ziel der Stufe ist es, dass über Prozesse und auftretende Störungen zeitliche und inhaltliche Transparenz geschaffen wird, um fundierter und qualitativ besser entscheiden zu können (s. SCHUH ET AL. 2016, S. 48–51; SCHUH ET AL. 2020a, S. 20).

In Bezug zu den Ausprägungen des morphologischen Kastens zur Beschreibung der Reifegradstufe *Transparenz* ist die diagnostische Datenanalyse richtungsweisend. Damit alle Mitarbeiter*innen die analysierten Zusammenhänge zur Entscheidungsfindung nutzen können, muss der individuelle Informationsbedarf der Mitarbeiter*in ermittelt werden. Hierbei müssen die kognitiven Fähigkeiten sowohl bei dem Bedarf als auch der Bereitstellung berücksichtigt werden. Informationen werden hier nicht nur bereitgestellt, sondern schon voraggregiert dargelegt. Dies erfordert meist eine spezifische Benutzerschnittstelle, sodass die Mitarbeiter*innen in den Prozess eingebunden werden können. (s. SCHMITZ 2018, S. 154–156)

Um den Daten- und Informationsbedarf zu decken, bedarf es Intelligenter Sensorik mit eingebauter Rechenkapazität, die Daten eigenständig voraggregieren und bereitstellen kann. Mit der Voraggregation und den erkannten Ursachen-Wirkungszusammenhängen auf der Datenbasis bedarf es eines höheren Vertrauens in die Daten, da die Entscheidungsfindung stärker vom System unterstützt werden kann. Dies führt zu höheren Anforderungen an die Datenqualität, welche durch das Unternehmen gemessen werden sollten, um die Validität der Aussagen und Analysen bewerten zu können. (s. SCHMITZ 2018, S. 154–156) Die besseren Analysen und eine valide Datengrundlage ermöglichen, dass das IT-System mehr Aufgaben vom Menschen übernehmen kann. Neben der Bewertung der Situation können auch Handlungen durch das System implementiert werden. Im Rahmen vereinzelter Bereiche mit sehr guter Datengrundlage und validen Wirkungszusammenhängen kann das IT-System eigenständig entscheiden. Ein Großteil der Entscheidungen wird jedoch durch die Mitarbeiter*innen getroffen.

Um die Wirkungszusammenhänge über Unternehmensprozesse hinweg analysieren zu können, bedarf es einer umfassenden Integration der IT-Systeme, welche durch eine cyber-physische IT-Struktur gekennzeichnet ist. Hierzu muss eine semantische Interoperabilität geschaffen werden, um Daten über Unternehmensebenen und -prozesse hinweg zu verknüpfen und zu analysieren. Die Integration der IT-Systemen kann mit der cyber-physischen IT-Struktur ermöglicht werden. Die Kapselung der einzelnen IT-Systeme ermöglicht die Realisierung hardwareunabhängiger, serviceorientierter Architekturen. Zur Sicherstellung der Verfügbarkeit der IT-Struktur und der Daten müssen anpassungsfähige Systeme vorliegen, welche neben Redundanzen auch eine kontinuierliche Überprüfung des Volumens der Datenübertragung mit sich bringen. (s. SCHMITZ 2018, S. 154–156) In Abbildung 6-19 sind die Ausprägungen der Aufgaben des Informationsmanagements im morphologischen Kasten dargestellt.

Merkmale	Merkmalsausprägung			
Ermittlung des Informationsbedarfs	Allg. subjektiver u. objektiver. Info.-Bedarf	Individueller subjektiver u. objektiver. I.-Bedarf	Objektiver Informationsbedarf	Analysebasierter Informationsbedarf
Erfassen der notwendigen Daten	Einfache Sensorik	Intelligente Sensorik		Netzwerkfähige Sensorik
Management der Datenanalyse	Deskriptive Datenanalyse	Diagnostische Datenanalyse	Präventive Datenanalyse	Präskriptive Datenanalyse
Bereitstellung der Informationen	Push-Informations-bereitstellung	Voraggregierte Info.-bereitstellung	Bereitstellung von Szenarien	Bereitstellung der Handlungen
Management der Datenqualität	Reaktive Datenqualität	Messende Datenqualität	Steuernde Datenqualität	Optimierende Datenqualität
Management der Daten- und Systemschnittstellen	Technische Interoperabilität	Semantische Interoperabilität		Agentenbasierte Architektur
Herstellen einer IT-Systemtransparenz	Dokumentiere Systemtransparenz		Redundanzfreie Systemtransparenz	
Herstellen einer Integration der IT-Systeme	Vernetzte IT-Systeme		Cyber-physische IT-Struktur	
Management der Benutzerschnittstellen	Allgemeine Benutzerschnittstelle	Spezifische Benutzerschnittstelle		Anpassungsfähige Benutzerschnittstelle
Management der IT-Infrastruktur	Echtzeitfähige Strukturen	Flexible Strukturen	Hardwareunabhängige Strukturen	Skalierbare Strukturen
Management der Datenhaltung	Echtzeitfähige Datenübertragung	Anpassungsfähige Speicherkapazitäten		Adaptive Speicherkapazitäten
Management der Autonomie d. IT-Systeme	Assis. Entscheidungs-unterstützung	Automatisierte Entsch.-unterstützung	Hochautomatisierte Entsch.-unterstützung	Überwachte Entsch.-unterstützung

Ausprägung für vorliegende Reifegradstufe | Weitere Ausprägungs-möglichkeiten

Abbildung 6-19: Ausprägung der Aufgaben und Merkmale des Informationsmanagements für die Stufe *Transparenz* (eigene Darstellung i. A. a. SCHMITZ 2018, S. 156)

Reifegradstufe *Prognosefähigkeit*

Die fünfte Reifegradstufe des Modells wird als *Prognosefähigkeit* umschrieben. Sie ermöglicht die Projektion der Daten des digitalen Schattens und der identifizierten Wirkungszusammenhänge in die Zukunft und damit die Ableitung von Szenarien. Durch die Bereitstellung von Szenarien können die Mitarbeiter*innen Handlungsalternativen besser bewerten und diese mit den Zielgrößen leichter abgleichen. (s. SCHUH ET AL. 2020a, S. 20) Die Reifegradstufe lehnt sich an die prädiktive Datenanalyse nach SHI-NASH U. HARDOON an, welche auf Basis von Modellen die Ableitung wahrscheinlicher Szenarien ermöglicht (s. SHI-NASH U. HARDOON 2017, S. 331). Wichtig für die Prognosegüte der Szenarien sind ein hinreichend genauer digitaler Schatten sowie die bekannten Wirkungszusammenhänge, da sie Basis für die prädiktiven Analysemodelle bilden und die Prognosegenauigkeit maßgeblich beeinflussen. Mit hinreichend guten Prognosen wird das Unternehmen befähigt, sich auf zukünftige Zustände und Störungen einzustellen und manuell Handlungen abzuleiten und zu implementieren. (s. BAUER 2015, S. 8–10; SCHUH ET AL. 2016, S. 52–53)

Zur Erreichung des Reifegrads muss der Informationsbedarf des Mitarbeiters umfassend gedeckt werden. Mit den bekannten Wirkungszusammenhängen ist es praktikabel, auf Basis rein objektiver Verfahren der Bedarfsermittlung den Informationsbedarf zu bestimmen. Durch anpassungsfähige Benutzerschnittstellen ist es möglich, die Erfahrungen der Mitarbeiter*innen bei der Interaktion einzubeziehen und die Schnittstelle per Simulation fortlaufend anzupassen. Für die Bereitstellung von validen Prognosen bedarf es eines präventiven Managements der Datenqualität mit einer permanenten Überwachung und der Beseitigung der Ursachen schlechter Datenqualität. Die Datenqualität beeinflusst ebenso wie oben genannte Faktoren die Prognosegüte. (s. SCHMITZ 2018, S. 156–158) Mit Erreichung der Stufe der Prognosefähigkeit steigt auch die Autonomie der IT-Systeme, da durch die hinreichend genaue Prognose die Handlungsableitung durch das System vorbereitet wird.

Für die echtzeitnahe Verarbeitung großer Datenmengen für die Erstellung der Prognose bedarf es einer geeigneten Infrastruktur. Durch die hardwareunabhängige Auslegung der IT-Systeme können Unternehmen auf interne und externe Cloudstrukturen zurückgreifen. (s. SCHMITZ 2018, S. 156–158)

Bezüglich der Datenerfassung, der IT-Systemtransparenz, des Managements der Datenhaltung sowie des Managements der Daten- und Systemschnittstellen ergeben sich keine neuen Anforderungen durch die Reifegradstufe der *Prognosefähigkeit* (s. SCHMITZ 2018, S. 156–158). In Abbildung 6-20 sind die Ausprägungen der Aufgaben des Informationsmanagements im morphologischen Kasten dargestellt.

<table>
<tr><th>Merkmale</th><th colspan="12">Merkmalsausprägung</th></tr>
<tr><td>Ermittlung des Informationsbedarfs</td><td colspan="3">Allg. subjektiver u. objektiver. Info.-Bedarf</td><td colspan="3">Individueller subjektiver u. objektiver. I.-Bedarf</td><td colspan="3">Objektiver Informationsbedarf</td><td colspan="3">Analysebasierter Informationsbedarf</td></tr>
<tr><td>Erfassen der notwendigen Daten</td><td colspan="4">Einfache Sensorik</td><td colspan="4">Intelligente Sensorik</td><td colspan="4">Netzwerkfähige Sensorik</td></tr>
<tr><td>Management der Datenanalyse</td><td colspan="3">Deskriptive Datenanalyse</td><td colspan="3">Diagnostische Datenanalyse</td><td colspan="3">Präventive Datenanalyse</td><td colspan="3">Präskriptive Datenanalyse</td></tr>
<tr><td>Bereitstellung der Informationen</td><td colspan="3">Push-Informations-bereitstellung</td><td colspan="3">Voraggregierte Info.-bereitstellung</td><td colspan="3">Bereitstellung von Szenarien</td><td colspan="3">Bereitstellung der Handlungen</td></tr>
<tr><td>Management der Datenqualität</td><td colspan="3">Reaktive Datenqualität</td><td colspan="3">Messende Datenqualität</td><td colspan="3">Steuernde Datenqualität</td><td colspan="3">Optimierende Datenqualität</td></tr>
<tr><td>Management der Daten- und Systemschnittstellen</td><td colspan="4">Technische Interoperabilität</td><td colspan="4">Semantische Interoperabilität</td><td colspan="4">Agentenbasierte Architektur</td></tr>
<tr><td>Herstellen einer IT-Systemtransparenz</td><td colspan="6">Dokumentiere Systemtransparenz</td><td colspan="6">Redundanzfreie Systemtransparenz</td></tr>
<tr><td>Herstellen einer Integration der IT-Systeme</td><td colspan="6">Vernetzte IT-Systeme</td><td colspan="6">Cyber-physische IT-Struktur</td></tr>
<tr><td>Management der Benutzerschnittstellen</td><td colspan="4">Allgemeine Benutzerschnittstelle</td><td colspan="4">Spezifische Benutzerschnittstelle</td><td colspan="4">Anpassungsfähige Benutzerschnittstelle</td></tr>
<tr><td>Management der IT-Infrastruktur</td><td colspan="3">Echtzeitfähige Strukturen</td><td colspan="3">Flexible Strukturen</td><td colspan="3">Hardwareunabhängige Strukturen</td><td colspan="3">Skalierbare Strukturen</td></tr>
<tr><td>Management der Datenhaltung</td><td colspan="4">Echtzeitfähige Datenübertragung</td><td colspan="4">Anpassungsfähige Speicherkapazitäten</td><td colspan="4">Adaptive Speicherkapazitäten</td></tr>
<tr><td>Management der Autonomie d. IT-Systeme</td><td colspan="3">Assis. Entscheidungs-unterstützung</td><td colspan="3">Automatisierte Entsch.-unterstützung</td><td colspan="3">Hochautomatisierte Entsch.-unterstützung</td><td colspan="3">Überwachte Entsch.-unterstützung</td></tr>
</table>

Ausprägung für vorliegende Reifegradstufe | Weitere Ausprägungsmöglichkeiten

Abbildung 6-20: Ausprägung der Aufgaben und Merkmale des Informationsmanagements für die Stufe *Prognosefähigkeit* (eigene Darstellung i. A. a. SCHMITZ 2018, S. 158)

Reifegradstufe *Adaptierbarkeit*

Die letzte Reifegradstufe des acatech-Modells ist als *Adaptierbarkeit* definiert. Mit dieser Stufe kann das betrachtete System im Unternehmen autonom agieren, indem es auf Ereignisse mit der Ableitung und Implementierung von Handlungsalternativen reagiert oder präventive Handlungen auf Basis von Prognosen einleitet. Mit Erreichung dieser Stufe agiert nicht das gesamte Unternehmen autonom, sondern nur in bestimmten, wirtschaftlich lohnenden Bereichen. (s. SCHUH ET AL. 2016, S. 54–55; SCHMITZ 2018, S. 158–159) Die sechste Reifegradstufe wird durch die präskriptive Datenanalyse ermöglicht und lehnt sich daher an diese an. Mit der präskriptiven Datenanalyse wird es möglich, auf Basis der erreichten Reifegradstufen mögliche Handlungsalternativen zu bewerten und die Ergebnisse zur Steuerung zu nutzen. (s. SHI-NASH U. HARDOON 2017, S. 331–333) Dies befähigt Unternehmen zur effizienten Losgröße-1-Produktion (s. SCHUH ET AL. 2016, S. 54–55; REUTER ET AL. 2016).

Mit der steigenden Autonomie der IT-Systeme geht einher, dass der Mensch in die Überwachung der Entscheidungsunterstützung einbezogen wird und die Handlungen sowie Entscheidungen des Systems kontrolliert. Mit dieser Aufgabe benötigen die Mitarbeiter*innen Informationen über die vom System durchgeführten Handlungen, welche durch Analysen den Mitarbeiter*innen bereitgestellt werden. Mit dem geringeren Einfluss auf die Entscheidungen steigen die Anforderungen an die Datenqualität sowie die Verfügbarkeit der Daten. Um die Daten zu erfassen, sie auf Muster zu überprüfen und die Sensorik überwachen zu können, werden netzwerkfähige Sensorsysteme eingesetzt. Um die hohen Anforderungen an die Datenqualität zu gewährleisten, muss die Qualität durch Analysen kontinuierlich bewertet und stetig an neue Anforderungen angepasst werden. (s. SCHMITZ 2018, S. 158–159)

Mit der Stufe der Adaptierbarkeit geht die Anforderung der redundanzfreien IT-Systemtransparenz einher, da diese die Verwendung von fehlerhaften Daten unterbinden kann. Die Abwesenheit von Systemredundanzen wird durch agentenbasierte Schnittstellen unterstützt. Diese Systemarchitektur ermöglichen die selbstständige Anpassung an sich ändernde Anforderungen. Dies wird zusätzlich durch eine skalierbare IT-Infrastruktur unterstützt, bei der die Kapazitäten uneingeschränkt angepasst werden können und die Anwendungen von einem externen Dienstleister verwaltet werden. Zum Handling des Datenstroms und zur Verwaltung der Datenstruktur werden adaptive Speicherkapazitäten benötigt, welche die gestiegene Menge an Daten verarbeiten können. (s. SCHMITZ 2018, S. 158–159) In Abbildung 6-21 sind die Ausprägungen der Aufgaben des Informationsmanagements für die letzte Reifegradstufe im morphologischen Kasten abgebildet.

Merkmale	Merkmalsausprägung			
Ermittlung des Informationsbedarfs	Allg. subjektiver u. objektiver. Info.-Bedarf	Individueller subjektiver u. objektiver. I.-Bedarf	Objektiver Informationsbedarf	Analysebasierter Informationsbedarf
Erfassen der notwendigen Daten	Einfache Sensorik	Intelligente Sensorik	Netzwerkfähige Sensorik	
Management der Datenanalyse	Deskriptive Datenanalyse	Diagnostische Datenanalyse	Präventive Datenanalyse	Präskriptive Datenanalyse
Bereitstellung der Informationen	Push-Informations-bereitstellung	Voraggregierte Info.-bereitstellung	Bereitstellung von Szenarien	Bereitstellung der Handlungen
Management der Datenqualität	Reaktive Datenqualität	Messende Datenqualität	Steuernde Datenqualität	Optimierende Datenqualität
Management der Daten- und Systemschnittstellen	Technische Interoperabilität	Semantische Interoperabilität	Agentenbasierte Architektur	
Herstellen einer IT-Systemtransparenz	Dokumentiere Systemtransparenz	Redundanzfreie Systemtransparenz		
Herstellen einer Integration der IT-Systeme	Vernetzte IT-Systeme	Cyber-physische IT-Struktur		
Management der Benutzerschnittstellen	Allgemeine Benutzerschnittstelle	Spezifische Benutzerschnittstelle	Anpassungsfähige Benutzerschnittstelle	
Management der IT-Infrastruktur	Echtzeitfähige Strukturen	Flexible Strukturen	Hardwareunabhängige Strukturen	Skalierbare Strukturen
Management der Datenhaltung	Echtzeitfähige Datenübertragung	Anpassungsfähige Speicherkapazitäten	Adaptive Speicherkapazitäten	
Management der Autonomie d. IT-Systeme	Assis. Entscheidungs-unterstützung	Automatisierte Entsch.-unterstützung	Hochautomatisierte Entsch.-unterstützung	Überwachte Entsch.-unterstützung

Ausprägung für vorliegende Reifegradstufe | Weitere Ausprägungsmöglichkeiten

Abbildung 6-21: Ausprägung der Aufgaben und Merkmale des Informationsmanagements für die Stufe *Adaptierbarkeit* (eigene Darstellung i. A. a. SCHMITZ 2018, S. 159)

Mit der Vorstellung der Reifegradstufen kann nun die Reifegrad-Kennwert-Matrix aufgebaut werden, indem die Kernaufgaben, die in Kapitel 6.1 als relevant identifiziert wurden, als Zeilen und die vorgestellten Reifegradstufen als Spalten der Matrix aufgetragen werden. Mit der Aufstellung der Reifegrad-Kennwert-Matrix kann gleichzeitig der Reifegrad der MES-Unterstützung für jede Kernaufgabe bewertet werden. Dies wird im nächsten Kapitel vorgestellt.

6.2.3 Bewertung des Einsatzes von ME-Systemen in produzierenden Unternehmen

Basierend auf den vorgestellten Stufen des *acatech Industrie 4.0 Maturity Index* wird im Folgenden nun die Vorgehensweise zur Aufstellung und Bewertung der Reifegrad-Kennwert-Matrix vorgestellt. Hierzu werden die MES-Funktionen, die die betreffende Kernaufgabe (s. Kap. 6.1.2) unterstützen, mithilfe des morphologischen Kastens (s. Abbildung 6-16) bewertet. Bei der Bewertung wird ermittelt, inwieweit die Funktionen des ME-Systems den Industrie-4.0-Reifegrad im Gestaltungfeld der Informationssysteme des Unternehmens beeinflussen. Durch den Abgleich mit den Aufgaben und Merkmalen des Informationsmanagements (Abbildung 6-16) wird der maximal erreichbare Reifegrad des *acatech Industrie 4.0 Maturity Index* in diesem Gestaltungsfeld ermittelt, der durch die Implementierung und Nutzung der MES-Funktionen erreicht werden kann. Im Folgenden werden nun für die einzelnen Unternehmensbereiche die Reifegrad-Kennwert-Matrizen und die maximal erreichbaren Reifegradstufen erläutert.

Zum Verständnis wird die Vorgehensweise bei der Aufstellung anhand eines Beispiels erläutert, sodass die Bewertung der maximal erreichbaren Reifegradstufe nachvollzogen werden kann.

Beispiel

Anhand der Kernaufgabe *Wertschöpfende Tätigkeiten* der Unternehmensfunktion *Fertigung und Montage* wird nun das Vorgehen zur Aufstellung der Reifegrad-Kennwert-Matrix beschrieben. Hierzu werden die Funktionen, die die Kernaufgabe unterstützen (s. Kap. 6.1.2), und der in Kapitel 6.2.1 vorgestellte morphologische Kasten herangezogen.

Die Kernaufgabe der *wertschöpfenden Tätigkeiten* wird durch die Funktionen der Funktionsklasse des *Workflowmanagements* unterstützt. Die flächendeckende, echtzeitnahe Erfassung und Verarbeitung der Daten im MES ermöglicht die Nutzung von Workflows, welche auf durch das ME-System und die Mitarbeiter*innen identifizierten Wirkungszusammenhängen der *Fertigung und Montage* beruhen. Bei der Verarbeitung werden Prozess-, Produktions- und Maschinendaten miteinander durch das ME-System verknüpft. So ist es nun mit den identifizierten und dem ME-System bekannten Zusammenhängen möglich, Prozessverriegelungen oder Eskalationen während der Wertschöpfung auszuführen.

Zur Ermittlung der Reifegradstufe wird nun der morphologischen Kasten herangezogen. Für jedes Merkmal wird geprüft, welche Ausprägung mit den Funktionen, die die Kernaufgabe unterstützen, erreicht werden kann. Diese werden im morphologischen Kasten markiert. Falls für ein Merkmal keine Aussage getroffen werden kann, wird es nicht betrachtet. Die Ausprägungen für die Unterstützung der Kernaufgabe der wertschöpfenden Tätigkeiten sind in Abbildung 6-22 dargestellt. Bei der Konfiguration des ME-Systems wird gemäß den wertschöpfenden Prozessen festgelegt, ob eine Prozessverriegelung oder ein Eskalationsmanagement nötig ist. Entsprechend wird der *Informationsbedarf* auf Basis von Mitarbeitererfahrungen (*subjektiv*) und Prozessanalyse (*objektiv*) ermittelt. Durch die Führung von Rollen und Benutzer sowie Arbeitsplätzen ist es dem System dadurch möglich, *benutzerspezifische Benutzerschnittstellen* und Workflows bereitzustellen.

Mit den Funktionen der Leistungsanalyse, welche zur Aggregation der kontinuierlich erfassten Daten genutzt werden, werden darüber hinaus auch diagnostische Analysen durch das System durchgeführt. Mit identifizierten Zusammenhängen können Grenzwerte oder Muster als Auslöser für Workflows (beispielsweise Eskalationsmeldungen oder Prozessverriegelungen) dienen. Da die operativen Produktionsmitarbeiter*innen in dem Fall nicht mehr eigenständig die Informationen bewerten und Entscheidungen ableiten müssen, entspricht dies der Ausprägung der automatisierten Entscheidungsunterstützung, bei der Teile der Aufgaben durch das System übernommen werden. Zur Kombination der Daten innerhalb des MES und zur Ergänzung von Daten externer Systeme und Quellen wird die semantische Interoperabilität gefordert.

Merkmale	Merkmalsausprägung			
Ermittlung des Informationsbedarfs	Allg. subjektiver u. objektiver. Info.-Bedarf	Individueller subjektiver u. objektiver. I.-Bedarf	Objektiver Informationsbedarf	Analysebasierter Informationsbedarf
Erfassen der notwendigen Daten	Einfache Sensorik	Intelligente Sensorik	Netzwerkfähige Sensorik	
Management der Datenanalyse	Deskriptive Datenanalyse	Diagnostische Datenanalyse	Präventive Datenanalyse	Präskriptive Datenanalyse
Bereitstellung der Informationen	Push-Informations-bereitstellung	Voraggregierte Info.-bereitstellung	Bereitstellung von Szenarien	Bereitstellung der Handlungen
Management der Datenqualität	Reaktive Datenqualität	Messende Datenqualität	Steuernde Datenqualität	Optimierende Datenqualität
Management der Daten- und Systemschnittstellen	Technische Interoperabilität	Semantische Interoperabilität	Agentenbasierte Architektur	
Herstellen einer IT-Systemtransparenz	Dokumentiere Systemtransparenz	Redundanzfreie Systemtransparenz		
Herstellen einer Integration der IT-Systeme	Vernetzte IT-Systeme	Cyber-physische IT-Struktur		
Management der Benutzerschnittstellen	Allgemeine Benutzerschnittstelle	Spezifische Benutzerschnittstelle	Anpassungsfähige Benutzerschnittstelle	
Management der IT-Infrastruktur	Echtzeitfähige Strukturen	Flexible Strukturen	Hardwareunabhängige Strukturen	Skalierbare Strukturen
Management der Datenhaltung	Echtzeitfähige Datenübertragung	Anpassungsfähige Speicherkapazitäten	Adaptive Speicherkapazitäten	
Management der Autonomie d. IT-Systeme	Assis. Entscheidungs-unterstützung	Automatisierte Entsch.-unterstützung	Hochautomatisierte Entsch.-unterstützung	Überwachte Entsch.-unterstützung

Vorliegende Ausprägung | Weitere Ausprägungsmöglichkeiten

Abbildung 6-22: Vorliegende Ausprägungen der Aufgaben und Merkmale des Informationsmanagements (eigene Darstellung)

Zur Bestimmung der Reifegradstufe wird nun anhand der Ausprägungen bewertet, welchem Idealtyp der Reifegradstufe die vorliegenden Ausprägungen entsprechen. Da die Ausprägungen denen zur Erreichung der Reifegradstufe *Transparenz* (s. Abbildung 6-19) gleichen, wird die Unterstützung des ME-Systems entsprechend eingestuft und in der Reifegrad-Kennwert-Matrix der Aufgabe vermerkt (s. Abbildung 6-23). Liegen Ausprägungen für unterschiedliche Reifegradstufen vor, wird die kleinste Reifgradstufe erreicht, die durch die Ausprägung vorgegeben wird. Für die Erreichung einer Reifegradstufe müssen alle Ausprägungen mindestens für die jeweilige Reifegradstufe vorliegen.

			Computerisierung	Konnektivität	Sichtbarkeit	Transparenz	Prognosefähigkeit	Adaptierbarkeit
Fertigung und Montage	Durchführung	Wertschöpfende Tätigkeiten	▨	▨	▨	▨		
		Bed.-wertschöpfende Tätigkeiten						
	Steuerung d. Info.-fluss	Bereitstellung von Informationen						
		Erfassung von Informationen						

▨ Stufe wird vollständig durch MES erreicht | □ Stufe wird nicht durch MES erreicht

Abbildung 6-23: Reifegrad-Kennwert-Matrix für die Aufgabe der wertschöpfenden Tätigkeiten (eigene Darstellung)

Diese Bewertung wurde für jede weitere Kernaufgabe vorgenommen und wird in den folgenden Abschnitten erläutert. Als relevante beschreibende Merkmale des morphologischen Kastens zur Bewertung der MES-Unterstützung konnten die Erfassung der Daten, die Bereitstellung von Informationen, das Management der Datenanalyse sowie die Autonomie der IT-Systeme identifiziert werden. Diese Merkmale des morphologischen Kastens sind für die Bewertung der Unterstützung der Kernaufgaben durch das ME-System besonders relevant, da diese maßgeblich den Einfluss des ME-Systems für die Aufgaben widerspiegeln. Im Folgenden werden die Kernaufgaben der Unternehmensfunktionen in den Reifegrad-Kennwert-Matrizen dargestellt. Zusätzlich wird erläutert, wie das ME-System die Erreichung der Reifegradstufe unterstützen kann.

Arbeitsplanung

Die Kernaufgaben der Unternehmensfunktion der *Arbeitsplanung* werden durch die Funktionen des MES nur teilweise zur Erreichung eines der Industrie-4.0-Reifegrade befähigt, wie in der Reifegrad-Kennwert-Matrix ersichtlich ist (s. Abbildung 6-24).

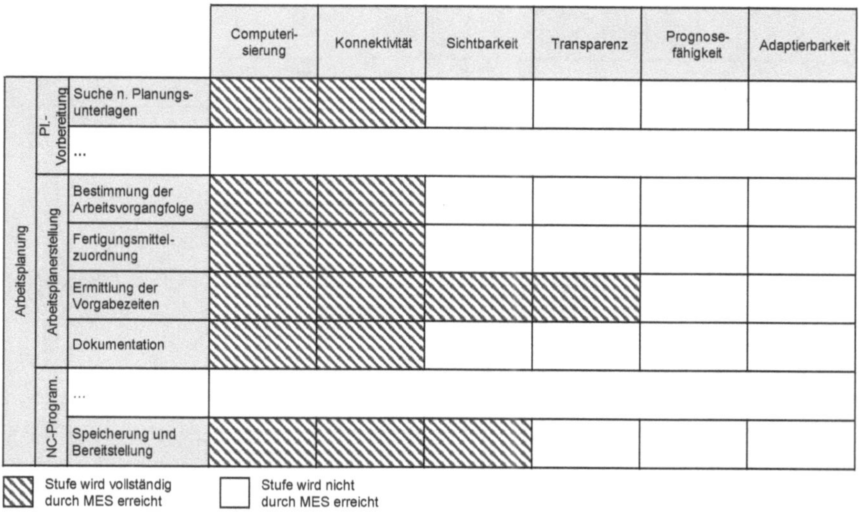

Abbildung 6-24: Reifegrad-Kennwert-Matrix der *Arbeitsplanung* (eigene Darstellung)

Die Funktionen des MES unterstützen die *Arbeitsplanung* meist nur zur Erreichung der durchgängigen Konnektivität in den Geschäftsprozessen der *Arbeitsplanung* hin zur anschließenden *Produktionsplanung und -steuerung*. Daten können zwischen den Systemen über Schnittstellen ausgetauscht werden und es entsteht eine redundanzfreie Datenhaltung. Bei der Ermittlung der Vorgabezeiten im Rahmen der Arbeitsplanerstellung ermöglicht das MES jedoch durch die diagnostische Datenanalyse, besonders durch die MES-Funktionen der *Leistungsanalyse*, eine Verbesserung im Sinne von Industrie 4.0. Durch die Analyse historischer Betriebsdaten können Abweichungen zu den Arbeitsplänen sowie mögliche kausale Zusammenhänge erschlossen werden. Diese Informationen können für die Anpassung der Vorgabezeiten oder die Ermittlung neuer Vorgabezeiten genutzt werden.

Bei der Speicherung und Bereitstellung von NC-Programmen werden die Mitarbeiter*innen an den NC-Maschinen befähigt, die Programme vor Ort anzupassen, Veränderungen an den Programmen vorzunehmen und diese wieder zu speichern. Durch die echtzeitnahe Rückmeldung in die *Arbeitsplanung* können Änderungen und mögliche Fehler erkannt und behoben werden.

Entwicklung und Konstruktion

Basierend auf der Aufgaben-Funktionsmatrix wurde für die Unternehmensfunktion der *Entwicklung und Konstruktion* die Kernaufgabe des Qualitätsmanagements identifiziert. Durch die Funktionen der Qualitätsvorausplanung und der diagnostischen Leistungsanalyse der taktisch-strategischen Auswertungen kann die Reifegradstufe der Transparenz erreicht werden (s. Abbildung 6-25)

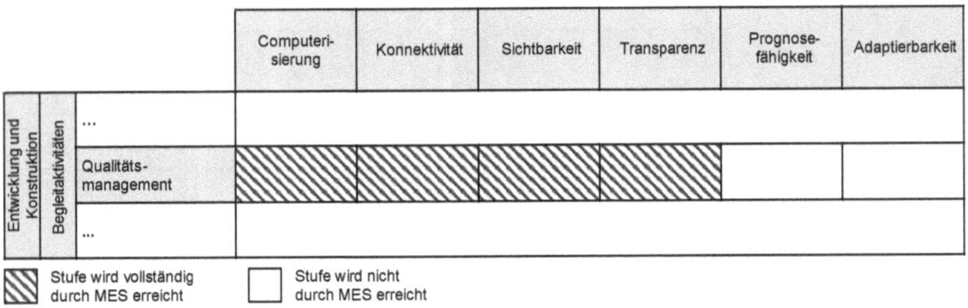

Abbildung 6-25: Reifegrad-Kennwert-Matrix der Unternehmensfunktion *Entwicklung und Konstruktion* (eigene Darstellung)

Durch die Funktion der FMEA und die Analyse historischer und aktueller Daten ist es möglich, diagnostische Analysen im Sinne der vierten Reifegradstufe der *Transparenz* durchzuführen. Die dadurch abgeleiteten Korrelationen und möglichen Wirkungszusammenhänge können in die Entwicklung und Konstruktion zurückfließen und die Herstellbarkeit sowie die Fehleranfälligkeit verbessern. Ebenso lassen sich Informationen aus dem Reklamationsmanagement des MES einsetzen (s. Abbildung 6-4).

Fertigung und Montage

Durch die Implementierung der relevanten MES-Funktionen kann die *Fertigung und Montage* auf die Reifegradstufe der *Transparenz* gehoben werden, wie in der Reifegrad-Kennwert-Matrix dargestellt (s. Abbildung 6-26).

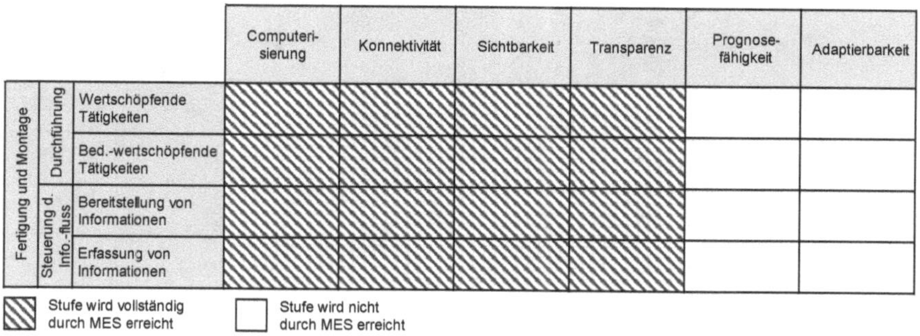

Abbildung 6-26: Reifegrad-Kennwert-Matrix der *Fertigung und Montage* (eigene Darstellung)

Die Durchführung der Tätigkeiten in der *Fertigung und Montage* wird maßgeblich durch die Erfassung und Bereitstellung der Informationen im Sinne von Industrie 4.0 verbessert. Die flächendeckende, echtzeitnahe Erfassung und Verarbeitung der Daten im MES ermöglichen die Nutzung von Workflows, welche auf identifizierten Wirkungszusammenhängen der *Fertigung und Montage* beruhen. Bei der Verarbeitung werden Prozess-, Produktions- und Maschinendaten miteinander verknüpft und anhand der zuvor identifizierten Wirkungszusammenhänge ist es möglich, Prozessverriegelungen oder Eskalationen auszuführen. Diese greifen in die operativen, wertschöpfenden und bedingt wertschöpfenden Tätigkeiten ein. Zur Erreichung dieser Stufe müssen auch die Erfassung und Bereitstellung der Informationen die Reifegradstufe erreichen. Die Erfassung von Informationen wird durch die sensornahe Vorverarbeitung der Daten ermöglicht. Die Bereitstellung von Informationen erreicht die vierte Reifegradstufe durch die Identifikation und Darstellung von Trends in Daten und für die Mitarbeiter*innen relevanten Korrelationen an den benutzerspezifisch gestalteten Arbeitsplatzterminals.

Instandhaltung

Die Unternehmensfunktion der *Instandhaltung* kann durch die Implementierung eines ME-Systems den Industrie-4.0-Reifegrad der identifizierten Kernaufgaben bis auf die Stufe der *Adaptierbarkeit* heben. Die bewertete Reifegrade-Kennwertmatrix der Aufgabengruppe *Instandhaltungsplanung* ist in Abbildung 6-27 dargestellt. Die bewertete Reifegrad-Kennwert-Matrix der restlichen Kernaufgaben der Unternehmensfunktion *Instandhaltung* ist in Abbildung 6-28 abgebildet.

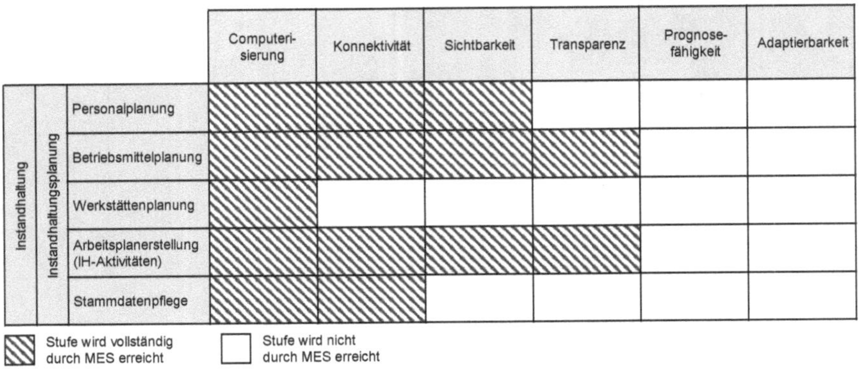

Abbildung 6-27: Reifegrad-Kennwert-Matrix der *Instandhaltung* (1/2) (eigene Darstellung)

Die *Instandhaltungsplanung* profitiert bei der Implementierung eines MES durch die integrierten Funktionsmodule der *Feinplanung und -steuerung*, des *Personalmanagements* und des *Betriebsmittelmanagements* sowie der flächendeckenden *Datenerfassung* und *-analyse*. Die Personalplanung profitiert durch die deskriptive Analyse historischer Daten sowie die Planungsdaten aus der Betriebsmittelplanung, womit simultane Planung der Instandhaltungsaktivitäten an den Betriebsmitteln und der Personalplanung einhergeht.

Im Rahmen der Betriebsmittelplanung wird die Reifegradstufe der *Transparenz* erreicht, da das System eine dynamische Planung durch die diagnostische Analyse historischer Daten ermöglicht.

Die Arbeitsplanerstellung für Instandhaltungsaktivitäten profitiert analog zur Ermittlung der Vorgabezeiten von den diagnostischen Analysen der erfassten Daten im Rahmen der Durchführung von Instandhaltungstätigkeiten. Die Werkstättenplanung wird nur indirekt vom ME-System durch die Bereitstellung von Plandaten unterstützt und kann dadurch nicht im Sinne von Industrie 4.0 über die *Computerisierung* hinaus profitieren. Die Pflege von Stammdaten wird durch die Schnittstellen des ME-Systems zu übergeordneten Systemen vereinfacht; diese ermöglichen die redundanzfreie Pflege von Stammdaten.

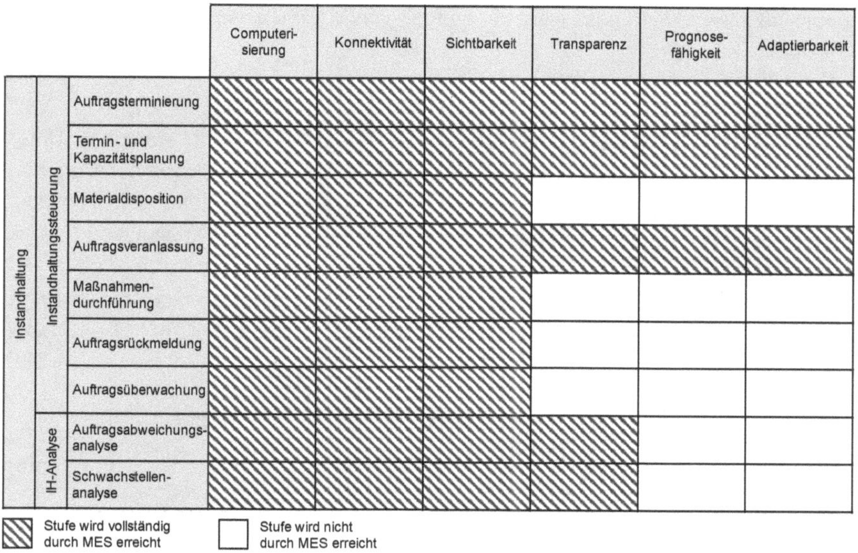

Abbildung 6-28: Reifegrad-Kennwert-Matrix der *Instandhaltung* (2/2) (eigene Darstellung)

Die Aufgaben der Instandhaltungssteuerung, Terminierung, Feinplanung und Veranlassung der Instandhaltungsaufträge, können durch die Implementierung des MES die sechste Reifegradstufe *Adaptierbarkeit* erreichen. Dies wird durch die Funktionen der *Feinplanung und -steuerung* ermöglicht, welche einen kontinuierlichen Abgleich mit den Echtzeitdaten und Wirkungszusammenhängen durchführen, Prognosen erstellen und, falls von den Benutzer*innen gewünscht, autonom agieren. Die Materialdisposition hingegen erreicht die Stufe der *Sichtbarkeit*, da die Bestände durch echtzeitnahe Rückmeldungen und Buchungen stets aktuell sind. Jedoch werden durch das MES keine Funktionen bereitgestellt, welche eine Erreichung einer höheren Reifegradstufe für die Materialdisposition ermöglichen.

Im Gegensatz zur Durchführung der Tätigkeiten der *Fertigung und Montage* erreichen die Durchführung, die Rückmeldung sowie Überwachung der Instandhaltungsaufträge die dritte Reifegradstufe, da hier zwar echtzeitnah Informationen bereitgestellt werden können, aber die Nutzung von Workflows auf Basis ermittelter Wirkungszusammenhänge und Korrelationen nicht mit einem MES möglich ist.

Die Instandhaltungsanalyse mit der Bewertung von Auftragsabweichungen sowie Schwachstellen der Maschinen profitiert von den Analysefähigkeiten des ME-Systems, mit dem Wirkungszusammenhänge zwischen der Auftragsdurchführung und dort entstehenden Verzögerungen aufgedeckt werden können. Das MES unterstützt durch die Leistungsanalyse und die Möglichkeit der diagnostischen Analyse ebenfalls bei der

Identifikation von Wirkungszusammenhängen von Maschinenschwachstellen und deren Ursachen.

Produktionslogistik

Die Einführung und Nutzung eines MES in der *Produktionslogistik* befähigt ein Unternehmen zur Erreichung der Stufe *Sichtbarkeit* in der Aufgabengruppe der *Durchführung* und der Stufe der *Transparenz* in der Aufgabengruppe der Planung. In Abbildung 6-29 ist die bewertete Reifegrad-Kennwert-Matrix der Unternehmensfunktion *Produktionslogistik* dargestellt.

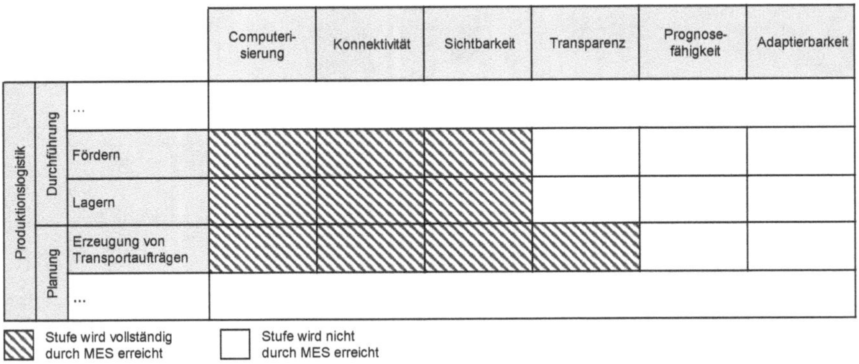

Abbildung 6-29: Reifegrad-Kennwert-Matrix der *Produktionslogistik* (eigene Darstellung)

Bei der Durchführung der Tätigkeiten beim Einsatz des MES wird von der echtzeitnahen Datenerfassung und Auftragsinformationsbereitstellung profitiert. Über die benutzerspezifische Systemschnittstelle können Informationen den Bedürfnissen und Aufgaben der Nutzer*innen entsprechend echtzeitnah bereitgestellt werden. Auch die Erfassung von Informationen kann bei Bedarf echtzeitnah während der Ausführung geschehen.

Bei der Erzeugung von Transportaufträgen in den produktionsnahen Bereichen können durch den Einsatz eines MES eine automatische Erzeugung und Freigabe der Aufträge erfolgen, in dem zwischen Buchungen bzw. Auftragsrückmeldungen und dem aktuellen Werkstattplan ein Abgleich stattfindet. Die Nutzung der Wirkungszusammenhänge zwischen Auftragsrückmeldungen und dem vorliegenden Werkstattplan entspricht der Reifegradstufe *Transparenz*.

Produktionsplanung und -steuerung

In Abbildung 6-30 und Abbildung 6-31 sind die ausgefüllten Reifegrade-Kennwert-Matrizen abgebildet. In Abbildung 6-30 sind die Kernaufgaben der P*roduktionsbedarfsplanung*, der *Eigenfertigungsplanung und -steuerung* sowie des *Auftragsmanagements* abgebildet. Die Implementierung des MES befähigt die Aufgaben bis zur Erreichung der Stufe der *Adaptierbarkeit*.

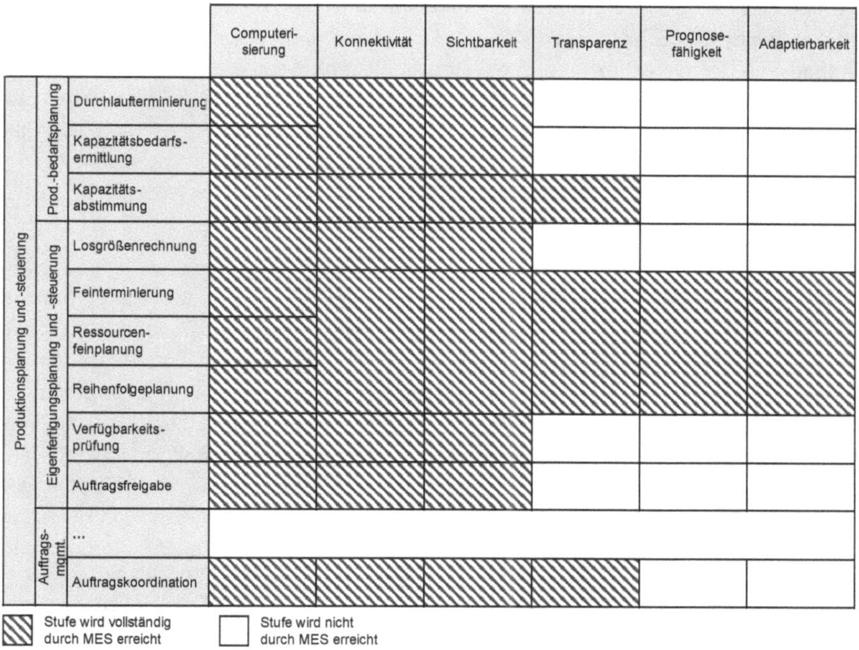

Abbildung 6-30: Reifegrad-Kennwert-Matrix der *Produktionsplanung und -steuerung* (1/2) (eigene Darstellung)

Die Aufgaben der Durchlaufterminierung und der Kapazitätsbedarfsermittlung lassen sich durch das MES ab der Stufe *Konnektivität* simultan durchführen, da hier die entsprechenden Schnittstellen zum Datenaustausch bereitgestellt werden. Durch die Implementierung des MES kann die Stufe *Sichtbarkeit* erreicht werden, da hier zur Durchführung der Aufgaben echtzeitnahe Rückmeldedaten für die Berechnung der Kapazitätsbedarfe bereitstehen.

Die Kapazitätsabstimmung wird im Anschluss an die Bedarfsermittlung durchgeführt und kann durch den Einsatz des MES auf die Stufe der *Transparenz* gehoben werden. Hierbei wird die Abstimmung des Bedarfs durch die Mitarbeiter*innen durch diagnostische Analyse historischer Daten unterstützt. Der Mitarbeiter kann so basierend auf Korrelationen den Leistungsfaktor von Maschinen anpassen und eine genauere Abstimmung der Kapazität vornehmen.

Die Aufgabengruppe der *Eigenfertigungsplanung und -steuerung* profitiert stark durch den Einsatz eines MES. Insbesondere die Tätigkeiten der Feinplanung können die Reifegradstufe der Adaptierbarkeit erreichen. Die Aufgaben der Feinterminierung, der Reihenfolgeplanung sowie der Ressourcenfeinplanung werden durch die Nutzung der

MES-Funktionen der *Feinplanung und -steuerung* zur simultanen und integrierten Planung, der Ableitung von Szenarien und Prognosen sowie zur Auswahl und Implementierung befähigt. Das Eingreifen von Mitarbeiter*innen bei der Nutzung der Planungsfunktionen des MES beschränkt sich auf die Überprüfung und bei Bedarf die minimale Anpassung der Werkstattpläne. Die Optimierungsfunktionen ermöglichen die Bestimmung von Werkstattplänen unter Berücksichtigung verschiedener Zielgrößen (beispielsweise rüstoptimierte Reihenfolgen). Hierbei werden die Fähigkeiten der Planungsfunktionen bei einer hohen Anzahl an Aufträgen mit vielen Abhängigkeiten im Auftragsnetz die Planungsfähigkeiten der Menschen übertreffen (s. WOLF ET AL. 2018, S. 125–127; BOOS ET AL. 2019, S. 19–20; DUALIS IT ONLINE 2019).

Die restlichen Funktionen der Aufgabengruppe der *Eigenfertigungsplanung und -steuerung* werden durch den Einsatz des MES zur Erreichung der dritten Reifegradstufe befähigt. Die Losgrößenrechnung, die Verfügbarkeitsprüfung und die Auftragsfreigabe erfahren durch die MES-Funktionen die Möglichkeit zur Nutzung von echtzeitnahen Unternehmensdaten des digitalen Schattens, wodurch eine bessere Aufgabendurchführung ermöglicht wird. Die Losgrößenrechnung wird befähigt, mit der aktuellen Planungs- und Auslastungssituation eine dynamische Losgrößenbildung durchzuführen. Die Regeln werden basierend auf der vorliegenden Situation ausgewählt und angewandt. Die Verfügbarkeitsprüfung und die Auftragsfreigabe profitieren von der echtzeitnahen Datenverfügbarkeit über die aktuellen Materialbestände und Informationen über die Ressourcenkapazitäten. Beide Aufgaben können komplett durch das MES übernommen werden, da sie zu den repetitiven, einfach zu automatisierbaren Tätigkeiten zählen.

Die Auftragskoordination der Aufgabengruppe *Auftragsmanagement* fokussiert die auftragsbezogene Überwachung der Prozesse, um die Einhaltung der Termine sicherzustellen. Dabei profitiert die Auftragskoordination vom Einsatz eines MES von einer besseren, echtzeitnahen Datengrundlage sowie den diagnostischen Analysen der *operativen* und *taktisch-strategischen Leistungsanalyse*. Dadurch kann die Kernaufgabe mit der Unterstützung eines MES auf die Reifegradstufe der *Transparenz* gehoben werden.

In Abbildung 6-31 ist die Reifegrad-Kennwert-Matrix der Aufgabengruppen des *Bestandsmanagements*, des *Controllings* und der *Datenverwaltung* der *Produktionsplanungs- und -steuerung* abgebildet.

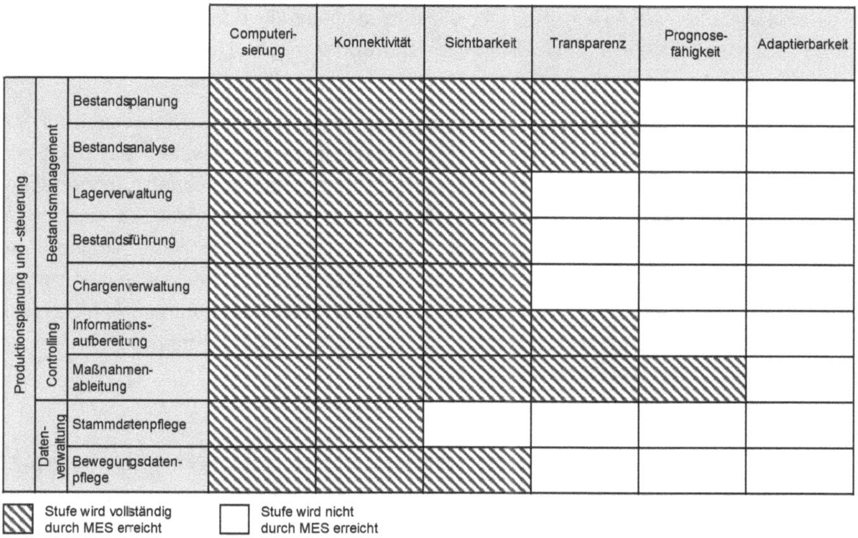

Abbildung 6-31: Reifegrad-Kennwert-Matrix der *Produktionsplanung und -steuerung* (2/2) (eigene Darstellung)

Die Bestandsplanung und -analyse werden durch die MES-Funktionen der *Leistungsanalyse* sowie des *Materialmanagements* dazu befähigt, diagnostische Auswertungen über den Bestandsverlauf sowie Korrelationen zu Ereignissen durchzuführen. Diese helfen den Mitarbeiter*innen bei der Bestandsplanung zur Ableitung von Maßnahmen sowie bei der Festlegung von Dispositionsparametern und Anpassung der Bevorratungsstrategien.

Die Lagerverwaltung, die Bestandsführung und die Chargenverwaltung werden durch die Funktionen des MES zur Erreichung der Reifegradstufe *Sichtbarkeit* befähigt. Dies wird durch die echtzeitnahe Datenerfassung und -bereitstellung ermöglicht, die eine aktuelle Führung der Bestände sowohl auf dem Shopfloor als auch in den Lagern ermöglichen. Dabei können Chargen- sowie Seriennummern geführt und in Echtzeit durch das MES verwaltet und verarbeitet werden. Auch die Zuweisung von Lagerplätzen (in der Fertigung) wird auf Basis von Echtzeitinformationen verbessert.

In der Aufgabengruppe des *Controllings* werden im Gegensatz zur *Auftragskoordination* die Überwachung und Steuerung des Produktionssystems fokussiert. Durch den Einsatz des MES wird die Informationsaufbereitung maßgeblich durch die MES-Funktionen der *Leistungsanalyse* unterstützt. Durch die Zusammenführung mehrerer erfasster Daten und die Verwendung der *taktisch-strategischen Auswertungen* wird eine diagnostische Datenanalyse ermöglicht, die die Mitarbeiter*innen bei der Identifikation von Korrelationen und Wirkungszusammenhängen im Produktionssystem unterstützt. Bei der Maßnahmenableitung ist eine Unterstützung im Sinne der Reifegradstufe der *Prognosefähigkeit* möglich. Dies wird durch die Einbeziehung der MES-Funktionen der

Feinplanung und -steuerung möglich, die eine Anpassung des Werkstattplans oder von Planungsparametern durch Prognosen bewertbar machen. Anschließend können die Mitarbeiter*innen ein Szenario auswählen und implementieren.

Die Kernaufgaben der Datenverwaltung werden im Bereich der Stammdatenpflege durch den Einsatz des MES und der Schnittstelle zum ERP-System auf die Stufe *Konnektivität* gehoben. Das ME-System verfügt über keine Funktionen zur Verbesserung der Stammdatenpflege, die den Reifegradstufen der Industrie 4.0 entsprechen. Bei der Bewegungsdatenpflege kann das ME-System durch die Plausibilitätsprüfungen bei der Vorverarbeitung der Daten aktiv und echtzeitnah die Verbesserung der Datenqualität unterstützen. Mit der Bewegungsdatenpflege unterstützt das MES aktiv bei dem Aufbau des digitalen Schattens und kann damit Unternehmen zur Erreichung der Stufe der *Sichtbarkeit* befähigen.

Qualitätssicherung

In den bewerteten Reifegrad-Kennwert-Matrizen in Abbildung 6-32 und Abbildung 6-33 ist dargestellt, inwieweit ME-Systeme die Kernaufgaben der *Qualitätssicherung* im Sinne von Industrie 4.0 unterstützen. In Abbildung 6-32 sind die erreichbaren Reifegradstufen für die Kernaufgaben der Gruppen *Prüfplanung,-ausführung* und *-auswertung* abgebildet.

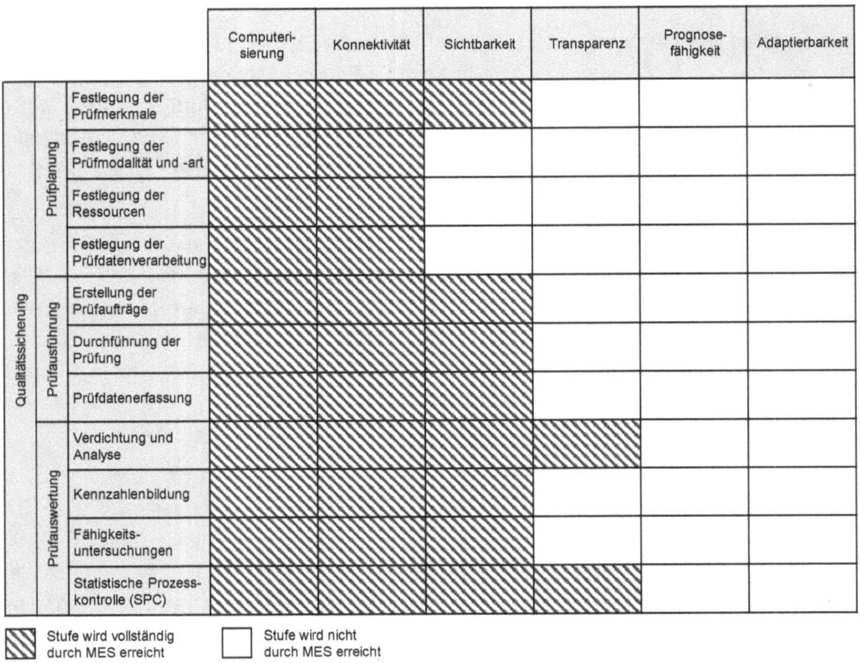

Abbildung 6-32: Reifegrad-Kennwert-Matrix der *Qualitätssicherung* (1/2) (eigene Darstellung)

Die Kernaufgaben der *Prüfplanung* werden durch die Funktionen des MES mindestens zur Erreichung der *Konnektivität* befähigt. Bei der Festlegung der Prüfmerkmale unterstützen Systeme die automatische Ableitung von Prüfmerkmalen auf Basis von Zeichnungen. Bei den restlichen Funktionen unterstützt das ME-System die Mitarbeiter*innen durch Schnittstellen zu anderen Systemen und Funktionsmodulen. Die MES-Funktionen zur Prüfplanung weisen keine über die Industrialisierung hinausgehenden, Industrie-4.0-spezifischen Merkmale auf.

Im Bereich der *Prüfausführung* befähigen die MES-Funktionen die Aufgaben zur Erstellung und Durchführung von Prüfaufträgen durch die Verarbeitung echtzeitnaher Informationen und eine steigende Autonomie der Systeme. Die Erzeugung von Prüfaufträgen wird ereignisbasiert vom MES initiiert. Bei der Durchführung können echtzeitnah die Informationen durch Sensoren oder durch Mitarbeiter*innen im System erfasst und verarbeitet werden. Über Maschinenschnittstellen lassen sich automatische Testmaschinen oder integrierte Online-Messlösungen integrieren, welche Daten automatisch ins ME-System transferieren.

Die Auswertung von Prüfdaten wird durch das MES durch die Funktionen der *Leistungsanalyse* zur Erreichung der Reifegradstufe der *Sichtbarkeit* und teilweise auch zur Erreichung der Stufe *Transparenz* befähigt. Die Verdichtung und Analyse sowie die statistische Prozesskontrolle können durch die Möglichkeit der diagnostischen Analyse zur Erreichung der vierten Reifegradstufe befähigt werden. Bei der Kernaufgabe der Verdichtung und Analyse können Korrelationen zwischen Prozessdaten und Messergebnisse der Prüfmerkmale aufgedeckt werden. Bei der SPC lassen sich mit der diagnostischen Analyse Trendverläufe identifizieren. Die Kennzahlenbildung sowie Fähigkeitsuntersuchungen profitieren durch die Funktionen des MES von der echtzeitnahen Verfügbarkeit und anschließenden Auswertung der Daten. Eine Unterstützung über deskriptive Datenanalysen hinaus ist bei diesen Aufgaben nicht durch das MES abbildbar.

In Abbildung 6-33 sind die Kernaufgaben der Gruppen *Prüfmittelmanagement* sowie *Beschwerdemanagement* in der ausgefüllten Reifegrad-Kennwert-Matrix abgebildet.

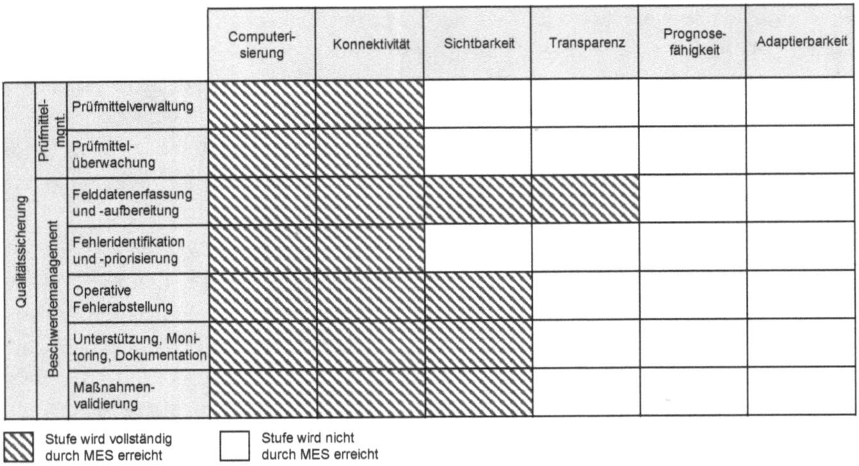

Abbildung 6-33: Reifegrad-Kennwert-Matrix der *Qualitätssicherung* (2/2) (eigene Darstellung)

Die Kernaufgaben des *Prüfmittelmanagements* profitieren von der Implementierung der MES-Funktionen nicht im Sinne von Industrie 4.0. Sie werden im Sinne der *Konnektivität* zwar durch das MES befähigt, da für die Verwaltung der Prüfmittel eine Schnittstelle zu anderen Systemen und damit für den durchgängigen Stammdatenaustausch bereitsteht. Die Prüfmittelüberwachung wird durch das MES regelbasiert gesteuert. Eine Befähigung zum Aufbau des digitalen Schattens ist bei diesen Aufgaben nicht gegeben.

Die Kernaufgabe der Felddatenerfassung und -aufbereitung wird durch die diagnostischen Analysefähigkeiten der MES-Funktionen im Sinne der Reifegradstufe *Transparenz* unterstützt. Das System ermöglicht die Identifikation von Korrelationen und Ursache-Wirkungszusammenhängen zwischen dem beschwerdeauslösenden Fehler und den Feld- sowie Produktionsdaten.

Die Fehleridentifikation wird durch das MES nicht über die Reifegradstufe der *Konnektivität* hinaus unterstützt, da die Durchführung der Aufgabe bei den Mitarbeiter*innen liegt und relevante Informationen selbst aus dem System gesucht werden müssen. Die operative Fehlerabstellung wird durch die echtzeitnahe Erfassung und Auswertung der Tätigkeiten zur Fehlerabstellung befähigt, die dritte Stufe des Reifegradmodells zu erreichen. Das Monitoring, die Dokumentation und Maßnahmenvalidierung werden durch die anschließende Erfassung und Auswertung der Prozess-, Produktions- und Qualitätsdaten ebenfalls zur Erreichung der Stufe *Sichtbarkeit* befähigt.

Zusammenfassung

In dem vorliegenden Unterkapitel konnte der Zusammenhang zwischen Kernaufgaben und den Reifegradstufen des *acatech Industrie 4.0 Maturity Index* aufgezeigt werden. Hierzu wurde im ersten Schritt der von SCHMITZ aufgestellte morphologischen Kasten zur Beschreibung der Aufgaben des Informationsmanagements vorgestellt und um das Merkmal *Autonomie der IT-Systeme* ergänzt. Hiermit konnten die Reifegradstufen des acatech-Modells mit der Methodik der Typisierung zur Bewertung der Unterstützung eines IT-Systems, in diesem Fall das MES, erläutert werden. Basierend auf den beschriebenen sechs Reifegradstufen wurde im dritten Teil des Unterkapitels durch die Zusammenführung der Aufgaben-Funktionsmatrizen mit den Reifegradstufen die Reifegrad-Kennwert-Matrix aufgebaut. Es folgte die Bewertung der Unterstützung der Kernaufgaben durch das MES. In den Ausschnitten der Reifegrad-Kennwert-Matrix wird abgebildet, inwieweit die MES-Funktionen eine Kernaufgabe des Unternehmens zur Erreichung der Industrie-4.0-Reifegradstufen im Gestaltungsfeld der Informationssysteme befähigen. Damit wurde der erste Teil der Forschungsfrage „Welche Zusammenhänge bestehen zwischen den Funktionen eines MES, den Reifegradstufen eines Industrie-4.0-Reifegradmodells und den Unternehmenszielen?“ beantwortet, da die Zusammenhänge zwischen den MES-Funktionen und den Reifegradstufen eines Industrie-4.0-Reifegradmodells hergeleitet und erläutert wurden. Die Beantwortung des zweiten Teils der Forschungsfrage erfolgt im Kapitel 6.3.

Zur abschließenden Darstellung der Reifegrad-Kennwert-Matrix erfolgt eine Zusammenfassung der Reifegradstufen auf der Ebene der Aufgabengruppen. Dazu wird der Reifegrad, welcher in allen Aufgaben der Gruppe erreicht wird, dunkel gefärbt und weitere erreichbare Reifegradstufen der Aufgabengruppe werden schraffiert gefärbt. Die Abbildung 6-34 zeigt das Vorgehen exemplarisch für die Aufgaben der Unternehmensfunktion *Arbeitsvorbereitung*.

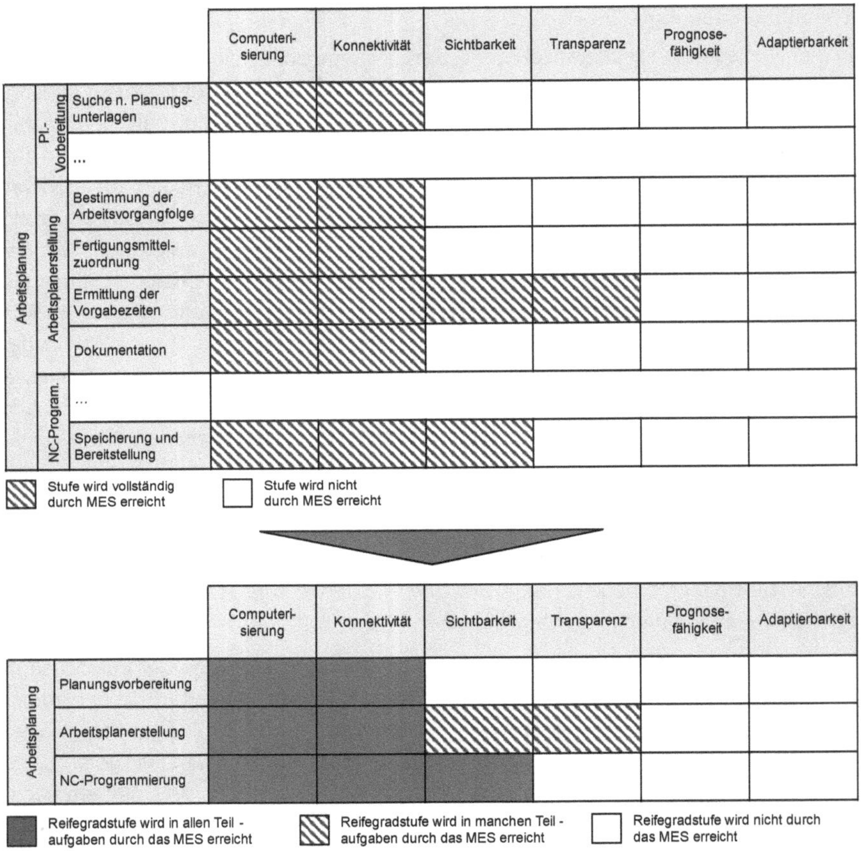

Abbildung 6-34: Zusammenfassung der Reifegrad-Kennwert-Matrix auf Ebene der Aufgabengruppe (eigene Darstellung)

In Abbildung 6-35 ist die erstellte und bewertete Reifegrad-Kennwert-Matrix, die auf Ebene der Aufgabengruppen zusammengefasst ist, zur Bewertung der Unterstützung der MES-Funktionen im Sinne von Industrie 4.0 dargestellt. Bei der Aufstellung und Erläuterung der Reifegrad-Kennwert-Matrizen konnte eine Unterstützung von der Reifegradstufe *Konnektivität* bis zur höchsten Stufe der *Adaptierbarkeit* festgestellt werden. Da Unterschiede in der Befähigung selbst innerhalb Aufgabengruppen auftreten können, bedarf es bei der Anwendung im Vorgehensmodell einer Bewertung jeder einzelnen Kernaufgabe.

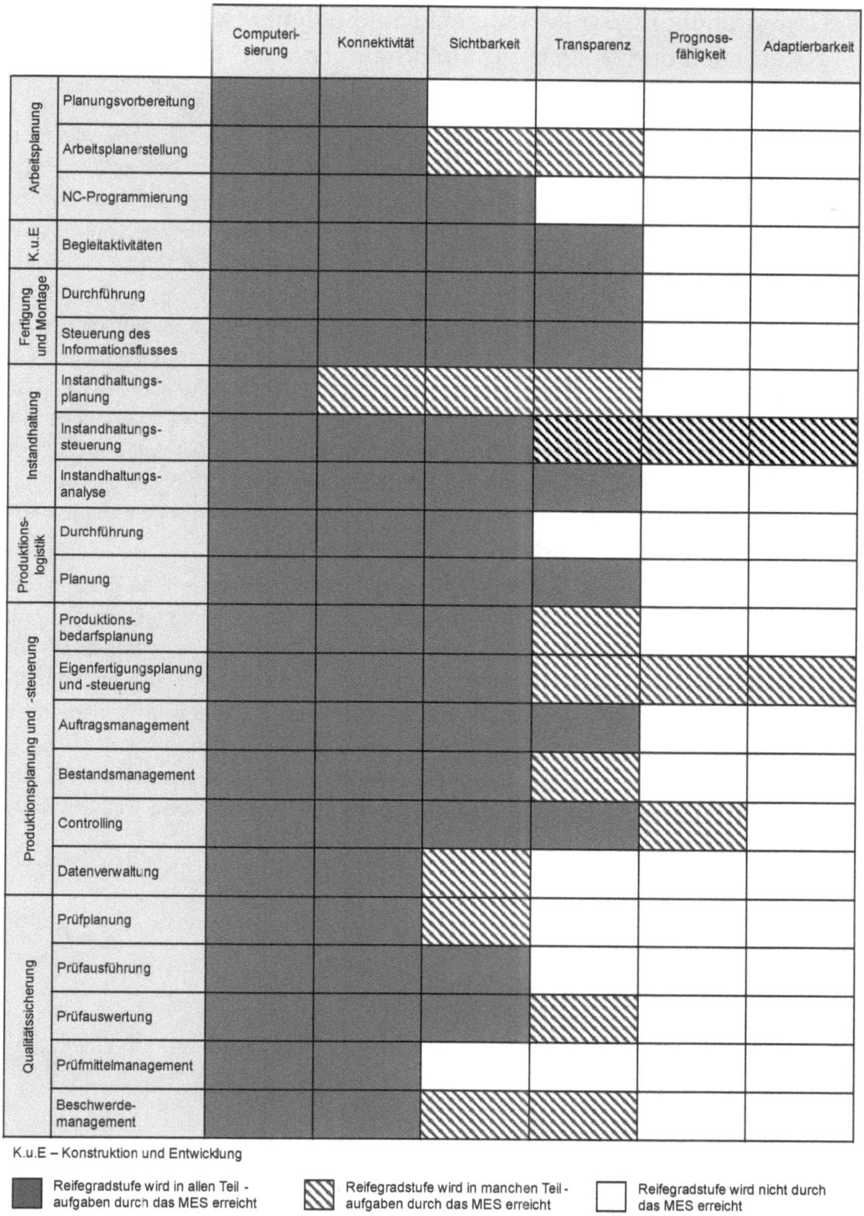

Abbildung 6-35: Bewertete Reifegrad-Kennwert-Matrix auf Ebene der Aufgabengruppen (eigene Darstellung)

6.3 Untersuchung der Wirkungszusammenhänge zwischen Aufgaben und Nutzen des Unternehmens durch eine MES-Implementierung

Im folgenden Unterkapitel sollen die Effekte der Einführung eines MES bewertet werden. Basierend auf der eingangsbeschriebenen Ausgangssituation besteht die Problematik, die Reihenfolge der MES-Funktionsmodule im Rahmen der sukzessiven Implementierung nutzenorientiert festzulegen. Für eine umfassende Bewertung müssen die Unternehmen in die Lage versetzt werden, den Einfluss der Funktionsmodule auf die Kernaufgaben und relevante Unternehmensziele zu bewerten. Dazu wird aufbauend auf der Aufgaben-Funktionsmatrix (s. Kap. 6.1.2) die Wirkung der Funktionsklassen eines MES auf die Unternehmensziele in Industrie-4.0-Umgebungen erläutert. Die Erläuterung erfolgt über die Aufgabengruppen der Unternehmensfunktionen, da Informationssysteme nur im Zusammenspiel mit den Prozessen und Aufgaben eines Unternehmens eine Wirkung erzielen. Eine gesonderte Betrachtung der Wirkungszusammenhänge zwischen MES-Funktionen und den Effekten einzelner Kernaufgaben auf die Unternehmensziele wäre nicht zielführend, da die Aufgabengruppen zusammenbetrachtet abgeschlossen Tätigkeitseinheiten sind.

Die Wirkungszusammenhänge werden hierzu in einer Einflussmatrix dargestellt. Die Einflussmatrix ist eine Darstellungsmethode der qualitativen Systems-Dynamics, mit der Wirkungsbeziehungen zwischen Elementen von Systemen dargestellt werden können. Zur Befüllung der Einflussmatrix werden alle Elemente der Matrix miteinander verglichen und hinsichtlich des gegenseitigen Einflusses bewertet. Im vorliegenden Fall wird jedoch nur aus der Sachlogik heraus die einseitige Wirkung von MES-Funktionen auf die Unternehmensziele betrachtet. In Abbildung 6-36 ist schematisch dargestellt, wie auf Basis einer reduzierten Aufgaben-Funktionsmatrix die Einflussmatrix aufgebaut wird.

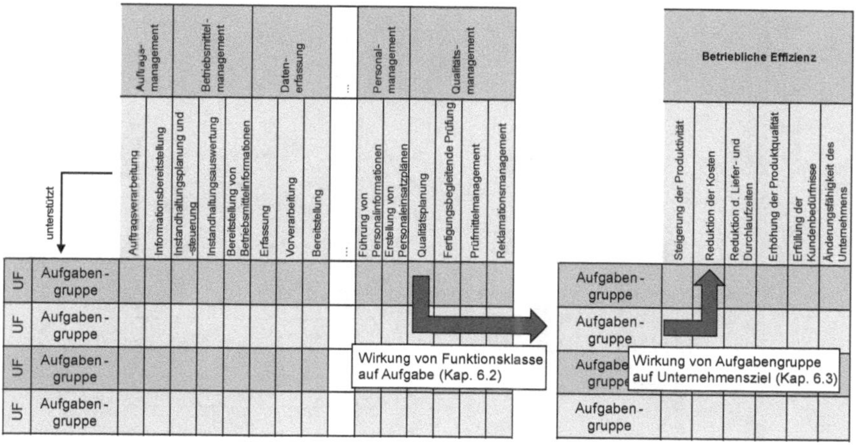

Abbildung 6-36: Schematisches Vorgehen zum Aufbau der Einflussmatrix (eigene Darstellung)

Der erste Schritt zum Aufbau der Funktionsmatrix ist die Reduktion der Aufgaben-Funktionsmatrix auf die Aufgabengruppen zur Reduktion der Anzahl der betrachteten Elemente. Hierbei werden alle MES-Funktionsklassen, die in einer Aufgabe der jeweiligen Aufgabengruppe unterstützen, auch für die Aufgabengruppe übernommen. Bei der Zusammenführung von einer vollen und einer indirekten Unterstützung durch die MES-Funktionsklasse wird die Funktionsklasse als vollumfänglich unterstützend für die Aufgabengruppe übernommen. Bei zwei oder mehreren, ausschließlich indirekt unterstützenden Einträgen in einer Spalte der Funktionsklasse wird die Funktionsklasse auch als teilweise unterstützend für die Aufgabengruppe übernommen. Im zweiten Schritt werden nun die Beziehungen zwischen den Aufgabengruppen und den Unternehmenszielen durch eine gemeinsame Betrachtung bewertet. Falls eine direkte, positive Beeinflussung im Sinne des systemtheoretischen Denkens festgestellt werden kann, wird ein Plus in die Zelle eingetragen.

Basierend auf den Analysen der Literatur, insbesondere der VDI-Richtlinie 5600-2 und den Dissertationen von Schmitz und Wetzchewald, wird die Matrix befüllt und in der Fallstudie validiert. Die Zusammenhänge der MES-Funktionsklassen und der Unternehmensziele sind in Abbildung 6-37 und Abbildung 6-38 dargestellt und werden im Folgenden erläutert.

● Kernaufgabe wird direkt durch MES unterstützt

◒ Kernaufgabe wird indirekt durch MES unterstützt

(unterstützt)

		Prod.-Log. Planung	Prod.-Log. Durchführung	Instandhaltung Instandhaltungs-analyse	Instandhaltung Instandhaltungs-steuerung	Instandhaltung Instandhaltungs-planung	Fert. & Mont. Steuerung des Informationsfl.	Fert. & Mont. Durchführung	E & K Begleit-aktivitäten	Arbeitsplanung NC-Programmierung	Arbeitsplanung Arbeitsplan-erstellung	Arbeitsplanung Planungs-vorbereitung
Auftrags-management	Auftragsverarbeitung	●	◒		●		●				●	●
	Informationsbereitstellung				●		●					
Betriebsmittel-management	Instandhaltungsplanung und -steuerung				●	●						
	Instandhaltungsauswertung			●	◒	◒						
	Bereitstellung von Betriebsmittelinformationen				◒	●					◒	
Daten-erfassung	Erfassung		◒		●		●					
	Vorverarbeitung		◒		●		●					
	Bereitstellung		◒		●		●					
Energie-management	Energiemonitoring											
	Energiecontroling											
Feinplanung u. Feinsteuerung	Erzeugung des Werkstattplans				●							
	Analyse der Planung											
	Pflege der Stammdaten										◒	◒
Informations-management	Informationsverarbeitung und -verteilung									●		
	Workflowmanagement	●			●			●				
Leistungs-analyse	Operative Auswertung				●	◒	◒					
	Taktisch-strategische Auswertungen			●					◒		●	
Material-management	Verwaltung und Führung von Umlaufbeständen		◒				●					
	Initiierung der Materialtransporte	●						●				
	Verwaltung von Chargen		◒				●					
Personal-management	Führung von Personalinformationen						●					
	Erstellung von Personaleinsatzplänen				●	●						
Qualitäts-management	Qualitätsplanung								●			
	Fertigungsbegleitende Prüfung											
	Prüfmittelmanagement											
	Reklamationsmanagement								◒			

\+ Positiver Einfluss auf das Ziel

(Einfluss auf)

		Planung	Durchführung	Instandhaltungs-analyse	Instandhaltungs-steuerung	Instandhaltungs-planung	Steuerung des Informationsfl.	Durchführung	Begleit-aktivitäten	NC-Programmierung	Arbeitsplan-erstellung	Planungs-vorbereitung
Betriebliche Effizienz	Steigerung der Produktivität							+				
	Reduktion der Kosten	+		+		+						
	Reduktion d. Liefer- und Durchlaufzeiten	+	+	+	+			+			+	
	Erhöhung der Produktqualität								+			
	Erfüllung der Kundenbedürfnisse						+					
	Änderungsfähigkeit des Unternehmens	+					+			+	+	+

Abbildung 6-37: Einflussmatrix der Wirkungszusammenhänge zwischen MES-Funktionsklassen und Unternehmenszielen in Industrie-4.0-Umgebungen (1/2) (eigene Darstellung)

● Kernaufgabe wird direkt durch MES unterstützt

◐ Kernaufgabe wird indirekt durch MES unterstützt

unterstützt →

		Qualitätsmanagement					Produktionsplanung und -steuerung					
		Beschwerde-management	Prüfmittel-management	Prüfauswertung	Prüfausführung	Prüfplanung	Datenverwaltung	Controlling	Bestands-management	Auftrags-management	Eigenfert.-plan. und -steuerung	Produktions-bedarfsplanung
Auftrags-management	Auftragsverarbeitung				●		◐			●	●	●
	Informationsbereitstellung				◐					●	●	●
Betriebsmittel-management	Instandhaltungsplanung und -steuerung						●				●	
	Instandhaltungsauswertung											
	Bereitstellung von Betriebsmittelinformationen					◐	●				●	●
Daten-erfassung	Erfassung				●				●			
	Vorverarbeitung			●	●	●	●		●			
	Bereitstellung			●	●				●	●		
Energie-management	Energiemonitoring						●				●	
	Energiecontroling										◐	
Feinplanung u. Feinsteuerung	Erzeugung des Werkstattplans										●	●
	Analyse der Planung										●	
	Pflege der Stammdaten						●				●	●
Informations-management	Informationsverarbeitung und -verteilung		●				●	●			●	
	Workflowmanagement			●				●		●	●	
Leistungs-analyse	Operative Auswertung			●				●	●	●		
	Taktisch-strategische Auswertungen	●		●				●	●			
Material-management	Verwaltung und Führung von Umlaufbeständen						●		●	●	●	
	Initiierung der Materialtransporte											
	Verwaltung von Chargen	●					●		●	●		
Personal-management	Führung von Personalinformationen						●				●	
	Erstellung von Personaleinsatzplänen										●	
Qualitäts-management	Qualitätsplanung			●		●	●					
	Fertigungsbegleitende Prüfung				●						●	
	Prüfmittelmanagement		●			◐	●				●	
	Reklamationsmanagement	●					●					

+ Positiver Einfluss auf das Ziel

Einfluss auf ↓

		Beschwerde-management	Prüfmittel-management	Prüfauswertung	Prüfausführung	Prüfplanung	Datenverwaltung	Controlling	Bestands-management	Auftrags-management	Eigenfert.-plan. und -steuerung	Produktions-bedarfsplanung
Betriebliche Effizienz	Steigerung der Produktivität										+	
	Reduktion der Kosten	+	+					+	+		+	+
	Reduktion d. Liefer- und Durchlaufzeiten										+	+
	Erhöhung der Produktqualität	+	+	+	+	+					+	
	Erfüllung der Kundenbedürfnisse								+	+	+	
	Änderungsfähigkeit des Unternehmens	+					+	+	+	+	+	

Abbildung 6-38: Einflussmatrix der Wirkungszusammenhänge zwischen MES-Funktionsklassen und Unternehmenszielen in Industrie-4.0-Umgebungen (2/2) (eigene Darstellung)

Arbeitsplanung

Durch die Bereitstellung aktueller Auswertungen über die MES-Funktionen der *Leistungsanalyse* wird die Arbeitsplanerstellung bei der Ermittlung von Planzeiten unterstützt. Die Vorteile für die *Arbeitsplanung* manifestieren sich in einer höheren Datenqualität der Planungsdaten, wodurch sich die *Durchlaufzeiten reduzieren* lassen. Die Planungsvorbereitung, die NC-Programmierung, aber auch die Arbeitsplanerstellung profitieren mit der Einführung eines MES von der besseren Durchgängigkeit und Verfügbarkeit planungsrelevanter Stammdaten. Dies ermöglicht die leichtere Anpassung an sich verändernde Situation auf dem Shopfloor. Dies könnte der Wechsel einer Maschine, die Umstellung der Arbeitsgangfolge oder die Neugestaltung eines Fertigungsbereiches sein. Diese Änderungen lassen sich mit dem MES besser durch die Arbeitsplanung in die relevanten Stammdaten überführen und zahlen damit auf das Ziel der *Anpassungsfähigkeit des Unternehmens* ein. (s. VDI-RICHTLINIE 5600-2, S. 15; VDI-RICHTLINIE 5600-2, S. 26; SCHMITZ 2018, S. 102–103)

Entwicklung und Konstruktion

Die *Entwicklung und Konstruktion* profitiert bei der Kernaufgabe des entwicklungsbegleitenden Qualitätsmanagements der Aufgabengruppe der Begleitaktivitäten durch die MES-Funktionen der vorausschauenden Qualitätsplanung. Hierbei werden die Erstellung von FMEAs mithilfe des MES ermöglicht, welche mit Informationen des *Reklamationsmanagements* und der *taktisch-strategischen Auswertungen* befüllt werden können. Eine Rückführung relevanter Qualitätsinformationen führt zu einem datenbasierten Entwicklungsprozess und kann die Herstellbarkeit und auch die Qualität des Produktes verbessern. (s. SCHMITZ 2018, S. 101–102) Durch die Implementierung entsprechender Funktionen der *Leistungsanalyse* und des *Qualitätsmanagements* erfährt das Unternehmen eine positive Wirkung auf das Ziel der *Erhöhung der Produktqualität*. (s. WETZCHEWALD 2020, S. 161)

Fertigung und Montage

Die Einführung eines ME-Systems in der *Fertigung und Montage* eines Unternehmens unterstützt die Mitarbeiter*innen besonders bei der Datenerfassung und Bereitstellung von Informationen. Die MES-Funktionen des *Auftragsmanagements*, der *Datenerfassung* und des *Informationsmanagements* haben maßgeblich Einfluss auf die zu erwartenden Nutzeneffekte. Die Aufgabengruppe zur Steuerung des Informationsflusses profitiert von der erleichterten, echtzeitnahen Informationserfassung der Produktions-, Maschinen-, Prozess- und Qualitätsdaten sowie Informationen zu Maschinenstörungen und -stillständen. Hierbei können teilautomatische und vollautomatische Prozesse zur Erfassung der Daten genutzt werden, sodass die Zeitaufwände der Mitarbeiter*innen für die bedingt wertschöpfenden Tätigkeiten der Datenerfassung reduziert werden. Darüber hinaus können Tätigkeiten zur Dokumentation der Produktions- und Qualitätsdaten entfallen, da dies durch das ME-System übernommen wird. Dies *senkt Durchlaufzeiten* in der operativen Auftragsbearbeitung und erhöht den *Ausstoß der Produktion*, da der Fokus der Werker*innen auf wertschöpfenden Tätigkeiten liegt.

(s. VDI-RICHTLINIE 5600-2, S. 16; WETZCHEWALD 2020, S. 162) MES unterstützen mit der Erfassung der Daten den Aufbau eines digitalen Schattens der *Fertigung und Montage*. Dieser bildet die Datenbasis für die verschiedenen Stufen der Datenanalyse. (s. SCHMITZ 2018, S. 103)

Neben der Erfassung der Daten kommt ME-Systemen insbesondere auch die Aufgabe der kontextabhängigen Informationsbereitstellung zu. Zur besseren Einbindung von Mitarbeiter*innen in Entscheidungsprozesse auf dem Shopfloor können aktuelle Informationen zum Auftragsfortschritt, Planabweichungen sowie Prozessdaten und Auftragsinformationen bereitgestellt werden. Damit wird eine papierbasierte Informationsbereitstellung nicht mehr benötigt. Diese birgt bei längeren Durchlaufzeiten auch die Gefahr, dass Informationen sich nach dem Druck der Auftragspapiere ändern können. Zur Bereitstellung stets aktueller Informationen können die rollenspezifischen Benutzerschnittstellen des ME-Systems genutzt werden. Zusätzlich zur Bereitstellung unterstützen die MES-Funktionen des *Workflowmanagements* bei der *schnellen Reaktion* auf Störungen und Planabweichungen. Dies führt zu einer *besseren Termintreue* durch eine bessere Planeinhaltung und sichert die *Erfüllung der Kundenbedürfnisse* hinsichtlich der Einhaltung zugesagter Liefertermine. (s. VDI-RICHTLINIE 5600-2, S. 30)

Instandhaltung

Unternehmen profitieren mit der Implementierung und Nutzung eines MES bei den Kernaufgaben der *Instandhaltung* von den Funktionen des *Betriebsmittelmanagements* sowie der integrierten Produktions- und Instandhaltungsplanung. Zur Unterstützung der Instandhaltung wird zusätzlich auf Daten und Informationen aus den Bereichen Produktion, Personal sowie Qualität zurückgegriffen. Die Instandhaltungsplanung kann mittels der unterstützenden MES-Funktionen auf Auswertungen zurückgreifen und bedarfsgerechte Instandhaltungsmaßnahmen planen. Hierdurch lassen sich die *Kosten für die Instandhaltungstätigkeiten senken* sowie die *Auslastung* in der Produktion steigern. (s. VDI-RICHTLINIE 5600-2, S. 14; VDI-RICHTLINIE 5600-2, S. 32–34) Mit der Unterstützung des MES bei den Kernaufgaben der Instandhaltungssteuerung lassen sich leichter Zeiten für ungeplante Stillstände reduzieren. Hierzu werden Prozess- sowie Maschinendaten durch Mitarbeiter*innen oder das MES ausgewertet und anschließend zustandsabhängig Instandhaltungsaktivitäten eingeplant. Mit den Funktionen der *Feinplanung und -steuerung* werden abgestimmte Werkstattpläne erzeugt. Sollte es dennoch zu einem betriebsmittelbedingten Stillstand kommen, ermöglichen die Funktionen des *Workflowmanagements* eine schnelle Reaktion. Die zustandsabhängige Instandhaltung sowie eine schnelle Reaktion verringern Maschinenstillstandzeiten und ermöglichen somit *kürzere Durchlaufzeiten*. (s. VDI-RICHTLINIE 5600-2, S. 14) In der Aufgabengruppe der Instandhaltungsanalyse profitiert das Unternehmen durch mehr Transparenz über Schwachstellen bei den Ressourcen sowie Abweichungen bei Instandhaltungsaufträgen, was zu einer kontinuierlichen Verbesserung der Planung, Steuerung sowie Durchführung der Instandhaltungstätigkeiten genutzt werden kann. Hierdurch wird die Nutzenwirkung auf die Unternehmensziele der vorherigen Aufgabengruppen unterstützt. (s. VDI-Richtlinie 5600-2, S. 14; VDI-Richtlinie 5600-2, S. 32–34; Schmitz 2018, S. 104–105; Wetzchewald 2020, S. 158–159)

Produktionslogistik

Die Zielstellung der *Produktionslogistik* ist die termin- und bedarfsgerechte Bereitstellung und Entsorgung der Produktion mit Material. Die MES-Funktionen unterstützen insbesondere bei der Planung der logistischen Tätigkeiten. In Kombination mit der *Feinplanung* sowie der echtzeitnahen Rückmeldung des Fertigungsfortschrittes kann die Produktionslogistik des MES Unternehmen dabei unterstützen, eine besser synchronisierte Bereitstellung und Entsorgung zu realisieren. Hierbei muss für die Bereitstellung und Entsorgung nicht auf die Fertigstellung von Arbeitsgängen gewartet werden, sondern es kann in Abhängigkeit des aktuellen Fortschrittes der innerbetriebliche Transport zum errechneten Bearbeitungsende eingeplant werden. Durch eine kontinuierliche Anpassung wird die *Reaktionsfähigkeit des Unternehmens gesteigert*. Zusätzlich werden *Durchlaufzeiten reduziert*, da die Liegezeiten aufgrund des Wartens auf den Transport reduziert werden. (s. Wetzchewald 2020, S. 159; VDI-Richtlinie 5600-2, S. 28–29) Mit einer besseren Planung und Synchronisation der Produktionslogistik können *Sicherheitsbestände* an den Arbeitsplätzen reduziert werden. (s. VDI-Richtlinie 5600-2, S. 17–18)

Produktionsplanung und -steuerung

Die *Produktionsplanung und -steuerung* profitiert in vielen Aufgabengruppen durch die Einführung eines ME-Systems. Die Aufgabengruppe der *Produktionsbedarfsplanung* kann durch bessere Informationsverfügbarkeiten eine simultane Durchlaufzeitterminierung sowie Kapazitätsbedarfsermittlung durchführen. Ebenso wird die Kapazitätsabstimmung mit den Feinplanungsfunktionalitäten des ME-Systems erleichtert, da die aktuelle Situation berücksichtigt werden kann und durch die Analysen der Produktionsdaten bessere Informationen zur durchschnittlichen Verfügbarkeit einzelner Anlagen bereitstehen. Dies hat einen direkten Einfluss auf eine *bessere Auslastung* sowie *kürzere Lieferzeiten*, da der Auftragsdurchlauf verkürzt werden kann.

Die Kernaufgaben der *Eigenfertigungsplanung und -steuerung* werden durch verschiedene Funktionen des ME-Systems unterstützt. Die Kernfunktionalitäten zur Unterstützung der Aufgaben werden durch die MES-Funktionsmodule des *Auftragsmanagements* und der *Feinplanung und -steuerung* bereitgestellt. Diese werden zusätzlich durch Funktionen des *Betriebsmittelmanagements*, des *Personalmanagements*, des *Qualitätsmanagements* und des *Energiemanagements* unterstützt. Die Verknüpfung von Informationen aus den verschiedenen Funktionsmodulen in den Planungsalgorithmen des MES entfaltet viele Nutzenpotenziale. Neben Optimierungen über heuristische Verfahren ermöglichen die MES-Funktionen der *Feinplanung und -steuerung* Planungssimulationen zur Optimierung der Produktion. Hierbei können verschiedene

Szenarien unter Berücksichtigung relevanter produktionslogistischer Zielgrößen bewertet werden.

Als ein Beispiel zur Optimierung des Werkstattplans kann die Rüstzeitminimierung herangezogen werden, auf deren Basis rüstzeitoptimale Bearbeitungsreihenfolgen geplant werden, welche die *Durchlaufzeit der Produktion verringern* sowie die *Produktivität steigern*. (s. VDI-RICHTLINIE 5600-2, S. 12–14) Eine weitere Optimierung liegt in der qualifikationsspezifischen Personalplanung, bei der die Qualifikationen der Mitarbeiter*innen berücksichtigt werden. Durch qualifiziertes Personal an den Arbeitsplätzen kann die Sicherstellung der *Produktqualität gewährleistet* werden. Daneben hat dies auch Auswirkungen auf organisatorische bedingte Stillstände, da die benötigten und qualifizierten Werker*innen bedarfs- und termingerecht eingeplant sind. (s. VDI-RICHTLINIE 5600-2, S. 15; WETZCHEWALD 2020, S. 159–160) Ebenso lassen sich die Energiekosten in energieintensiven Fertigungen oder Fertigungsbereichen durch den Einbezug der MES-Funktionen des Energiemanagements erzielen. Hierbei können die Energiekosten durch die Berücksichtigung der Energiebedarfe der Arbeitsgänge und die Einplanung in kostengünstige Stunden reduziert werden. Ebenso lassen sich *rüstabhängige Kosten reduzieren*. (s. VDI-RICHTLINIE 5600-2, S. 15–16) Auch die Bereitstellung der Materialien wird mit der *Feinplanung* koordiniert und hat, wie im Abschnitt der Produktionslogistik beschrieben, auch positive Auswirkungen auf die *Bestände* in der Produktion sowie die *Termintreue*. (s. VDI-RICHTLINIE 5600-2, S. 19–21) Das MES unterstützt mit seinen Funktionen maßgeblich die zeitliche Abarbeitung der Aufträge und ermöglicht kurzfristige, datenbasierte *Reaktionen auf unvorhergesehene Störungen*. (s. WETZCHEWALD 2020, S. 158) Dies verkürzt zusätzlich auch die Durchlaufzeiten. (s. VDI-RICHTLINIE 5600-2, S. 18)

Neben der *Eigenfertigungsplanung und -steuerung* profitiert das Unternehmen durch die Einführung des MES auch im Bereich des *Auftragsmanagements*. Die Kernaufgaben der Auftragskoordination umfassen alle Tätigkeiten zur zeitlichen Koordination eines Auftrags. Hierrunter fallen die Bewertung des Auftragsfortschrittes und bei Abweichung die Einleitung von Maßnahmen. Das MES unterstützt hierbei insbesondere durch die echtzeitnahe Erfassung von Daten aus der Produktion und der anschließenden Auswertung mit Funktionen der operativen Auswertung. Durch die Bereitstellung von Übersichten über den Status der Produktion können Abweichungen zeitnah identifiziert und Gegenmaßnahmen ergriffen werden. Die Bewertung von Maßnahmen kann über die Simulationsfunktionen der Feinplanung validiert werden. Die Unterstützung des MES im Auftragsmanagement des Unternehmens zahlt auf die Einhaltung der Termintreue, also die *Erfüllung von Kundenbedürfnissen*, sowie die *Reaktions- und Änderungsfähigkeit* ein. (s. VDI-RICHTLINIE 5600-2, S. 26–27; WETZCHEWALD 2020, S. 157)

Die Kernaufgaben des Bestandsmanagements werden durch die MES-Funktionen des Materialmanagements sowie der Datenerfassung unterstützt. Hierbei liefert die Datenerfassung echtzeitnahe Informationen über Bestände an Arbeitsplätzen und Logistikflächen in der Produktion. Ebenso wird das Unternehmen zur Führung von Chargen während der Produktion befähigt. Durch die echtzeitnahen Informationen können termingenaue Beschaffungen sowie Transporte ausgelöst werden. Dadurch lassen sich Bestände in der Produktion reduzieren und *Kosten einsparen*. Ebenso wird durch eine bessere Materialverfügbarkeit *die Termineinhaltung verbessert*. (s. VDI-Richtlinie 5600-2, S. 17–18; VDI-Richtlinie 5600-2, S. 29–30; Wetzchewald 2020, S. 159)

Die Aufgaben des *Controllings* umfassen die Aufbereitung von Daten zur Kennzahlenbildung und die Einleitung von Maßnahmen im Falle von Abweichungen. Im Gegensatz zum *Auftragsmanagement* wird hier das gesamte Produktionssystem betrachtet. Mit dem Einsatz eines ME-Systems profitiert das Unternehmen in diesem Bereich durch die automatisierte Aufbereitung der Kennzahlen durch die Funktionen der *Leistungsanalyse*. Hiermit lassen sich automatisiert standardisierte Reports erstellen und für alle Anspruchsgruppen bereitstellen. Ebenso können Ad-hoc-Analysen und -Auswertungen durchgeführt werden. Dies kann zu *Einsparungen bei Personalaufwänden* für eine vormals manuelle Aufbereitung und Erstellung der Reports und Analysen führen, da das ME-System diese automatisch erzeugt. Ein weiterer Vorteil besteht durch die echtzeitnahe Auswertung und Aufbereitung der erfassten Daten, womit unabhängig vom Personalaufwand schneller Auswertungen erstellt werden können und im Fall einer Abweichung reagiert werden kann. Dies hat einen positiven Einfluss auf die *Reaktionsfähigkeit*. (s. Wetzchewald 2020, 157; VDI-Richtlinie 5600-2, S. 39–41) Neben standardisierten Auswertungen können mit den Funktionen der *taktisch-strategischen Auswertungen* auch Korrelationen und Wirkungszusammenhänge zwischen verschiedenen Bereichen der Produktion untersucht werden. Mit den Ergebnissen können gezielt Maßnahmen ergriffen werden, welche der Erreichung weiterer Unternehmensziele dienen. Direkt profitiert das Produktionscontrolling von schnelleren, automatisierten Auswertungen und einer *besseren Reaktionsfähigkeit* durch die echtzeitnahe Erfassung und Auswertung sowie den umfassenden Überblick über alle angebundenen Produktionsbereiche durch das MES. (s. Wetzchewald 2020, S. 161)

Das *Datenmanagement* profitiert von der höheren und qualitativ besseren Datenverfügbarkeit durch die echtzeitnahen Erfassungen. Die Möglichkeit der teil- und vollautomatischen Datenerfassung sowie die Möglichkeit der Plausibilitätsprüfungen führen zu einer höheren Datenqualität der Bewegungsdaten. Ebenso wird die Reaktionsfähigkeit im Bereich der Datenqualität verbessert, da direkt auf Fehleingaben durch das System reagiert wird. Ebenso können die Stammdaten im Bereich der Arbeitspläne durch das MES verbessert werden. (s. Wetzchewald 2020, S. 157; 2020, S. 161)

Qualitätssicherung

Die Einführung eines ME-Systems zur Unterstützung der Unternehmensfunktion der *Qualitätssicherung* zahlt mit dessen Funktionen insbesondere auf das Unternehmensziel der *besseren Produktqualität* ein. Die Aufgabengruppe der Planung profitiert von der digitalen Erstellung von Prüfplänen und der Festlegung der Prüfmodalitäten im System, sodass diese direkt in der Durchführung übernommen werden können. Die Prüfdurchführung profitiert von der digitalen Bereitstellung der stets aktuellen

Prüfpläne. Ebenso können bei der Datenerfassung über Sensor- oder Maschinenschnittstellen digital ermittelte Daten erfasst und dokumentiert werden. Hierbei kann eine Reduktion des manuellen Dokumentationsaufwandes erreicht werden. Ebenso kann durch die digitale Dokumentation bei Abweichungen über das Workflowmanagement auf jene echtzeitnah reagiert werden. In Kombination mit der Durchführung der statistischen Prozesskontrolle lassen sich die Prüfungen dynamisieren, sodass bei fähigen Prozessen seltener geprüft werden muss. Ebenso können durch die Einführung des ME-Systems leichter und häufiger im Herstellungsprozess relevante Produktmerkmale hinsichtlich der Qualität geprüft werden und so Fehler und Ausschuss frühzeitig vermieden werden. Dies führt einerseits zur *Sicherung und Verbesserung der Produktqualität*, aber andererseits zusätzlich auch zur *Reduktion von Kosten* aufgrund der frühzeitigen Feststellung von Abweichungen und damit zur Verringerung von Ausschuss und Nacharbeit. (s. VDI-RICHTLINIE 5600-2, S. 19; VDI-RICHTLINIE 5600-2, S. 31; WETZCHEWALD 2020, S. 161)

Die Aufgabengruppe der Prüfauswertung wird durch die Nutzung des MES dazu befähigt, leichter und echtzeitnah Aussagen über die Prozess- und Maschinenfähigkeiten in der Produktion zu bewerten. Hierzu werden laufend die Prozess-, Maschinen-, Auftrags- und Qualitätsdaten ausgewertet. Ebenso lassen sich durch die durchgängige digitale Erfassung der Daten bessere Analysen zu Fehlerursachen durchführen, da Korrelationen und Wirkungszusammenhänge durch die Verknüpfung und gemeinsame Auswertung identifiziert werden können. Die Verknüpfung der Daten im ME-System ermöglicht auch eine leichtere Rückverfolgbarkeit der hergestellten Produkte entlang des Herstellungsprozesses. Mit den Analysen und identifizierten Ursachen kann so durch das ME-System die *Produktqualität langfristig verbessert und gesteigert werden.* (s. VDI-RICHTLINIE 5600-2, S. 24–25; VDI-RICHTLINIE 5600-2, S. 31; WETZCHEWALD 2020, S. 162; SCHMITZ 2018, S. 103–104)

Das *Prüfmittelmanagement* wird durch die gleichnamige Funktionsklasse des ME-Systems unterstützt und erfährt hierbei eine automatische Führung der Prüfmittel sowie eine ständige Überwachung der Eignung. Durch die Bereitstellung der Informationen für die Feinplanung wird sichergestellt, dass nur zugelassene Prüfmittel verwendet werden. Dies *sichert die Produktqualität.* Mit der automatischen Erfassung und Führung der Betriebsmittel können *Kosten gegenüber einer manuellen Führung eingespart* werden.

Die Kernaufgaben des *Beschwerdemanagements* werden mit der Einführung der MES-Funktionen des *Reklamationsmanagements* dazu befähigt, schneller Fehler und ihre Ursachen in der Produktion zu identifizieren. Hierbei unterstützt das ME-System durch die Erfassung und Verknüpfung der Betriebs-, Maschinen-, Material-, Prozess- und Qualitätsdaten. Mit der Bereitstellung der Daten auf Ebene der Seriennummern und Chargenkennungen kann das *Beschwerdemanagement* mit einer besseren Transparenz schneller Fehler und ihre Ursachen untersuchen. Dies führt zu einer *schnelleren Reaktion* auf technische Beschwerden, zu *sinkenden Kosten* für die manuelle Suche und Verknüpfung von Daten sowie zur langfristigen *Steigerung der Produktqualität*.

Zusammenfassung

Im vorliegenden Unterkapitel konnte der zweite Teil der Forschungsfrage „Welche Zusammenhänge bestehen zwischen den Funktionen eines MES, den Reifegradstufen eines Industrie-4.0-Reifegradmodells und den Unternehmenszielen?" durch die Erläuterung des Zusammenhangs zwischen den Unternehmenszielen und MES-Funktionen beantwortet werden. Der Einfluss einer MES-Funktion kann nicht einzeln für sich, innerhalb der Funktionsklasse oder innerhalb des Funktionsmoduls bewertet werden, sondern muss in Kontext der unterstützten Kernaufgaben und Aufgabengruppen betrachtet werden. Damit wurde auch die vierte Unterforschungsfrage „Wie lässt sich der Nutzen einer MES-Funktion herleiten?" beantwortet. In Abbildung 6-37 und Abbildung 6-38 sind daher die Einflüsse der MES-Funktionsklassen auf die Unternehmensziele über die Aufgabengruppen der Unternehmen dargestellt. Hierbei kann festgehalten werden, dass ME-Systeme alle Ziele von Unternehmen in Industrie-4.0-Umgebungen unterstützen und einen direkten Einfluss auf die Zielerreichung haben. Mit der umfänglichen Beantwortung der Forschungsfragen und der Darstellung aller Teilergebnisse ergibt sich die Frage, wie nun die Modelle miteinander verknüpft werden können, um die Reihenfolge der MES-Module für die sukzessive Implementierung zu bestimmen. Im nächsten Kapitel wird daher eine Vorgehensweise konzipiert, welche die bisherigen Ergebnisse im Rahmen des Problemlösungszyklus miteinander verbindet.

7 Gestaltung der reifegradbasierten Implementierung von Manufacturing-Execution-Systemen

Die in den vorherigen Kapiteln entwickelten Matrizen wurden für die Aufstellung des Reifegradmodells zur Bewertung des Nutzens einer MES-Implementierung in produzierenden Unternehmen genutzt. Zusätzlich wurde die Einflussmatrix zur Erläuterung der Wirkungsbeziehungen zwischen MES-Funktionen und Unternehmenszielen in Industrie-4.0-Umgebungen erstellt. Sie stellen die wesentlichen Komponenten zur Erreichung der Zielstellung der Dissertationsschrift dar, Unternehmen bei der Bestimmung der Reihenfolge für die sukzessive Implementierung von MES zu unterstützen. In diesem Kapitel wird dazu ein Gestaltungsmodell in Form eines reifegradbasierten Vorgehens für eine sukzessive MES-Implementierung vorgestellt. Das Vorgehen beschreibt, wie die in Kapitel 5 und 6 entwickelten Komponenten durch Unternehmen anzuwenden sind, um das Ziel zu erreichen.

In Kapitel 7.1 wird das Vorgehen zur Bestimmung der reifgradbasierten Implementierung von Manufacturing-Execution-Systemen konkretisiert. Hierzu wird in Anlehnung an den Problemlösungszyklus von HABERFELLNER ET AL. ein Vorgehen konzipiert. Anschließend werden in Kapitel 7.2 die Teilmodelle und bisherigen Ergebnisse der Dissertationsschrift den Vorgehensschritten zugeordnet und ihre Anwendung beschrieben. In diesem Zuge werden nach dem Vorgehen von AKKASOGLU die Bewertungsmomente und -strategie definiert. Die Ergebnisse werden in Kapitel 7.3 zusammengefasst.

7.1 Konzeption des Vorgehens zur reifegradbasierten Implementierung von Manufacturing-Execution-Systemen

Der Problemlösungszyklus nach HABERFELLNER ET AL. stellt eines der vier Grundprinzipien des Systems-Engineerings dar (s. Kap. 4.1). Der Zyklus bietet eine Vorgehensweise zur Lösung auftretender Probleme jeglicher Art . Dabei werden seine sechs Teilschritte in drei Schwerpunkte strukturiert. Der erste Schwerpunkt umfasst die *Zielsuche*, in der das Lösungs- und Betrachtungsumfeld analysiert und die Ziele konkretisiert werden. Anschließend werden in der *Lösungssuche* Lösungsalternativen konzipiert und auf ihre Eignung zur Lösung des Problems hin analysiert. Im Schwerpunkt der *Auswahl* werden die Lösungen untereinander vergleichend bewertet und eine Lösung zur Umsetzung ausgewählt. Das Ergebnis ist entweder die Lösung des Problems oder der erneute Anstoß eines Lösungszyklus. (s. HABERFELLNER ET AL. 2018, S. 70) In Abbildung 7-1 ist der Lösungszyklus mit den Teilschritten sowie den Schwerpunkten abgebildet. Die Teilschritte werden im Folgenden beschrieben und in Bezug zur reifegradbasierten Bestimmung der Implementierungsreihenfolge für eine sukzessive MES-Implementierung gesetzt.

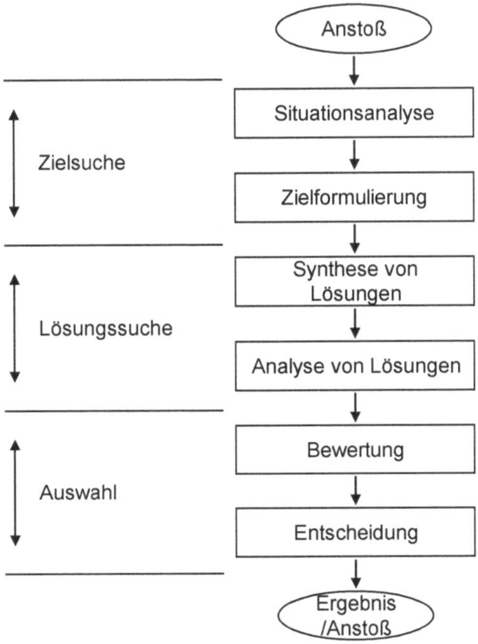

Abbildung 7-1: Vorgehensschritte des Problemlösungszyklus (eigene Darstellung i. A. a. HABERFELLNER ET AL. 2018, S. 70)

Der **Anstoß** ist als Auslöser des Problemlösungszyklus der Ausgangspunkt des Vorgehens. Der Anstoß kann sowohl Auslöser der gesamten Untersuchung im Sinne des Systems-Engineerings als auch eines konkreten Problems sein, welches eine Phase des Vorgehensmodells des Systems-Engineerings darstellt. (s. HABERFELLNER ET AL. 2018, S. 71) In der vorliegenden Dissertationsschrift ist der Auslöser die Gestaltung der Objektdimension der Implementierungsstrategie für die Einführung eines MES (s. Kap. 2.3.1). Der übergeordnete Sachverhalt, in den sich das Problem der reifegradbasierten Implementierungsstrategie einordnen lässt, ist der Übergang der Auswahl- in die Implementierungsphase im Lebenszyklus von IT-Systemen. Unternehmen stehen vor der Herausforderung, die sukzessive Implementierung von ME-Systemen so zu gestalten, dass die ersten zu implementierenden Module einen möglichst hohen Nutzen im Verhältnis zu den Kosten für die Implementierung erzielen (s. Kap. 1.1).

Die **Situationsanalyse** ist der erste Vorgehensschritt des Zyklus und dient der Analyse und Beurteilung der Ausgangslage und Problemstellung. Mit der Situationsanalyse sollen in der Phase der Detailkonzeption die konkrete Ausgangssituation beschrieben werden, um Rahmenbedingungen für die Gestaltung des Zielzustandes und der Lösung abzuleiten. Hierbei können besondere Bedingungen und mögliche Einschränkungen sowie Schnittstellen zu benachbarten Detailkonzepten identifiziert werden. Bei der Situationsanalyse werden vier Betrachtungsweisen unterschieden: Die *systemorientierte Betrachtung* fokussiert die Strukturierung der Funktionsweise mit dem Systemdenken, während die *ursachenorientierte Betrachtung* die Symptome der Ausgangsituation fokussiert, um mögliche Ursachen für die aktuelle Ausgangssituation zu fokussieren. Die *lösungsorientierte Betrachtungsweise* zielt darauf ab, die Eingriffsbereiche abzugrenzen und die Zielkonkretisierung vorzubereiten. Die *zukunftsorientierte Betrachtung* lehnt sich daran an, wobei die zeitliche Prognose möglicher Zukunftsszenarien basierend auf der Ausgangsituation fokussiert wird. Ziel der Situationsanalyse, unabhängig der gewählten Betrachtungsweise, ist die Beschaffung und Aufbereitung von Informationen zur Beschreibung der Situation. Dabei werden sowohl quantitative als auch qualitative Informationen mit subjektiven Einschätzungen verbunden. (s. HABERFELLNER ET AL. 2018, S. 71–73)

In der vorliegenden Dissertationsschrift dienen die Beschreibungsmodelle der Kernaufgaben produzierender Unternehmen (Kap. 5.2) sowie der MES-Funktionen (Kap. 5.3) als Verständnis- und Strukturierungshilfe für die Situationsanalyse. Zur Analyse und Bereitstellung qualitativer und quantitativer Informationen wird das in Kapitel 6.2 entwickelte Reifegradmodell herangezogen, um den aktuellen Stand in Bezug zur Digitalisierung zu bestimmen. Ebenfalls lässt sich dadurch der Nutzen einer MES-Einführung bezogen auf die relevanten Unternehmensfunktionen bewerten.

Die **Zielformulierung** findet im Anschluss an die Situationsanalyse statt, um die Informationsbasis des vorangegangenen Schrittes zur Schärfung der Ziele zu nutzen. Meist existieren Ziele vor Beginn des Projektes, sodass in diesem Schritt meist eine Konkretisierung oder Korrektur stattfindet. Die Ziele des Projektes sollen in diesem Schritt so bestimmt werden, dass sie der Lösungsfindung zur Grundlage der Erstellung, Analyse und Bewertung dienen. Die Ziele sollten sich hierbei an den übergeordneten Unternehmenszielen orientieren. Im Schritt der Zielformulierung inbegriffen ist die Gewichtung der Ziele, sodass die Prioritäten bei Zielkonflikten geklärt sind. Abschließend werden die Ziele und ihre Gewichtung für die weiteren Vorgehensschritte festgehalten. (s. HABERFELLNER ET AL. 2018, S. 73–74)

Bei der Implementierung von ME-Systemen wird das IT-System nicht als Selbstzweck eingeführt, sondern dient zur Erreichung der Unternehmensziele. In Kapitel 5.1 wurden die relevanten Ziele zur Steigerung der Unternehmenseffizienz sowie Kennzahlen zur Messung der Ziele beschrieben. Diese werden im Schritt der Zielformulierung zur Gewichtung herangezogen, sodass produzierende Unternehmen eine Festlegung und Priorisierung der relevanten Zielgrößen durchführen können.

Die **Synthese von Lösungen** ist der erste Schritt der Lösungssuche und befasst sich mit der Konzeption von Lösungsalternativen. Dieser Schritt versucht, die Informationen der Situationsanalyse, der Zielformulierung sowie Anforderungen und Erwartungen an das Gesamtprojekt zu vereinen. Bei der Erarbeitung von Lösungsalternativen ist es wichtig, dass diese so ausgearbeitet sind, dass sie miteinander verglichen werden können. (s. HABERFELLNER ET AL. 2018, S. 74)

Für die Dissertationsschrift wird ein geführtes Vorgehen zur Identifikation der Lösung konzipiert. Hierzu werden in der Situationsanalyse die für das Unternehmen relevanten Unternehmensfunktionen und Kernaufgaben und deren Potenzial für die Einführung des MES bestimmt. Darauf aufbauend wird in der Lösungssynthese die Priorität der identifizierten Unternehmensfunktionen und Aufgabengruppen festgelegt. Bei den höchsten Prioritäten findet ein Abgleich mit den Zielen statt, sodass daraus die relevanten MES-Funktionsklassen und -module identifiziert werden können. Diese werden durch Kombinatorik in verschiedene Implementierungsreihenfolgen überführt. Das Vorgehen wird im Unterkapitel 7.2.3 sowie in der Anwendung der Fallstudie (s. Kap. 8.2) beschrieben und anhand von Beispielen erläutert.

Mit der Erzeugung von Lösungen im konstruktiven Schritt der Lösungssuche bedarf es einer **Analyse der Lösungen**, um die Sicherstellung der Integrationsfähigkeit und der Anforderungserfüllung sowie die Zielerreichung zu gewährleisten. Mit diesem Schritt sollen Schwachstellen der Lösungen identifiziert und durch eine gegebenenfalls notwendige zweite Lösungssynthese behoben werden. Eine Bewertung der Lösung erfolgt erst im Schritt der Bewertung. (s. HABERFELLNER ET AL. 2018, S. 74–76)

Zur Analyse der im vorherigen Schritt erstellten Implementierungsreihenfolgen werden die Wechselwirkungen der Funktionsmodule und -klassen untereinander bewertet, um die Integrationsfähigkeit und Funktionsfähigkeit der Lösung festzustellen. Hierzu werden die in Kapitel 5.2.2 beschriebenen Wirkungszusammenhänge der Funktionsmodule und -klassen herangezogen.

Der Vorgehensschritt der **Bewertung** dient der Festlegung des weiteren Vorgehens. Hierbei werden Kriterien und deren Bewertungsschema festgelegt, anhand derer dann eine möglichst objektive Bewertung durchgeführt wird. (s. HABERFELLNER ET AL. 2018, S. 76)

Basierend auf den Ergebnissen der Bewertung wird im letzten Schritt des Problemlösungszyklus eine **Entscheidung** getroffen. Dabei besteht die Möglichkeit, dass sich nicht für eine Lösung aus den bestehenden Lösungsalternativen entschieden wird, sondern dass ein erneuter Durchlauf des Problemlösungszyklus angestoßen wird. Falls sich für eine Lösungsalternative entschieden wird, dient die Entscheidung als möglicher Anstoß für eine weitere Projektphase, in der das Ergebnis des durchlaufenen Problemlösungszyklus genutzt und weiter konkretisiert wird. (s. HABERFELLNER ET AL. 2018, S. 76)

Im Rahmen dieser Dissertationsschrift dient das Vorgehen, welches in diesem Kapitel beschrieben ist, zur systematischen und transparenten Ableitung einer Entscheidung bezüglich des Objektbereiches der Implementierungsstrategie. Das **Ergebnis** der Anwendung des Problemlösungszyklus wird im Schritt der **Entscheidung** festgelegt.

7.2 Detaillierung des Vorgehens zur reifegradbasierten Implementierung von Manufacturing-Execution-Systemen

Im folgenden Unterkapitel erfolgen die Detaillierung und Konkretisierung des Vorgehensmodells anhand des Problemlösungszyklus unter Bezugnahme der Teilmodelle und Ergebnisse der vorangegangenen Kapitel der Dissertationsschrift. Die in den folgenden Kapiteln dargelegten Beschreibungen umfassen die relevanten Schritte und Erläuterungen zur systematischen Bestimmung der Implementierungsreihenfolge für eine sukzessive MES-Implementierung basierend auf dem unternehmensspezifischen Industrie-4.0-Reifegrad. In Abbildung 7-2 ist das angepasste Vorgehensmodell in Anlehnung an HABERFELLNER ET AL. mit den verwendeten Teilmodellen abgebildet.

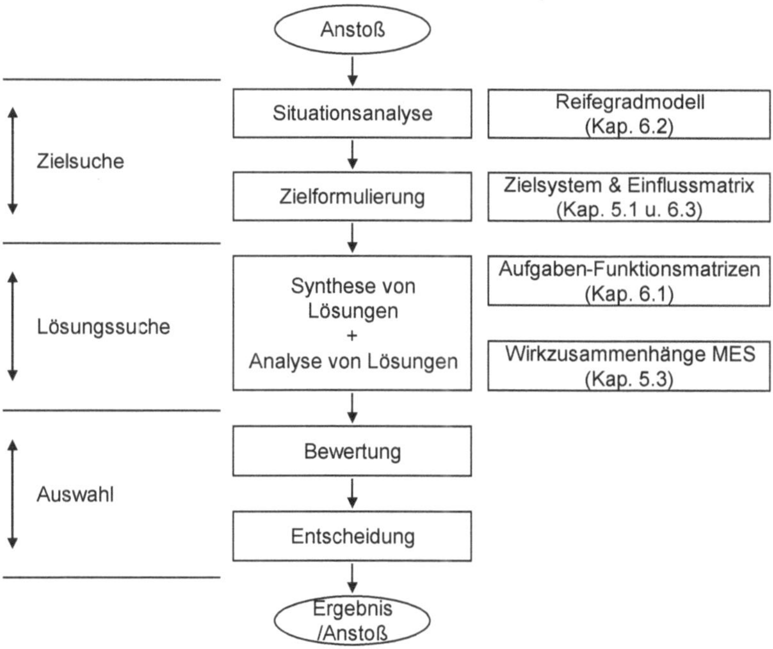

Abbildung 7-2: Vorgehensmodell zur reifegradbasierten Implementierung von ME-Systemen (eigene Darstellung i. A. a. HABERFELLNER ET AL. 2018, S. 70)

7.2.1 Beschreibung des Anstoß-Momentes

Der Anstoßmoment für die Verwendung des Vorgehensmodells liegt bei Unternehmen darin begründet, dass diese planen, ein Manufacturing-Execution-System oder Teile davon im Bereich der Produktion einzuführen. Dies geschieht meist in Verbindung mit der Digitalisierung von Prozessen im Sinne von Industrie 4.0. Dabei befindet sich das Unternehmen entweder am Anfang oder mitten in der Auswahlphase des IT-Lebenszyklus zur Vorbereitung der Implementierung des MES. Hierbei muss das

Unternehmen die Implementierung des Systems mit einer geeigneten Implementierungsstrategie vorbereiten. In Anlehnung an DANIEL muss hierzu in der Objekt- und Kontextdimension bei einer sukzessiven Einführung festgelegt werden, in welcher Reihenfolge und in welchen Bereichen welche Funktionen und Module implementiert werden. Diese Fragestellung soll mithilfe des Vorgehens zur reifegradbasierten Bestimmung im Folgenden gelöst werden.

7.2.2 Situationsanalyse

Der erste Schritt des Problemlösungszyklus umfasst die Situationsanalyse. Für die strukturierte Analyse der Ausgangssituation des Unternehmens in Bezug zur Einführung eines MES dient das in Kapitel 6.2 aufgestellte Reifegradmodell. Das Reifegradmodell eignet sich sowohl zur Bestimmung des aktuellen Entwicklungsstandes des Unternehmens in Bezug auf Industrie 4.0 als auch zur Ableitung des Nutzenpotenzials durch die Implementierung des MES. Dem Vorgehen nach AKKASOGLU folgend müssen noch die Bewertungsmomente und das Anwendungsvorgehen erläutert werden. (s. AKKASOGLU 2013, S. 58–60)

Der Bewertungsmoment, also der Zeitpunkt der Anwendung des Reifegradmodells, ist unternehmensabhängig und muss in Bezug zur Bestimmung der reifegradbasierten Implementierungsreihenfolge vor der Einführung des ME-Systems durchgeführt werden. Eine Bewertung im Anschluss an die Einführung kann zur Überprüfung der Wirksamkeit durchgeführt werden. Das hier beschriebene Vorgehen fokussiert jedoch die Anwendung vor der Implementierung.

Für die Anwendung des Reifegradmodells existieren verschiedene Herangehensweisen. Der Fragebogen stellt ein in vielen Modellen verwendetes Instrument zur Bewertung dar. Dabei beziehen sich die Fragen auf die Systemelemente des Betrachtungsbereiches und die Antwortmöglichkeiten auf die Ausprägungen der entsprechenden Stufe des Systemelements. (s. BECKER ET AL. 2009a, S. 253–255; SCHMITZ 2018, S. 160) Neben der Verwendung eines Fragebogens zur Bewertung besteht nach AKKASOGLU auch die Möglichkeit der Anwendung durch Personen. Die Personen können sowohl interne als auch externe Personen darstellen, die eine Bewertung anhand der aufgebauten Morphologie sowie der Reifegrad-Kennwert-Matrix vornehmen. Bei internen Bewertenden kann zwischen beteiligten und unbeteiligten Personen unterschieden werden. Bei unbeteiligten Personen kann eine höhere Objektivität gewährleistet werden, jedoch steigt auch der Aufwand zur Bewertung, da der Betrachtungsbereich noch nicht bekannt ist. Bei der Bewertung durch Beteiligte empfiehlt sich die Bewertung durch mehrere Personen zur Wahrung einer höheren Objektivität im Gegensatz zur Selbstaufschreibung durch eine beteiligte Einzelperson. (s. AKKASOGLU 2013, S. 58–60) Generell sind alle beschriebenen Formen zur Anwendung des aufgestellten Reifegradmodells denkbar. Zur Wahrung eines geringen Aufwandes bei einer akzeptablen Objektivität empfiehlt sich die Bewertung durch mehrere, interne Personen, die im Betrachtungsbereich aktiv sind, und sich im Konsens auf eine Reifegradstufe einigen.

Im Rahmen der Anwendung muss für jede relevante Kernaufgabe des Unternehmens die entsprechende Ausprägungsstufe des morphologischen Kastens bestimmt werden, die den Status quo des Unternehmens beschreibt. Dabei wird für jede Kernaufgabe die informationstechnische Unterstützung durch den Anwender bestimmt, in dem dieser im morphologischen Kasten (s. Abbildung 6-16) die Ausprägungen festhält und durch einen Abgleich mit den beschriebenen Ausprägungsschemata der Morphologie eine Reifegradstufe für die Kernaufgabe erhält. Zur Erreichung einer Reifegradstufe müssen alle Merkmale des morphologischen Kastens die Anforderungen für diese Stufe erfüllen. Damit bestimmt die geringste erhaltene Ausprägung im morphologischen Kasten den Ist-Reifegrad der Kernaufgabe. In Abbildung 7-3 ist die beispielhafte Anwendung der Modelle aus Kapitel 6.1 und 6.2 dargestellt.

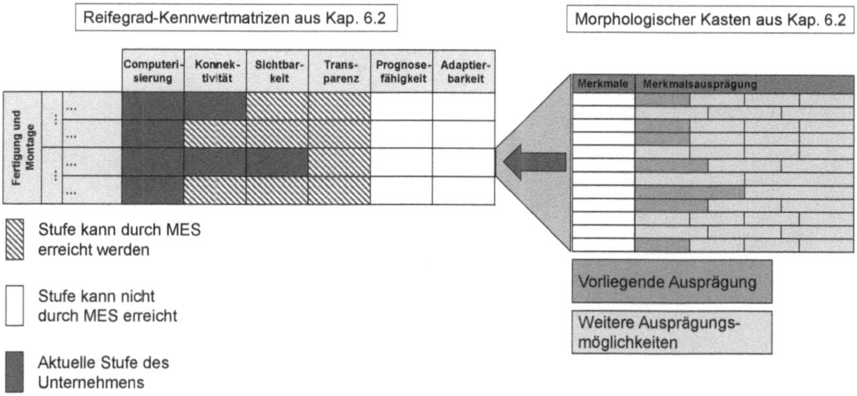

Abbildung 7-3: Beispielhafte Ermittlung des Status quo in der Unternehmensfunktion *Fertigung und Montage* bei der Kernaufgabe *Bereitstellung von Informationen* (eigene Darstellung)

Mit dem beschriebenen Vorgehen wird bei allen 65 Kernaufgaben des Unternehmens der Status quo der informationstechnischen Unterstützung bewertet. Mit einer erfolgten Bewertung gilt es nun, das Potenzial einer MES-Implementierung zu bestimmen. Hierbei wird nun ausgehend von dem ermittelten Status quo bewertet, wie viele Reifegradstufen sich mit der Nutzung der MES-Funktionalitäten in der Kernaufgabe verbessern lassen. Dazu wird die Differenz zwischen der maximal erreichbaren Reifegradstufe beim Einsatz eines MES und der aktuell erreichten Reifegradstufe ermittelt. Da die Anzahl an Kernaufgaben je Unternehmensfunktion und Aufgabengruppe unterschiedlich ist, wird zur besseren Vergleichbarkeit nicht das absolute Potenzial herangezogen, sondern das durchschnittliche Potenzial der zu vergleichenden Bereiche. Die Bereiche können sowohl die Unternehmensfunktion als auch die Aufgabengruppe sein. Das durchschnittliche Potenzial wird ermittelt, indem die Summe über die

Potenziale eines Bereiches gebildet und anschließend durch die Anzahl der Kernaufgabe des betrachteten Bereiches geteilt werden. Für eine detaillierte Analyse wird die Anwendung und Bestimmung auf dem Detaillierungslevel der Aufgabengruppe empfohlen.

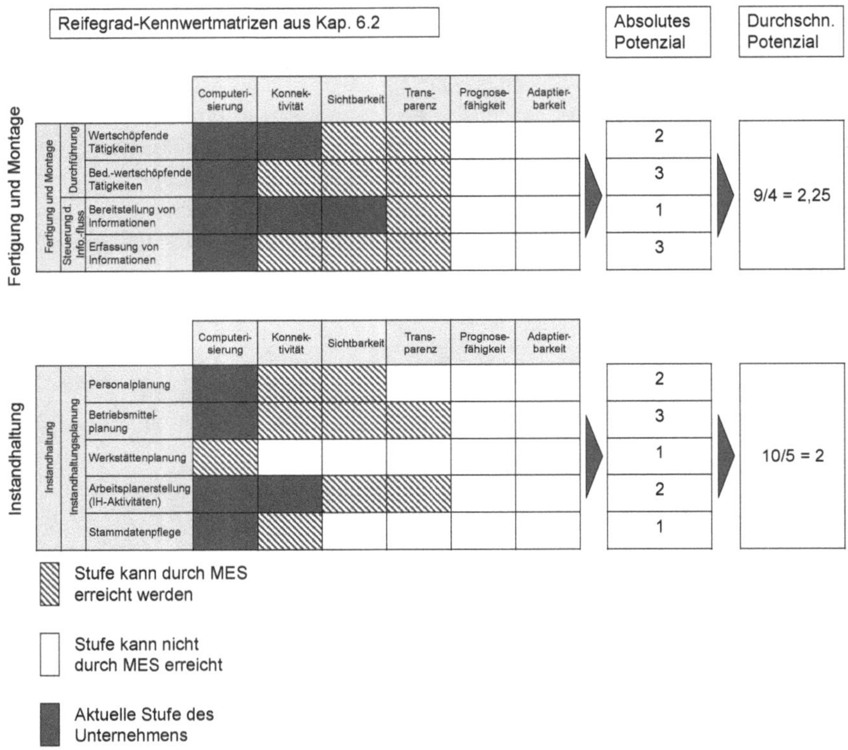

Abbildung 7-4: Ermittlung des Potenzials auf Ebene der Unternehmensfunktionen mithilfe der Reifegrad-Kennwert-Matrizen am Beispiel der *Fertigung und Montage* und *Instandhaltung* (eigene Darstellung)

Anhand des durchschnittlichen Potenzials werden die Bereiche mit dem größten Potenzial identifiziert. Dies geschieht, indem die Bereiche gemäß dem durchschnittlichen Potenzial in absteigender Reihenfolge sortiert werden. Um mit einem geringeren Aufwand zu einer guten Näherungslösung für die Bestimmung der Implementierungsreihenfolge zu kommen, kann mit der Zielformulierung eine Eingrenzung vorgenommen werden.

7.2.3 Zielformulierung

Der Vorgehensschritt der Zielformulierung dient zur Konkretisierung der Projektziele unter Berücksichtigung der gewonnenen Informationen der Situationsanalyse. Für die

Anwendung im Vorgehensmodell wird auf die identifizierten Ziele und Kennzahlen von Kapitel 5.1 zurückgegriffen. Zur Konkretisierung soll das anwendende, produzierende Unternehmen die Ziele in eine Rangfolge bringen. Hierzu kann es auf Verfahren wie den paarweisen Vergleich zurückgreifen, der ein anerkanntes und weitverbreitetes Verfahren zur Gewichtung beschreibt. Beim „einfachen" paarweisen Vergleich, der auf ZANGEMEISTER zurückzuführen ist, können (Ziel-)Kriterien durch den Vergleich gewichtet werden. (s. LÖRCKS 2020, S. 1)

Zur Gewichtung wird beim paarweisen Vergleich ein Kriterium mit jedem weiteren Kriterium der Reihe nach verglichen. Beim Vergleich wird zeilenweise bewertet, welches Kriterium wichtiger ist. Das Kriterium, welches wichtiger ist, erhält einen Punkt. Im vorgeschlagenen Vorgehen sollte eine Entscheidung bezüglich der Gewichtung getroffen werden, ansonsten sind die Werte anzupassen. Erhält am Ende des paarweisen Vergleichs ein Kriterium keinen Punkt, so erhalten alle Kriterien einen weiteren Punkt, sodass mindestens ein Punkt pro Zielkriterium vergeben wurde und damit in der weiteren Bewertung berücksichtigt wird. (s. BUSSE VON COLBE U. WITTE 2018, S. 316–317) Zur Wahrung der Übersichtlichkeit lässt sich der paarweise Vergleich in einer Matrix mit gesperrter Hauptdiagonale abbilden. In Abbildung 7-5 ist eine beispielhaft ausgefüllte Matrix des paarweisen Vergleichs für die vorliegende Dissertationsschrift abgebildet. Die Zeilensumme bildet die beispielhafte Gewichtung nach der Anpassung ab. Die Zeilensummen vor der Anpassung sind in Klammern dargestellt.

	Steigerung der Produktivität	Reduktion der Kosten	Reduktion d. Liefer- und Durchlaufzeiten	Erhöhung der Produktqualität	Erfüllung der Kunden-bedürfnisse	Änderungs-fähigkeit des Unternehmens	Zeilensumme	Normierte Zeilensumme
Steigerung der Produktivität		0	0	1	0	1	3 (2)	0,13
Reduktion der Kosten	1		1	1	0	1	5 (4)	0,22
Reduktion d. Liefer- und Durchlaufzeiten	1	0		1	0	1	5 (4)	0,22
Erhöhung der Produktqualität	0	0	1		0	1	3 (2)	0,13
Erfüllung der Kundenbedürfnisse	1	1	1	1		1	6 (5)	0,26
Änderungsfähigkeit des Unternehmens	0	0	0	0	0		1 (0)	0,04

Abbildung 7-5: Beispielhafte Durchführung des paarweisen Vergleiches mit Anpassung der Gewichtung (eigene Darstellung)

Durch die Gewichtung der Zielgrößen wird es möglich, unter Zuhilfenahme der Einflussmatrix des Kapitels 6.3 zu bestimmen, welche Bereiche mit der höchsten Priorität

(s. Situationsanalyse) die Ziele unterstützen. Dabei kann durch die Gewichtung überprüft werden, ob die unterstützten Ziele auch besonders relevant für das Unternehmen sind.

Interpretiert man jedes Plus der Einflussmatrix als „1" und multipliziert dies mit den normierten Gewichten aus dem paarweisen Vergleich, so kann für jeden Bereich eine gewichtete Zielunterstützung bestimmt werden. Dazu summiert man die Zellenwerte der so entstandenen Einflussmatrix und teilt sie durch die Anzahl der Einträge, um den Durchschnitt zu erhalten. In Abbildung 7-6 ist das Vorgehen am Beispiel der Unternehmensfunktionen *Fertigung und Montage* sowie *Instandhaltung* dargestellt. Bereiche, die sowohl ein großes Potenzial in der Situationsanalyse aufweisen als auch eine hohe Zielunterstützung aufweisen, sollen näher betrachtet werden. Eine Auswahl von 30 % – 50 % der betroffenen Bereiche auf Ebene der Aufgabengruppe bildet einen Ausgangspunkt für die Lösungssynthese und -analyse.

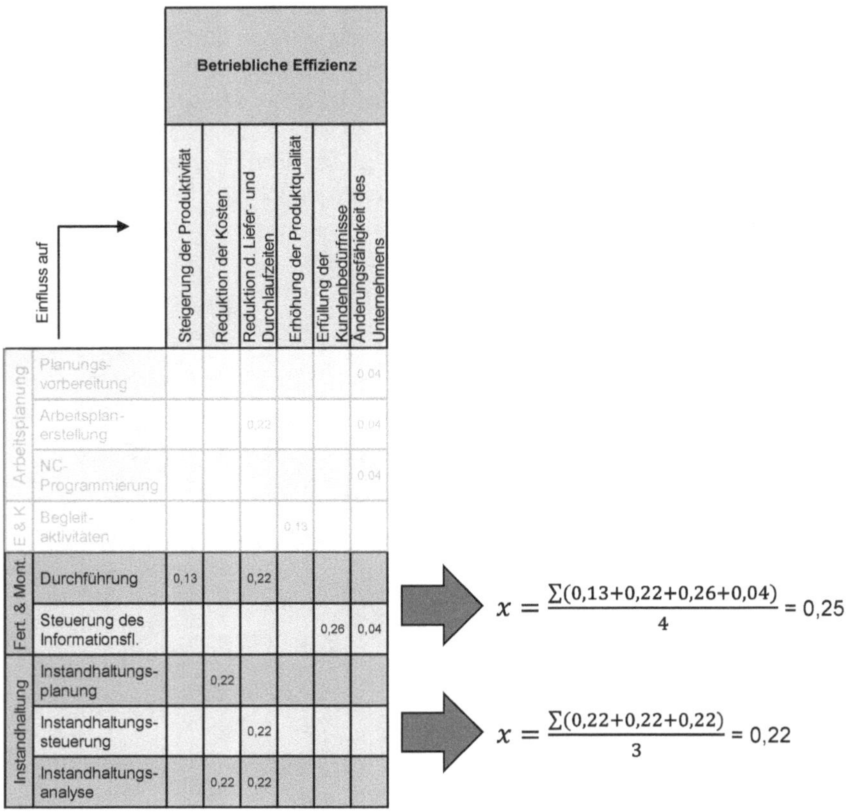

Abbildung 7-6: Ableitung der gewichteten Zielunterstützung einer Unternehmensfunktion am Beispiel der *Fertigung und Montage* und *Instandhaltung* (eigene Darstellung)

7.2.4 Synthese und Analyse von Lösungen

Die Schritte *Synthese* und *Analyse* lassen sich nach HABERFELLNER ET AL. nicht immer ganz sauber voneinander trennen und sind im hier vorgestellten Vorgehensmodell auch sehr eng miteinander verbunden (s. HABERFELLNER ET AL. 2018, S. 74–76). Wie oben vorgestellt, ist das Ziel der Synthese der Lösung die Schaffung von Implementierungsreihenfolgen der MES-Funktionsmodule und -klassen. Hierzu müssen im ersten Schritt einmal die relevanten, unterstützenden Funktionsklassen und -module der im vorherigen Schritt identifizierten Unternehmensfunktionen oder Aufgabengruppen bestimmt werden. Hierzu werden die in Kapitel 6.1 erläuterten Aufgaben-Funktions-matrizen herangezogen. Dabei wird ausgehend von den identifizierten Unternehmensfunktionen bzw. Aufgabengruppen geschaut, welche Kernaufgaben im Unternehmen unterstützt werden sollen. Über die Matrixeinträge in den Zeilen können die Funktionsklassen sowie Module des MES identifiziert werden. Die benötigten Funktionsklassen bzw. -module werden notiert und müssen im nächsten Schritt in eine sinnvolle Implementierungsreihenfolge gebracht werden. In Abbildung 7-7 ist das Vorgehen am Beispiel der Unternehmensfunktion Fertigung und Montage dargestellt.

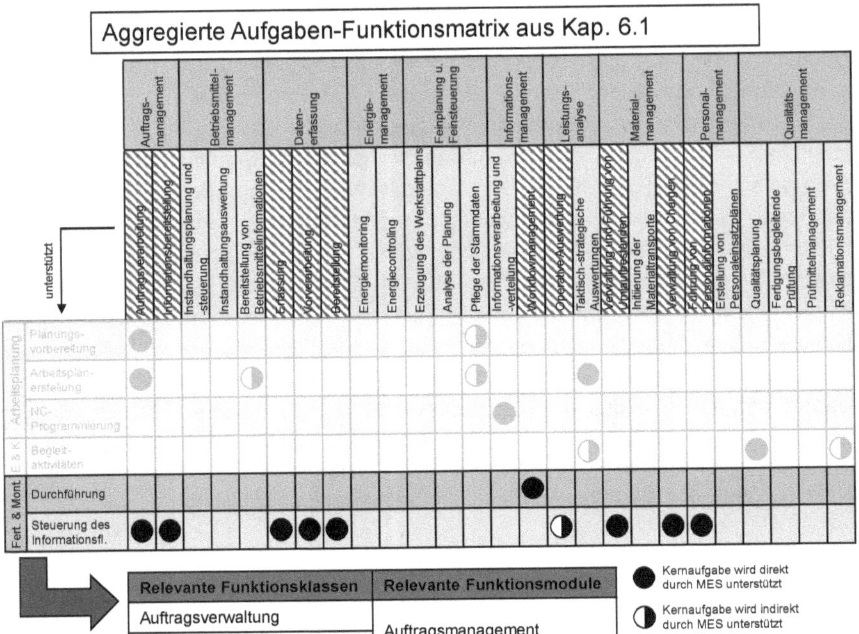

Relevante Funktionsklassen	Relevante Funktionsmodule
Auftragsverwaltung	Auftragsmanagement
Informationsbereitstellung	
Erfassung	Datenerfassung
Verarbeitung	
Bereitstellung	
Workflowmanagement	Informationsmanagement
Operative Auswertungen	Leistungsanalyse
Verwaltung und Führung von Umlaufbeständen	Materialmanagement
Verwaltung von Chargen	
Führung von Personalinformationen	Personalmanagement

Abbildung 7-7: Vorgehen zur Identifikation der relevanten Funktionen für die Einführung eines MES (eigene Darstellung)

Würde man nun entsprechend der Kombinatorik alle möglichen Lösungsalternativen für die Problemstellung aufbauen, würde man im Schritt der Analyse einen erhöhten Aufwand erzeugen. Als erste Näherung wird für jede Funktionsklasse eine Gewichtung der Unterstützung ermittelt. Hierzu ermittelt man in den Aufgaben-Funktionsmatrizen der priorisierten Bereiche, wie häufig eine Unterstützung der Funktionsklasse auftritt. Dazu wird für jede Kernaufgabe im Betrachtungsbereich die volle Unterstützung (vollausgefüllter Kreis) als ein Punkt und die teilweise Unterstützung (halbgefüllter Kreis) als halber Punkt gewertet. Anschließend werden die Funktionsklassen gemäß den Punkten in eine absteigende Rangfolge gebracht. Anschließend kann man die

Funktionsklassen anhand der Module sortieren, falls Anbieter eine Einführung einzelner Funktionsklassen nicht unterstützen wollen. Bei der Ableitung der Reihenfolge von Funktionsmodulen sollte die normierte Spaltensumme herangezogen werden. Diese berücksichtigt die Anzahl der Funktionsklassen je MES-Funktionsmodul durch die Division der Spaltensumme durch die Anzahl an Matrixzellen im betrachteten Bereich. In Abbildung 7-8 ist das beschriebene Vorgehen beispielhaft für die Unternehmensfunktion *Fertigung und Montage* dargestellt

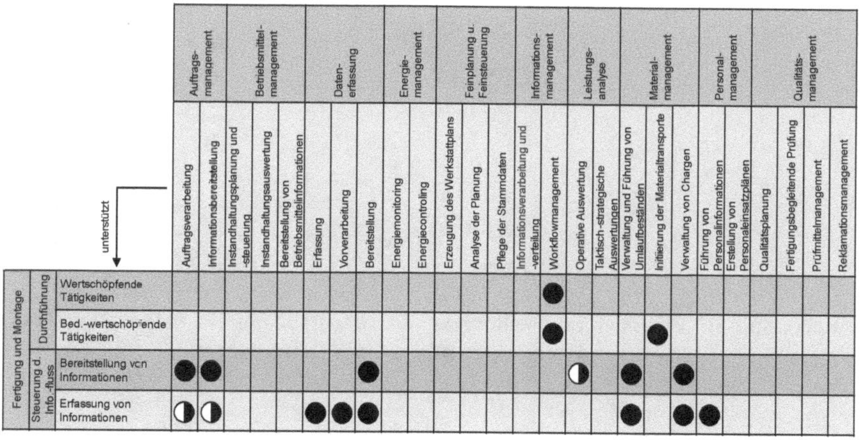

Spaltensumme je Funktionsklasse	1,5	1,5	0	0	0	1	1	2	0	0	0	0	0	0	2	0,5	0	2	1	2	1	0	0	0	0	0

Spaltensumme je Funktionsmodul	3	0	4	0	0	2	0,5	5	1	0
Normierte Spaltensumme je Funktionsmodul	0,38	0	0,25	0	0	0,25	0,06	0,42	0,13	0

● Volle Unterstützung durch MES entspricht „1"   ◑ Teilweise Unterstützung durch MES entspricht „0,5"

Abbildung 7-8: Vorgehen zur Gewichtung der Funktionsklassen und -module für die Ableitung der Reihenfolge (eigene Darstellung)

Die Reihenfolge basiert auf gewichtenden Funktionsklassen bzw. den Funktionsmodulen und berücksichtigt noch nicht die Integrierbarkeit. Zur Überprüfung der Integrierbarkeit wird mithilfe der Abbildung und der Beschreibung der Wirkungszusammenhänge (s. Abbildung 5-28 u. Kap. 5.3) welche Abhängigkeiten zwischen den Funktionsmodulen und -klassen bestehen. Dies kann zu einer Anpassung der Reihenfolge führen, wenn bestimmte Funktionen auf anderen Funktionsklassen und -modulen aufbauen. Nach einer Anpassung wird eine erneute Überprüfung durchgeführt, um die Sicherstellung der Integration zu gewährleisten.

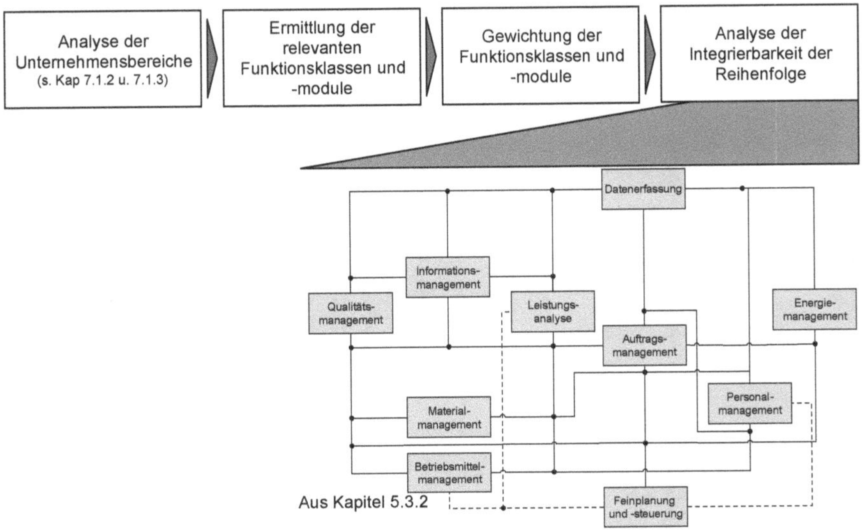

Abbildung 7-9: Vorgehen zur Bestimmung der reifegradbasierten Reihenfolge für die Implementierung eines MES (eigene Darstellung)

7.2.5 Bewertung

Der Schritt der Bewertung dient zur Rekapitulation des Vorgehens und zur Überprüfung der erstellten Lösung. Hierbei überprüft das Unternehmen, ob die ermittelte Reihenfolge eine ausreichende Unterstützung der Ziele ermöglicht. Hierzu kann die Einflussmatrix mit der Darstellung der Wirkungszusammenhänge zwischen MES-Funktionsklassen und Unternehmenszielen in Industrie-4.0-Umgebungen aus Kapitel 6.3 herangezogen werden. Ebenso kann in diesem Schritt der Aufwand der Implementierung bewertet werden. Hierzu wird auf die VDI-Richtlinie 5600-2 verwiesen. Dort werden sowohl interne als auch externe Aufwände für die Implementierung eines ME-Systems aufgezeigt. Für die Bewertung der externen Aufwände kann der Kontakt zu einem oder mehreren Anbietern aufgenommen werden. Eine Berücksichtigung der Aufwände wurde vom Autor ausgeschlossen und wird im Rahmen des Vorgehens zur reifegradbasierten Implementierung nicht berücksichtigt. An die Bewertung schließt sich der Schritt der Entscheidung zur Festlegung des weiteren Vorgehens an.

7.2.6 Entscheidung und Ergebnis

Der Vorgehensschritt der Entscheidung dient nach HABERFELLNER ET AL. der Festlegung der Lösungsvariante, welche im Gesamtvorgehen weiterbearbeitet wird. Im vorliegenden Fall bedeutet dies, dass die Implementierungsreihenfolge und damit der Objektbereich der Implementierungsstrategie festgelegt werden. Die weitere Bearbeitung liegt dann in der organisatorischen und technischen Realisierung der MES-Implementierung. Da nach dem Vorgehen von HABERFELLNER ET AL. auch die Möglichkeit besteht, dass keine der Lösungsalternativen gewählt wird, kann das produzierende Unternehmen in diesem Schritt auch den erneuten Durchlauf zur Bestimmung der Implementierungsreihenfolge anstoßen (s. HABERFELLNER ET AL. 2018, S. 76).

7.3 Zusammenfassung

Die Implementierung von Manufacturing-Execution-Systemen ist ein umfangreiches und kostenintensives Projekt für produzierende Unternehmen. Um den größtmöglichen Nutzen zeitnah mit dem Zeitpunkt der Implementierung zu erzielen und die Effekte im Unternehmen zu erfahren, bedarf es einer Implementierungsstrategie, die die sukzessive Einführung nutzenbasiert gestaltet. Da die Einführung sowohl quantifizierbare und nicht quantifizierbare Nutzeneffekte hat als auch Unternehmen einen unterschiedlichen Status quo hinsichtlich der Digitalisierung in den betrachteten Unternehmensfunktionen aufweisen, wird mit der Dissertationsschrift ein reifegradmodellbasiertes Vorgehen vorgestellt, die Implementierungsreihenfolge nutzenorientiert zu gestalten. Der Ausgangspunkt für das in diesem Kapitel vorgestellte Vorgehen ist für produzierende Unternehmen gleich, berücksichtigt jedoch unterschiedliche Ausgangssituationen und Zielstellungen, die mit der Einführung des MES verbunden sind.

Die eingesetzten Beschreibungs- und Erklärungsmodelle unterstützen den Analyse- und Entscheidungsprozess. Die Anwendung der Modelle im vorgestellten Vorgehen befähigen die anwendenden Unternehmen, **die Entscheidungssituation transparent zu gestalten, die Ausgangssituation und das Potenzial der Einführung systematisch zu analysieren und basierend darauf Lösungen zu abzuleiten**. Letzteres bedarf möglicherweise noch Anpassungen in Abstimmung mit einem möglichen MES-Lösungsanbieter, zumal mit diesem Vorgehen die Kosten bzw. der Aufwand der Einführung der Funktionen nicht abgeschätzt werden können.

8 Evaluierung der Modelle im Anwendungszusammenhang

Die Sicherstellung der Validität der in den vorherigen Kapiteln erarbeiteten Ergebnisse erfolgt im achten Kapitel. Dem forschungsmethodischen Ansatz von ULRICH U. HILL folgend werden in den Realwissenschaften die Ergebnisse im Anwendungszusammenhang validiert, um den praktischen Nutzen der Modelle bei der Lösung der identifizierten Probleme zu überprüfen. Bei der Annahme des kritischen Rationalismus nach POPPER für die Validierung gilt die postulierte Hypothese so lange als richtig, ehe sie intersubjektiv und empirisch widerlegt wird. (s. ULRICH U. HILL 1976b, S. 346) Über das Vorgehen der Falsifikation werden die aufgestellten Hypothesen und Modelle auf ihre Wahrheit oder Richtigkeit hin evaluiert. Im Rahmen der vorliegenden Evaluierung wird insbesondere das in Kapitel 7.1 vorgestellte Vorgehen hinsichtlich des praktischen Nutzens bei der Anwendung in der Realität überprüft. Neben der Überprüfung des Vorgehens werden auch Teilergebnisse des Dissertationsvorhabens hinsichtlich getroffener Annahmen durch Expertengespräche und empirische Untersuchungen validiert. Aufgrund der verfügbaren Literatur werden die Beschreibung und Strukturierung der Funktionen eines MES (Kap. 5.3) sowie die aufgestellte und bewertete Reifegrad-Funktionsmatrix (Kap. 6.2) gesondert validiert. Die Überprüfung der Lösungselemente findet anhand der in Kapitel 4.1 festgehaltenen inhaltlichen und formalen Anforderungen statt. In Kapitel 8.1 werden das Beschreibungsmodell zur Strukturierung der MES-Funktionen anhand einer empirischen Marktuntersuchung sowie die bewertete Reifegrad-Kennwert-Matrix mittels Expertengesprächen validiert. Im zweiten Unterkapitel wird das Vorgehen zur Gestaltung der reifegradbasierten Implementierung von MES im Rahmen von einer Fallstudie bei einem Anwendungsunternehmen der Energietechnik validiert. Die Ergebnisse der Validierung werden in Kapitel 8.3 zusammengefasst.

8.1 Evaluierung der Zwischenergebnisse

8.1.1 Beschreibungsmodell der MES-Funktionen

In Kapitel 5.3 wurden die Funktionen eines MES anhand der VDI 5600-1 und der Literatur von KLETTI in Funktionsmodule und Funktionsklasse unterteilt. Die Literatur von KLETTI lehnt sich bei der Beschreibung der Funktionalitäten an die des HYDRA-MES von MPDV an. Daher kann eine Übertragbarkeit auf andere Systeme nicht ohne weitere Analyse gewährleistet werden. Um diese Übertragbarkeit der Ergebnisse und damit auch die breite Anwendbarkeit des gesamten Vorgehens zur reifegradbasierten Implementierung von ME-Systemen zu gewährleisten, wird im Folgenden validiert, inwiefern marktübliche Systeme den Funktionsumfang abdecken.

Dazu wird eine quantitative Auswertung von einer bereits durchgeführten Umfrage unter ME-Systemanbietern durchgeführt. Die Umfrage wurde durch die Trovarit AG durchgeführt. Da die Daten nicht für den Untersuchungszweck vom Autor der

Dissertationsschrift erhoben wurden, werden die erhobenen Daten als externe Sekundärdaten bezeichnet. Vor der eigentlichen Analyse von Sekundärdaten sollten die Sekundärdaten so umfassend wie möglich beschrieben werden. (s. LANCASTER 2004, S. 92) Hierzu werden in den nächsten Abschnitten die Stichprobe, der Fragebogen und die Datenerhebung durch die Trovarit AG beschrieben. Anschließend wird auf die quantitative Analyse der Daten eingegangen.

Beschreibung der Sekundärdaten

Um die Sekundärdaten zu beschreiben, sollten in einem ersten Schritt die datenerhebende Institution und der mit der Erhebung verbundene Zweck beschrieben werden. Die Trovarit AG ist ein Beratungsunternehmen und bietet Dienstleistungen und Software-Lösungen zur Auswahl von betrieblichen Informationssystemen für Unternehmen an. Dies umfasst u. a. Lösungen aus den Softwarebereichen ERP, CRM und MES. Im Rahmen ihrer Software-Lösung des IT-Matchmakers® können sich Software-Anbieter und Beratungsunternehmen, welche Software-Lösungen verkaufen, listen lassen. Ziel ist es, diese im Auswahl-Prozess mit auswählenden Unternehmen anforderungsbasiert zusammenzubringen, sodass das auswählende Unternehmen eine passende Software-Lösung findet. Einen Schritt im Auswahl-Prozess stellt die Marktrecherche dar, bei der auf Basis eines systemspezifischen Aufgabenprofils das auswählende Unternehmen aus den 164 gelisteten MES-Lösungen eine Vorauswahl treffen kann. Mit der Vorauswahl können Anforderungen detaillierter besprochen werden. Die Anbieter lassen sich freiwillig auf der Plattform der Trovarit AG auflisten.

Für die von der Trovarit durchgeführten Umfrage wurden die 164 auf der Plattform gelisteten MES-Lösungen befragt. Die Auswahl der Stichprobe zeigt eine hohe Überdeckung im deutschsprachigen Raum. Der deutschsprachige MES-Markt wird von WIENDAHL ET AL. auf über 170 Lösungen geschätzt, wodurch die Stichprobe der Trovarit eine gute Abbildung des Marktes ermöglicht (s. WIENDAHL ET AL. 2019, S. 59).

Lösungsanbieter, welche auf der Plattform der Trovarit AG gelistet werden möchten, müssen zur Aufnahme auf der Plattform einmalig den Fragebogen bezüglich ihres Funktionsumfangs ausfüllen und werden halbjährlich gebeten, eine Aktualisierung ihrer Antworten vorzunehmen. Die letzte Aktualisierung der Fragen des Fragebogens wurde im Jahr 2017 vorgenommen.[1]

Der Fragebogen der Trovarit AG erfasst den Funktionsumfang der MES-Lösungen der Anbieter, um den auswählenden Unternehmen eine Marktrecherche zu ermöglichen. Die Trovarit hat hierzu ein eigenes Funktionsmodell basierend auf ihrem MES-Lastenheft erarbeitet. Die Trovarit legt dem Fragebogen ihr eigenes MES-Funktionsmodell mit 321 Funktionen zugrunde. Dieses Aufgabenmodell spezifiziert die Funktionalitäten der MES-Lösungen und enthält die für MES typischen Funktionsbereiche. Das

[1] So lautete die Angabe von Mitarbeitern der Trovarit AG im Jahr 2020.

Funktionsmodell der Trovarit ist detaillierter als das in dieser Dissertationsschrift konstruierte Modell (82 Funktionen). Die Antworten zum Funktionsumfang der 164 MES-Lösungen wurden im Oktober 2020 als Datensatz aus der Plattform der Trovarit ausgeleitet.

Vorbereitung der quantitativen Datenauswertung

Da das von der Trovarit AG aufgebaute Funktionsmodell mehr Funktionen als das in der Dissertationsschrift erarbeitete Modell erhält, werden die Funktionen des Trovarit-Modells zusammengefasst und den Funktionen des Beschreibungsmodells zugeordnet. Durch die Zusammenfassung von Funktionalitäten im Rahmen der Auswertung kann den Unterschieden beider Modelle Rechnung getragen und eine Übertragbarkeit der Ergebnisse realisiert werden. Die Zusammenfassung der Funktionen wird in den Tabellen im Anhang I dargestellt. Dabei sind in der linken Hälfte der Tabelle Funktionsmodule und -klassen sowie Funktionen der Dissertationsschrift und in der rechten Hälfte der Tabelle die Funktionsmodule und -klassen sowie einzelne Funktionen des Aufgabenmodells der Trovarit abgebildet. Für 13 Funktionen des in der Dissertationsschrift aufgebauten Modells konnten keine korrespondierenden Funktionen der Trovarit gefunden werden. Dies entspricht einer Übereinstimmung der Modelle von 84,1 %. Insbesondere das Energiemanagement sowie das Reklamationsmanagement werden im Funktionsmodell der Trovarit nicht betrachtet. Weitere nicht überdeckte Funktionen sind in der Tabelle hervorgehoben. Diese 13 Funktionen lassen sich im Rahmen der Sekundärdatenauswertung nicht bewerten.

Die Gesamtheit der Sekundärdaten umfasst 164 Systemlösungen, welche als MES bezeichnet werden können. Die Anzahl an Systemlösungen wurde für die Auswertung jedoch auf Basis von drei Kriterien reduziert. Das erste Kriterium ist, dass der Fragebogen für die Systemlösung ausgefüllt ist und die letzte Aktualisierung am oder nach dem 01.01.2018 stattgefunden hat. So kann sichergestellt werden, dass der Fragebogen ausgewertet werden kann und aktive Systemanbieter mit aktuellen Systemlösungen für die Auswertung herangezogen werden. Das zweite Kriterium ist, dass ausschließlich Hersteller eines ME-Systems aufgeführt werden, da so sichergestellt ist, dass Lösungen nicht doppelt gezählt werden, da sie möglicherweise durch Beratungen oder Systemhäuser zusätzlich vertrieben werden. Das dritte Kriterium umfasst die Anzahl an Installationen des Systems. Der Grenzwert, um in der Auswertung berücksichtigt zu werden, umfasst mehr als 100 Installationen weltweit. Dadurch soll sichergestellt werden, dass es sich um etablierte Systeme mit einer gewissen Marktdurchdringung handelt. Durch die Anwendung der drei oben beschriebenen Kriterien zur Filterung wurde die Stichprobe auf 38 Systemlösungen reduziert.

Quantitative Auswertung der Daten

Im Rahmen der Auswertung wird nun überprüft, wie viele der ME-Systeme die Funktionen anbieten, um festzustellen, ob das aufgebaute Beschreibungsmodell der MES-Funktionen auch weitere marktfertige MES-Lösungen neben der MPDV-Lösung Hydra hinreichend und umfassend beschreibt. Zur Festlegung, ob das Beschreibungsmodell hinreichend genau weitere ME-Systeme beschreibt, wird angenommen, dass mindestens 60 % der analysierten Systeme die Funktionen integriert haben oder durch Erweiterungen eines Partners abgedeckt werden. Aufgrund der unterschiedlichen Detaillierung der beiden Funktionsmodelle kann es vorkommen, dass manche Funktionen des Dissertationsmodells durch mehrere Funktionen des Trovarit-Modells beschrieben werden. In diesem Fall wird für die Auswertung der geringste Wert herangezogen, der die Funktion des Dissertationsmodells beschreibt. Die Auswertung der Daten wird im Folgenden grafisch visualisiert und kurz beschrieben:

Bezogen auf alle 82 Funktionen des Funktionsmodells werden durch die 38 analysierten Anbieter 76,8 % aller Funktionen angeboten, bezogen auf die 69 durch das Trovarit-Modell bewertbaren Funktionen werden 92,6 % der Funktionen abgedeckt. In folgender Abbildung 8-1 sind die Überdeckung nach Funktionsmodulen abgebildet.

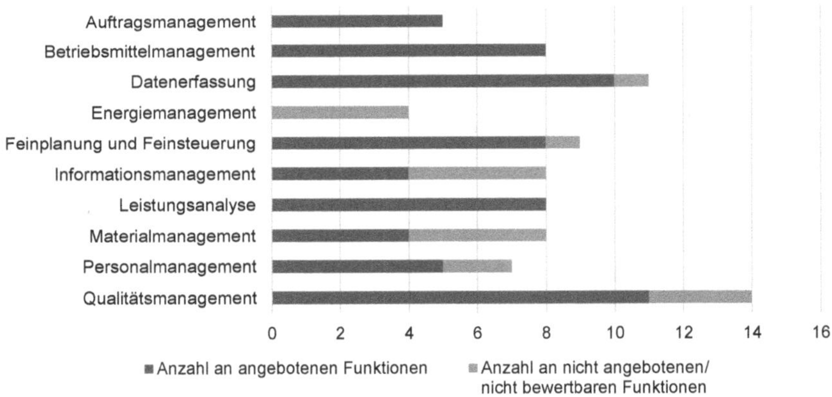

Abbildung 8-1: Auswertung der durch MES-Lösungen angebotenen MES-Funktionen, strukturiert nach den Funktionsmodulen (eigene Darstellung)

Alle fünf Funktionen des Funktionsmoduls des **Auftragsmanagements** und die acht Funktionen des **Betriebsmittelmanagements** werden durch etablierte, auf dem Markt erhältliche ME-Systeme angeboten. Die Funktion *Bereitstellung für MES-Module* des Moduls **Datenerfassung** wird nicht durch Trovarit-Funktionen abgebildet. Jedoch ist anzunehmen, dass dies eine elementare Funktion für MES-Lösungen ist, welche die generelle Funktionsweise von ME-Systemen ermöglicht. Die Funktionen des **Energiemanagements**, welches von der VDI-Richtlinie 5600-1 aufgeführt wird, werden im Rahmen des Trovarit-Modells durch eine Funktion abgefragt, welche von 42,1 % der betrachteten Anbieter angeboten wird. Dies reicht nicht, um im Rahmen der Dissertationsschrift als relevante Marktabdeckung angesehen zu werden. Im Rahmen von geführten Expertengesprächen mit Anwendern von ME-Systemen wurden die Funktionen des Energiemanagements häufig als nicht besonders relevant für ihr

Unternehmen angesehen. Möglicherweise hat eine geringe Nachfrage der Funktionen bei MES-Anbietern nach Funktionen des ME-Systems zu einem geringen Angebot geführt. Dies ist jedoch nur eine Vermutung und müsste in einer umfänglichen und repräsentativen Studie unter MES-Lösungsanbietern untersucht werden.

Die Funktion *Ermittlung planungsrelevanter Kennzahlen* der **Feinplanung und Feinsteuerung** kann nicht durch eine Funktion im Funktionsmodell der Trovarit bewertet werden. Die Funktionen *Verarbeitung* und *Verteilung von Daten*, *Benutzerverwaltung*, *Eskalationsmanagement* und *Prozessverriegelung* des **Informationsmanagements** werden ebenfalls nicht im Funktionsmodell der Trovarit abgefragt, wodurch das marktseitige Angebot nicht überprüft werden kann. Die ersten genannten Funktionen der *Datenverteilung* und *Verwaltung von nutzenden Personen* können als elementare Funktionen eines ME-Systems angesehen werden, welche daher wahrscheinlich nicht explizit durch die Trovarit im Rahmen der halbjährigen Umfrage geprüft werden. Die Funktionen des *Eskalationsmanagements* und der *Prozessverriegelung* können nicht als elementare Funktionen angesehen werden. Hier kann eine Bewertung im Rahmen der Datenauswertung nicht vorgenommen werden, da die Funktionen des Trovarit-Modells im Rahmen des Workflowmanagements keine Aussagen zulassen.

Die Funktionen der **Leistungsanalyse** werden entgegen der sonst detaillierten Betrachtung der Funktionen im Trovarit-Modell durch weniger Funktionen abgebildet. Ebenso findet keine Unterscheidung in operative oder strategische Auswertungen statt. Jedoch lassen sich Funktionen aus dem Trovarit-Modell entsprechend zu Funktionen zuordnen, welche eine weitreichende Überdeckung der in der Dissertationsschrift beschriebenen Funktionen erkennen lassen.

Das Funktionsmodul des **Materialmanagements** weist bei vier Funktionen kein ausreichendes Angebot nach. Die *Verwaltung von Beständen* und *von Ladungsträgern* wird durch verschiedene Funktionen des Trovarit-Modells abgebildet. Teilweise erreichen diese kein marktseitiges Angebot von 60 %. Hierbei sind die *Verwaltung der Lagerorte*, welche zur *Verwaltung von Beständen* zählt, sowie die *Verwaltung von Mehrwegladungsträger* Funktionen, welche nicht von einer entsprechend großen Anzahl von Anbietern abgedeckt wird. In der Funktionsklasse der *Verwaltung von Chargen* kann die geforderte Anzahl an Anbietern keine *Seriennummernverfolgung* anbieten. Hier können nur etwas mehr als die Hälfte der Anbieter diese Funktionalität anbieten. Die *Verfolgung von Chargen und Losen* wird von mehr als 60 % angeboten. Die Funktionalität *Erstellung von Dokumentation* der Funktionsklasse *Verwaltung von Chargen* wird nicht durch Funktionen des Trovarit-Modells beschrieben und kann daher nicht bewertet werden.

Das Funktionsmodul **Personalmanagement** weist bei der Funktion der *Verwaltung von Zeitkonten* nur ein Angebot von 57,9 % auf. Dies ist immer noch eine sehr hohe Überdeckung, jedoch liegt sie unter der geforderten Grenze von 60 %. Die Funktion Ermittlung des Leistungslohns wird nicht durch das Funktionsmodell der Trovarit beschrieben und es kann daher keine Aussage zur Überdeckung getroffen werden.

Beim **Qualitätsmanagement**-Modul werden die Funktionen der Klasse *Reklamationsmanagement* nicht durch das Funktionsmodell der Trovarit abgefragt. Daher lässt sich keine Aussage diesbezüglich treffen. Die restlichen Funktionen des Qualitätsmanagements werden durch einen Großteil der betrachteten ME-Systeme abgedeckt. Hierbei liegt die Überdeckung häufig um die 80 %.

Zusammenfassend lässt sich festhalten, dass das aufgebaute Beschreibungsmodell zur Strukturierung der MES-Funktionalitäten den Funktionsumfang der im Markt verbreiteten Systeme abdeckt. Anhand der Daten der Trovarit konnte für 63 der 82 Funktionen des Modells ein marktseitiges Angebot über das MES von MPDV hinaus nachgewiesen werden. Für 13 Funktionen konnte datenbasiert keine Aussage über die Abdeckung durch erhältliche ME-Systeme getroffen werden.

8.1.2 Validierung der Reifegrad-Kennwert-Matrix

Experteninterviews sind eine qualitative Methode der empirischen Sozialforschung und zeichnen sich dadurch aus, dass mittels Kommunikation mit Experten deren spezifisches Fachwissen zur Validierung genutzt wird (s. BAUR U. BLASIUS 2019, S. 15). Zur Strukturierung und Sicherstellung der Vergleichbarkeit zwischen mehreren Experteninterviews werden Gesprächs- bzw. Interviewleitfäden erstellt, welche den Befragten auch zur Vorbereitung auf das Gespräch dienen können (s. HELFFERICH 2019, S. 670). Bei den Experteninterviews kann zwischen der Validierung mit Interviewpartnern zur Validierung der Datenerhebung und sogenannten Expert-Debriefings unterschieden werden. Bei Letzteren werden Ergebnisse durch andere Forschende oder Experten des Feldes zum Betrachtungsgegenstand des Interviews. (s. FLICK 2019, S. 477–478) Die Wahl der Experten und die Beurteilung ihrer Eignung obliegt bei dem Vorgehen dem Forschenden (s. HELFFERICH 2019, S. 670–671).

Zur Überprüfung der Validität der in Kapitel 6.2 aufgestellten Reifegrad-Kennwert-Matrix wurden Experteninterviews mit Mitarbeitern des „Industrie 4.0 Maturity Center" durchgeführt. Das „Industrie 4.0 Maturity Center" nutzt den *acatech Industrie 4.0 Maturity Index* im Rahmen von bilateralen Beratungsprojekten in der Wirtschaft zur Messung des Industrie-4.0-Reifegrads von Unternehmen. Hierbei hat das Center den *acatech Industrie 4.0 Maturity Index* kontinuierlich weiterentwickelt. Die befragten Mitarbeiter des Centers haben langjährige Erfahrung in der Anwendung und Weiterentwicklung des Index und wurden im Rahmen der Interviews zu ihrer Einschätzung des aufgestellten Reifegradmodells, der verwendeten Morphologie sowie zur Bewertung der Unterstützung der Kernaufgaben im Unternehmen durch ME-Systeme befragt.

Im Rahmen der durchgeführten Experteninterviews wurden einzelne Mitarbeiter des „Industrie 4.0 Maturity Center" in Einzel- oder Gruppeninterviews zu ihrer Einschätzung der bewerteten Reifegrad-Kennwert-Matrix befragt. Neben der Validität der Ergebnisse, also der richtigen Herleitung der Typen sowie der korrekten Bewertung der IT-Unterstützung in den einzelnen Kernaufgaben, wurden die Befragten auch um eine Einschätzung der Utilität und Reliabilität gebeten. Zu Beginn wurde die zugrundeliegende Struktur produzierender Unternehmen samt aller Unternehmensfunktionen und Kernaufgaben vorgestellt. Danach wurden das Vorgehen zur Erstellung der Reifegrad-Kennwert-Matrix sowie der morphologische Kasten zur Ableitung der Reifegradstufen vorgestellt und erläutert. Anschließend wurde für jede Kernaufgabe die maximal erreichbare Reifegradstufe anhand der unterstützenden MES-Funktionen erklärt. Hierbei wurden insbesondere die *Bereitstellung von Informationen* im Rahmen der Unternehmensfunktion *Fertigung und Montage* sowie die *Festlegung von Prüfmerkmalen* im Rahmen der *Qualitätssicherung* intensiver diskutiert. Die *Bereitstellung von Informationen* kann bei unterschiedlichen, den befragten Personen bekannten IT-Systemen heute schon adaptiv geschehen. Hierzu wurde diesbezüglich eine Neubewertung dieser Kernaufgabe auf die höchste Reifegradstufe diskutiert. Im Gespräch stellte sich jedoch heraus, dass das verwendete IT-System dem Funktionsumfang eines MES gleichkam, jedoch eine Eigenlösung des Unternehmens war. Die betrachtete Software war demnach keine Standardsoftware, welche im Rahmen der Dissertationsschrift betrachtet wurde. Darüber hinaus konnten die vorgestellten Ergebnisse durch die Experten hinsichtlich der Validität bestätigt werden.

Die befragten Experten beurteilten auch die Utilität der Teilergebnisse für eine Anwendung im Rahmen ihrer Beratungsdienstleistungen als sinnvoll, um nach der Durchführung einer Reifegradbestimmung bei einem produzierenden Unternehmen diesem mithilfe der Reifegrad-Kennwert-Matrix aufzeigen zu können, ob eine Einführung eines ME-Systems eine Verbesserung des aktuellen, unternehmensspezifischen Industrie-4.0-Reifegrades ermöglicht. Hinsichtlich der Reliabilität wurde angemerkt, dass eine kontinuierliche Anpassung der Reifegrad-Kennwert-Matrix mit steigendem Funktionsumfang von ME-Systemen geschehen muss. Ebenso wurde wie oben erwähnt angemerkt, dass Speziallösungen sowie eigenprogrammierte Systeme nicht betrachtet werden.

8.2 Evaluierung des Vorgehens anhand einer Fallstudie bei einem Anwendungsunternehmen

Fallstudien stellen ebenfalls ein Verfahren der qualitativen, empirischen Sozialforschung dar, bei dem der Untersuchungsgegenstand im realen Kontext betrachtet wird (s. BORCHARDT U. GÖTHLICH 2009, S. 34). Bei der Anwendung von Fallstudien kann zwischen Einzelfallstudien und vergleichenden Fallstudien unterschieden werden. Bei vergleichenden Fallstudien können die gewonnenen Erkenntnisse im Gegensatz zur Einzelfallstudie mit mehreren Fällen abgeglichen werden, wodurch die Ergebnisse als robuster und vertrauenswürdiger gelten. Bei der Erhebung von Fallstudien kann zwischen standardisierten und nicht standardisierten Erhebungs- und Auswerteverfahren unterschieden werden. (s. BORCHARDT U. GÖTHLICH 2009, S. 36–37) Ziel ist dabei, einen Prozess zu bieten, um ein tiefes Verständnis für das Betrachtungsobjekt zu erlangen. Im Gegensatz zum Experiment wird bei der Fallstudie das Betrachtungsobjekt nicht aus seiner natürlichen Umgebung herausgelöst, sondern es werden bewusst fließende Grenzen zwischen Fall und Umgebung zugelassen. (s. HERING U. SCHMIDT 2019, S. 619–620) Im Rahmen der Forschungsmethodik von ULRICH U. HILL stellt die Durchführung von Fallstudien eine Möglichkeit zur Anwendung der entwickelten Methodik zur Gestaltung der reifegradbasierten Implementierung im realen Kontext dar. Die sogenannten Realisierungsversuche ermöglichen die empirische Überprüfung durch die aktive Gestaltung im realen System. (s. ULRICH U. HILL 1976b, S. 349) Im Rahmen der durchgeführten Fallstudie sollen neben den formalen auch die inhaltlichen Ziele der Dissertationsschrift überprüft werden (s. Kap. 4.1). Im Folgenden wird die Fallstudie bei dem Anwendungsunternehmen der Energietechnik vorgestellt.

8.2.1 Ausgangssituation des Anwendungsunternehmens

Das Anwendungsunternehmen ist ein weltweit agierender Hersteller von Anlagen zur Wasserstoffgewinnung. Dabei befindet sich das Unternehmen aktuell in einer Umstellung seines Produktportfolios. Aktuell können sowohl Anlagen der vorangegangenen Generation an Wasserstoffelektrolyseuren gekauft werden, welche als komplette Anlagen kundenspezifisch konfiguriert und aufgebaut werden, als auch Anlagen der neuen Generation. Die neue Generation an Wasserstoffelektrolyseuren kann nur noch anhand definierter Module konzipiert werden. Hierbei werden die Module zur Elektrolyse von dem Anwendungsunternehmen hergestellt. Weitere verfahrenstechnische Elemente der Gesamtanlage, z. B. die Verrohrung oder Pumpen, werden von Lieferanten beschafft, jedoch nicht mehr von dem Anwendungsunternehmen aufgebaut, wie es bei der vorangegangenen Generation üblich war. Der Aufbau der neuen Generation wird von Subunternehmern übernommen.

Die Produktion der Anlagen unterscheidet sich zwischen den Generationen nur im Umfang der Montage der verfahrenstechnischen Anlagen. Kernprodukt beider Generationen sind die Elektrolyseure, welche trotz unterschiedlicher Dimensionen die gleichen Schritte durchlaufen. Die Produktion der Elektrolyseure wird ohne durchgängige informationstechnische Unterstützung (s. Situationsanalyse) durchgeführt. Der Herstellungsprozess für die Kerneinheit eines Wasserstoffelektrolyseurs umfasst die MEA-Fertigung (engl. *Membrane electrode assembly,* dt. Membran-Elektroden-Einheit), das Stapeln der MEA, die Montage der Module und die Gesamtmontage der Anlagen (nur bei der älteren Generation). Die MEA-Fertigung geschieht teilautomatisiert an speziellen Fertigungsstraßen, wobei zwei unterschiedliche Elektrodenmassen beidseitig auf eine dünne Membran aufgetragen werden. Nach dem Trocken der Elektrodenmassen werden die Membran-Elektroden zugeschnitten und gestapelt. Das Zuschneiden sowie das Stapeln der MEA werden teilautomatisiert durchgeführt. Daran schließen sich die Modulmontage sowie die Gesamtmontage an, welche jeweils an einzelnen Werkstatt-Arbeitsplätzen mit hohem manuellen Arbeitseinsatz erfolgen. Hierbei werden die hergestellten MEAs sowie zugekaufte Komponenten bei der Montage der Module zusammengebaut. Hierzu werden zugeschnittene MEAs zu Zellen montiert; mehrere Zellen bilden ein Modul. Die Montage der Zellen zu einem Modul erfolgt vornehmlich manuell. Zwar gibt es auch einen Roboter zur Unterstützung eines Montageschrittes in der neuen Generation der Module, jedoch überwiegt der manuelle Anteil im Vergleich. Ist ein Modul vormontiert, wird es in einer Presse unter Druck verschraubt. Anschließend kann ein Funktionstest der montierten Module erfolgen. Für die neue Generation an Wasserstoffelektrolyseuren endet die Produktion im Werk des Anwendungsunternehmens nach der Verschraubung der Module und einem möglichen Test. Bei der älteren Generation der Wasserstoffelektrolyseure erfolgt im Anschluss an die Modulmontage die Gesamtmontage. Hierzu werden mehrere Module zu einem Stack vormontiert und mehrere Stacks mit beschafften, verfahrenstechnischen Elementen zu einer Gesamtanlage vormontiert und angeschlossen. Nach erfolgreichen Tests wird die Gesamtanlage demontiert und an den Kunden verschickt.

Im Rahmen von Ausbau- und Wachstumsmaßnahmen im Bereich der grünen Wasserstoffelektrolyse plant das Unternehmen die Einführung eines Manufacturing-Execution-Systems. Die aktuelle IT-Unterstützung zur Planung, Steuerung, Durchführung und Controlling der Produktion basiert auf der konzernweiten SAP-ERP-Lösung sowie einer Reihe eigenprogrammierter Lösungen auf Basis von Microsoft-Access- und Excel-Lösungen. Aufgrund hoher manueller Aufwände zur Steuerung und Durchführung der Produktion sowie einer geringen und zeitlich verzögerten Transparenz über die Produktionsabläufe wurde der Entschluss zur Einführung eines Manufacturing-Execution-Systems gefasst. Vor der Durchführung der Validierung wurde vom Anwendungsunternehmen ein Auswahlprojekt für eine MES-Lösung in Zusammenarbeit mit einer Aachener Unternehmensberatung durchgeführt. Im Rahmen des Auswahlprojektes war der Autor dieser Dissertationsschrift für die inhaltliche Projektleitung zuständig.

8.2.2 Anwendung des Vorgehens

Im Folgenden wird das in Kapitel 7 vorgestellte Vorgehen im Anschluss an das Auswahl- und vor dem Implementierungsprojekt für ein MES-System bei dem Unternehmen angewandt. Dabei werden die Ergebnisse der einzelnen Schritte des Vorgehens vorgestellt. Das Vorgehen wird in Kapitel 7, die Lösungsbausteine des Vorgehens in den Kapitel 5 und 6 vorgestellt. Die Anwendung des Vorgehens wurde mit den Projektleitern des Auswahlprojektes durchgeführt.

Der Anstoß-Moment

Der Anstoßmoment beschreibt den zeitlichen und organisatorischen Anlass für die Durchführung des Vorgehens zur Bestimmung der reifegradbasierten Implementierung eines Manufacturing-Execution-Systems. Beim Anwendungsunternehmen ist der Auslöser für die Durchführung des Vorgehens die bevorstehende Implementierung einer kommerziellen MES-Lösung. Hierzu wurde vor der Anwendung des Vorgehens ein Lösungsanbieter in einem anbieterneutralen Prozess ausgewählt. Aufgrund der Wachstumsbestrebungen und der steigenden Kundennachfragen soll ein sukzessives Vorgehen zur Implementierung des modularen, ausgewählten MES avisiert werden, um längere Stillstandzeiten und die starke Einbindung von Mitarbeiter*innen im Implementierungsprojekt zu umgehen. Das Anwendungsunternehmen erhofft sich die

Möglichkeit, schneller Funktionen in Betrieb zu nehmen bei gleichzeitig kürzeren Produktionsunterbrechungen und einer schnelleren Lern- und Eingewöhnungsphase für die Anwender*innen des Systems. Im Anschluss an die Vorgehensdurchführung soll mit der ermittelten Implementierungsreihenfolge das Vorgehen mit dem Lösungsanbieter diskutiert und vertraglich festgehalten werden.

Situationsanalyse

Die Situationsanalyse umfasst die Bestimmung der unternehmensspezifischen Ausgangssituation und des daraus resultierenden Potenzials der Einführung des MES unter Zuhilfenahme des in Kapitel 6.2 entwickelten Reifegradmodells. Im ersten Schritt wurden hierzu mit dem Anwendungsunternehmen die Reifegrade der einzelnen Kernaufgaben ermittelt. Eine Übersicht über die Ergebnisse der Situationsanalyse ist in der Reifegrad-Kennwert-Matrix (s. Abbildung 8-2) auf Ebene der Aufgabengruppe dargestellt und wird im Folgenden beschrieben.

Das Anwendungsunternehmen erreicht in den Aufgabengruppen *Planungsvorbereitung* und *Arbeitsplanerstellung* der Arbeitsvorbereitung durchgängig den Reifegrad der Konnektivität. Hier setzt das Unternehmen auf die ERP-Lösung von SAP, welche eine durchgängige Prozessunterstützung bietet. Aufgrund der Fertigungsprozesse nutzt das Anwendungsunternehmen keine NC-Maschinen. Die Aufgabengruppe der NC-Programmierung ist daher nicht relevant und wird nicht in der Situationsanalyse betrachtet. Die Kernaufgabe des *Qualitätsmanagements* in der Entwicklung und Konstruktion wird durch eine digitale Insellösung unterstützt, weshalb nur der Reifegrad der Computerisierung erreicht wird. Die Fertigung und Montage werden nur sehr eingeschränkt durch informationstechnische Lösungen unterstützt. Die *Durchführung* sowie die Bereitstellung von Informationen geschehen papierbasiert. Lediglich bei der Kernaufgabe *Erfassung von Informationen* (Aufgabengruppe: *Steuerung des Informationsflusses*) kann an einzelnen Stellen auf eine digitale, automatisierte Erfassung von Daten zurückgreifen, welche durch eine nichtkonnektierte Datenbanklösung umgesetzt wurde. Die Instandhaltung wird ebenfalls in weiten Teilen nicht durch Informationssysteme unterstützt. Vereinzelt werden ERP-Funktionalitäten genutzt, jedoch sind Prozesse und Aufgaben nicht durchgängig digital abgebildet. Die *Instandhaltungsplanung* wird bei der Arbeitsplanerstellung sowie der Pflege der Stammdaten durch Funktionen der ERP-Lösung unterstützt. Eine zeitliche Planung der Aktivitäten erfolgt nicht. Lediglich die Auftragsveranlassung der *Instandhaltungssteuerung* wird wieder durch die ERP-Lösung abgebildet. Dies dient der Nachhaltung der angefallenen Instandhaltungskosten. Im Rahmen der *Instandhaltungsanalyse* werden durch eine Microsoft-Excel-Tabelle papierbasiert erfasste Maschinenausfälle ausgewertet. Durch die fehlende Integration in die Prozesse und SAP-Lösung der Instandhaltung wird in der Kernaufgabe *Schwachstellenanalyse* die Reifegradstufe *Computerisierung* erreicht. Die meisten Kernaufgaben der Instandhaltung werden papierbasiert erledigt und sind nicht in IT-Lösungen integriert. Die *Produktionslogistik* kann auf eine durchgängige Unterstützung der ERP-Funktionen zurückgreifen und erreicht in der Aufgabengruppe

Durchführung die Reifegradstufe der *Konnektivität*. Die Aufgabengruppe der *Planung* erreicht nur die *Computerisierung*, da für die Erzeugung von Transportaufträgen auf eine Excel-Lösung zurückgegriffen wird, welche durch manuelle Prozesse einen Überblick über die bereitzustellenden Artikel bietet.

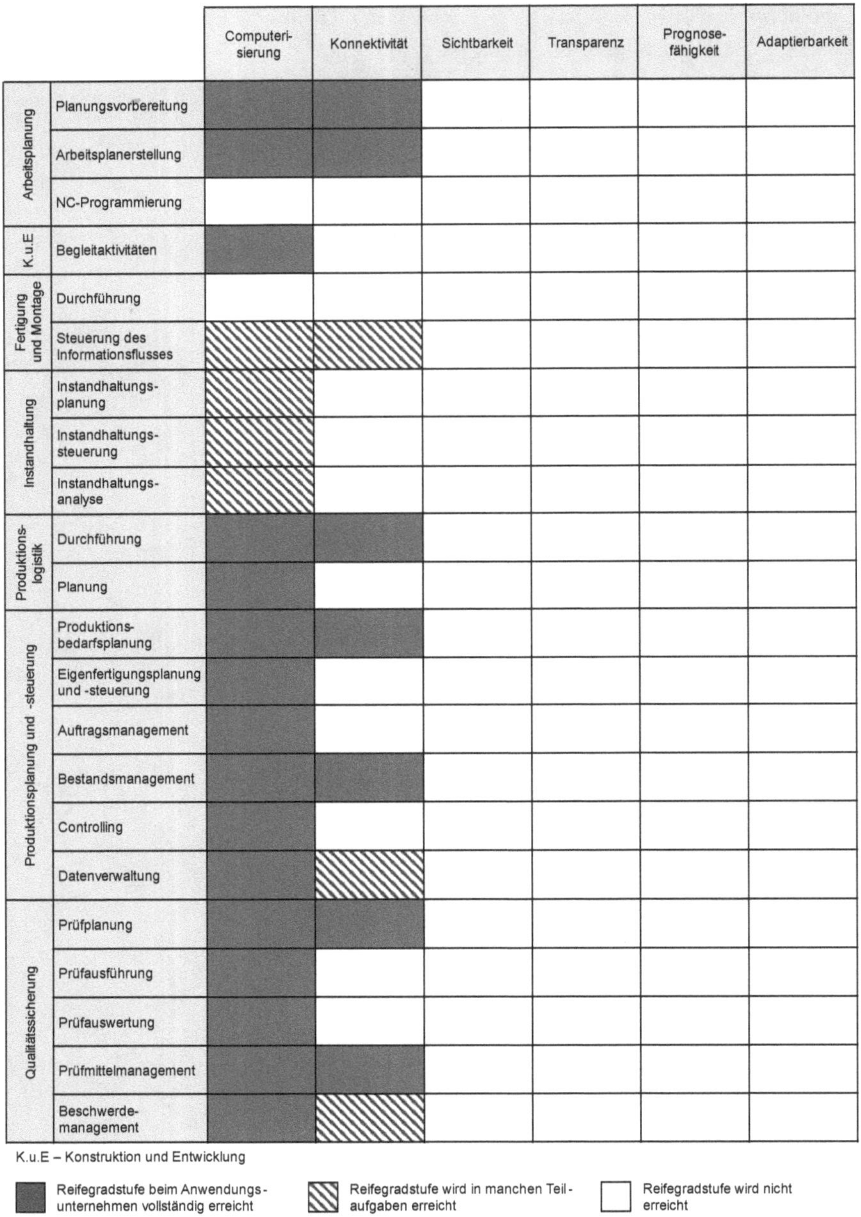

Abbildung 8-2: Ergebnis der Situationsanalyse beim Anwendungsunternehmen in der Reifegrad-Kennwert-Matrix (eigene Darstellung)

Die *Produktionsplanung und -steuerung* greift im Rahmen der mittelfristigen *Produktionsbedarfsplanung* sowie des *Bestandsmanagements* auf die durchgängig implementierten Funktionen der ERP-Lösung zurück und bildet dort die Prozesse ab. Dadurch kann in den Aufgabengruppen die Reifegradstufe der *Konnektivität* erreicht werden. In der *Eigenfertigungsplanung und -steuerung* und der *Auftragskoordination* wird auf eigenprogrammierte Insellösungen zurückgegriffen, womit die Reifegradstufe der *Computerisierung* erreicht wird. Das *Produktionscontrolling* nutzt die papierbasierten Auftragspapiere mit handschriftlichen Rückmeldungen zur Auswertung. Die Informationen werden durch Mitarbeiter manuell in Excel-Lösungen ausgewertet und für die Ableitung von Maßnahmen herangezogen. Die *Datenverwaltung* erreicht durch die Nutzung der ERP-Lösungen im Bereich der Stammdatenpflege die Reifegradstufe der Konnektivität. Die Bewegungsdaten, welche manuell sowie digital erfasst werden, werden nicht in die Datenbank des ERP-Systems eingespielt und verweilen in den eigenprogrammierten Lösungen sowie Excel-Tabellenblättern. Dadurch wird für die Kernaufgaben nur die erste Reifegradstufe erreicht. In der *Qualitätssicherung* werden teilweise Funktionalitäten der ERP-Lösung sowie Insellösungen zur Durchführung der Kernaufgaben genutzt. Das *Prüfmittelmanagement* sowie die *Prüfplanung* werden durchgängig in der ERP-Lösung abgebildet. Hierdurch kann die Reifegradstufe der *Konnektivität* in diesen Aufgabengruppen erreicht werden. Die *Prüfausführung und -auswertung* nutzen Insellösungen. Die Prüfmaschinen nutzen Insellösungen zur Erfassung der Daten, welche über CSV-Dateien und Excel-Lösungen ausgewertet werden. Durch fehlende Schnittstellen zur Auswertung und Bewertung der Daten im ERP-System wird nur die erste Reifegradstufe erreicht. Das *Beschwerdemanagement* erreicht bei allen Kernaufgaben mit Ausnahme der Maßnahmenvalidierung die Reifegradstufe der Konnektivität, da die Kernaufgaben ebenfalls durch die Funktionen der ERP-Lösung abgebildet werden können. Lediglich die Maßnahmenvalidierung erfolgt in einer eigenprogrammierten Lösung außerhalb des ERP-Systems.

Die Ermittlung des Potenzials einer MES-Implementierung im Anschluss an die Situationsanalyse ist in Abbildung 8-3 dargestellt. Hierbei werden auch die durchschnittliche Reifegradstufe sowie das durchschnittliche Potenzial bezogen auf die Unternehmensfunktion ausgewiesen.

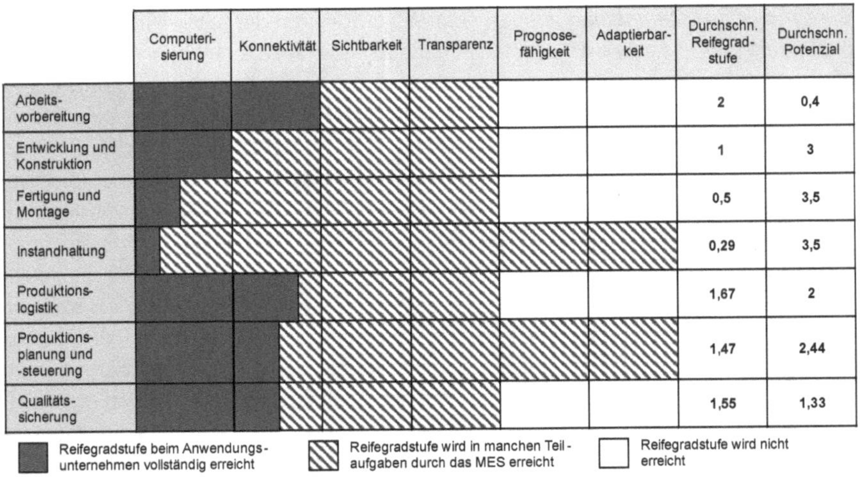

Abbildung 8-3: Ermittlung des Potenzials einer MES-Lösung bei dem Anwendungsunternehmen (eigene Darstellung)

Die Ermittlung der Reifegradstufe zeigt deutlich, dass das Anwendungsunternehmen aufgrund seiner vorherigen Ausrichtung als Sonder-Anlagenbauer stark auf manuelle, papierbasierte Prozesse gesetzt hat. Diese brachten insbesondere in den Bereichen der Fertigung und Montage sowie der Planung und Steuerung eine gewisse Flexibilität, welche benötigt wurde, um auf externe und interne Störungen zu reagieren. Mit den Ausbau- sowie Wachstumsplänen möchte das Anwendungsunternehmen von der Sonder- und Einzelanlagenfertigung zur Varianten- und Serienfertigung übergehen.

Mit der durchgeführten Reifegradermittlung lassen sich große Potenziale in der Fertigung und Montage, der *Instandhaltung* sowie dem *Qualitätsmanagement* und der PPS in Bezug zur Unterstützung der Kernaufgaben durch ein MES aufweisen. Die Rückführung von Informationen aus der Fertigung in die *Entwicklung und Konstruktion* zur Unterstützung des *Qualitätsmanagements* weist großes Potenzial auf. Das durchschnittliche, ermittelte Potenzial über alle Unternehmensfunktionen beläuft sich auf 2,33. Das höchste Potenzial wird im Bereich *Fertigung und Montage* sowie der *Instandhaltung* aufgezeigt, das geringste im Bereich der *Arbeitsvorbereitung*.

Zielformulierung

Im Schritt der Zielformulierung wurden die Ziele, welche mit der Implementierung des MES verbunden sind, konkretisiert und mittels des paarweisen Vergleiches gewichtet (s. Abbildung 8-4). Mit der Gewichtung konnten die Erhöhung der Produktqualität und die Erfüllung der Kundenbedürfnisse als wichtige Ziele identifiziert werden. Die Ziele zur Steigerung der Produktivität, der Reduktion der Liefer- und Durchlaufzeiten und der Änderungsfähigkeit wurden als gleichwertig identifiziert. Die Reduktion der Kosten wurde mit dem geringsten Gewicht bewertet. Dies lässt sich durch den Fokus auf der

Funktionsfähigkeit der technisch-komplexen Produkte erklären, bei der die Kosten im Rahmen des Herstellungsprozesses aufgrund der Neuheit der Produkte und des Aufbaus der Produktionskapazitäten nachrangig sind.

	Steigerung der Produktivität	Reduktion der Kosten	Reduktion d. Liefer- und Durchlaufzeiten	Erhöhung der Produktqualität	Erfüllung der Kunden-bedürfnisse	Änderungs-fähigkeit des Unternehmens	Zeilensumme	Normierte Zeilensumme
Steigerung der Produktivität		1	1	0	0	0	3 (2)	0,14
Reduktion der Kosten	0		0	0	0	0	1 (0)	0,05
Reduktion d. Liefer- und Durchlaufzeiten	0	1		0	0	1	3 (2)	0,14
Erhöhung der Produktqualität	1	1	1		1	1	6 (5)	0,29
Erfüllung der Kundenbedürfnisse	1	1	1	0		1	5 (4)	0,24
Änderungsfähigkeit des Unternehmens	1	1	0	0	0		3 (2)	0,14

Abbildung 8-4: Ausgefüllter paarweiser Vergleich im Rahmen der Zielvalidierung (eigene Darstellung)

Mittels der Analyse des paarweisen Vergleichs wurden entsprechend dem Vorgehen die Unternehmensfunktionen gewichtet. Dabei konnten die *Entwicklung und Konstruktion*, die *Qualitätssicherung*, die *Fertigung und Montage* sowie die *Produktionsplanung und -steuerung* als die vier wichtigsten Unternehmensfunktionen identifiziert werden (in absteigender Reihenfolge). Im Abgleich mit den Potenzialen der Situationsanalyse decken sich die Unternehmensbereiche. Lediglich die *Instandhaltung* wurde trotz des hohen ausgewiesenen Potenzials der Situationsanalyse nicht als relevant für die Erreichung der Ziele bewertet. Die durch die Zielformulierung und Situationsanalyse identifizierten Unternehmensfunktionen wurden für die nächsten Schritte der Synthese und Analyse von Lösungen herangezogen.

Synthese und Analyse von Lösungen

Die Synthese und Analyse von Lösungen hat die Identifikation der relevanten MES-Funktionsmodule und -klassen zum Ziel. Durch die Auswahl der vier Unternehmensfunktionen *Entwicklung und Konstruktion*, *Fertigung und Montage*, *Produktionsplanung und -steuerung* und *Qualitätssicherung* wurden in der Einzelfallstudie mithilfe der Einflussmatrizen und der Vorgehensweise in Schritt drei (s. Kap. 7.2.4) die MES-Funktionsmodule gewichtet. Für das Anwendungsunternehmen liegt der Fokus auf der Identifikation von MES-Modulen und nicht auf MES-Funktionsklassen, da sich im

Rahmen des Auswahlprozesses für einen Anbieter mit Vertrieb von Funktionsmodulen entschieden wurde. Die MES-Module wurden dabei entsprechend der Abbildung 8-5 gewichtet und in absteigender Reihenfolge auflistet.

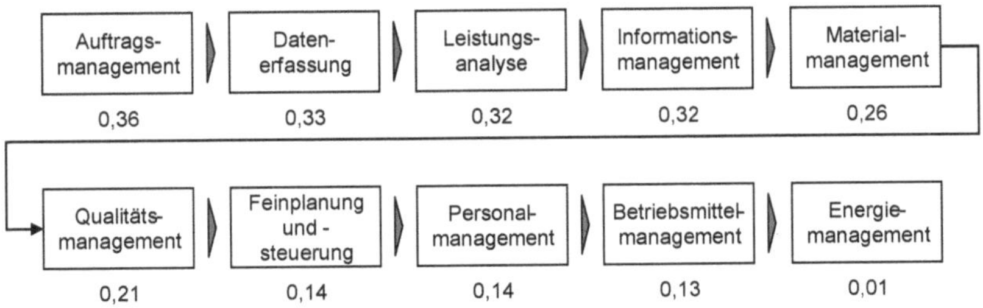

Abbildung 8-5: Reihenfolge der Funktionsmodule im Rahmen der Einzelfallstudie bei dem Anwendungsunternehmen (eigene Darstellung)

Zur Bestimmung der Lösungsalternativen kann sich an der ermittelten, gewichteten Reihenfolge der Funktionsmodule orientiert werden. Um der Situationsanalyse und dem großen Potenzial in der Unternehmensfunktion der Qualitätssicherung Rechnung zu tragen, können die Module des *Material-* und *Qualitätsmanagements* vertauscht werden. In Abbildung 8-6 werden die zwei Vorschläge für die Reihenfolge der Implementierung dargestellt. Die erste Lösungsalternative entspricht der durch die Vorgehensweise ermittelten Reihenfolge, welche die MES-Module *Auftragsmanagement*, *Datenerfassung*, *Leistungsanalyse*, *Informationsmanagement* und *Materialmanagement* zuerst einführen würde. Die zweite Lösungsalternative würde das Qualitätsmanagement vor dem Materialmanagement einführen.

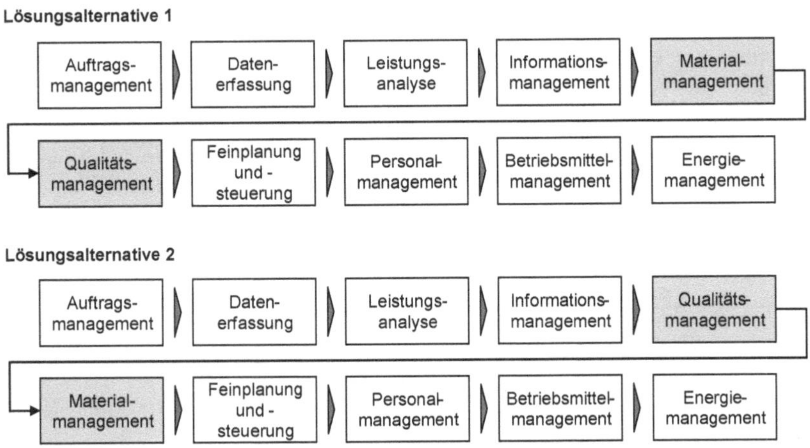

Abbildung 8-6: Lösungsalternativen für das Anwendungsunternehmen (eigene Darstellung)

Nach der Aufstellung der Lösungsalternativen müssen diese hinsichtlich der Integrierbarkeit untersucht werden. Dazu werden die Wirkungszusammenhänge und Abhängigkeiten der Funktionsmodule eines MES aus Kapitel 5.3.2 betrachtet. Anhand der dort dargestellten Abhängigkeiten der Informationsflüsse kann überprüft werden, dass die Funktionen der Leistungsanalyse, des Informationsmanagements sowie des Material- oder Qualitätsmanagements mit Daten aus dem Modul der Datenerfassung versorgt werden. Durch das Auftrags- und Informationsmanagement wird eine Zuordnung zu Fertigungsaufträgen sowie die Verteilung der Daten zwischen den Modulen sichergestellt. Eine Integration der Module in entsprechender Reihenfolge kann für beide Lösungsalternativen sichergestellt werden. Somit können beide Lösungsalternativen für den letzten Schritt der Bewertung herangezogen werden.

Bewertung

Die Bewertung der Lösungsalternativen erfolgt laut Vorgehensweise anhand der Gewichtung der Funktionsmodule. Hierbei wäre die erste Lösungsalternative vorzuziehen. Jedoch besteht bei der Qualitätssicherung sowie bei der *Entwicklung und Konstruktion* (Kernaufgabe *Qualitätsmanagement*) aus Sicht des Anwendungsunternehmens größeres Potenzial für die Implementierung des MES als in der Unternehmensfunktion *Produktionslogistik*, welche maßgeblich durch das *Materialmanagement* unterstützt wird. Hierdurch ist die zweite gegenüber der ersten Lösungsalternative höher zu bewerten. Das Anwendungsunternehmen hat im Rahmen der Fallstudienuntersuchung kein Ergebnis gefällt, sondern wird die Ergebnisse im Rahmen der Pflichtenheftklärung mit dem MES-Anbieter diskutieren.

8.2.3 Diskussion der Ergebnisse der Fallstudienuntersuchung

Im Rahmen der Durchführung der Einzelfallstudie bei dem Anwendungsunternehmen wurden mit den Experten mehrere Interviews geführt. Mit den Experten wurden die Vorgehensweise, die Anwendung sowie die Teilergebnisse des Vorgehens zur reifegradbasierten, sukzessiven Implementierung diskutiert. Ebenso wurden die Utilität sowie die Validität von den Experten bewertet.

Die Vorgehensweise und Anwendung der Teilmodelle erschienen den Experten und Anwendern als praktikabel. Insbesondere die Reifegrad-Kennwert-Matrix zur Bewertung der aktuellen Situation und Ableitung des Potenzials wurde als äußerst hilfreich und nutzenstiftend bewertet. Hierbei wurde sowohl die einfache Anwendung des Reifegradmodells als auch die übersichtliche Darstellung zur Kommunikation der Ergebnisse in das Unternehmen hervorgehoben. Die betrachteten Kernaufgaben umfassten nach Ansicht der Experten den relevanten Umfang der Unternehmensfunktionen, die durch die Einführung der MES-Lösung betroffen sind. Das Level der Granularität wurde als ausreichend und handhabbar bewertet. Die Anwendung des Modells wurde als relevant für das Implementierungsprojekt erachtet und aufgrund der schnellen Anwendung und des Umfangs und der Qualität der Ergebnisse als besonders effizient bewertet.

Die Bewertung der Ziele anhand des paarweisen Vergleichs wurde ebenfalls als praktikabel, relevant und effizient eingeschätzt. Die betrachteten Ziele spiegelten die mit der Implementierung angedachten Ziele wider. Von den Experten wurde eine getrennte Anwendung des paarweisen Vergleichs durchgeführt, um anschließend die Ergebnisse zu besprechen und sich auf eine Einschätzung zu einigen. Die gewählte Einschätzung wurde zur Bewertung der Unternehmensfunktionen herangezogen, um die relevanten Unternehmensfunktionen zu ermitteln. Die Ergebnisse der ersten beiden Schritte des Vorgehens entsprachen der Experteneinschätzung und wurden als valide eingeschätzt. Hierbei wurde die Gewichtung der Unternehmensziele als besonders wichtig und relevant für das Vorgehen bewertet, da die Ergebnisse der Situationsanalyse ohne eine Gewichtung mithilfe der Zielgrößen nicht zur Festlegung der Implementierungsreihenfolge geeignet sind.

Die Gewichtung der Funktionsmodule sowie das Ableiten von alternativen Modulreihenfolgen wurden als relevant, praktikabel und effizient bewertet. Jedoch waren sich die Experten einig, dass die Praktikabilität und Effizienz geringer einzustufen ist als die Anwendung der Reifegrad-Kennwert-Matrix und der Zielgewichtung. Hervorgehoben wurde, dass sowohl der aktuelle Reifegrad, das mögliche Potenzial und die Ziele des Implementierungsvorhabens berücksichtigt werden, um eine Reihenfolge für die Funktionsmodule abzuleiten. Die Experten hielten fest, dass die Methodik gut geeignet sei, um die Herausforderungen bei der Strukturierung und Vorbereitung der MES-Implementierung anzugehen, und ein geeignetes Vorgehen zur Lösung der Problemstellung darstelle.

8.3 Zusammenfassende Bewertung der Evaluierung

Im Anschluss an die Evaluierung der Zwischenergebnisse im Rahmen der empirischen Analyse, der Experteninterviews zur Reifegrad-Kennwert-Matrix sowie der Untersuchung der Einzelfallstudie und der damit verbundenen Anwendung des Vorgehens zur reifegradbasierten Implementierung von MES erfolgt eine zusammenfassende Bewertung der Evaluierung anhand der in Kapitel 4.1 aufgestellten inhaltlichen und formalen Anforderungen.

Die Anforderung der **Abbildung der relevanten Funktionen und Aufgaben produzierender Unternehmen** konnte im Rahmen der Experteninterviews zur Reifegrad-Kennwert-Matrix sowie der Einzelfallstudie evaluiert werden. Die basierend auf dem Referenzmodell von MEISSNER gewählten Unternehmensfunktionen beschreiben die relevanten Aufgaben eines Unternehmens zur Sicherstellung der Produktion. Die durch Referenzmodelle abgeleiteten Kernaufgaben ermöglichen eine gute Beschreibung sowie die Übertragbarkeit auf verschiedene Produktionsunternehmen. Im Rahmen der Expertengespräche wurden der Umfang und der Detaillierungsgrad als hinreichend genau festgehalten. Das Beschreibungsmodell produzierender Unternehmen in Kapitel 5.2 erfüllt somit die gestellte inhaltliche Anforderung.

Darüber hinaus konnte durch das Beschreibungsmodell von Manufacturing-Execution-Systemen die Anforderung zur **Beschreibung derselben und die Erläuterung der Informationsflüsse** mit Kapitel 5.3 sichergestellt werden. Im Rahmen der empirischen Untersuchung des MES-Marktes mithilfe der Daten der Trovarit konnten Validität und Richtigkeit des Modells überprüft werden. Trotz der geringen Vielfalt in der Literatur zur Beschreibung von MES konnten relevante Funktionen beschrieben und in Funktionsklassen und Module unterteilt werden, welche den aktuellen, marktseitig verfügbaren ME-Systemen entsprechen. Ebenso konnten die Wirkungszusammenhänge zwischen den Modulen auf Basis der Informationsflüsse aufbereitet werden.

Zur Aufstellung der Reifegrad-Kennwert-Matrix wurden in Kapitel 6.1 die Reifegradindikatoren deduziert. Dazu wurden die Aufgaben eines Unternehmens ermittelt, welche durch Funktionen eines MES unterstützt werden. Darauf aufbauend wurden die Reifegrad-Kennwert-Matrix und der Einfluss eines vollständig implementierten MES auf den Industrie-4.0-Reifegrad eines Unternehmens (s. Kap. 6.2) bewertet. In Experteninterviews mit den Experten des „Industrie 4.0 Maturity Center" wurden die Implikationen für die Reifegradstufe diskutiert. Mit der Identifikation der relevanten Kernaufgaben, der Aufstellung der Reifegrad-Kennwert-Matrix und der Bewertung des Einflusses des MES auf die Industrie-4.0-Reifegradstufe eines Unternehmens erfolgt die Erfüllung der Anforderung an die **Erklärung der Zusammenhänge zwischen den Aufgaben eines produzierenden Unternehmens sowie den Funktionen eines MES**. Hierbei wurde deutlich, dass nur standardisierte MES-Lösungen ohne Eigenprogrammierung berücksichtigt werden können, sowie eine Anpassung des Einflusses auf die Reifegradstufe kontinuierlich mit der technischen Entwicklung von ME-Systemen erfolgen muss.

Mit der Beschreibung der Unternehmensziele und Kennzahlen (s. Kap. 5.1) und der Erläuterung des Nutzens von Unternehmen durch die Implementierung einer MES-Lösung (s. Kap. 6.3) kann die Anforderung an die **Erklärung der Zusammenhänge zwischen Funktionen eines MES und den Zielgrößen eines Unternehmens** erfüllt werden. Im Rahmen der Experteninterviews in der Einzelfallstudie konnten die identifizierten Zusammenhänge als valide beschrieben werden, da die abgeleitete Bewertung der Unternehmensfunktionen und MES-Module als sinnvoll evaluiert wurde.

Mit der in Kapitel 7 vorgestellten Vorgehensweise zur Bestimmung der reifegradbasierten Implementierung für MES-Lösungen kann die inhaltliche Anforderung zur **Bestimmung einer Implementierungsreihenfolge** sichergestellt werden. Das Vorgehen lehnt sich an den Problemlösungszyklus von HABERFELLNER ET AL. an und wurde im Anwendungszusammenhang mit dem Anwendungsunternehmen validiert. Die Experten des Unternehmens sehen die Vorteile in der einfachen Anwendung des Vorgehens und insbesondere in der transparenten Darstellung des Potenzials einer MES-Einführung. Durch die effiziente und leichtanwendbare Vorgehensweise kann sie zur Planung aller Implementierungsphasen genutzt werden. Ebenso wird die kontinuierliche Bewertung des MES-Einsatzes ermöglicht.

Neben den inhaltlichen Anforderungen müssen auch **formale Anforderungen** an die Gestaltung der reifegradbasierten Implementierung erfüllt werden. Die formalen Anforderungen werden anhand der Kriterien der Reliabilität, Utilität und Validität bewertet. Diese wurden im Rahmen der geführten Experteninterviews bewertet.

Die Reliabilität und Validität lassen sich wie in Kapitel 4.1 dargestellt gemeinsam im Anwendungszusammenhang bewerten. Die **Validität** des gesamten Vorgehens sowie einzelner Lösungsbausteine wurde dabei im Zusammenhang mit der Einzelfallstudie bei dem Anwendungsunternehmen erörtert. Ebenso wurde die Validität einzelner Lösungselemente anhand weiterer Expertengespräche und auch bei einer empirischen Untersuchung überprüft. Eine vollständige Sicherstellung der Validität durch die Falsifikation der Lösungsartefakte nach POPPER ist nicht möglich (s. ULRICH U. HILL 1976b, S. 345). Die **Reliabilität**, also die Wiederholbarkeit der Ergebnisse, wurde soweit möglich im Rahmen des Forschungsprozesses sichergestellt. Unterschiedlichen Ausprägungen und Entwicklungsständen von Unternehmen wird durch das Reifegradmodell Rechnung getragen, was eine unternehmensspezifische Anwendung sowie unternehmensspezifische Ergebnisse ermöglicht. Durch die Gewichtung der Unternehmensziele werden den Anwendern entsprechende Gestaltungsmöglichkeiten zur Bestimmung der reifegradbasierten Implementierung geboten.

Die **Utilität** kann, wie in Kapitel 4.1 beschrieben, anhand der Unterkriterien *Praktikabilität*, *Reproduzierbarkeit* und *Effizienz* beurteilt werden. Die Kriterien wurden im Rahmen der Expertengespräche besprochen und wurden alle aus Sicht der Experten erfüllt. Die **Praktikabilität** sowie die **Effizienz** der Vorgehensschritte wurden bestätigt und insbesondere bei der Reifegrad-Kennwert-Matrix hervorgehoben. Das Vorgehen wurde als klar strukturiert und nachvollziehbar bewertet. Auch die anzuwendenden Modelle wurde als **nachvollziehbar** erachtet. Die Ableitung von Teilergebnissen sowie die Bestimmung der finalen Lösungsalternativen konnten ebenfalls von den Experten nachvollzogen werden. Im Rahmen der Fallstudie sowie der Expertengespräche mit Mitarbeitern des „Industrie 4.0 Maturity Center" wurden die **Relevanz** der Lösung und einzelner Bestandteile wie der Beschreibungsmodelle sowie der Reifegrad-Kennwert-Matrix hervorgehoben.

9 Zusammenfassung und Ausblick

9.1 Zusammenfassung

Mit der Implementierung von Manufacturing-Execution-Systemen verfolgen Unternehmen die Befähigung ihrer Unternehmensfunktionen zur Planung, Steuerung und Controlling der Produktion im Sinne von Industrie 4.0. Der modulare Aufbau der ME-Systeme ermöglicht die sukzessive, also die zeitlich und örtlich versetzte, Einführung der Systeme in die Unternehmen. Zur erfolgreichen Umsetzung der sukzessiven Implementierung ist die Planung der Implementierungsschritte entscheidend. Hierbei müssen sowohl die zu implementierenden MES-Funktionsmodule als auch die Implementierungsorte, also Unternehmensfunktionen sowie möglicherweise Standorte, festgelegt werden. (s. REIß 1993, S. 554; DANIEL 2001, S. 7).

Da sich gerade MES-Lösungen mit der modularen Struktur für eine sukzessive Implementierung anbieten und die Vorteile für die sukzessive Implementierung im Bereich der Produktion für Unternehmen überwiegen, entscheiden sich Unternehmen häufiger für die schrittweise Implementierung der Module in verschiedenen Phasen. Mit der Entscheidung stehen sie jedoch vor der Herausforderung, die Implementierung nutzen- und zielorientiert im Rahmen der digitalen Transformation zu gestalten. Gerade fehlendes Wissen bezüglich des Nutzens der einzuführenden MES-Funktionen unter Berücksichtigung ihres aktuellen Stands der digitalen Transformation stellt für Unternehmen eine Hürde in der sinnvollen Bestimmung der Implementierungsreihenfolge dar. Das fehlende Wissen liegt unter anderem an einem fehlenden Modell zur Erklärung der Unterstützung von Unternehmensaufgaben durch ME-Systeme, da die meisten Modelle und Beschreibungen entweder sehr spezifische Funktionalitäten der MES-Lösungen erläutern oder konkret den Nutzen anhand von Kennzahlen und Unternehmenszielen beschreiben. Ebenfalls ermöglichen bestehende Modelle keinen praktikablen Bezug zum aktuellen Stand der Digitalisierung im Unternehmen.

Hier leisten die Ergebnisse dieses Dissertationsvorhabends einen erheblichen Beitrag zur Lösung der beschriebenen Problemstellung. Mit der detaillierten, wissenschaftlichen Beschreibung der modularen MES-Funktionsstruktur sowie der darauf aufbauenden Bewertung der Rolle von MES in der digitalen Transformation produzierender Unternehmen konnten theoretische sowie praktische Herausforderungen gelöst werden. Die Überführung der entwickelten Modelle in ein anwendbares und validiertes Vorgehen ermöglicht die Nutzung der Ergebnisse in der Praxis. Im Folgenden werden die Zielsetzung, das Vorgehen sowie Kernergebnisse des Dissertationsvorhabens zusammengefasst.

Vor dem Hintergrund der beschriebenen Problemstellung dient die vorliegende Dissertationsschrift dem Ziel, ein Vorgehen zur Gestaltung der reifegradbasierten Implementierung von Manufacturing-Execution-Systemen unter Berücksichtigung des aktuellen Entwicklungszustandes in Bezug zu Industrie 4.0 zu entwickeln. Im Rahmen der

Dissertationsschrift wird hierzu ein Industrie-4.0-Reifegradmodell so eingesetzt, dass der aktuelle Reifegrad des Unternehmens sowie das mit der Implementierung eines ME-Systems verbundene Potenzial für Unternehmen effizient ermittelt werden können. Mithilfe eines Vorgehensmodells wird die Bestimmung der Implementierungsreihenfolge der MES-Funktionalitäten basierend auf dem aktuellen, unternehmensspezifischen Reifegrad ermöglicht.

Zur Beantwortung der Forschungsfrage nach dem Vorgehen zur Bestimmung der Implementierungsreihenfolge der MES-Funktionalitäten bei einem sukzessiven Implementierungsvorgehen wurden verschiedene Unterfragen formuliert. Es stellte sich die Frage nach geeigneten Kennzahlen zur Messung des Nutzens für ein Produktionsunternehmen. Darüber hinaus wurden die Funktionen und Aufgaben eines MES definiert und hinsichtlich der Module strukturiert und beschrieben. Zur Realisierung der effizienten und praktischen Anwendung waren die Zusammenhänge zwischen den Funktionen eines MES, den Reifegradstufen eines Industrie-4.0-Reifegradmodells und den Zielen eines Unternehmens zu bestimmen. Darauf aufbauend galt es, die Frage nach der Herleitung des Nutzens einer MES-Funktion zu klären. Anschließend sollten die Ergebnisse in eine anwendbare Methodik zur Bestimmung der Implementierungsreihenfolge von MES-Funktionen überführt werden.

Mit der Beschreibung produzierender Unternehmen und der Definition von Informationssystemen im Umfeld der Produktion wurde die Basis zur Einordnung von Manufacturing-Execution-Systemen geschaffen. Zusätzlich wurden die grundlegenden Begriffe zum Lebenszyklus, insbesondere der Implementierung, von Informationssystemen und Reifegradmodellen vorgestellt.

Aufbauend auf der Abgrenzung des Untersuchungsbereiches wurden bestehende, praktische und wissenschaftliche Ansätze im Stand der Erkenntnisse vorgestellt und hinsichtlich der Zielstellung analysiert. Durch den Vergleich verschiedener Industrie-4.0-Reifegradmodelle konnte das ‚acatech Industrie 4.0 Maturity'-Modell als Basis des in dieser Dissertationsschrift entwickelten Reifegradmodells ausgewählt werden. Daneben wurden verschiedene Ansätze zur Nutzenbewertung und Implementierung von Informationssystemen untersucht. Bisherige Ansätze lösten Teilprobleme vor dem Hintergrund der Zielstellung. Ein anwendungsorientiertes Vorgehen zur Bestimmung der Implementierungsreihenfolge basierend auf einem Industrie-4.0-Reifegradmodell fehlte gänzlich.

Für die nutzenorientierte, sukzessive Implementierung von ME-Systemen wurden die Ziele, welche mit der digitalen Transformation von produzierenden Unternehmen verfolgt werden, vor dem Hintergrund der betrieblichen Effizienz beschrieben. Darauf aufbauend wurden geeignete Kennzahlen zur Messung der Zielerreichung definiert. Anschließend wurde zum Aufbau des Referenzmodells für das entwickelte Reifegradmodell ein umfassendes Modell zur Beschreibung und Strukturierung der Kernaufgaben produzierender Unternehmen auf Basis des Unternehmensmodells von MEISSNER aufgebaut. Hierzu wurden verschiedene, verbreitete Referenzmodelle zur Beschreibung der Unternehmensfunktionen herangezogen und zu einem großen Modell kombiniert.

Zwar existieren verschiedene Beschreibungsmodelle zur Strukturierung der Funktionalitäten von ME-Systemen. Die Detaillierung ist hierbei meist sehr grob und umfasst die Strukturierung in zehn Funktionsmodulen (vgl. VDI-RICHTLINIE 5600-1). Die VDI-Richtlinie 5600-1 bildet hierfür in der Regel die Ausgangsbasis. Für die Bewertung des Nutzens und die Ableitung der Implementierungsreihenfolge wurde hierzu im Rahmen des Dissertationsvorhabens ein eigenes detailliertes Beschreibungsmodell der Funktionen eines MES aufgebaut. Dabei wurden Funktionen zu thematisch verwandten Funktionsklassen zusammengefasst und den verbreiteten und praxiserprobten und wissenschaftlich anerkannten MES-Modulen der VDI-Richtlinie zugeordnet. Das aufgebaute Modell umfasst die Strukturierung der MES-Funktionen in Funktionsklassen und -module und erläutert die Wechselbeziehungen und Informationsflüsse zwischen den Funktionen.

Dem Vorgehen von AKKASOGLU folgend, wurden anschließend die Reifegradindikatoren des Reifegradmodells zur Messung der Unterstützung von ME-Systemen hinsichtlich des Industrie-4.0-Reifegrads deduziert. Hierbei wurden die Kernaufgaben eines Unternehmens identifiziert, welche durch die Funktionen eines MES unterstützt werden. Das aufgebaute Modell vergleicht erstmals umfassend und detailliert die Wirkungszusammenhänge zwischen MES-Funktionalitäten sowie Aufgaben und Prozessen eines produzierenden Unternehmens. Mit der Untersuchung konnte der von ME-Systemen beeinflussbare Bereich in produzierenden Unternehmen auf 66 zentrale Kernaufgaben eingegrenzt werden. Mit den Kernaufgaben wurde die Reifegrad-Kennwert-Matrix als zentrales Element des zu entwickelnden Reifegradmodells zur Bewertung des Einflusses von ME-Systemen aufgestellt. Hierzu wurden basierend auf der Morphologie und Typisierung von SCHMITZ die sechs Reifegradstufen des Modells erläutert, um die Reifegrad-Kennwert-Matrix aufzubauen. Mit der zwölf Merkmale umfassenden Morphologie wurde anschließend für jede Kernaufgabe bewertet, inwieweit ME-Systeme die Erreichung der Industrie-4.0-Reifegradstufen befähigen.

Anhand der Wirkungszusammenhänge zwischen Kernaufgaben des Unternehmens und MES-Funktionen wurde ebenfalls ein Erklärungsmodell aufgebaut, welches die Wirkung der MES-Funktionen auf die Ziele eines Unternehmens erläutert. Hierzu wurde eine umfassende Einflussmatrix aufgebaut und erklärt, welche die Zusammenhänge erstmals anschaulich und verständlich darstellt. Mithilfe dieser Matrix wurde ein elementarer Lösungsbaustein geliefert, um Funktionsmodule hinsichtlich ihres Nutzens für bestimmte Unternehmensziele und -aufgaben zu bewerten.

Um die erarbeiteten Ergebnisse und Modelle für die Bestimmung der Implementierungsreihenfolge basierend auf dem unternehmensspezifischen Reifegrad zu nutzen, wurde ein Vorgehen entwickelt und das Ziel des Dissertationsvorhabens erfüllt. Basierend auf dem Problemlösungszyklus von HABERFELLNER ET AL. wurde ein vier Schritte umfassendes Vorgehen abgeleitet, welches über die Bestimmung der aktuellen Ausgangssituation, die Zielformulierung, die Synthese und Analyse von Lösungen zur Auswahl einer Implementierungsreihenfolge führt. Das Vorgehen umfasst eine detaillierte Beschreibung sowie Anwendungshinweise zur Verwendung der Modelle dieser Dissertationsschrift.

Abschließend wurden die einzelnen Lösungselemente und das Vorgehen evaluiert. Dabei wurde das Vorgehen zur Gestaltung der reifegradbasierten Implementierung von ME-Systemen mit einem Hersteller von Wasserstoffelektrolyseuren im Anwendungszusammenhang evaluiert. Das Vorgehen wurde vollständig angewendet und mit Experten des Unternehmens evaluiert. Ebenso wurde das Modell zur Beschreibung und Strukturierung der MES-Funktionalitäten mithilfe von MES-Marktdaten hinsichtlich der Übertragbarkeit auf verschiedene, im Markt etablierte MES-Lösungen analysiert. Auch wurde die Bewertung des Einflusses von MES auf den Industrie-4.0-Reifegrad mit Experten des „Industrie 4.0 Maturity Center“ validiert.

Der wissenschaftliche Beitrag dieser Dissertationsschrift ergibt sich aus der detaillierten Beschreibung der modularen MES-Struktur und der erstmaligen Erweiterung um Funktionsklassen und Einzelfunktionen. Darauf aufbauend wurde erstmals verständlich erläutert, welche Funktionen eines ME-Systems Aufgaben im Unternehmen übernehmen und unterstützen. Ebenso konnte der Einfluss von MES-Funktionen auf die Ziele, welche mit der digitalen Transformation des Unternehmens und der Implementierung eines MES verbunden sind, aufgezeigt werden. Weiterhin leistet die Arbeit einen erheblichen Beitrag zur Bewertung des Einflusses von MES auf die digitale Transformation der Produktion und angrenzende Unternehmensfunktionen. Die gewonnenen Erkenntnisse wurden anschließend in ein Vorgehen überführt, welches die Anwendung der Ergebnisse zur Lösung verschiedener Herausforderungen in Bezug zur sukzessiven Implementierung von ME-Systemen ermöglicht.

Auf den praktischen Mehrwert wurde bei der Erstellung dieser Arbeit großen Wert gelegt. Mit dem entwickelten Vorgehen werden Unternehmen befähigt, eigenständig die sukzessive Implementierung einer MES-Lösung nutzenzentriert zu gestalten. Das Reifegradmodell befähigt Anwender darüber hinaus auch eigenständig, die aktuelle Ausgangssituation vor der MES-Implementierung zu bewerten. Hiermit lässt sich einfach das Potenzial der Implementierung einer MES-Lösung ermitteln; somit werden Rückschlüsse auf den unternehmensspezifischen Nutzen durch die Einführung in Bezug zur digitalen Transformation ermöglicht. Darüber hinaus tragen die Beschreibungs- und Erklärungsmodelle zum besseren Verständnis des umfassenden Themenbereiches der Implementierung von ME-Systemen in Produktionsunternehmen bei. Mithilfe verständlicher Abbildungen und Matrizen konnten wesentliche Beiträge zum Verständnis und zur Kommunikation des Wissens in Unternehmen geleistet werden.

9.2 Ausblick

Die Auswahl und Implementierung von Informationssystemen, zu denen auch ME-Systeme gehören, ist für Unternehmen mit finanziellen Risiken verbunden. Zwar liefert das in dieser Dissertationsschrift entwickelte Reifegradmodell eine sehr gute Möglichkeit, das mit der MES-Implementierung verbundene Potenzial für Unternehmen aufzuzeigen und zur Bewertung des Nutzens heranzuziehen. Jedoch wird dies nur qualitativ und nicht monetär-quantitativ ermöglicht. Eine Vorgehensweise zur monetären Bewertung des Nutzens wäre für Unternehmen von großem Vorteil. Darüber hinaus berücksichtigt das Vorgehen bei der Gestaltung der Implementierungsreihenfolge zwar den unternehmensspezifischen Reifegrad, jedoch werden die internen und externen Kosten und Aufwände, welche mit der Implementierung der Funktionsmodule verbunden sind, im Vorgehen nicht berücksichtigt. Die VDI-Richtlinie 5600-2 liefert hierfür erste Anhaltspunkte, um auch die Kosten und Aufwände zu erfassen und diese in das Vorgehen zu integrieren (vgl. VDI-Richtlinie 5600-2). Um diese Aspekte kann das Vorgehen erweitert werden.

Neben der finanziellen Bewertung wären ähnliche reifegradbasierte Vorgehen für weitere Entscheidungen im Bereich der Gestaltung von Informationssystemlandschaften in produzierenden Unternehmen relevant. Wie in Abbildung 2-6 aufgezeigt, bestehen diverse Schnittstellen und Überschneidungsbereiche verschiedener Informationssysteme. Unternehmen fällt es hierbei schwer, zu bewerten, welche Aufgaben durch welche Systeme entsprechend den benötigten Anforderungen auszuwählen und zu einer Systemlandschaft zusammenzuführen sind. Bei der Auswahl und Einführung mehrerer Systeme bräuchten Unternehmen hierbei Unterstützungshilfe, wie die Implementierungsprojekte zeitlich zu gestalten sind.

Neben Forschungsbedarf auf der Anwenderseite bietet die vorliegende Dissertationsschrift Anhaltspunkte für die Weiterentwicklung von ME-Systemen von einer funktionalen zu einer serviceorientierten Modulstruktur. Mithilfe der Aufgaben-Funktionsmatrix (s. Kap. 6.1) können Anbieter in sich abgeschlossene MES-Services gestalten, sodass diese fokussiert einzelne Aufgaben der Produktionsunternehmen unterstützen. Dies würde einerseits die Kommunikation mit den Anwendern in der Auswahl und Vorbereitung der Implementierung vereinfachen, andererseits aber auch die Implementierung selbst, da Services sich, im Vergleich zu Funktionsmodulen, leichter einführen lassen. Die Services bieten in sich abgeschlossene Funktionen, welche nicht auf Funktionen anderer Module aufbauen müssen.

Literaturverzeichnis

ABTS, D.; MÜLDER, W.: Grundkurs Wirtschaftsinformatik. Eine kompakte und praxisorientierte Einführung. 9., erw. u. aktualis. Auflage. Springer, Wiesbaden [u. a.] 2017.

AHLEMANN, F.; SCHROEDER, C.; TEUTEBERG, F.: Kompetenz- und Reifegradmodelle für das Projektmanagement. Grundlagen, Vergleich und Einsatz. ISPRI-Arbeitsbericht; Bd. 01/2005. Univ. FB Wirtschaftswiss. Organisation u. Wirtschaftsinformatik, Osnabrück 2005.

AKKASOGLU, G : Methodik zur Konzeption und Applikation anwendungsspezifischer Reifegradmodelle unter Berücksichtigung der Informationsunsicherheit, Erlangen. Erlangen-Nürnberg, Univ., Dissertation 2013. urn:nbn:de:bvb:29-opus4-41211 (Link zuletzt geprüft: 16.05.2021).

ALPAR, P.; ALT R.; BENSBERG, F.; WEIMANN, P.: Anwendungsorientierte Wirtschaftsinformatik. Strategische Planung, Entwicklung und Nutzung von Informationssystemen. 9 , überarb. u. aktualis. Auflage. Springer, Wiesbaden [u. a.] 2019.

ARNDT, K.-D.: Arbeitsvorbereitung und Arbeitsplaung. In: Handbuch Maschinenbau. Hrsg.: A. Böge; W. Böge. 23., überarb. Auflage. Springer, Wiesbaden [u. a.], 2017, S. 1735–1772.

ARNOLD, D.; ISERMANN, H.; KUHN, A.; TEMPELMEIER, H.; FURMANS, K.: Handbuch Logistik. Springer, Berlin [u.a.] 2008.

BACH, T.; FISCHER, M.; SCHUH, G.; SCHRÖER, T.: PPS-Aufgaben im Kontext des Industrie-4.0-Reifegrads. In: ZWF – Zeitschrift für wirtschaftlichen Fabrikbetrieb 115 (2020) 9, S. 641–644.

BACH, T.; KÜLSCHBACH, A.; RESCHKE, J.; SCHRÖER, T.; SONTOW, K.; TREUTLEIN, P.; WETZCHEWALD, P.; VOSWINCKEL, T.: Marktspiegel Business Software ERP/PPS 2019/2020. Anbieter – Systeme – Projekte. 10. Auflage, revidierte Ausgabe. Trovarit, Aachen 2019.

BALZERT, H.; LIGGESMEYER, P.: Lehrbuch der Softwaretechnik. Entwurf, Implementierung, Installation und Betrieb. Lehrbücher der Informatik; Bd. 2. 3. Auflage. Spektrum Akademischer Verlag, Heidelberg 2011.

BARSCH, T.: Stand der Digitalisierung im B2B-Neukundenvertrieb. Entwicklung von Beurteilungskriterien und Erstellung eines Reifegradmodells. Gabler, Wiesbaden 2019.

BAŠKARADA, S ; GEBAUER, M.; KORONIOS, A.; GAO, J.: IQM-Reifegradmodell für die Bewertung und Verbesserung des Information Lifecycle Management Prozesses. In: Daten- und Informationsqualität. Hrsg.: K. Hildebrand; M. Gebauer; H. Hinrichs; M. Mielke. Springer, Wiesbaden [u. a.], 2018, S. 287–298.

BASL, J.: Companies on the Way to Industry 4.0 and their Readiness. In: Journal of Systems Integration (2018) 3, S. 3–6.

BAUER, N.; MANDL, P.: Agiles Informationsmanagement. Informationsbereitstellung in Unternehmen mit Web 2.0. In: HMD – Praxis der Wirtschaftsinformatik 44 (2007) 255, S. 88–96.

BAUER, P.: IT-Serviceoptimierung nach dem Reifegradmodell. Ein Leitfaden., Frankfurt am Main 2015. https://docplayer.org/1882032-It-service-optimierung-nach-dem-reifegradmodell.html (Link zuletzt geprüft: 16.06.2021).

BAUERNHANSL, T.: Die Vierte Industrielle Revolution – Der Weg in ein wertschaffendes Produktionsparadigma. In: Industrie 4.0 in Produktion, Automatisierung und Logistik. Anwendung, Technologien, Migration. Hrsg.: T. Bauernhansl; M. ten Hompel; B. Vogel-Heuser. Springer, Wiesbaden [u. a.], 2014, S. 5–35.

BAUR, N.; BLASIUS, J.: Methoden der empirischen Sozialforschung – Ein Überblick. In: Handbuch Methoden der empirischen Sozialforschung. Hrsg.: N. Baur; J. Blasius. Springer, Wiesbaden [u. a.], 2019, S. 1–28.

BECKER, J.: Die Grundsätze ordnungsmäßiger Modellierung und ihre Einbettung in ein Vorgehensmodell zur Erstellung betrieblicher Informationsmodelle. In: Informationssystem-Architekturen, Rundbrief des Fachausschusses 5.2 5 (1998) 2, S. 56–62.

BECKER, J.; KNACKSTEDT, R.; PÖPPELBUß, J.: Entwicklung von Reifegradmodellen für das IT-Management. In: Wirtschaftsinformatik 51 (2009) 3, S. 249–260. [=2009a]

BECKER, J.; KNACKSTEDT, R.; PÖPPELBUß, J.: Developing Maturity Models for IT Management. In: Business & Information Systems Engineering 1 (2009) 3, S. 213–222. [=2009b]

BECKER, J.; PROBANDT, W.; VERING, O.: Grundsätze ordnungsmäßiger Modellierung. BPM kompetent. Hrsg.: J. Becker. Springer, Berlin [u.a.] 2012.

BECKER, W.; ULRICH, P.; BOTZKOWSKI, T.; EURICH, S.: Controlling von Digitalisierungsprozessen – Veränderungstendenzen und empirische Erfahrungswerte aus dem Mittelstand. In: Industrie 4.0 als unternehmerische Gestaltungsaufgabe. Hrsg.: R. Obermaier. Springer, Wiesbaden [u. a.], 2017, S. 97–118.

BEER, J. M.; FISK, A. D.; ROGERS, W. A.: Toward a Framework for Levels of Robot Autonomy in Human-Robot Interaction. In: Journal of human-robot interaction 3 (2014) 2, S. 74–99.

BEITZ, W.: Design Science. The Need for a Scientific Basis for Engineering Design Methodology. In: Journal of Engineering Design 5 (1994) 2, S. 129–133.

BEN-DAYA, M.; MURTHY, D. N. P.; KUMAR, U.: Introduction to maintenance engineering. Modelling, optimization and management. John Wiley & Sons, Hoboken (NJ) 2016.

BLOß, C.: Organisation der Instandhaltung. Gabler Edition Wissenschaft Unternehmensführung & Controlling. Dt. Univ.-Verl., Wiesbaden 1995. – Zugl.: Bamberg, Univ., Diss., 1995.

BOOS, W.; KELZENBERG, C.; WIESE, J.; EBBECKE, C.; BUSCH, M.; BERND, H.: Erfolgreich planen und steuern im Werkzeugbau. WBA Aachender Werkzeugbau Akademie GmbH; Werkzeugmaschinenlabor WZL der Rheinisch-Westfälischen Technischen Hochschule Aachen, Aachen 2019.

BORCHARDT, A.; GÖTHLICH, S. E.: Erkenntnisgewinnung durch Fallstudien. In: Methodik der empirischen Forschung. Hrsg.: S. Albers; D. Klapper; U. Konradt; J. Wolf. 3., überarb. und erw. Auflage. Gabler, Wiesbaden, 2009, S. 33–48.

BORNHÄUSER, M.: Reifegradbasierte Werkstattsteuerung. Berichte aus dem Fraunhofe-Institut für Produktionstechnik und Automatisierung; Bd. 485. Hrsg.: E. Westkämper; H.-J. Bullinger; D. Spath. Jost-Jetter, Heimsheim 2009. – Zugl.: Stuttgart, Univ., Diss., 2009.

BRANDL, D.: MESA MOM Capability Maturity Model. Version 1.0., Chandler (AZ) 2016. https://services.mesa.org/ResourceLibrary/ShowResource/a4fcb3cc-bc28-4f87-84cb-3da7432cc3b2 (Link zuletzt geprüft: 16.05.2021).

BRAUNER, P.; BRILLOWSKI, F.; DAMMERS, H.; KÖNIGS, P.; KORDTOMEIKEL, F.; PETRUCK, H.; SCHAAR, A. K.; SCHMITZ, S.; STEUER-DANKERT, L.; MERTENS, A.; GRIES, T.; LEICHT-SCHOLTEN, C.; NAGEL, S.; NITSCH, V.; SCHUH, G.; ZIEFLE, M.: A Research Framework for Human Aspects in the Internet of Production – An Intra-company Perspective. In: Advances in Manufacturing, Production Management and Process Control. Hrsg.: B. Mrugalska; S. Trzcielinski; W. Karwowski; M. Di Nicolantonio; E. Rossi. Advances in Intelligent Systems and Computing. Springer, Cham [u. a.], 2020, S. 3–17.

BRUIN, T. de; FREEZE, R.; KULKARNI, U.; ROSEMANN, M.: Understanding the Main Phases of Developing a Maturity Assessment Model. In: Proceedings of the 16th Australasian Conference on Information Systems (ACIS 2005), November 30 - December 2, 2005, Sydney, Australia. Hrsg.: B. Campbell. Australasian Chapter of the Association for Information Systems, Sydney, 2005, S. 1–10.

BUCHHOLZ, U.; KNORRE, S.: Interne Kommunikation in agilen Unternehmen. Eine Einführung. Springer, Wiesbaden 2017.

BÜDENBENDER, W.: Ganzheitliche Produktionsplanung und -steuerung. Konzepte für Produktionsunternehmen mit kombinierter kundenanonymer und kundenbezogener Auftragsabwicklung. Forschung für die Praxis; Bd. 33. Hrsg.: R. Hackstein. Springer, Berlin 1991. – Zugl.: Aachen, Techn. Hochsch., Diss., 1991.

BURGGRÄF, P.; WAGNER, J.; KOKE, B.: Artificial intelligence in production management: A review of the current state of affairs and research trends in academia. In: 2018 International Conference on Information Management and Processing (I-CIMP 2018). Jan. 12-14, 2018, London, UK. Hrsg.: Institute of Electrical and Electronics Engineers. IEEE, Piscataway (NJ), 2018, S. 82–88.

BURGGRÄF, P.; WAGNER, J.; SAßMANNSHAUSEN, T. M.: Sustainable Interaction of Human and Artificial Intelligence in Cyber Production Management Systems. In: Production at the leading edge of technology. Hrsg.: B.-A. Behrens; A. Brosius; W. Hintze; S. Ihlenfeldt; J. P. Wulfsberg. Springer, Berlin, Heidelberg, 2021, S. 508–517.

BUSSE VON COLBE, W.; WITTE, F.: Investitionstheorie und Investitionsrechnung. 5., vollst. überarb. Auflage. Springer, Berlin [u.a.] 2018.

CALVARY, G.; COUTAZ, J.; THEVENIN, D.; LIMBOURG, Q.; BOUILLON, L.; VANDERDONCKT, J.: A Unifying Reference Framework for multi-target user interfaces. In: Interacting with Computers 15 (2003) 3, S. 289–308.

CAROLIS, A. de; MACCHI, M.; KULVATUNYOU, B.; BRUNDAGE, M. P.; TERZI, S.: Maturity Models and Tools for Enabling Smart Manufacturing Systems. Comparison and Reflections for Future Developments. In: Product lifecycle management and the industry of the future. 14th IFIP WG 5.1 International Conference, PLM 2017 : Seville, Spain, July 10-12, 2017 : revised selected papers. Hrsg.: J. Ríos; A. Bernard; A. Bouras; S. Foufou. IFIP advances in information and communication technology; 517. Springer, Cham, 2017, S. 23–35. [=2017a]

CAROLIS, A. de; MACCHI, M.; NEGRI, E.; TERZI, S.: A Maturity Model for Assessing the Digital Readiness of Manufacturing Companies. In: Advances in Production Management Systems. The Path to Intelligent, Collaborative and Sustainable Manufacturing. Hrsg.: H. Lödding; R. Riedel; K.-D. Thoben; G. v. Cieminski; D. Kiritsis. IFIP advances in information and communication technology. Springer, Cham [u. a.], 2017, S. 13–20. [=2017b]

CASTAN, E.: Typologie der Betriebe. Betriebswirtschaftliche Studienbücher; Bd. 22. Hrsg.: H. Seichab. Poeschel, Stuttgart 1963.

CHRISTIANSEN, S.-K.; GAUSEMEIER, J.: Klassifikation von Reifegradmodellen. In: ZWF – Zeitschrift für wirtschaftlichen Fabrikbetrieb 105 (2010) 4, S. 344–349.

COHEN, T.; BARETICH, M. F.; GENTLES, W. M.: Computerized maintenance management systems. In: Clinical engineering handbook. Hrsg.: E. Iadanza. Second edition. Academic Press, London, San Diego (CA), 2020, S. 208–218.

COOKE-DAVIES, T.: Project Management Maturity Models. In: The Wiley guide to managing projects. Hrsg.: P. W. G. Morris; J. K. Pinto. John Wiley & Sons, Hoboken (NJ), 2007, S. 1234–1255.

COYLE, G.: Qualitative and quantitative modelling in system dynamics: some research questions. In: System Dynamics Review 16 (2000) 3, S. 225–244.

DANIEL, A.: Implementierungsmanagement: ein anwendungsorienter Gestaltungsansatz. Deutscher Universitätsverlag 2001. – Zugl.: Hohenheim, Univ., Diss., 2001.

DEUSE, J.; WEISNER, K.; HENGSTEBECK, A.; BUSCH, F.: Gestaltung von Produktionssystemen im Kontext von Industrie 4.0. In: Zukunft der Arbeit in Industrie 4.0. Hrsg.: A. Botthof; E. A. Hartmann. Springer, Berlin, 2015, S. 99–109.

DIN EN ISO 10012:2003: Messmanagementsysteme. Deutsches Institut für Normung; ICS: 03.120.10. Beuth, Berlin, 2004.

DIN EN 13460: Instandhaltung. Deutsches Institut für Normung; ICS: 01.100.; 03.080.10. Beuth, Berlin, 2009.

DIN EN 62264-1: Integration von Unternehmensführungs- und Leitsystemen. Deutsches Institut für Normung; ICS: 01.040.35. Beuth, Berlin, 2014.

DIN EN ISO 9001:2015: Qualitätsmanagementsysteme. Deutsches Institut für Normung; ICS: 03.120.10. Beuth, Berlin, 2015.

DIN EN 13306: Instandhaltung. Deutsches Institut für Normung; ICS: 01.040.03. Beuth, Berlin, 2018.

DIN 31051: Grundlagen der Instandhaltung. Deutsches Institut für Normung; ICS: 01.040.03. Beuth, Berlin, 2019.

DIN 8580: Fertigungsverfahren. Deutsches Institut für Normung; ICS: 01.040.25. Beuth, Berlin, 2020.

DORNES, N.: Alternative Risikomodellierungs-, Risikoanalyse- und Bewertungsmethode: Risikomanagement ohne komplexe mathematische Modelle. disserta, Hamburg 2014.

DORST, W.; SCHWANDT, K.: Industrie 4.0 - Die Bedeutung von Interoperabilität im Referenzarchitekturmodell Industrie 4.0 (RAMI 4.0). Leitfaden, Hrsg.: Bitkom. Berlin 2017. https://www.bitkom.org/sites/default/files/file/import/170426-LF-Industrie-40-Interoperabilitaet-von-Use-Cases-Web.pdf (Link zuletzt geprüft: 16.05.2021).

DUALIS IT ONLINE (Hrsg.): Warum der Fertigungsleitstand das Herzstück einer guten Feinplanung ist, DUALIS IT online. 04. Juni 2019. https://www.dualis-it.de/fertigungsleitstand-herzstueck-feinplanung/ (Link zuletzt geprüft: 16.05.2021).

DURAY, R.; WARD, P. T.; MILLIGAN, G. W.; BERRY, W. L.: Approaches to mass customization: configurations and empirical validation. In: Journal of Operations Management 18 (2000) 6, S. 605–625.

DÜRR, P.: Modell zur Bewertung der Effizienz der IT-Unterstützung im Auftragsabwicklungsprozess von produzierenden KMU. Stuttgarter Beiträge zur Produktionsforschung; Bd. 16. Hrsg.: T. Bauernhansl; A. Verl; E. Westkämper. Fraunhofer, Stuttgart 2013. – Zugl.: Stuttgart, Univ., Diss., 2013.

DUTTA, A.: Putting Numbers on Intangible Benefits. In: International Conference on Information System (ICIS) (2004), S. 387–398.

ENDSLEY, M. R.: The Application of Human Factors to the Development of Expert Systems for Advanced Cockpits. In: Proceedings of the Human Factors Society Annual Meeting 31 (1987) 12, S. 1388–1392.

ENDSLEY, M. R.: From Here to Autonomy. In: Human factors (2017), S. 5–27.

ENDSLEY, M. R.; KABER, D. B.: Level of automation effects on performance, situation awareness and workload in a dynamic control task. In: Ergonomics 42 (1999) 3, S. 462–492.

ENGSTLER, M.: Oganisatorische Implementierung von Informationssystemen an Bankarbeitsplätzen. Information - Organisation - Produktion. Hrsg.: H. Corsten. 1. Aufl. Gabler, Wiesbaden 2009. – Zugl.: Stuttgart, Univ., Diss., 2008.

EVANS, J. R.: Business analytics. Methods, models, and decisions. Second edition. Pearson, Boston (MA) 2017.

EVERSHEIM, W.: Organisation in der Produktionstechnik: Bd. 4:. Fertigung und Montage. 2., neubearb. u. erw. Auflage. VDI-Verl., Düsseldorf 1989.

EVERSHEIM, W.: Organisation in der Produktionstechnik: Bd. 3:. Arbeitsvorbereitung. 4., bearb. u. korr. Auflage. Springer, Berlin, Heidelberg 2002.

FASTABEND, H.: Kennliniengestützte Synchronisation von Fertigungs- und Montageprozessen. Fortschritt-Berichte VDI Reihe 2, Fertigungstechnik; Bd. 452. Hrsg.: H.-P. Wiendahl. VDI-Verl., Düsseldorf 1997. – Zugl.: Hannover, Univ., Diss., 1997.

FELCH, V.; ASDECKER, B.; SUCKY, E.: Maturity Models in the Age of Industry 4.0 – Do the Available Models Correspond to the Needs of Business Practice? In: Proceedings of the 52nd Annual Hawaii International Conference on System Sciences. Hrsg.: T. X. Bui. University of Hawai'i at Manoa, Honolulu, HI, 2019, S. 5165–5174.

FELLS, M. J.: Fayol stands the test of time. In: Journal of Management History (Archive) 6 (2000) 8, S. 345–360.

FISCHER, M.; LÜTKEHOFF, B.; STEINLEIN, F.: Herausforderungen bei der Auswahl und Beschaffung von ME-Systemen. In: ZWF – Zeitschrift für wirtschaftlichen Fabrikbetrieb 114 (2019) 5, S. 296–299.

FISCHER, M.; SCHUH, G.; STICH, V.: The Impact Of Manufacturing Execution Systems On The Digital Transformation Of Production Systems - A Maturity Based Approach. In: Proceedings of the Conference on Production Systems and Logistics. CPSL 2021. Hrsg.: D. Herberger; M. Hübner. Institutionelles Repositorium der Leibniz Universität Hannover, Hannover, 2021, S. 446–456.

FLICK, U.: Gütekriterien qualitativer Sozialforschung. In: Handbuch Methoden der empirischen Sozialforschung. Hrsg.: N. Baur; J. Blasius. Springer, Wiesbaden [u. a.], 2019, S. 473–487.

FRENCH, M. J.: Conceptual Design for Engineers. Third Edition. Springer, London [u. a.] 1999.

FRIEDRICHS, J.: Methoden empirischer Sozialforschung. 14. Westdeutscher Verlag, Opladen 1990.

GALLI, B. J.: Project Management Maturity Models. In: International Journal of Applied Logistics 8 (2018) 2, S. 19–38.

GANDHI, A.; MAGAR, C.; ROBERTS, R.: How technology can drive the next wave of mass customization, McKinsey online, New York 2013. https://www.mckinsey.com/~/media/mckinsey/dotcom/client_service/bto/pdf/mobt32_02-09_masscustom_r4.ashx (Link zuletzt geprüft: 16.05.2021).

GAUSEMEIER, J.; PLASS, C.: Zukunftsorientierte Unternehmensgestaltung. Strategien, Geschäftsprozesse und IT-Systeme für die Produktion von morgen. 2., überarb. Auflage. Hanser, München [u. a.] 2014.

GERHART, G. R.; GAGE, D. W.; SHOEMAKER, C. M. (Hrsg.): Unmanned Systems Technology IX. SPIE Proceedings. SPIE 2007.

GLEIM, L.; PENNEKAMP, J.; LIEBENBERG, M.; BUCHSBAUM, M.; NIEMIETZ, P.; KNAPE, S.; EPPLE, A.; STORMS, S.; TRAUTH, D.; BERGS, T.; BRECHER, C.; DECKER, S.; LAKEMEYER, G.; WEHRLE, K.: FactDAG: Formalizing Data Interoperability in an Internet of Production. In: IEEE Internet of Things Journal 7 (2020) 4, S. 3243–3253.

GOMEZ, P.; PROBST, G. J. B.: Die Praxis des ganzheitlichen Problemlösens. Vernetzt denken, unternehmerisch handeln, persönlich überzeugen. 2., überarb. Auflage. Haupt, Bern [u. a.] 1997.

GOTTMANN, J.: Produktionscontrolling. Wertströme und Kosten optimieren. 2., aktualis. Auflage. Springer, Wiesbaden [u. a.] 2019.

GROßE-OETRINGHAUS, W. F.: Fertigungstypologie. Unter dem Gesichtspunkt der Fertigungsablaufplanung. Betriebswirtschaftliche Forschungsergebnisse; Bd. 65. Hrsg.: E. Kosiol. Duncker & Humblot, Berlin 1974. – Zugl.: Gießen, Univ., Diss., 1972.

GRÜNEWALD, C. W.: Optimale Koordination von Instandhaltung und Produktion. Aachener Beiträge zu Humanisierung und Rationalisierung; Bd. 2. RHrsg.: W. Eversheim; H. Luczak. 1. Aufl. Verlag der Augustinus-Buchhandkzbg, Aachen 1992. – Zugl.: Aachen, Techn. Hochsch., Diss., 1992.

GUTENBERG, E.: Grundlagen der Betriebswirtschaftslehre. 24., unveränd. Aufl. Springer, Berlin [u. a.] 1983.

HABERFELLNER, R.; WECK, O. de; FRICKE, E.; VÖSSNER, S.: Systems Engineering. Grundlagen und Anwendung. 14. überar. Auflage. Orell Füssli, Zürich 2018.

HABERFELLNER, R.; WECK, O. de; FRICKE, E.; VÖSSNER, S.: Systems Engineering. Fundamentals and Applications. Springer, Cham [u. a.] 2019.

HALLIKAINEN, P.; KIMPMÄKI, H.; KIVIJÄRI, H.: Supporting the Module Sequencing Decision in the ERP Implementation Process. In: Proceedings of the 39th Annual Hawaii International Conference on System Sciences, 2006, HICSS '06. Hrsg.: R. H. Sprague. IEEE Computer Society, Los Alamitos (CA) 2006, 181a-181a.

HANKEL, M.; REXROTH, B.: Das Referenzarchitekturmodell Industrie 4.0 (RAMI 4.0), Frankfurt am Main, April 2015. https://www.zvei.org/fileadmin/user_upload/Presse_und_Medien/Publikationen/2015/april/Das_Referenzarchitekturmodell_Industrie_4.0__RAMI_4.0_/Faktenblatt-Industrie4_0-RAMI-4_0.pdf (Link zuletzt geprüft: 16.05.2021).

HÄNSCH, F.: Finanzwirtschaftliche Ex-ante-Bewertung intangibler Benefits von IT-Projekten. In: HMD – Praxis der Wirtschaftsinformatik 52 (2015) 6, S. 945–957.

HANSMANN, H.; LASKE, M.; LUXEM, R.: Einführung der Prozesse – Prozess-Roll-out. In: Prozessmanagement. Hrsg.: J. Becker; M. Kugeler; M. Rosemann. Springer, Berlin [u. a.], 2012, S. 277–301.

HARLAND, T.: Gestaltung des Digitalen Schattens für Instandhaltungsdienstleistungen im Maschinen- und Anlagenbau. Schriftenreihe Rationalisierung; Bd. 160. RHrsg.: G. Schuh. 1. Auflage. Apprimus Verlag, Aachen 2019. – Zugl.: Aachen, Techn. Hochsch., Diss., 2018.

HARS, A.: Referenzdatenmodelle. Grundlagen effizienter Datenmodellierung. Schriften zur EDV-orientierten Betriebswirtschaft. Hrsg.: A.-W. Scheer. Gabler, Wiesbaden 1994. – Zugl.: Saarbrücken, Univ., Diss., 1993.

HASSELBRING, W.: Software-Architektur. In: Informatik-Spektrum 29 (2006) 1, S. 48–52.

HAUSLADEN, I.: IT-gestützte Logistik. Springer, Wiesbaden [u. a.] 2016.

HEINRICH, L. J.; HEINZL, A.; RIEDL, R.: Wirtschaftsinformatik. Einführung und Grundlegung. 4., überarb. und erw. Auflage. Springer, Berlin [u. a.] 2011.

HEINRICH, L. J.; RIEDL, R.; STELZER, D.: Informationsmanagement. Grundlagen, Aufgaben, Methoden. 11., vollst. überarb. Auflager. Oldenbourg, München [u. a.] 2014.

HELFFERICH, C.: Leitfaden- und Experteninterviews. In: Handbuch Methoden der empirischen Sozialforschung. Hrsg.: N. Baur; J. Blasius. Springer, Wiesbaden [u. a.], 2019, S. 669–686.

HENNINGER, K.; SHORE J. E.: Grundelemente der modularen Programmierung. In: Ein praktischer Führer für das Management in der Computer-Programmierung. Hrsg.: J. Hannan. Vieweg + Teubner, Wiesbaden, 1987, S. 63–87.

HENTSCHEL, R.; LEYH, C.: Cloud Computing: Gestern, heute, morgen. In: HMD – Praxis der Wirtschaftsinformatik 53 (2016) 5, S. 563–579.

HERDEN, S.: Model-Driven-Configuration-Management. Springer, Wiesbaden [u. a.] 2013.

HERING, L.; SCHMIDT, R. J.: Einzelfallanalyse. In: Handbuch Methoden der empirischen Sozialforschung. Hrsg.: N. Baur; J. Blasius. Springer, Wiesbaden [u. a.], 2019, S. 529–541.

HERING, N.; BRANDENBURG, U.; FREY, D.; MEISSNER, J. P.; RESCHKE, J.; SCHENK, M.; IHNE, M.: [Whitpaper] Smart Operations, Aachen 2015. https://www.fir.rwth-aachen.de/fileadmin/publikationen/whitepaper/fir-whitepaper-smart-operations.pdf (Link zuletzt geprüft: 16.05.2021).

HILL, W.; FEHLBAUM, R.; ULRICH, P.: Organisationslehre: Tl. 1:. Ziele, Instrumente und Bedingungen der Organisation sozialer Systeme. 5., überarb. Auflage. Haupt, Bern [u. a.] 1994.

HÖLLTHALER, G.; RICHTER, C.; HÖRMANN, M.; ZIPFEL, A.; FISCHER, J.; WEINERT, N.; REINHART, G.: Simulationsbasierte Produktionsassistenz. Entwicklung eines Assistenzsystems zur Entscheidungsunterstützung im operativen Produktionsbetrieb. In: wt Werkstattstechnik online 108 (2018) 3, S. 148–154.

HOMPEL, M.; SCHMIDT, T.: Warehouse Management. Springer, Berlin [u. a.] 2010.

ISO/IEC/IEEE 14764: Software Engineering. Institute of Electrical and Electronics Engineers ET AL.; ICS: 35:080. Institute of Electrical and Electronics Engineers, New York, 2006.

ISA 95-3: Enterprise-control system integration. Instrument Society of America. ISA, Research Triangle Park, N.C., 2004.

ISO/IEC/IEEE 15288: Systems and software engineering. International Organization for Standardization u. Institute of Electrical and Electronics Engineers, Inc; ICS: 35.080. Beuth, Berlin, 2015.

ISO/IEC/IEEE 12207: Systems and Software Engineering . International Organization for Standardization u. Institute of Electrical and Electronics Engineers, Inc; ICS: 35.080. Beuth, Berlin, 2017.

JOST, J.; KIRKS, T.; MÄTTIG, B.; SINSEL, A.; TRAPP, T. U.: Der Mensch in der Industrie – Innovative Unterstützung durch Augmented Reality. In: Handbuch Industrie 4.0: Bd.1: Produktion. Hrsg.: B. Vogel-Heuser; T. Bauernhansl; M. ten Hompel. Springer, Berlin [u. a.], 2017, S. 153–174.

JURCZAK, M.: Das Manufacturing Execution System etabliert sich jetzt auch in der Logistik. Welche Vorteile hat es?, transinfo online, 15.08.2019. https://trans.info/de/132725-132725 (Link zuletzt geprüft: 16.05.2021).

KAGERMANN, H.; WAHLSTER, W.; HELBIG, J. (Hrsg.): Umsetzungsempfehlungen für das Zukunftsprojekt Industrie 4.0. Abschlussbericht des Arbeitskreises Industrie 4.0, Frankfurt 2013. https://www.acatech.de/wp-content/uploads/2018/03/Abschlussbericht_Industrie4.0_barrierefrei.pdf (Link zuletzt geprüft: 16.05.2021).

KALLENBERG, R.: Ein Referenzmodell für den Service in Unternehmen des Maschinenbaus. Schriftenreihe Rationalisierung und Humanisierung; Bd. 44. RHrsg.: W. Eversheim. Shaker, Aachen 2002. – Zugl.: Aachen, Techn. Hochsch., Diss., 2002.

KAUFMANN, T.; FORSTNER, L.: Die horizontale Integration der Wertschöpfungskette in der Halbleiterindustrie. Chancen und Herausforderungen. In: Industrie 4.0 in Produktion, Automatisierung und Logistik. Anwendung, Technologien, Migration. Hrsg.: T. Bauernhansl; M. ten Hompel; B. Vogel-Heuser. Springer, Wiesbaden [u. a.], 2014, S. 359–367.

KAUFMANN, T.; FORSTNER, L.: Horizontale Integration der Wertschöpfungskette in der Halbleiterindustrie. In: Handbuch Industrie 4.0: Bd.1: Produktion. Hrsg.: B. Vogel-Heuser; T. Bauernhansl; M. ten Hompel. Springer, Berlin [u. a.], 2017, S. 95–103.

KESTEN, R.; SCHRÖDER, H.; WOZNIAK, A.: [Working Paper] Konzept zur Nutzenbewertung von IT-Investitionen. Arbeitspapiere der Nordakademie: No. 2006-3 2006. https://www.econstor.eu/bitstream/10419/38607/1/521294096.pdf (Link zuletzt geprüft: 16.05.2021).

KLETTI, J.: Konzeption und Einführung von MES-Systemen. Zielorientierte Einführungsstrategie mit Wirtschaftlichkeitsbetrachtungen, Fallbeispielen und Checklisten. Springer, Berlin [u. a.] 2007.

KLETTI, J.: MES - Manufacturing Execution System. Moderne Informationstechnologie unterstützt die Wertschöpfung. 2. Auflage. Springer, Berlin [u. a.] 2015.

KLETTI, J.; DEISENROTH, R.: MES-Kompendium: ein Leitfanden am Beispiel von HYDRA. Springer, Berlin [u. a.] 2019.

KLETTI, J.; SCHUMACHER, J.: Die perfekte Produktion. Manufacturing Excellence durch Short Interval Technology (SIT). Springer, Berlin [u. a.] 2014.

KLUG, F.: Logistikmanagement in der Automobilindustrie. Grundlagen der Logistik im Automobilbau. Springer, Berlin [u. a.] 2010.

KLUGE, S.: Empirisch begründete Typenbildung. Zur Konstruktion von Typen und Typologien in der qualitativen Sozialforschung. Leske + Budrich, Opladen 1999. – Zugl.: Bremen, Univ., Diss., 1998.

KNOBLICH, H.: Betriebswirtschaftliche Warentypologie. Grundlagen und Anwendungen. Information Engineering und IV-Controlling; Bd. 32. VS Verlag für Sozialwissenschaften, Wiesbaden 1969.

KRCMAR, H.: Informationsmanagement. 6., überarb. Auflage. Springer, Berlin [u. a.] 2015.

KUNATH, M.; WINKLER, H.: Adaptive Assistenzsysteme zur Entscheidungsunterstützung für die dynamische Auftragsabwicklung: Konzeptionelle Überlegungen und Anwendungsszenarien unter Berücksichtigung des Digitalen Zwillings des Produktionssystems. In: Handbuch Industrie 4.0 und Digitale Transformation. Betriebswirtschaftliche, technische und rechtliche Herausforderungen. Hrsg.: R. Obermaier. Springer, Wiesbaden [u. a.], 2019, S. 269–294.

KURBEL, K.: Enterprise Resource Planning and Supply Chain Management. Springer, Berlin, Heidelberg 2013.

KURBEL, K.: Enterprise Resource Planning und Supply Chain Management in der Industrie. Von MRP bis Industrie 4.0. 8., vollst überarb. u. erw. Auflage. De Gruyter, Berlin [u. a.] 2016.

KURBEL, K.; ENDRES, A.: Produktionsplanung und -steuerung. Methodische Grundlagen von PPS-Systemen und Erweiterungen. 6., völlig überarb. Auflage. Oldenbourg, München [u. a.] 2005.

LANCASTER, G.: Research Methods in Management. A concise introduction to research in management and business consultancy. Elsevier Butterworth-Heinemann, Oxford 2004.

LEE, S. M.; LEE, D.; KIM, Y. S.: The quality management ecosystem for predictive maintenance in the Industry 4.0 era. In: International Journal of Quality Innovation 5 (2019) 1, S. 1–11.

LEHNER, F.; SCHOLZ, M.; WILDNER, S.: Wirtschaftsinformatik. Eine Einführung. 2. Auflage. Hanser, Carl, München 2008.

LEIDINGER, B.: Wertorientierte Instandhaltung. Kosten senken, Verfügbarkeit erhalten. 2., überarb. u. erw. Auflage. Springer, Wiesbaden [u. a.] 2017.

LEYH, C.; SCHÄFFER, T.; FORSTENHÄUSLER, S.: SIMMI 4.0. Vorschlag eines Reifegradmodells zur Klassifikation der unternehmensweiten Anwendungssystemlandschaft mit Fokus Industrie 4.0. In: Multikonferenz Wirtschaftsinformatik (MKWI) 2016. Hrsg.: V. Nissen; D. Stelzer; S. Straßburger; D. Fischer. Universitätsverlag, Ilmenau, 2016, S. 981–992.

LIEBRECHT, C.; JACOB, A.; KUHNLE, A.; LANZA, G.: Multi-criteria Evaluation of Manufacturing Systems 4.0 under Uncertainty. In: Procedia CIRP 63 (2017), S. 224–229.

LIEHR, M.: Komponentenbasierte Systemmodellierung und Systemanalyse. Erweiterung des System-Dynamics-Ansatzes zur Nutzung im strategischen Management. Gabler Edition Wissenschaft. Dt. Univ.-Verl., Wiesbaden 2004. – Zugl.: Mannheim, Univ., Diss., 2003.

LIGGIERI, K.; MÜLLER, O.: Mensch-Maschine-Interaktion. Handbuch zu Geschichte – Kultur – Ethik. J.B. Metzler, Stuttgart 2019.

LÖDDING, H.: Verfahren der Fertigungssteuerung. Grundlagen, Beschreibung, Konfiguration. 3. Auflage. Springer Vieweg, Berlin [u. a.] 2016.

LÖDDING, H.: Produktionslogistik. In: Betrieb von Logistiksystemen. Hrsg.: K. Furmans; C. Kilger. Springer, Berlin [u. a.], 2019, S. 107–131.

LÖRCKS, S.: Bemerkungen zum paarweisen Vergleich 2020. https://arxiv.org/abs/2003.10978v1 (Link zuletzt geprüft: 13.08.2021).

LOTTER, B.; WIENDAHL, H.-P.: Montage in der industriellen Produktion. Springer, Berlin [u. a.] 2012.

LOUIS, P.: Manufacturing Execution Systems. Grundlagen und Auswahl. Gabler Edition Wissenschaft. Gabler Verlag / GWV Fachverlage GmbH, Wiesbaden 2009. – Zugl.: Marburg, Univ., Diss., 2008.

LUCKE, D.; DEFRANCESKI, M.; ADOLF, T.: Cyberphysische Systeme für die prädiktive Instandhaltung. In: Handbuch Industrie 4.0: Bd.1: Produktion. Hrsg.: B. Vogel-Heuser; T. Bauernhansl; M. ten Hompel. Springer, Berlin [u. a.], 2017, S. 75–91.

MALONE, T. W.; CROWSTON, K.: The interdisciplinary study of coordination. In: ACM Computing Surveys 26 (1994) 1, S. 87–119.

MANGIAPANE, M.; BÜCHLER, R. P.: Modernes IT-Management. Springer, Wiesbaden 2015.

MARTÍNEZ SÁNCHEZ, A.; PÉREZ PÉREZ, M.: Supply chain flexibility and firm performance. In: International Journal of Operations & Production Management 25 (2005) 7, S. 681–700.

MARX, F.: Entwicklung eines Reifegradmodells zur IT-Unterstützung der Unternehmensführung, St. Gallen. Universität St. Gallen, Dissertation 2011. https://www1.unisg.ch/www/edis.nsf/SysLkpByIdentifier/3970?OpenDocument&lang=en (Link zuletzt geprüft: 13.08.2021).

MAUERGAUZ, Y.: Advanced Planning and Scheduling in Manufacturing and Supply Chains. Springer, Cham [u. a.] 2016.

MAURER, M.; GERDES, J. C.; LENZ, B.; WINNER, H.: Autonomous Driving. Technical, legal and social aspects. Springer, Berlin [u. a.] 2016.

MEHLER-BICHER, A.; MEHLER, F.; KUNTZE, N.; KUNZ, S.; OSTHEIMER, B.; STEIGER, L.; WEIH, H.-P.: Wirtschaftsinformatik Klipp und Klar. Springer, Wiesbaden [u. a.] 2019.

MEIER, C.: Echtzeitfähige Produktionsplanung und -regelung in der Auftragsabwicklung des Maschinen- und Anlagenbaus. Schriftenreihe Rationalisierung; Bd. 117. RHrsg.: G. Schuh. 1. Auflage. Apprimus, Aachen 2013. – Zugl.: Aachen, Techn. Hochsch., Diss., 2013.

MEISSNER, J. P.: Adaptives Abweichungsmanagement in der Fertigungssteuerung bei Kleinserien. Schriftenreihe Rationalisierung; Bd. 153. RHrsg.: G. Schuh. 1. Auflage. Apprimus, Aachen 2018. – Zugl.: Aachen, Techn. Hochsch., Diss., 2018.

MESA INTERNATIONAL (Hrsg.): MES Functionalities and MRP to MES Data Flow Possibilities. White Paper Number 2, Pittsburgh 1997. http://www.reedbel.com/uploads/reedbel/support/zhuantizhishi/pap2.pdf (Link zuletzt geprüft: 16.05.2021).

MESA INTERNATIONAL (Hrsg.): Controls Definition & MES to Controls Data Flow Possibilities. White Paper Number 3, Pittsburgh 2000. http://www.reedbel.com/uploads/reedbel/support/zhuantizhishi/pap3.pdf (Link zuletzt geprüft: 16.05.2021).

METTLER, T.: Supply-Management im Krankenhaus. Konstruktion und Evaluation eines konfigurierbaren Reifegradmodells zur zielgerichteten Gestaltung. Sierke, Göttingen 2010. – Zugl.: St. Gallen, Univ., Diss., 2010.

MEYR, H.; WAGNER, M.; ROHDE, J.: Structure of Advanced Planning Systems. In: Supply Chain Management and Advanced Planning. Concepts, Models, Software, and Case Studies. Hrsg.: H. Stadtler; C. Kilger; H. Meyr. 5th edition. Springer, Berlin [u. a.], 2015, S. 99–106.

MILISAVLJEVIC-SYED, J.; ALLEN, J. K.; COMMURI, S.; MISTREE, F.: Design of networked manufacturing systems for Industry 4.0. In: Procedia CIRP 81 (2019), S. 1016–1021.

MITTAL, S.; KHAN, M. A.; ROMERO, D.; WUEST, T.: A critical review of smart manufacturing & Industry 4.0 maturity models: Implications for small and medium-sized enterprises (SMEs). In: Journal of Manufacturing Systems 49 (2018), S. 194–214.

MORON, O.: Unterstützung strategischer Entscheidungen in produzierenden Unternehmen. Berichte aus der Produktionstechnik; Bd. 98,1. Als Ms. gedr. Shaker, Aachen 1998. – Zugl.: Aachen, Techn. Hochsch., Diss., 1997.

MUBARAK, H. K.: Agentenbasiertes Selbstmanagement von Automatisierungssystemen. In: Agentensysteme in der Automatisierungstechnik. Hrsg.: P. Göhner. Xpert.press. Springer, Berlin [u. a.], 2013, S. 225–239.

MUCHNA, C.; BRANDENBURG, H.; FOTTNER, J.; GUTERMUTH, J.: Grundlagen der Logistik. Begriffe, Strukturen und Prozesse. Springer, Wiesbaden [u. a.] 2018.

MÜLLER, B.; HÄRTIG, F.: Herausforderungen und Lösungsansätze zur einheitlichen Kommunikation von Messdaten für Industrie 4.0 und das Internet of Things. In: Industrie 4.0. Herausforderungen, Konzepte und Praxisbeispiele. Hrsg.: S. Reinheimer. Springer, Wiesbaden [u. a.], 2017, S. 49–58.

NACHREINER, F.: Grundlagen naturwissenschaftlicher Methodik in der Arbeitswissenschaft. In: Handbuch Arbeitswissenschaft. Hrsg.: H. Luczak. Schäffer-Poeschel, Stuttgart, 1997, S. 87–92.

NAEFE, P.: Methodisches Konstruieren. auf den Punkt gebracht. 3. überarb Auflage. Springer, Wiesbaden [u. a.] 2018.

NAGPAL, S.; KHATRI, S. K.; KUMAR, A.: Comparative study of ERP implementation strategies. In: 2015 IEEE Long Island Systems, Applications, and Technology Conference (LISAT 2015). Farmingdale, New York, USA, 1 May 2015. Hrsg.: IEEE. IEEE, New York, 2015, S. 1–9.

NEUBURGER, R.; FIEDLER, M.: Zukunft der Arbeit – Implikationen und Herausforderungen durch autonome Informationssysteme. In: Schmalenbachs Zeitschrift für betriebswirtschaftliche Forschung 72 (2020) 3, S. 343–369.

OBERMAIER, R.: Industrie 4.0 als unternehmerische Gestaltungsaufgabe: Strategische und operative Handlungsfelder für Industriebetriebe. In: Industrie 4.0 als unternehmerische Gestaltungsaufgabe. Hrsg.: R. Obermaier. Springer, Wiesbaden [u. a.], 2017, S. 3–34.

OBERMAIER, R.; HOFMANN, J.; KIRSCH, V.: Konzeption einer Prozess- und Potenzialanalyse zur Ex-ante-Beurteilung von Industrie 4.0-Investitionen. Zur Methodik einer Abschätzung von Wirtschaftlichkeitspotenzialen. In: Controlling 27 (2015) 8-9, S. 485–492.

OBERMAIER, R.; KIRSCH, V.: Betriebswirtschaftliche Wirkungen digital vernetzter Fertigungssysteme. Eine Analyse des Einsatzes moderner Manufacturing Execution Systeme in der verarbeitenden Industrie. In: Industrie 4.0 als unternehmerische Gestaltungsaufgabe. Hrsg.: R. Obermaier. Springer, Wiesbaden [u. a.], 2017, S. 191–217.

OSTERHAGE, W. W.: ERP-Kompendium. eine Evaluierung von Enterprise-Resource-Planning-Systemen. Springer, Berlin [u. a.] 2014.

OTTO, B.; ÖSTERLE, H.: Corporate Data Quality. Springer, Berlin [u. a.] 2016.

PAHL, G.; BEITZ, W.; FELDHUSEN, J.; GROTE, K.-H.: Engineering design. A systematic approach Hrsg.: K. Wallace; L. T. M. Blessing. 3. ed. Springer, London [u. a.] 2007.

PALLER, G.: [Pressemitteilung] Probleme und Lösungen bei der Einführung von MES-Systemen. https://www.presseportal.de/pm/127570/3762845 (Link zuletzt geprüft: 16.05.2021).

PATZAK, G.: Systemtechnik – Planung komplexer innovativer Systeme. Grundlagen, Methoden, Techniken. Springer, Berlin [u. a.] 1982.

PAWELLEK, G.: Integrierte Instandhaltung und Ersatzteillogistik. Vorgehensweisen, Methoden, Tools. 2. Auflage. Springer, Berlin [u. a.] 2016.

PENNEKAMP, J.; GLEBKE, R.; HENZE, M.; MEISEN, T.; QUIX, C.; HAI, R.; GLEIM, L.; NIEMIETZ, P.; RUDACK, M.; KNAPE, S.; EPPLE, A.; TRAUTH, D.; VROOMEN, U.; BERGS, T.; BRECHER, C.; BUHRIG-POLACZEK, A.; JARKE, M.; WEHRLE, K.: Towards an Infrastructure Enabling the Internet of Production. In: 2019 IEEE International Conference on Industrial Cyber Physical Systems (ICPS). Hrsg.: R. Luo. IEEE, 2019, S. 31–37.

PFOHL: Logistiksysteme. Betriebswirtschaftliche Grundlagen. 8., neu bearb. u. aktualis. Auflage. Springer, Berlin [u. a.] 2018.

PICOT, A.; EGON, F.: Die Planung der Unternehmensressource "Information". Teil II. In: WISU – Das Wirtschaftsstudium 17 (1988) 11, S. 608–614.

PLASS, C.: Wie digitale Geschäftsprozesse und Geschäftsmodelle die Arbeitswelt verändern. In: Handbuch Gestaltung digitaler und vernetzter Arbeitswelten. Hrsg.: G. W. Maier; G. Engels; E. Steffen. Springer, Berlin [u. a.], 2017, S. 1–27.

PLATTFORM INDUSTRIE 4.0 (Hrsg.): Umsetzungsstrategie Industrie 4.0. Ergebnisbericht der Plattform Industrie 4.0, Berlin April 2015. https://www.bitkom.org/sites/default/files/file/import/150410-Umsetzungsstrategie-0.pdf (Link zuletzt geprüft: 16.05.2021).

PONN, J.; LINDEMANN, U.: Konzeptentwicklung und Gestaltung technischer Produkte. Systematisch von Anforderungen zu Konzepten und Gestaltlösungen. Springer, Berlin [u. a.] 2011.

PÖPPELBUSS, J.; NIEHAVES, B.; SIMONS, A.; BECKER, J.: Maturity Models in Information Systems Research: Literature Search and Analysis. In: Communications of the Association for Information Systems 29 (2011), S. 505–532.

RAFFÉE, H.: Grundprobleme der Betriebswirtschaftslehre. 7., unveränd. Nachdr. der 1. Auflage. Vandenhoeck & Ruprecht, Göttingen 1974.

REIß, M.: Führungsaufgabe "Implementierung". In: Personal (1993) 12, S. 551–555.

REIß, M.: Instrumente der Implementierung. In: Change-Management. Programme, Projekte und Prozesse. Hrsg.: M. Reiß; L. von Rosenstiehl; A. Lanz. USW-Schriften für Führungskräfte [Universitätsseminar der Wirtschaft, Köln]; Bd. 31. Schäffer-Poeschel, Stuttgart, 1997, S. 91–108.

REUTER, C.; GARTZEN, T.; PROTE, J.-P.; FRÄNKEN, B.: Industrie-4.0-Audit für produzierende Unternehmen, VDI-Z 2016. https://www.ingenieur.de/fachmedien/vdi-z/industrie-4-0/industrie-4-0-audit-fuer-produzierende-unternehmen/ (Link zuletzt geprüft: 16.05.2021).

REUTHER, D.; CHATTOPADHYAY, G.: Critical factors for enterprise resources planning system selection and implementation projects within small to medium enterprises. In: 2004 IEEE International Engineering Management Conference. Hrsg.: M. Xie; T. S. Durrai; H. K. Tang. IEEE, 2004, S. 851–855.

RICHARDS, G.: Warehouse management. A complete guide to improving efficiency and minimizing costs in the modern warehouse. 3rd edition. Kogan Page, London [u. a.] 2018.

ROESGEN, R.: Nutzenpotenziale von SCM-Systemen. Entwicklung eines Verfahrens zur Nutzenidentifikation und -abschätzung. Schriftenreihe Rationalisierung und Humanisierung; Bd. 83. Shaker, Aachen 2007. – Zugl.: Aachen, Techn. Hochsch., Diss., 2007.

ROHWEDER, J. P.; KASTEN, G.; MALZAHN, D.; PIRO, A.; SCHMID, J.: Informationsqualität — Definitionen, Dimensionen und Begriffe. In: Daten- und Informationsqualität. Hrsg.: K. Hildebrand; M. Gebauer; H. Hinrichs; M. Mielke. Vieweg + Teubner, Wiesbaden, 2008, S. 25–45.

RUA, S.; SALDANHA, E. D. S.; AMARAL, A. M.: Examining the Relationships among Product Quality, Customer Satisfaction and Loyalty in the Bamboo Institute, Dili, Timor-Leste. In: Timor Leste Journal of Business and Management 2 (2020), S. 33–44.

RUDOW, B.; HEIDECKE, H.-C.; NEUBAUER, W.: Betriebliche Informationssysteme in der Automobilproduktion. In: Betriebliche Informationssysteme in der Automobilproduktion. Soziotechnisches System – Nutzerpersönlichkeit – Nutzungserleben – Rollout und Betrieb – Fabriksteuerung – Informationen auf Shopfloor – IT-Nutzen. Hrsg.: B. Rudow. De Gruyter Oldenbourg, München [u. a.], 2014, S. 1–56.

RUNKLER, T. A.: Data Mining. Modelle und Algorithmen intelligenter Datenanalyse. 2. aktualis. Auflage. Springer, Wiesbaden [u. a.] 2015.

RYLL, F.; FREUND, C.: Grundlagen der Instandhaltung. In: Instandhaltung technischer Systeme. Methoden und Werkzeuge zur Gewährleistung eines sicheren und wirtschaftlichen Anlagenbetriebs. Hrsg.: M. Schenk. Springer, Berlin [u. a.], 2010, S. 23–101.

SANDROCK, J.: System Dynamics in der strategischen Planung. Zur Gestaltung von Geschäftsmodellen im E-Learning. Gabler Edition Wissenschaft. 1. Aufl. Dt Univ.-Verl., Wiesbaden 2006. – Zugl.: Karlsruhe, Techn. Hochsch.; Diss., 2005.

SCHEER, A.-W.: Industrie 4.0: Von der Vision zur Implementierung. In: Industrie 4.0 als unternehmerische Gestaltungsaufgabe. Hrsg.: R. Obermaier. Springer, Wiesbaden [u. a.], 2017, S. 35–52.

SCHEER, A.-W.; HEß, H.: Business Process/Performance Management im Rahmen eines ganzheitlichen Controlling-Ansatzes. In: Controlling: Zeitschrift für erfolgsorientierte Unternehmenssteuerung 21 (2009) 3, S. 145–151.

SCHENK, M. (Hrsg.): Instandhaltung technischer Systeme. Methoden und Werkzeuge zur Gewährleistung eines sicheren und wirtschaftlichen Anlagenbetriebs. Springer, Berlin [u. a.] 2010.

SCHENK, M.; WIRTH, S.; MÜLLER, E.: Fabrikbetrieb und Systemnutzung. In: Fabrikplanung und Fabrikbetrieb. Hrsg.: M. Schenk; S. Wirth; E. Müller. Springer, Berlin [u. a.], 2014, S. 349–495.

SCHLICK, J.; STEPHAN, P.; LOSKYLL, M.; LAPPE, D.: Industrie 4.0 in der praktischen Anwendung. In: Industrie 4.0 in Produktion, Automatisierung und Logistik. Anwendung, Technologien, Migration. Hrsg.: T. Bauernhansl; M. ten Hompel; B. Vogel-Heuser. Springer, Wiesbaden [u. a.], 2014, S. 57–84.

SCHLUND, S.: Industrie 4.0. Herausforderungen und Handlungsfelder in der industriellen Produktion. In: Instandhaltung im Wandel. Industrie 4.0 – Herausforderungen und Lösungen. 28. Instandhaltungsforum. Hrsg.: H. Biedermann. TÜV Media, Köln, 2014, S. 9–22.

SCHMIDT, C.: Konfiguration überbetrieblicher Koordinationsprozesse in der Auftragsabwicklung des Maschinen- und Anlagenbaus. Schriftenreihe Rationalisierung und Humanisierung; Bd. 87. RHrsg.: G. Schuh. Shaker, Aachen 2008. – Zugl.: Aachen, Techn. Hochsch., Diss., 2008.

SCHMIDT, C.; MEIER, C.; KOMPA, S.: Informationssysteme für das Produktionsmanagement. In: Produktionsmanagement. Handbuch Produktion und Management. Hrsg.: G. Schuh; C. Schmidt. 2. Aufl. VDI-Buch; Bd. 5. Springer, Berlin [u. a.], 2014, S. 281–378.

SCHMIDT, R.; BÄR, F.: Ein Service-System orientiertes Rahmenwerk für System-Integration, -Migration und Konsolidierung. In: HMD – Praxis der Wirtschaftsinformatik 51 (2014) 2, S. 109–118.

SCHMITT, R.; PFEIFER, T.: Qualitätsmanagement. Strategien - Methoden - Techniken. 5. aktualis. Auflage. Hanser, München [u. a.] 2015.

SCHMITZ, S.: Bewertbarkeit des Reifegrads vom Informationsmanagement in produzierenden Unternehmen in Industrie-4.0-Umgebungen. Schriftenreihe Rationalisierung; Bd. 159. Hrsg.: G. Schuh. 1. Auflage. Apprimus, Aachen 2018. – Zugl.: Aachen, Techn. Hochsch., Diss., 2018.

SCHNEIDER, H.: Das Rätsel der Produktivität. betriebs- und volkswirtschaftliche Aktualisierung eines missverstandenen Begriffs. Springer, Wiesbaden [u. a.] 2020.

SCHOLTEN, B.: MES guide for executives. Why and how to select, implement, and maintain a manufacturing execution system. International Society of Automation, Research Triangle (NC) 2009.

SCHÖNERT, O.; SCHIEMENZ, B.: Entscheidung und Produktion. 3., überarb. Auflage. Oldenbourg, München [u. a.] 2005.

SCHÖNSLEBEN, P.: Integrales Informationsmanagement. Informationssysteme für Geschäftsprozesse - Management, Modellierung, Lebenszyklus und Technologie. 2., vollst. überarb. u. erw. Auflage. Springer, Berlin [u. a.] 2001.

SCHRÖDER, H.; KESTEN, R.: Vorgehensmodell zur Nutzenbewertung von IT-Investitionen. In: IM – Information Management & Consulting 21 (2006) 4, S. 63–68.

SCHUH, G.: Effiziente Auftragsabwicklung mit myOpenFactory. Hanser, München [u. a.] 2008.

SCHUH, G.; ANDERL, R.; DUMITRESCU, R.; KRÜGER, A.; HOMPEL, M. ten: Industrie 4.0 Maturity Index. Die digitale Transformation von Unternehmen gestalten. Update 2020, München April 2020. https://www.acatech.de/publikation/industrie-4-0-maturity-index-update-2020/download-pdf?lang=de (Link zuletzt geprüft: 16.05.2021). [=2020a]

SCHUH, G.; ANDERL, R.; GAUSEMEIER, J.; HOMPEL, M. ten; WAHLSTER, W. (Hrsg.): Industrie 4.0 Maturity Index. Die digitale Transformation von Unternehmen gestalten, München April 2017. https://www.acatech.de/publikation/industrie-4-0-maturity-index-die-digitale-transformation-von-unternehmen-gestalten/download-pdf?lang=de (Link zuletzt geprüft: 16.05.2021). [=2017a]

SCHUH, G.; HERING, N.; BRUNNER, A.: Einführung in das Logistikmanagement. In: Logistikmanagement. Hrsg.: G. Schuh; V. Stich. Reihe Handbuch Produktion und Management; Bd. 6. Springer, Berlin [u. a.], 2013, S. 1–34.

SCHUH, G.; JORDAN, F.; MAASEM, C.; ZELLER, V.: Industrie 4.0: Implikationen für produzierende Unternehmen. In: Digitale Transformation im Unternehmen gestalten. Geschäftsmodelle, Erfolgsfaktoren, Handlungsanweisungen, Fallstudien. Hrsg.: O. Gassmann; P. Sutter. Hanser, München [u. a.], 2016, S. 39–58.

SCHUH, G.; POTENTE, T.; THOMAS, C.; HAUPTVOGEL, A.: Steigerung der Kollaborationsproduktivität durch cyber-physische Systeme. In: Industrie 4.0 in Produktion, Automatisierung und Logistik. Anwendung, Technologien, Migration. Hrsg.: T. Bauernhansl; M. ten Hompel; B. Vogel-Heuser. Springer, Wiesbaden [u. a.], 2014, S. 277–295. [=2014a]

SCHUH, G.; RIESENER, M.; PROTE, J.-P.; DÖLLE, C.; MOLITOR, M.; SCHLOESSER, S.; LIU, Y.; TITTEL, J.: Industrie 4.0: Agile Entwicklung und Produktion im Internet of Production. In: Handbuch Industrie 4.0: Recht, Technik, Gesellschaft. Hrsg.: W. Frenz. Springer, Berlin [u. a.], 2020, S. 467–488. [=2020b]

SCHUH, G.; SCHMIDT, C.; HERING, N.: Produktionsbedarfsplanung. In: Produktionsmanagement. Handbuch Produktion und Management. Hrsg.: G. Schuh; C. Schmidt. 2. Aufl. VDI-Buch; Bd. 5. Springer, Berlin [u. a.], 2014, S. 151–196. [=2014b]

SCHUH, G.; STICH, V.: Produktionsplanung und -steuerung; Bd. 1. Grundlagen der PPS. 4. Aufl. Springer, Berlin [u. a.] 2012.

SCHUH, G.; STICH, V.; BASSE, F.; FRANZKOCH, B.; HARZENETTER, D.; LUCKERT, M.; PROTE, J.; RESCHKE, J.; SCHMITZ, S.; TÜCKS, G.; WEIßKOPF, J.: Change Requests im Produktionsbetrieb. In: Internet of Production für agile Unternehmen. AWK Aachener Werkzeugmaschinen-Kolloquium 2017, 18. bis 19. Mai. Hrsg.: C. Brecher; F. Klocke; R. Schmitt; G. Schuh. Apprimus, Aachen, 2017, S. 109–130. [=2017b]

SCHUH, G.; STICH, V.; REUTER, C.; BLUM, M.; BRAMBRING, F.; HEMPEL, T.; RESCHKE, J.; SCHIEMANN, D.: Cyber Physical Production Control. In: Industrial Internet of Things. Hrsg.: S. Jeschke; C. Brecher; H. Song; D. B. Rawat. Springer, Cham [u. a.], 2017, S. 519–539. [=2017c]

SCHULTE-ZURHAUSEN, M.: Organisation. 6., überarb. u. aktualis. Auflage. Vahlen, München 2014.

SCHULZE, U.: Informationstechnologieeinsatz im Supply Chain Management. Eine konzeptionelle und empirische Untersuchung zu Nutzenwirkungen und Nutzenmessung. Schriften des Kühne-Zentrums für Logistikmanagement; Bd. 10. 1. Aufl. Springer Gabler, Wiesbaden 2009. – Zugl.: Vallendar, Univ., Diss., 2009.

SCHUMACHER, A.; EROL, S.; SIHN, W.: A Maturity Model for Assessing Industry 4.0 Readiness and Maturity of Manufacturing Enterprises. In: Procedia CIRP 52 (2016), S. 161–166.

SHERIDAN, T.: Human and Computer Control of Undersea Teleoperators. Man-Machine Systems Laboratory; Massachusetts Institute of Technology, Cambridge (MA) 1978.

SHI-NASH, A.; HARDOON, D. R.: Data Analytics and Predictive Analytics in the Era of Big Data. In: The internet of things and data analytics handbook. Hrsg.: H. Geng. John Wiley & Sons, Hoboken (NJ), 2017, S. 329–345.

SILVER, D.; HUANG, A.; MADDISON, C. J.; GUEZ, A.; SIFRE, L.; VAN DEN DRIESSCHE, G.; SCHRITTWIESER, J.; ANTONOGLOU, I.; PANNEERSHELVAM, V.; LANCTOT, M.; DIELEMAN, S.; GREWE, D.; NHAM, J.; KALCHBRENNER, N.; SUTSKEVER, I.; LILLICRAP, T.; LEACH, M.; KAVUKCUOGLU, K.; GRAEPEL, T.; HASSABIS, D.: Mastering the game of Go with deep neural networks and tree search. In: Nature 529 (2016) 7587, S. 484–489.

SINDERMANN, S.: Schnittstellen und Datenaustauschformate. In: Modellbasierte virtuelle Produktentwicklung. Hrsg.: M. Eigner; D. Roubanov; R. Zafirov. Springer, Berlin [u. a.], 2014, S. 327–347.

SODER, J.: Use Case Production. In: Handbuch Industrie 4.0: Bd.1: Produktion. Hrsg.: B. Vogel-Heuser; T. Bauernhansl; M. ten Hompel. Springer, Berlin [u. a.], 2017, S. 3–25.

SOUSA, T. B. de; CAMPAROTTI, C. E. S.; GUERRINI, F. M.; SILVA, A. L. D.; AZZOLINI JÚNIOR, W.: An Overview Of The Advanced Planning And Scheduling Systems. In: Independent Journal of Management & Production 5 (2014) 4, S. 1032–1049.

STACHOWIAK, H.: Allgemeine Modelltheorie. Nachdruck der Erstauflage von 1973. Springer, Wien [u. a.] 2013.

STARK, J.: Product Lifecycle Management (Volume 2). Springer, Cham [u. a.] 2016.

STEFANOU, C. J.: A framework for the ex-ante evaluation of ERP software. In: European Journal of Information Systems 10 (2001) 4, S. 204–215.

STERMAN, J. D.: Business Dynamics. Systems Thinking and Modeling for a Complex World. Mac Graw Hill, Boston (MA) 2000.

STICH, V.; GUDERGAN, G.; ZELLER, V.: Need and Solution to Transform the Manufacturing Industry in the Age of Industry 4.0 – A Capability Maturity Index Approach. In: Collaborative Networks of Cognitive Systems. 19th IFIP WG 5.5 Working Conference on Virtual Enterprises, PRO-VE 2018, Cardiff, UK, September 17-19, 2018, Proceedings. Hrsg.: L. M. Camarinha-Matos; H. Afsarmanesh; Y. Rezgui; IFIP Advances in Information and Communication Technology; Bd. 534. Springer, Cham [u. a.], 2018, S. 33–42.

SUCHÁNEK, P.; RICHTER, J.; KRÁLOVÁ, M.: Customer Satisfaction, Product Quality and Performance of Companies. In: Review of Economic Perspectives 14 (2015) 4, S. 329–344.

TEMPELMEIER, H.: Begriff der Logistik, logistische Systeme und Prozesse. Springer, Berlin [u. a.] 2018.

TIEMEYER, E.: IT-Systeme planen und kontinuierlich weiterentwickeln. In: Handbuch IT-Systemmanagement. Hrsg.: E. Tiemeyer. Hanser, München [u. a.], 2016, S. 71–107.

TÖPFER, A.: Betriebswirtschaftslehre. Anwendungs- und prozessorientierte Grundlagen. 2., überarb. Auflage. Springer, Berlin [u. a.] 2007.

TRIER, M.; BOBRIK, A.; NEUMAN, N.; WYSSUSSEK, B.: Systemtheorie und Modell. In: Systemanalyse im Unternehmen. Prozessorientierte Methoden der Wirtschaftsinformatik. Hrsg.: H. Krallmann; M. Schönherr; M. Trier. 5., vollst. überarb. Auflage. Oldenbourg, München [u. a.], 2007, S. 58–87.

ULRICH, H.: Die Betriebswirtschaftslehre als anwendungsorientierte Sozialwissenschaft. In: Die Führung des Betriebes. Curt Sandig zu seinem 80. Geburtstag gewidmet. Hrsg.: M. Geist; R. Köhler. Poeschel, Stuttgart, 1981, S. 1–26.

ULRICH, P.; HILL, W.: Wissenschaftstheoretische Grundlagen der Betriebswirtschaftslehre (Teil 1). In: WiSt – Wirtschaftswissenschaftliches Studium 5 (1976) 7, S. 304–309. [=1976a]

ULRICH, P.; HILL, W.: Wissenschaftstheoretische Grundlagen der Betriebswissenschaften (Teil 2). In: WiSt – Wirtschaftswissenschaftliches Studium 5 (1976) 8, S. 345–350. [=1976b]

URBACH, N.; AHLEMANN, F.: IT-Management im Zeitalter der Digitalisierung. Auf dem Weg zur IT-Organisation der Zukunft. Springer Gabler, Wiesbaden [u. a.] 2016.

VAJNA, S.; WEBER, C.; ZEMAN, K.; HEHENBERGER, P.; GERHARD, D.; WARTZACK, S.: CAx für Ingenieure. Eine praxisbezogene Einführung. 3. Auflage. Springer Vieweg, Wiesbaden [u. a.] 2018.

VDI-RICHTLINIE 2898: DV-Einsatz in der Instandhaltung. Verein Deutscher Ingenieure e. V.; ICS: 03.080.10. Beuth, Berlin, 1996.

VDI-RICHTLINIE 5600-4: Fertigungsmanagementsystem. Verein Deutscher Ingenieure e. V.; ICS: 32.240.50. Beuth, Berlin, 2012.

VDI-RICHTLINIE 5600-2: Fertigungsmanagementsysteme. Verein Deutscher Ingenieure e. V.; ICS: 35.240.50. Beuth, Berlin, 2013.

VDI-RICHTLINIE 5600-3: Fertigungsmanagementsysteme. Verein Deutscher Ingenieure e. V.; ICS: 35.240.50. Beuth, Berlin, 2013.

VDI-RICHTLINIE 5600-1: Fertigungsmanagementsysteme. Verein Deutscher Ingenieure e. V.; ICS: 35.240.50. Beuth, Berlin, 2015.

VDI-RICHTLINIE 5600-5: Fertigungsmanagementsysteme. Verein Deutscher Ingenieure e. V.; ICS: 35.240.50. Beuth, Berlin, 2015.

VDI-RICHTLINIE 2890: Planmäßige Instandhaltung. Verein Deutscher Ingenieure e. V.; ICS: 03.080.10. Beuth, Berlin, 2017.

VDI-RICHTLINIE 5600-6: Fertigungsmanagementsysteme. Verein Deutscher Ingenieure e. V.; ICS: 35.240.50. Beuth, Berlin, 2017.

VDI-RICHTLINIE 3633: Simulation von Logistik-, Materialfluss- und Produktionssystemen. Verein Deutscher Ingenieure e. V.; ICS: 01.040.03, 03.100.10. Beuth, Berlin, 2018.

VDI-RICHTLINIE 2221: Entwicklung technischer Produkte und Systeme. Verein Deutscher Ingenieure e. V.; ICS: 03.100.40. Beuth, Berlin, 2019.

VDI-RICHTLINIE 5600-7: Fertigungsmanagementsysteme. Verein Deutscher Ingenieure e. V.; ICS: 35.240.50. Beuth, Berlin, 2020.

VDI-RICHTLINIE 4000-1: Systematische Transformation und Evaluation von Produktionssystemen. Verein Deutscher Ingenieure e. V.; ICS: 35.240.50. Beuth, Berlin, 2021.

VISSER, E. J. de; PAK, R.; SHAW, T. H.: From 'automation' to 'autonomy': the importance of trust repair in human-machine interaction. In: Ergonomics 61 (2018) 10, S. 1409–1427.

VOGEL, O.: Software-Architektur. Grundlagen – Konzepte – Praxis. 2. Auflage. Spektrum, Heidelberg 2009.

VOGEL-HEUSER, B.: Herausforderungen und Anforderungen aus Sicht der IT und der Automatisierungstechnik. In: Industrie 4.0 in Produktion, Automatisierung und Logistik. Anwendung, Technologien, Migration. Hrsg.: T. Bauernhansl; M. ten Hompel; B. Vogel-Heuser. Springer, Wiesbaden [u. a.], 2014, S. 37–48.

WANNENWETSCH, H.: Integrierte Materialwirtschaft, Logistik und Beschaffung. Springer, Berlin [u. a.] 2014.

WEBER, W.; KABST, R.; BAUM, M.: Einführung in die Betriebswirtschaftslehre. 10., aktualis. u. überarb. Auflage. Springer Gabler, Wiesbaden [u. a.] 2018.

WELTER, M.: Die Forschungsmethode der Typisierung. In: WiSt - Wirtschaftswissenschaftliches Studium 35 (2006) 2, S. 113–116.

WENDLER, R.: Reifegradmodelle. Anwendungspotenziale in der Betriebswirtschaftslehre. In: Der Betriebswirt 55 (2014) 1, S. 32–36. [=2014a]

WENDLER, R.: Reifegradmodelle für das IT-Projektmanagement. Dresdener Beiträge zur Wirtschaftsinformatik. Nr. 53/09, Dresden 2014. https://nbn-resolving.org/urn:nbn:de:bsz:14-qucosa-129597 (Link zuletzt geprüft: 16.05.2021). [=2014b]

WENDLER, R.; LEUPOLD, S.: Alignment als Entscheidungsgrundlage für die IT-Projektauswahl. In: HMD – Praxis der Wirtschaftsinformatik 48 (2011) 4, S. 94–103.

WERBIŃSKA-WOJCIECHOWSKA, S.: Technical System Maintenance. Delay-Time-Based Modelling. Springer, Cham [u. a.] 2019.

WESTKÄMPER, E.; WARNECKE, H.-J.: Einführung in die Fertigungstechnik. 8., aktualis. u. erw. Auflage., korr. Nachdruck. Vieweg + Teubner, Wiesbaden 2010.

WETZCHEWALD, P.: Gestaltungsmodell zur Steigerung der Regelbarkeit von Produktionsplanungs- und -steuerungssystemen. Schriftenreihe Rationalisierung; Bd. 169. RHrsg.: G. Schuh. Apprimus, Aachen 2020. – Zugl.: Aachen, Techn. Hochsch., Diss., 2020.

WETZCHEWALD, P.; LÜTKEHOFF, B.: MES – Echtzeitfähige Planung, Steuerung und Kontrolle der Produktion, Trovarit, Aachen 2017. https://www.trovarit.com/wp-content/uploads/mes-und-erp-1.pdf (Link zuletzt geprüft: 14.08.2021).

WEYER, J.: Die Risiken der Automationsarbeit. Mensch-Maschine-Interaktion und Störfallmanagement in hochautomatisierten Verkehrsflugzeugen. In: Zeitschrift für Soziologie 26 (1997) 4, S. 239–257.

WIENDAHL, H.-H.; KLUTH, A.: Digitalisierungsimpulse durch MES-Werkzeuge. MES-Werkzeuge digitalisieren die Auftragsabwicklung der Produktion 2017. http://publica.fraunhofer.de/eprints/urn_nbn_de_0011-n-4420641.pdf (Link zuletzt geprüft: 04.06.2021).

WIENDAHL, H.-H.; KLUTH, A.; KIPP, R.: Marktspiegel Business Software MES- Fertigungssteuerung 2019/2020. 7. überarb. Auflage. Trovarit AG, Aachen 2019.

WIENDAHL, H.-H.; SCHÜBEL, H. R.: Formkurve und Hochlaufrad. Implementierung und Hochlauf systematisch begleiten. In: IT-Matchmaker.guide 2 (2020) 02, S. 26–30.

WIENDAHL, H.-P.: Betriebsorganisation für Ingenieure. Mit 3 Tabellen. 8., überarb. Auflage. Hanser, München [u. a.] 2014.

WOLF, S.; DOLLINGER, C.; HEES, A.; REINHART, G.: Der Mensch in Interaktion mit autonomen Planungs- und Steuerungssystemen für Cyber-Physische Produktionssysteme. In: Zukunft der Arbeit – Eine praxisnahe Betrachtung. Hrsg.: S. Wischmann; E. A. Hartmann. Springer, Berlin [u. a.], 2018, S. 123–132.

ZANGEMEISTER, C.: Nutzwertanalyse in der Systemtechnik. Eine Methodik zur multidimensionalen Bewertung und Auswahl von Projektalternativen. 5., erw. Auflage. Books on Demand, Norderstedt 2014.

ZELEWSKI, S.: Grundlagen. In: Betriebswirtschaftslehre. Hrsg.: H. Corsten; M. Reiß. 4., vollst. überarb. und wesentl. erw. Aufl. Lehr- und Handbücher der Betriebswirtschaftslehre; 1. Oldenbourg, München, 2008, S. 1–97.

ZELLER, V.: Systematische Verbesserung von Prozessen für IT-Dienstleistungen. Schriftenreihe Rationalisierung; Bd. 154. RHrsg.: G. Schuh. 1. Auflage. Apprimus 2018. – Zugl.: Aachen, Techn. Hochsch., Diss., 2018.

ZELLER, V.; HOCKEN, C.; STICH, V.: acatech Industrie 4.0 Maturity Index – A Multidimensional Maturity Model. In: Smart manufacturing for industry 4.0. Hrsg.: I. Moon; G. M. Lee; J. Park; D. Kiritsis; G. v. Cieminski. IFIP advances in information and communication technology; Bd. 536. Springer, Cham [u. a.], 2018, S. 105–113.

ZVEI - ZENTRALVERBAND ELEKTROTECHNIK- UND ELEKTRONIKINDUSTRIE E. V. (Hrsg.): Manufacturing Execution Systems (MES). Branchenspezifische Anforderungen und herstellerneutrale Beschreibung von Lösungen. ZVEI, Frankfurt 2010.

ZWICKY, F.: Morphologisches Denken und Vorgehen. In: Die neuen Methoden der Entscheidungsfindung. Hrsg.: G. Tumm. Moderne Industrie, München, 1972, S. 130–142.

ZWICKY, F.: Morphologische Forschung. Wesen und Wandel materieller und geistiger struktureller Zusammenhänge. Schriftenreihe der Fritz-Zwicky-Stiftung; Bd. 4. 2. Auflage. Baeschlin, Glarus 1989.

Veröffentlichungen von Fischer, Markus

FISCHER, M.; BACH, T.: Mit S&OP zum fertigen Produkt. In: IT&Production 19 (2018) 9, S. 46–47.

FISCHER, M.; BAFRANI, M.; BÜCHER, D.: Concept for Enhanced Production Control using Process Mining and Artificial Intelligence to Support the Decision Process in Short-Term Production Management. In: Comfort and Smart Textile International Symposium 2019. Hrsg.: H. Hoshiro., Nara, Japan, 2019, S. 133.

FISCHER, M.; GLOWINSKI, J.: Konzept für ein Entscheidungsunterstützungssystem im Störungsmanagement. In: Unternehmen der Zukunft 21 (2020) 1, S. 16–19.

FISCHER, M.; LÜTKEHOFF, B.: Konzept für ein Entscheidungsunterstützungssystem im Störungsmanagement. In: IT&Production 19 (2018) 9, S. 32–33.

FISCHER, M.; LÜTKEHOFF, B.; STEINLEIN, F.: Herausforderungen bei der Auswahl und Beschaffung von ME-Systemen. In: ZwF – Zeitschrift für wirtschaftlichen Fabrikbetrieb 114 (2019) 6, S. 296–299.

FISCHER, M.; POURBAFRANI, M.; KEMMERLING, M.; STICH, V.: A Framework for Online Detection and Reaction to Disturbances on the Shop Floor Using Process Mining and Machine Learning. In: Proceedings of the 1st Conference on Production Systems and Logistics (CPSL 2020). Hrsg.: P. Nyhuis; D. Herberger; M. Hübner. Hannover, 2020, S. 387–396.

FISCHER, M.; SCHUH, G.; STICH, V.: The Impact Of Manufacturing Execution Systems On The Digital Transformation Of Production Systems - A Maturity Based Approach. In: Proceedings of the Conference on Production Systems and Logistics. CPSL 2021. Hrsg.: D. Herberger; M. Hübner. Institutionelles Repositorium der Leibniz Universität Hannover, Hannover, 2021, S. 446–456.

FISCHER, M.; SCHRÖTER, M.; SÖNTERATH, K.: Digital Connected Production, Aachen 2019c. https://www.fir.rwth-aachen.de/fileadmin/publikationen/whitepaper/fir-whitepaper-digital-connected-production.pdf (zuletzt geprüft: 13.08.2021).

PAUSE, D.; BRAUNER, P.; FABER, M.; FISCHER, M.; HÜNNEKES, P.; PETRUCK, H.; MERTENS, A.; NITSCH, V.; SCHUH, G.; STICH, V.; ZIEFLE, M.: Task-Specific Decision Support Systems in Multi-Level Production Systems based on the digital shadow. In: 2019 IEEE International Conference on Industrial Cyber Physical Systems (ICPS 2019). Hrsg.: R. C. Luo. IEEE, Piscataway (NJ), 2019, S. 603–608.

PAUSE, D.; FISCHER, M.; LINNARTZ, M.: Assistenzsystem zur Entscheidungsunterstützung in der Supply Chain. In: ZwF – Zeitschrift für wirtschaftlichen Fabrikbetrieb 114 (2019) 9, S. 592–595.

SCHRÖTER, M.; LÜTKEHOFF, B.; FISCHER, M.; BLUM, M.; STICH, V.: Towards the Generation of Setup Matrices from Route Sheets and Feedback Data with Data Analytics. In: Advances in Production Management Systems. Production Management for Data-Driven, Intelligent, Collaborative, and Sustainable Manufacturing. Hrsg.: I. Moon; G. M. Lee; J. Park; D. Kiritsis; G. von Cieminski. IFIP Advances in Information and Communication Technology. Springer International Publishing, Cham, 2018, S. 502–509.

VOSWINCKEL, T.; FISCHER, M.; RESCHKE, J.: Vertikale Integration als Grundlage der lernenden Fabrik. In: openautomation – Das Fachmagazin für das Management 20 (2018) 4, S. 24–26.

WETZCHEWALD, P.; FISCHER, M.: Digitale Vernetzung von Unternehmen. In: Unternehmen der Zukunft - Praxis 4 (2018) 2, S. 21–27.

Anhang

Tabelle 9-1: Gegenüberstellung der Funktionen der Dissertationsschrift und der Trovarit AG (1/7)

Dissertation			Trovarit		
Funktions-modul	Funktionsklasse	Funktion		Funktionsklasse	Funktion
Auftragsmanagement	Auftrags-verarbeitung	Anlage von Aufträgen	Entwicklung & Konstruktion	Verwaltung von Produktstrukturen	Materialstammverwaltung
		Anlage von Aufträgen	Entwicklung & Konstruktion	Verwaltung von Produktstrukturen	Materialnummernvergabe
		Verarbeitung von auftragsbezogenen Daten	Entwicklung & Konstruktion	Verwaltung von Produktstrukturen	Stücklistenverwaltung
		Verarbeitung von auftragsbezogenen Daten	Produktion	Produktionsplanung	Arbeitsplanverwaltung
		Verarbeitung von auftragsbezogenen Daten	Produktion	Produktionsplanung	Produktionsauftragsverwaltung
		Druck von Auftragspapieren	Produktion	Produktionssteuerung	Erstellung & Druck von Auftragsdokumenten
	Informations-bereitstellung	Auftragsübersicht	Produktion	Produktionssteuerung	Produktionsauftragsüberwachung
		Auftragsübersicht	Produktion	Betriebsdatenerfassung	Arbeitsvorratsliste
		Bereitstellung von Auftragsinformationen	Produktion	Betriebsdatenerfassung	Ermittlung und Anzeige von aktuellen Auftragsinformationen am Terminal
		Bereitstellung von Auftragsinformationen	Produktion	Betriebsdatenerfassung	Anzeigen von ergänzenden Informationen / Dokumenten
Betriebsmittelmanagement	Bereitstellung von Betriebsmittel-informationen	Anlage und Verwaltung von Stammdaten	Produktion	Produktionsplanung	Ressourcenverwaltung
		Anlage und Verwaltung von Stammdaten	Instandhaltung, Service & Facility Management	Stammdatenverwaltung	Verwaltung von Anlagenstrukturen
		Anlage und Verwaltung von Stammdaten	Instandhaltung, Service & Facility Management	Stammdatenverwaltung	Arbeitsplanverwaltung
		Verwaltung der Betriebsmittelkapazität	Produktion	Werkzeugmanagement	Verwaltung von Werkzeugen und Vorrichtungen
		Verwaltung des Betriebsmittelzustandes	Produktion	Werkzeugmanagement	Berücksichtigung der Werkzeuge als Ressourcen in der Kapazitätsterminierung
	Instandhaltungs-auswertung	Berechnung von Reststandzeiten	Instandhaltung, Service & Facility Management	Abwicklung von Instandhaltungs- bzw. Service-Aufträgen	Zustandsabhängige Auftragsauslösung
		Bereitstellung der Betriebsmittelhistorie	Instandhaltung, Service & Facility Management	Stammdatenverwaltung	Verwaltung von Anlagenhistorien
	Instandhaltungs-planung und -steuerung	Wartungskalender	Produktion	Werkzeugmanagement	Berücksichtigung der Werkzeugbeschaffung und -bereitstellung in der Durchlaufterminierung
		Wartungskalender	Instandhaltung, Service & Facility Management	Querschnittsaufgaben	Verwaltung von Wartungsplänen
		Anlage von Instandhaltungsaufträgen	Produktion	Werkzeugmanagement	Vorbeugende Instandhaltung von Werkzeugen
		Anlage von Instandhaltungsaufträgen	Instandhaltung, Service & Facility Management	Abwicklung von Instandhaltungs- bzw. Service-Aufträgen	Auftragsplanung
		Überwachung von Instandhaltungsaufträge	Instandhaltung, Service & Facility Management	Abwicklung von Instandhaltungs- bzw. Service-Aufträgen	Auftragssteuerung

Tabelle 9-2: Gegenüberstellung der Funktionen der Dissertationsschrift und der Trovarit AG (2/7)

Dissertation			Trovarit		
Funktionsmodul	Funktionsklasse	Funktion		Funktionsklasse	Funktion
Datenerfassung	Bereitstellung	Bereitstellung für MES-Module			
		Darstellung der Daten	Produktion	Betriebsdatenerfassung	Flexibel konfigurierbare Statusanzeigen
		Visualisierung des Shopfloors	Business-Intelligence	Anwenderwerkzeuge für Business Intelligence	Grafische Visualisierung
		Visualisierung von Regelkarten	Business-Intelligence	Anwenderwerkzeuge für Business Intelligence	Grafische Visualisierung
	Erfassung	Erfassung von Betriebsdaten	Produktion	Rückmeldewesen allgemein	Betriebsdatenerfassung
		Erfassung von Betriebsdaten	Produktion	Betriebsdatenerfassung	Anmelden, Abmelden, Unterbrechen und Teilrückmelden von Arbeitsgängen oder Fertigungsaufträgen
		Erfassung von Betriebsdaten	Produktion	Betriebsdatenerfassung	Erfassen von Mengeninformationen
		Erfassung von Betriebsdaten	Produktion	Betriebsdatenerfassung	Erfassen von Zeitinformationen
		Erfassung von Betriebsdaten	Produktion	Betriebsdatenerfassung	Erfassen von Seriennummern / Chargen
		Erfassung von Betriebsdaten	Produktion	Betriebsdatenerfassung	Erfassen von Störungen und Störgründen
		Erfassung von Betriebsdaten	Produktion	Betriebsdatenerfassung	Erfassen von Gemeinkostentätigkeiten
		Erfassung von Betriebsdaten	Produktion	Betriebsdatenerfassung	Erfassung von Mehrmaschinenbedienung
		Erfassung von Betriebsdaten	Produktion	Betriebsdatenerfassung	Erfassung von Mehrpersonenbedienung
		Erfassung von Betriebsdaten	Produktion	Betriebsdatenerfassung	Flexibel konfigurierbare Erfassungsdialoge und -masken
		Erfassung von Betriebsdaten	Produktion	Betriebsdatenerfassung	Anbindung Prozesstechnik
		Erfassung von Betriebsdaten	Produktion	Betriebsdatenerfassung	Offline-Fähigkeit
		Erfassung von Maschinendaten	Produktion	Rückmeldewesen allgemein	Maschinendatenerfassung
		Erfassung von Personaldaten	Personalwesen, Lohn & Gehalt	Zeitwirtschaft	Anwesenheitszeiterfassung
		Erfassung von Personaldaten	Produktion	Rückmeldewesen allgemein	Personalzeiterfassung
		Erfassung von Prozessdaten	Produktion	Betriebsdatenerfassung	Rückmeldung von Mischprozessen
		Erfassung von Prozessdaten	Produktion	Betriebsdatenerfassung	Rückmeldung von Trennprozessen
		Erfassung von Prozessdaten	Produktion	Betriebsdatenerfassung	Rückmeldung von Kuppelproduktionen
		Erfassung von Prozessdaten	Produktion	Werkzeugmanagement	Erfassung von Prozessdaten für Werkzeuge
		Erfassung von Qualitätsdaten	Produktion	Rückmeldewesen allgemein	Prüfdatenerfassung
		Erfassung von Qualitätsdaten	Qualitätswesen	Qualitätsmanagement	Prüfdatenerfassung
	Vorverarbeitung	Einstellung der Verarbeitungsregeln	Produktion	Betriebsdatenerfassung	Flexibel konfigurierbare Automatismen
		Plausibilitätsprüfung	Produktion	Betriebsdatenerfassung	Flexibel konfigurierbare Plausibilitätsprüfungen

Tabelle 9-3: Gegenüberstellung der Funktionen der Dissertationsschrift und der Trovarit AG (3/7)

Dissertation			Trovarit		
Funktions-modul	Funktionsklasse	Funktion		Funktionsklasse	Funktion
Energie-management	Energiecontroling	Analyse historischer Verbräuche	Qualitätswesen		Energiemanagement
	Energiemonitoring	Aggregation von Energiedaten	Qualitätswesen		Energiemanagement
		Soll-Ist-Vergleich			
		Prognose zukünftiger Verbräuche			
Feinplanung und Feinsteuerung	Analyse der Planung	Visualisierung der Feinplanung	Produktion	Produktionssteuerung	Grafische Plantafel
		Ermittlung planungsrelevanter Kennzahlen			
		Aufzeigen von Planungskonflikten	Produktion	Produktionsplanung	Ermittlung des "Kritischen Pfads"
	Erzeugung des Werkstattplans	Manuelle Planung	Produktion	Produktionsplanung	Losgrößenrechnung
		Manuelle Planung	Produktion	Produktionsplanung	Durchlaufterminierung
		Manuelle Planung	Produktion	Produktionsplanung	Planung gegen unbegrenzte Kapazitäten (MRP II)
		Manuelle Planung	Produktion	Produktionsplanung	Planung gegen begrenzte Kapazitäten (Constraint Based Planning)
		Manuelle Planung	Produktion	Produktionsplanung	Engpassverwaltung & -planung
		Manuelle Planung	Produktion	Produktionssteuerung	Belegungsplanung
		Manuelle Planung	Produktion	Produktionssteuerung	Mehrmaschinenbedienung
		Manuelle Planung	Produktion	Produktionssteuerung	Mehrpersonenbedienung
		Manuelle Planung	Produktion	Produktionssteuerung	Kontinuierliche Planung über freigegebene und zu planende Aufträge
		Manuelle Planung	Produktion	Produktionssteuerung	Dynamische Terminierungslogik
		Manuelle Planung	Produktion	Produktionssteuerung	Reihenfolgeplanung

Tabelle 9-4: Gegenüberstellung der Funktionen der Dissertationsschrift und der Trovarit AG (4/7)

Dissertation			Trovarit		
Funktions-modul	Funktionsklasse	Funktion		Funktionsklasse	Funktion
Feinplanung und Feinsteuerung	Erzeugung des Werkstattplans	Automatische Planung	Produktion	Produktionsplanung	Losgrößenrechnung
		Automatische Planung	Produktion	Produktionsplanung	Durchlaufterminierung
		Automatische Planung	Produktion	Produktionsplanung	Planung gegen unbegrenzte Kapazitäten (MRP II)
		Automatische Planung	Produktion	Produktionsplanung	Planung gegen begrenzte Kapazitäten (Constraint Based Planning)
		Automatische Planung	Produktion	Produktionsplanung	Engpassverwaltung & -planung
		Automatische Planung	Produktion	Produktionssteuerung	Belegungsplanung
		Automatische Planung	Produktion	Produktionssteuerung	Mehrmaschinenbedienung
		Automatische Planung	Produktion	Produktionssteuerung	Mehrpersonenbedienung
		Automatische Planung	Produktion	Produktionssteuerung	Kontinuierliche Planung über freigegebene und zu planende Aufträge
		Automatische Planung	Produktion	Produktionssteuerung	Dynamische Terminierungslogik
		Automatische Planung	Produktion	Produktionssteuerung	Reihenfolgeplanung
		Automatische Optimierung	Produktion	Produktionsplanung	Durchlaufterminierung
		Automatische Optimierung	Produktion	Produktionsplanung	Planung gegen unbegrenzte Kapazitäten (MRP II)
		Automatische Optimierung	Produktion	Produktionsplanung	Planung gegen begrenzte Kapazitäten (Constraint Based Planning)
		Automatische Optimierung	Produktion	Produktionsplanung	Engpassverwaltung & -planung
		Automatische Optimierung	Produktion	Produktionssteuerung	Ressourcenübergreifende Belegungsoptimierung
		Simulation der Planung	Produktion	Produktionsplanung	Produktionssimulation
	Pflege der Stammdaten	Pflege der Planungsparameter	Produktion	Produktionssteuerung	Feste Terminierungslogik
		Anlage und Pflege von Rüstmatrizen	Business-Process- / Workflow-Management	Mulitsite-Unterstützung	Abbildung von Stammdaten (Lokal, dezentral)

Tabelle 9-5: Gegenüberstellung der Funktionen der Dissertationsschrift und der Trovarit AG (5/7)

Dissertation			Trovarit		
Funktions-modul	Funktionsklasse	Funktion		Funktionsklasse	Funktion
Informationsmanagement	Informations-verarbeitung und -verteilung	Verarbeitung und Verteilung der Daten			
		Archivierung der Daten	Qualitätswesen	Qualitätsmanagement	Archivierung von Prozessdaten
		Schnittstellenverarbeitung	Produktion	Betriebsdatenerfassung	Automatische Datenerfassung über Schnittstellen zu Maschinen / Anlagen
		Schnittstellenverarbeitung	Qualitätswesen	Qualitätsmanagement	Anbindung von Prüfmitteln und Maschinen
		Benutzerverwaltung			
		DNC/NC-Management	Produktion	Produktionssteuerung	NC-Datenmanagement
	Workflow-management	Anlage und Verwaltung von Workflows	Business-Process- / Workflow-Management	Workflowmanagement	Workflow-Definition
		Eskalationsmanagement			
		Prozessverriegelung			
Leistungsanalyse	Operative Auswertung		Produktion	Produktionssteuerung	Produktionscontrolling (Kennzahlen, Reports, Statistiken)
			Business-Intelligence	Anwenderwerkzeuge für Business-Intelligence	Standard-/Massenberichtswesen
			Business-Intelligence	Anwenderwerkzeuge für Business-Intelligence	Ad-hoc-Berichtswesen
		Auftragsbezogene Soll-Ist-Vergleiche	Business-Intelligence	Anwenderwerkzeuge für Business-Intelligence	Ad-hoc-Berichtswesen
		Prozessbezogene Soll-Ist-Vergleiche	Business-Intelligence	Anwenderwerkzeuge für Business-Intelligence	Ad-hoc-Berichtswesen
		Planungsbezogene Soll-Ist-Vergleiche	Business-Intelligence	Anwenderwerkzeuge für Business-Intelligence	Ad-hoc-Berichtswesen
		Bestandsbezogene Soll-Ist-Vergleiche	Business-Intelligence	Anwenderwerkzeuge für Business-Intelligence	Ad-hoc-Berichtswesen
	Taktisch-strategische Auswertungen	Auftrags- und artikelbezogene Auswertungen	Business-Intelligence	Anwenderwerkzeuge für Business-Intelligence	Ad-hoc-Berichtswesen
		Qualitätsbezogene Auswertungen	Business-Intelligence	Anwenderwerkzeuge für Business-Intelligence	Ad-hoc-Berichtswesen
		Ressourcenbezogene und prozessbezogene Auswertungen	Produktion	Produktionssteuerung	Ressourcenüberwachung
		Ressourcenbezogene und prozessbezogene Auswertungen	Produktion	Produktionssteuerung	Verwendungsnachweis für Ressourcen
		Erstellung von Schichtreports	Produktion	Produktionssteuerung	Produktionscontrolling (Kennzahlen, Reports, Statistiken)

Tabelle 9-6: Gegenüberstellung der Funktionen der Dissertationsschrift und der Trovarit AG (6/7)

Dissertation			Trovarit		
Funktions-modul	Funktionsklasse	Funktion		Funktionsklasse	Funktion
Materialmanagement	Initiierung der Materialtransporte	Auslösung von Transportaufträgen	Produktion	Produktionssteuerung	Abwicklung von Materialtransporten
		Verwaltung der Transportaufträge	Produktion	Produktionssteuerung	Abwicklung von Materialtransporten
	Verwaltung und Führung von Umlaufbeständen	Verwaltung der Bestände	Materialwirtschaft	Disposition	Bestandsführung
		Verwaltung der Bestände	Produktion	Produktionssteuerung	Management von WIP-Material
		Verwaltung der Bestände	Lager & Logistik	Lager	Lagerortverwaltung
		Verwaltung der Bestände	Lager & Logistik	Lager	Lagerplatzverwaltung
		Verwaltung der Ladungsträger	Lager & Logistik	Lager	Verwaltung von Mehrwegladungsträgern / Leihgut
		Anlage und Pflege der Stammdaten	Materialwirtschaft	Stammdaten Materialwirtschaft	Material-/Artikelstammverwaltung
	Verwaltung von Chargen	Anlage und Erfassung von Chargen	Materialwirtschaft	Chargen- / Seriennummernverwaltung	Chargenverfolgung
		Anlage und Erfassung von Chargen	Lager & Logistik	Lager	Chargenverfolgung
		Verwaltung von Chargen	Materialwirtschaft	Chargen- / Seriennummernverwaltung	Chargen- & Nuancen-Verwaltung
		Verwaltung von Chargen	Materialwirtschaft	Chargen- / Seriennummernverwaltung	Seriennummernverwaltung
		Verwaltung von Chargen	Materialwirtschaft	Chargen- / Seriennummernverwaltung	Seriennummernverfolgung
		Verwaltung von Chargen	Produktion	Produktionssteuerung	Chargenverwaltung in der Produktion
		Verwaltung von Chargen	Produktion	Produktionssteuerung	Seriennummernverwaltung in der Produktion
		Verwaltung von Chargen	Lager & Logistik	Lager	Seriennummernverfolgung
		Erstellung der Dokumentation			
Personalmanagement	Erstellung von Personal-einsatzplänen	Schichtplanung	Personalwesen, Lohn & Gehalt	Personaleinsatzplanung	Überwachung Regelverletzungen bei Einsatzplanung
		Schichtplanung	Personalwesen, Lohn & Gehalt	Personaleinsatzplanung	Schichtplanerstellung / Schichtplanmanagement
		Ermittlung des Personalbedarfs	Personalwesen, Lohn & Gehalt	Personaleinsatzplanung	Personalbedarfsberechnung
		Personaleinsatzplanung	Personalwesen, Lohn & Gehalt	Personaleinsatzplanung	Einsatzplanung (Disposition)
	Führung von Personal-informationen	Verwaltung der Personalstammdaten	Business Process / Workflow Management	Mulitsite-Unterstützung	Abbildung von Stammdaten (lokal, dezentral)
		Verwaltung von Qualifikationsmatrizen	Personalwesen, Lohn & Gehalt	Personaleinsatzplanung	Verwaltung der Qualifikationsanforderungen
		Verwaltung von Qualifikationsmatrizen	Personalwesen, Lohn & Gehalt	Personaleinsatzplanung	Berücksichtigung von Qualifikationsprofilen
		Verwaltung der Zeitkonten	Personalwesen, Lohn & Gehalt	Zeitwirtschaft	Zeitkontenführung
		Ermittlung des Leistungslohns			

Tabelle 9-7: Gegenüberstellung der Funktionen der Dissertationsschrift und der Trovarit AG (7/7)

Dissertation			Trovarit		
Funktions-modul	Funktionsklasse	Funktion		Funktionsklasse	Funktion
Qualitätsmanagement	Fertigungs-begleitende Prüfung	Erzeugung von Prüfaufträgen	Qualitätswesen	Qualitätsmanagement	Verwaltung von Prüfaufträgen
		Durchführung der Prüfung	Qualitätswesen	Qualitätsmanagement	Prüfdatenauswertungen
		Durchführung der Prüfung	Qualitätswesen	Qualitätsmanagement	SPC (Statistische Prozesskontrolle)
		Erstellung von Zertifikaten	Qualitätswesen	Qualitätsmanagement	Qualitätsberichte (z. B. Erstmusterprüfbericht)
	Prüfmittel-management	Anlage und Pflege von Prüfmitteldaten	Qualitätswesen	Qualitätsmanagement	Prüfmittelverwaltung
		Planung der Kalibrierung	Qualitätswesen	Qualitätsmanagement	Prüfplanung
		Auftragsveranlassung	Qualitätswesen	Qualitätsmanagement	Verwaltung von Prüfaufträgen
	Qualitäts-planung	Qualitätsvorausplanung	Qualitätswesen	Qualitätsmanagement	Fehleranalyse & -verfolgung
		Anlage und Pflege von Stammdaten	Business-Process- / Workflow-Management	Multisite-Unterstützung	Abbildung von Stammdaten (lokal, dezentral)
		Anlage und Pflege von Prüfmerkmalen	Business-Process- / Workflow-Management	Multisite-Unterstützung	Abbildung von Stammdaten (lokal, dezentral)
		Erstellung von Prüfplänen	Business-Process- / Workflow-Management	Qualitätsmanagement	Prüfplanung
	Reklamations-management	Anlage und Pflege der Reklamationsstammdaten	Business-Process- / Workflow-Management	Multisite-Unterstützung	Abbildung von Stammdaten (lokal, dezentral)
		Erfassung von Reklamationen			
		Maßnahmenmanagement			
		Dokumentation in Reports			

In der Reihe **Schriftenreihe Rationalisierung** zuletzt erschienen:

Götzen, Rafael Frank:
Ordnungsrahmen für die softwarebasierte Automatisierung administrativer Prozesse
ISBN: 978-3-98555-103-3
Erscheinungsdatum: 25.08.2022

Fischer, Markus:
Implementierung von Manufacturing Execution Systems basierend auf Industrie-4.0-Reifegradmodellen
ISBN: 978-3-98555-048-7
Erscheinungsdatum: 22.03.2022

Külschbach, Andreas:
Systematische Bewertung von Änderungsanfragen in der Produktion
ISBN: 978-3-98555-024-1
Erscheinungsdatum: 20.12.2021

Schröter, Moritz:
Konfiguration der Reihenfolgeplanung für die Variantenfließfertigung
ISBN: 978-3-86359-940-9
Erscheinungsdatum: 19.02.2021

Frank, Jana:
Reifegradbasierte Gestaltung der Unternehmenskultur am Beispiel der Instandhaltung
ISBN: 978-3-86359-928-7
Erscheinungsdatum: 28.01.2021

Scholz, Svenja:
Bewertungsmetrik leistungsbestimmender Faktoren von Supply-Chains in Industriebetrieben
ISBN: 978-3-98555-049-4
Erscheinungsdatum: 11.04.2022

Holst, Lennard:
Referenzmodell für das Customer-Success-Management im Subskriptionsgeschäft des Maschinen- und Anlagenbaus
ISBN: 978-3-98555-033-3
Erscheinungsdatum: 21.02.2022

Voswinckel, Carl Themo:
Blockchainbasierte Maschinen- und Anlagenanbindungen für datenbasierte Dienstleistungen
ISBN: 978-3-86359-990-4
Erscheinungsdatum: 12.08.2021

Frey, Dominik:
Simulationsbasierte Bewertung der Häufigkeit von Planungsläufen in der Produktionsplanung und -steuerung
ISBN: 978-3-86359-937-9
Erscheinungsdatum: 11.02.2021

Hicking, Jan:
Spezifikation von intelligenten Produkten im Maschinenbau
ISBN: 978-3-86359-904-1
Erscheinungsdatum: 20.10.2020

Edition Wissenschaft
Apprimus

Wieninger, Simon:
Vertrauen in Unternehmensnetzwerken durch Blockchain-Technologie
ISBN: 978-3-86359-880-8
Erscheinungsdatum: 24.08.2020

Krechting, Denis:
Methodennavigator für Business-Analytics produzierender Unternehmen
ISBN: 978-3-86359-860-0
Erscheinungsdatum: 02.06.2020

Holtkemper, David:
Blockchain-Applikation für das Supply-Chain-Management
ISBN: 978-3-86359-854-9
Erscheinungsdatum: 18.05.2020

Wetzchewald, Philipp:
Gestaltungsmodell zur Steigerung der Regelbarkeit von Produktionsplanungs- und -steuerungssystemen
ISBN: 978-3-86359-849-5
Erscheinungsdatum: 15.04.2020

Optehostert, Felix:
Kostenprognose von Instandhaltungsleistungen parallel zur Produktentwicklung
ISBN: 978-3-86359-824-2
Erscheinungsdatum: 19.03.2020

Blum, Matthias Florian:
Der Digitale Schatten in der Auftragsabwicklung in der Einzel- und Kleinserienfertigung
ISBN: 978-3-86359-746-7
Erscheinungsdatum: 29.08.2019

Birkmeier, Martin:
Messung und Darstellung der Qualität von betrieblichen Informationsflüssen
ISBN: 978-3-86359-866-2
Erscheinungsdatum: 01.07.2020

Feige, Boris Alexander:
Präferenzstrukturen von neuen Fahrzeug- und Mobilitätsangeboten für latente Bedürfnisse privater Nutzer
ISBN: 978-3-86359-857-0
Erscheinungsdatum: 02.06.2020

Husmann, Marco:
Erfolgsfaktoren bei der Markteinführung von datenbasierten Dienstleistungen im Maschinen- und Anlagenbau
ISBN: 978-3-86359-839-6
Erscheinungsdatum: 27.04.2020

Kolz, Dominik:
Komponenten industrieller, datenbasierter Dienstleistungen
ISBN: 978-3-86359-830-3
Erscheinungsdatum: 25.03.2020

Bernardy, Anne:
Spezifikation der cyber-physischen Veredelung von Auftragsverfolgungssystemen
ISBN: 978-3-86359-793-1
Erscheinungsdatum: 14.01.2020

Reschke, Jan:
Simulationsgestützte Synchronisation der Zeitplanungsparameter für Variantenfertiger
ISBN: 978-3-86359-748-1
Erscheinungsdatum: 23.08.2019

Edition Wissenschaft
Apprimus

FSC
www.fsc.org
MIX
Papier | Fördert gute Waldnutzung
FSC® C083411

Zeitfracht Medien GmbH
Ferdinand-Jühlke-Straße 7
99095 Erfurt, Deutschland
produktsicherheit@kolibri360.de